"十二五"国家重点图书出版规划项目

固体密实充填采煤方法与实践

Consolidated Solid Backfill Mining Method and Its Applications

张吉雄　缪协兴　郭广礼　著

科学出版社

北　京

内 容 简 介

本书紧密结合近年来综合机械化固体充填采煤技术的发展,系统总结综合机械化固体密实充填采煤理论、技术与实践方面的研究成果。内容包括:综合机械化固体充填采煤技术、固体充填材料物理力学特性测试、固体密实充填采煤方法、固体充填采煤岩层移动与地表沉陷控制理论、固体充填材料井上下输送系统设计、固体充填采煤关键装备选型与配套、固体充填采煤沉陷控制工程设计方法、建(构)筑物下固体密实充填采煤,以及其他条件下固体密实充填采煤。

本书可供从事采矿工程、地质工程、矿山测量、环境工程、矿山安全以及岩石力学与工程等专业的工程技术人员、科技工作者、研究生和本科生参考使用。

图书在版编目(CIP)数据

固体密实充填采煤方法与实践= Consolidated Solid Backfill Mining Method and Its Applications/张吉雄,缪协兴,郭广礼著. —北京:科学出版社,2015.1

"十二五"国家重点图书出版规划项目

ISBN 978-7-03-043269-8

Ⅰ.①固… Ⅱ.①张…②缪…③郭… Ⅲ.①充填法-采煤方法 Ⅳ.①TD823.7

中国版本图书馆 CIP 数据核字(2015)第 024435 号

责任编辑:李 雪 / 责任校对:郭瑞芝
责任印制:肖 兴 / 封面设计:陈 敬

科学出版社 出版
北京东黄城根北街 16 号
邮政编码:100717
http://www.sciencep.com

北京利丰雅高长城印刷有限公司印刷
科学出版社发行 各地新华书店经销
*
2015 年 1 月第 一 版 开本:787×1092 1/16
2015 年 1 月第一次印刷 印张:25 1/4
字数:598 000
定价:268.00 元
(如有印装质量问题,我社负责调换)

前　　言

在我国能源结构中,煤炭始终是支撑经济发展的主体能源,在一次能源的生产和消费结构中一直占 70%左右,在未来相当长时期内,煤炭作为主体能源的地位不会改变。我国煤矿开采技术由简单手工开挖到采用辅助机械,再到现代机械化和自动化,不断创新与变革,但在占全国煤矿开采 95%的井工开采中,一直沿用全部垮落法管理顶板,在为经济社会发展供应能源的同时,带来的安全、煤炭资源损失和生态环境问题越来越严重,随着我国煤矿向深部、高强度发展,这些问题越发突出。因煤矿开采造成的煤矸石压占土地、地下水流失、土地塌陷及因搬迁补偿不到位引发的工农矛盾等种种问题,直接影响和制约着矿区生态和社会的和谐发展。煤炭工业发展"十二五"规划明确指出,煤炭工业虽然取得了长足进步,但发展过程中不协调、不平衡、不可持续问题依然突出,包括资源支撑难以为继、生产与消费布局矛盾加剧、整体生产力水平较低、安全生产形势严峻、煤炭开发利用对生态环境影响大等。长期以来,煤炭行业积极探索煤炭开发与矿区环境和谐发展,做了大量研究与实践工作,充填采煤以充填体作为控制岩层移动及地表沉陷的方式,成为煤矿解决资源开发与环境协调发展的重要技术手段,是煤矿生产方式的重大变革,对我国煤矿开采具有十分重要的意义。

充填采煤在国际上已有百年以上的发展历史,最早有计划地进行矿山充填的是 1915 年澳大利亚的塔斯马尼亚芒特莱尔矿和北莱尔矿应用废石充填矿房。近 60 年来,充填采煤技术在国内外贵重金属和非金属矿山的研究和应用中取得了长足的发展,先后经历了废弃物干式充填阶段、水砂充填阶段、细砂胶结充填阶段和以高浓度充填、膏体充填、块石砂浆胶结充填、全尾矿胶结充填等为代表的现代充填采矿阶段,取得了显著的经济和社会效益。

为满足安全高效开采煤炭的需要,必须发展现代化充填采煤技术,该技术应满足三点要求:①高效、高回收率采出煤炭;②严格控制岩层运动与地表沉陷;③先进机械化装备与安全保障。

近年来,为解决我国大规模煤炭开发中十分突出的资源和环境问题,走出我国独具特色的安全、绿色和高效的科学采矿之路,中国矿业大学缪协兴教授带领的研发团队,开发出了具有完全独立自主知识产权的综合机械化固体充填采煤技术,使长期以来的充填采煤技术攻关取得了关键性的重大突破,解决了一直困扰煤矿充填采煤发展的充填空间、输送通道和充填动力三大技术难题,实现煤矿开采安全高效、高采出率,并在大型城市建筑群下、铁路和公路下,以及大型水体下和松散含水层下等 20 余个矿区进行了规模化的工业性推广应用,取得了显著的经济、社会和环境效益。

全书以综合机械化固体充填采煤技术原理与发展状况为基础,系统阐述综合机械化固体充填采煤的基础理论与技术方法,增加了煤矿采选充采一体化固体充填采煤技术新内容,并结合作者所做的科研工作及典型试验矿井的基本条件,详细分析综合机械化固体充填采煤技术在现场的应用,总结出较为完整的实践经验。全书共分为四篇十章,四篇分别为引言、基础理论、工程设计方法和工程实践,十章分别论述煤矿开采岩层控制理论与方法、综合机械化固体充填采煤技术、固体充填材料物理力学特性测试、固体密实充填采煤方法、固体充填采煤岩层移动与地表沉陷控制理论、固体充填材料井上下输送系统设计、固体充填采煤关键设备选型与配套、固体充填采煤工程设计方法、建(构)筑物下固体密实充填采煤和其他条件下固体密实充填采煤。

本书是由采矿、安全、矿山测量、矿山机械和岩石力学等专业人员组成的交叉学科团队,围绕"现代化充填采煤方法与技术"研究主题,在长期合作研究基础上的成果总结,本研究得到了众多现代化煤矿企业的支持与帮助。本书由张吉雄教授、缪协兴教授和郭广礼教授合著,具体写作分工情况为:第1、第2、第4章由张吉雄完成,第3、第5、第6、第7、第9章由张吉雄和缪协兴合作完成,第8、第10章由张吉雄和郭广礼合作完成。此外,巨峰副教授、黄艳利副教授、李剑讲师、周楠讲师,张强、邓雪杰、姜海强、李猛、孙强、毛仲敏、高瑞等研究生也参与了部分章节的写作工作。

本项研究的应用实践基地涉及多个现代化矿区和煤机制造企业,包括:新汶、冀中、淮北、皖北、平顶山、开滦、兖州、济宁、霍州、西山、阳泉、泰源、神东等矿区,以及卡特彼勒(郑州)有限公司等煤机制造企业。在此,对所有合作企业的大力支持表示衷心的感谢!

本书是在国家自然科学基金创新研究群体项目"充填采煤的基础理论与应用研究"(项目编号:51421003)、国家重点基础研究发展计划(973计划)项目"西部煤炭高强度开采下地质灾害防治与环境保护基础研究"(项目编号:2013CB227900)资助下完成的。同时,还感谢以下基金项目的资助:国家自然科学基金委员会与神华集团有限责任公司联合资助项目"西部浅埋煤层薄基岩采动破断规律与灾变控制研究"(项目编号:U1261201)、国家科技支撑计划项目"大型煤炭基地高效勘探开发与充填技术及示范:煤矿采选充采一体化关键技术开发与示范"(项目编号:2012BAB13B00)、国家自然科学基金仪器专项"煤矿巷道锚杆动力无损检测方法与测试系统研究"(项目编号:51227003)、高等学校学科创新引智计划(111计划)项目"煤炭资源与环境科学技术"(项目编号:B07028)、江苏省高校青蓝工程科技创新团队项目"固体充填采煤与岩层控制"和国家自然科学基金青年基金项目"固体充填采煤物料垂直输送的动力特性研究"(项目编号:51304206)。

作　者

2014年9月

目　　录

第二篇 基 础 理 论

第三篇　工程设计方法

第四篇 工 程 实 践

第一篇

引 言

第1章 绪 论

1.1 煤矿开采岩层控制理论与方法

煤是古代植物遗体在经历了泥炭化和煤化作用两个复杂的生物化学、物理化学及地球化学变化转变而来的固体可燃矿产。含煤岩系简称煤系,是指含有煤层,并有成因联系的沉积岩系,它是在一定的古构造、古地理、古气候条件下形成的一套具有共生关系、多相组合的沉积物。煤层开挖过程中形成煤矿特有的采空区,从而引起整个地层应力重新分布,导致岩层移动变形,正因为这种层状分布特征,形成了煤矿开采中普遍存在的岩层运动规律。

地下煤体在开挖之前,原岩应力处于平衡状态。在煤炭的开采过程中,采空区上覆岩层自下而上发生移动、破坏,最终发展至地表并导致地表沉陷,这种现象称为岩层移动或开采沉陷。前人大量的研究成果表明,用传统的全部垮落法管理顶板时,采空区上覆岩层直至地表的整体移动破坏特征可分为"横三区"、"竖三带",即沿工作面推进方向上覆岩层分别经历煤壁支撑影响区、离层区和重新压实区,由下向上岩层移动分为垮落带(冒落带)、裂缝带(断裂带)和整体弯曲下沉带,如图1-1所示。

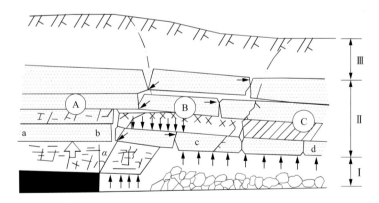

图 1-1 上覆岩层移动的"横三区"与"竖三带"
A-煤壁支撑影响区(a-b);B-离层区(b-c);C-重新压实区(c-d)
α-支撑影响角;Ⅰ-垮落带;Ⅱ-裂缝带;Ⅲ-整体弯曲下沉带

图1-1所示覆岩"三带"特征如下:

(1)煤层开采完后顶板发生破坏并向采空区垮落的岩层范围称为垮落带。垮落带一般是由直接顶垮落后形成的,其高度一般为2~3倍采高,根据垮落带岩块的移动破坏特征及堆积分布的形态可分为不规则垮落带和规则垮落带。在不规则垮落带中破断后的岩块失去了原有层位,呈杂乱堆积状况,排列也极不整齐;而规则垮落带内岩块堆积较为整齐。垮落带内岩块的松散系数较大,一般可达 1.3～1.5,但经重新压实后,碎胀系数可降到 1.05～1.10。

(2) 垮落带上方岩层产生裂缝或断裂,破断岩块间存在水平力的传递作用并保持其原有层状的岩层范围称为裂缝带(断裂带)。垮落带与裂缝带合称"两带",又称为"导水裂隙带",意指上覆岩层含水层位于"两带"范围内,将会导致岩体水通过岩体破断裂缝流入采空区和回采工作面。

以上阐述的这种岩层运动一般规律,都是由于煤层开采后形成的采空区引起岩体向采空区内移动的结果,在整个岩层移动破坏过程中,造成了煤矿采动损害及相关的安全问题,主要包括形成矿山压力、形成采动裂隙和引发地表沉陷等。矿山压力是由于矿山开采活动的影响,在巷硐周围岩体中形成的和作用在巷硐支护物上的力,而在这种力的作用下引起如岩体变形、破坏、塌落及支护物变形、破坏、折损等动力现象称为矿山压力显现,它将引起采场和巷道顶板的下沉、垮落和来压,甚至引发冲击地压等灾害,已占据我国煤矿安全事故的首位,特别是随着开采深度不断增大,煤矿冲击地压问题也日益严重。煤矿开采岩层运动还将形成采动裂隙,引起周围煤体中的水与瓦斯的流动,导致井下瓦斯事故与突水事故,瓦斯爆炸、煤与瓦斯突出一直是我国煤矿所面临的重大灾害,瓦斯造成的死亡人数达到了煤矿事故总死亡人数的 40% 左右,同时,因煤炭开采而排放至大气中的瓦斯还加剧了温室效应,造成了严重的环境破坏,其中,因岩层移动导致的煤岩体应力场与裂隙场的变化是引起瓦斯卸压和煤层渗透率增大的原因所在。煤矿开采岩层移动由下往上发展至地表将引起地表沉陷,导致农田、建筑物设施的毁坏,岩层移动还会破坏地下水系,当地面潜水位较高时,地表沉陷盆地内大量积水,影响农田耕种,引发一系列环境、经济和社会问题。

显然,煤矿开采采场围岩活动和地表沉陷等一系列灾害均是煤炭采出后岩层移动过程中岩体损伤和破坏变化的结果,因此,掌握整个采动岩体的活动规律,特别是岩体内部岩层的活动规律,有效控制岩层移动才是解决采动岩体灾害的关键。近百年来,国内外学者对煤矿开采岩层控制方面进行了大量的理论研究和现场实践,取得了丰富的研究成果,建立了完善的岩层控制理论体系与方法。

我国钱鸣高院士通过大量的研究,先后提出了采场上覆岩层活动规律中基本顶岩层破断的"砌体梁"结构力学模型,建立了"砌体梁"结构的"S-R"稳定条件,揭示了基本顶岩层"板"的"O-X"型破断规律;以基本顶岩层"砌体梁"模型为基础,在考虑直接顶变形条件下,结合"支架-围岩"相互作用刚度系统,建立了采场整体力学模型;提出了采场"支架-围岩"关系和支护质量监测原理,形成了一整套监控指标及其控制方法。20 世纪 90 年代中期,随着对岩层控制科学研究的不断深入,为了解决采动对环境的影响,相关研究涉及岩层控制中更为广泛的问题,主要是开采引起岩体裂隙场的改变和更准确地描述开采对地表沉陷的影响。钱鸣高院士领导的研究团队进一步提出了岩层控制的关键层理论,旨在研究覆岩中厚硬岩层对层状矿体开采过程中的矿山压力和采动对环境的影响。关键层理论以关键层作为岩层运动研究的主体,用力学方法求解采动后岩体内部的应力场和裂隙场改变,由此对采场矿压、开采沉陷、采动岩体中水和瓦斯运移有统一的认识和完整的力学描述。

由于成岩时间及矿物成分不同,煤系地层形成了厚度不等、强度不同的多层岩层。实践表明,其中一层至数层厚硬岩层在岩层移动中起主要的控制作用。将对采场上覆岩层活动全部或局部起控制作用的岩层称为关键层。覆岩中的关键层一般为厚度较大的硬岩层,但覆岩中的厚硬岩层不一定都是关键层。关键层判别的主要依据是其变形和破断特征,即在关键层破断时,其上部全部岩层或局部岩层的下沉变形是相互协调一致的,前者称为岩层活动的主关键层,后者称为亚关键层。也就是说,关键层的断裂将导致全部或部分的上覆岩层产生整体运动。覆岩中的亚关键层可能不止一层,而主关键层只有一层。我国学者对关键层理论开展了全面深入的研究,内容主要包括:①关键层破断的复合效应及其判别;②关键层载荷特征与影响因素;③关键层运动对采场矿压显现、覆岩移动与地表沉陷及裂隙场动态分布的影响规律;④关键层理论在采场围岩控制、卸压瓦斯抽放、开采沉陷控制与突水防治等方面的工程应用。

基于关键层理论等煤矿开采岩层控制理论,发展了一些煤矿开采岩层控制的技术方法,主要包括条带开采、局部充填采煤和采空区全部充填采煤技术,条带开采是煤矿常用的最典型的岩层移动控制方法,它将开采的煤层划分成若干条带,采一条留一条,使留下的条带煤柱足以支撑上覆岩层的重量,从而起到有效控制岩层移动的目的,但这种技术方法在煤矿开采中的采出率较低。注浆充填是典型的采空区局部充填采煤技术,根据岩层控制的关键层理论,提出了冒落区注浆充填和离层带注浆充填两种岩层控制技术,先后在新汶华丰煤矿、兖州东滩煤矿、开滦唐山煤矿等矿区进行了采空区离层注浆减沉工业性试验,从现场实际工程实践结果来看,在某些采矿地质条件下,离层注浆充填技术在减小地面沉降量、控制地表下沉速度等方面取得了一定的成效,之后还提出了采空区膏体条带充填、覆岩离层分区隔离注浆充填、条带开采冒落区注浆充填三种技术,主张在关键层理论的基础上,结合采动岩层移动规律对采空区离层区域、冒落区域进行部分充填,靠充填体与部分煤柱共同支撑覆岩,控制关键层的移动,从而达到控制开采沉陷的目的。与局部充填采煤技术相比,采空区全部充填采煤技术将井下生产过程中产生的矸石、尾矿或地面的矸石、粉煤灰、风积沙等固体废弃物充填采空区,实现井下所有采空区的充填,先后经历了废弃物干式充填阶段、水砂充填阶段、细砂胶结充填阶段和以高浓度充填、全尾矿胶结充填、膏体充填、高水材料充填、固体废弃物直接充填等为代表的现代充填采矿阶段,对煤矿开采岩层移动起到较好的控制作用,取得了显著的经济效益和社会效益。

1.2 煤矿开采地表沉陷控制理论与方法

1.2.1 煤矿开采沉陷国内外研究现状

当地下有用矿物被采出以后,采空区周边岩体的原始应力平衡状态被打破,经过应力重新分布达到新的平衡。在此过程中,岩层和地表将产生连续的移动、变形和非连续的破坏(开裂、垮落),这种现象统称为“开采沉陷”。其中采空区周围岩体直至地表的地层内部移动变形称为岩层移动,地表的移动和变形成为地表移动或地表塌陷。

地下煤炭资源属于层状矿体,其大规模开采通常会导致大范围的岩层移动和大面积的地表塌陷,威胁地表及地下水体和地表建(构)筑物的安全,并破坏工矿区的生态环境。因此,世界各国对开采引起的沉陷问题高度重视,并通过多年的研究取得了丰硕成果。

1. 国外矿山开采沉陷研究的发展

19世纪,由于比利时的列日城受采矿影响而造成极大的破坏,引起了比利时对开采沉陷影响的调查研究,由此拉开了矿山开采沉陷学基本理论研究的序幕。

1838年产生了开采沉陷的第一个理论——"垂线理论",之后被"法线理论"所代替。随后,又相继出现了一系列的理论假设,主要有"二等分线理论"、"自然斜面理论"、"拱形理论"、"三带理论"。这些早期的理论研究主要是针对覆岩移动变形与地表下沉的关系,并在此基础上提出了相关的几何理论模型。

第二次世界大战结束以后,人们开始着重从连续介质和非连续介质理论来研究开采沉陷的分布规律。1947年,有人提出利用数学塑性理论对岩层移动进行分析,并以理论分析的结果为指导建立了地表移动的计算方法。后来,又提出了更为一般的线弹性分析原理——"面元原理"。波兰的学者们提出了影响曲线的概念,得出了正态分布的影响函数。紧接着将岩石视为不连续介质,将岩层移动过程作为一个随机过程的观点被提出,形成了开采沉陷的随机介质理论和概念。此时,苏联的专家们也系统地分析了地表移动和变形规律,并提出了苏联通用的地表移动变形计算方法——"典型曲线法"。后又采用钻孔伸长仪和钻孔测斜仪观测岩体内部的竖向和横向移动,获得了岩体内部的水平移动分布规律,并发现了岩体沿层面的滑移和离层现象。

随着社会的不断发展和科学的不断进步,经典的理论算法通过计算机程序得以实现,使得过去难于计算的问题成为可能。一些数值分析方法,如有限元法、边界元法和离散元法等在开采沉陷计算中得到了广泛的应用,新的数值计算方法,如不连续变形分析法和流形元法等的出现也给岩层移动计算带来新的契机。许多适合岩土工程数值计算的数值软件也应运而生,如岩土工程和岩土环境模拟计算的仿真软件GeoStudio、有限元分析软件ANSYS、有限差分法程序FLAC、离散单元法程序UDEC、颗粒元法PFC等软件。这些都为开采沉陷理论研究及计算预测奠定了基础。

2. 国内矿山开采沉陷规律研究的发展

我国对开采沉陷的研究工作是从新中国成立以后才开始的。20世纪50年代起,在我国的一些主要矿区,开滦、抚顺、淮南、阜新、峰峰、大同、鹤岗等,先后建立了地表观测站,展开了对开采沉陷的观测工作。随着我国综合实力的不断增强,科学水平的不断提高,我国的开采沉陷基本理论和实践研究都有了全面而深入的发展。我国不仅积累了上千条观测线的实测资料,而且在大量现场实测岩层与地表实测资料的基础上,对岩层与地表移动变形规律进行了深入的研究,提出了一系列具有中国特色的岩层控制理论。在开采沉陷预计方面,我国学者经过几十年的努力,已经建立了适合我国实际情况的多种沉陷预计方法,主要有概率积分法、负指数函数法、典型曲线法、积分格网法、威布尔分布法、样条函数法、双曲线函数法、皮尔森函数法、山区地表移动预计法等,其中概率积分法在我国各大矿区应用最为广泛。在煤层开采岩层移动机理研究方面,我国学者相继提出岩层移动的三维层状模型、采动损害空间的力学模式、岩层二次压缩理论、岩层移动的位错理论、条带开采覆岩破坏的托板理论等,同时在"三下"压煤开采、山区开采、急倾斜煤层开采、采动覆岩离层形成基本规律等方面研究获得了重大的成果,对树立科学的采矿意识、提高煤炭资源采出率、预防和减轻采动损害、确保地表建(构)筑物安全运行等方面有着重要的实际意义。

1.2.2 煤矿开采地表移动的基本规律

地下煤层开采后,岩层移动逐渐发展到地表,地表也随之产生不同形式的移动、变形甚至破坏现象。开采引起的地表移动受诸多因素的影响,随开采深度、开采厚度、采煤方法以及煤层产状等因素的不同,地表移动和破坏的形式也不完全相同。当采深和采厚比值较小或具有较大的地质构造时,地表的移动和变形在空间上和时间上将是不连续的,地表移动和变形的分布没有严格的规律性,地表可能出现较大的裂缝或塌陷坑。在采深与采厚比值较大时地表移动和变形在空间上和时间上是连续的、渐变的,具有明显的规律性。

当工作面自开切眼向前推进相当于采深的 $1/4\sim1/2$ 距离时,岩层移动影响波及地表,引起地表下沉;随着工作面继续向前推进,采空区面积不断增大,地表影响范围不断扩大,下沉值也不断增大;当采空区的尺寸增大一定的程度后,地表影响范围继续随着采空区面积的增大而增大,而地表最大下沉值将不再增大,在地表形成一个平底的下沉盆地;工作面停采后,地表移动并不会立刻停止,而是要在之后的一段时间内继续下沉,并逐步稳定形成最终的地表移动盆地。

最终地表移动盆地的范围远大于对应的采空区范围,移动盆地中间区域地表下沉均匀,地表下沉值达到该地质采矿条件下应有的最大值,其他移动变形值近似为零,一般不出现明显的裂缝;移动盆地内边缘区域,属于压缩变形区域,地表下沉不均匀,地面移动向盆地的中心方向倾斜,一般不出现裂缝;而移动盆地外边缘区域,属于拉伸变形区域,地表下沉不均匀,地面移动向盆地中心方向倾斜,当地表拉伸变形超过一定数值后,地面将产生拉伸裂缝。地表移动盆地的形状取决于采空区的形状和煤层倾角,地表移动盆地和采空区的相对位置取决于煤层的倾角。近水平煤层开采,如果采空区为矩形时,地表移动盆地形状为近似椭圆形;而倾斜煤层开采时,移动盆地的最大下沉点偏向采空区的下山方向,盆地的上山方向较陡,移动范围小,下山方向较平缓,移动范围大。

多年的实践经验表明[1-12],开采引起的地表移动分布规律和大小取决于地质采矿因素的综合影响。一类是自然地质因素,另一类为采矿技术因素。只有正确地认识和掌握这些因素的影响,具体问题具体分析,才能合理有效地解决矿山生产中所遇到的实际问题。地质采矿因素对开采沉陷分布规律的影响主要有以下 7 个方面。

(1)覆岩力学性质和结构的影响。覆岩的力学性质和层位结构对层状矿体开采所引起的覆岩破坏和地表沉陷影响很大。在覆岩坚硬的条件下,采空区悬顶面积大,岩层移动一旦发展到地表易产生非连续变形;地表下沉量小,移动角大,导水裂缝带发育高度大。当覆岩较软弱时,与上述情况相反。

(2)松散层对地表移动的影响。地表有无松散层覆盖对地表移动特征有重要影响,特别是对地表水平移动变形的分布规律影响显著。

（3）开采厚度与开采深度的影响。开采深度及厚度是影响覆岩破坏及地表塌陷的主要因素之一。开采深度越大，采厚越小，地表移动变形值就越小，其移动过程表现得也越平稳；开采深度越小，采厚越大，垮落带、导水裂缝带发育就越高，地表移动变形值就越大，其移动过程表现得就越剧烈。

（4）煤层倾角的影响。在水平和近水平煤层开采条件下，地表移动盆地是与采空区中心相对称的椭圆，而在倾斜煤层开采条件下，地表移动盆地则为偏向下山方向的非对称椭圆，其形状呈碗状或盘形，随着倾角的增大，这种非对称性也增大。当煤层倾角在 $0°$～$35°$ 时，岩层移动法向弯曲和崩落，冒落带、导水裂缝带形态最终呈马鞍状。当煤层倾角在 $35°$～$54°$ 时，岩层移动除有法向弯曲外，还伴随有沿岩层面的剪切和岩石的下滑，覆岩破坏形式呈抛物线形态。当煤层倾角超过 $54°$ 时，冒落到采空区内的煤和岩块除呈单块滚动外，还会成堆地沿煤层倾斜方向滑动。

（5）采区尺寸大小的影响。采区尺寸大小反映了地表的采动程度。采空区尺寸大小会造成地表移动程度处于三种状态：非充分采动、充分采动及超充分采动。当采区尺寸较小时，地表移动处于非充分状态，随工作面尺寸的增加，地表移动盆地范围、各种移动变形值均增大。地表达到充分采动和超充分采动后，工作面尺寸的继续增大对地表移动最大值的影响不大，只是地表移动盆地范围继续扩大。

（6）重复采动的影响。岩层和地表在经过一次开采的影响，产生移动、变形和破坏后，再次经受地下开采的影响，将导致地表移动和变形值的增大，地表移动参数发生变化，加剧岩层和地表的非连续性破坏程度，扩大破坏的范围。

（7）采煤方法及顶板控制方法的影响。采煤方法实际上决定了覆岩及地表移动的形式、先后顺序和方向。顶板控制方法在一定程度上也决定了采出空间的大小，从而决定了覆岩及地表破坏程度、移动量大小。垮落法管理顶板使覆岩破坏最充分，地表移动最剧烈、破坏最严重、移动变形量最大；而采用充填法管理顶板，对覆岩破坏相对较小，一般不引起覆岩冒落性破坏，能够减少移动量并使地表变形相对均匀。

1.2.3　开采沉陷对建（构）筑物的影响

地下采矿后，地表发生移动和变形，破坏了建筑物与地基之间的初始平衡状态。伴随着力系平衡的重新建立，建筑物中产生附加应力，从而导致建筑物发生变形，严重时将遭到破坏。

地下开采对建筑物的影响主要有垂直方向的移动变形（下沉、倾斜、曲率）和水平方向的移动变形（水平移动和水平变形）及由它们引起的建筑物的扭曲和剪切变形。不同性质的移动变形对建筑物的影响是不同的。

1. 地表下沉对建（构）筑物的影响

一般来说，当建筑物所处的地表出现均匀下沉时，建筑物中不会产生附加应力，因而不会使建筑物损害。但当地表下沉量较大，地下水位又很浅时，导致潜水位上升，造成建筑物周围长期积水或使建筑物过度潮湿，改变了建筑物所处的环境，降低了地基的强度，这就会影响建筑物的使用,甚至可能造成建筑物的破坏或废弃。

2. 地表倾斜对建(构)筑物的影响

地表倾斜后,将引起建筑物的歪斜。由于建筑物倾斜,在建筑物自重形成的偏心荷载下,将产生附加倾覆力矩,承重结构内部将产生附加应力,基底的承压力也将重新分布,特别是底面积小而很高的建筑物(如水塔等),地表倾斜对它们的影响更为明显。

3. 地表曲率对建(构)筑物的影响

地表曲率变形表示地表倾斜的变化程度。由于出现了曲率变形,地表将由原来的平面而变成曲面形状,建筑物的荷载与土壤反力间的初始平衡状态遭到破坏。在正负曲率作用下,房屋全部切入地基或房屋部分切入地基。房屋在受到正负曲率影响下,将使地基反力重新分布,因而使建筑物墙壁在竖直面内受到附加的弯矩和剪力的作用,其值如果超过建筑物基础和上部建筑的强度极限,建筑物就会出现裂缝。在正曲率作用下,房屋中央所产生的应力大于原有的应力,易在建筑物的顶部中间出现竖向裂缝或两侧出现倒八字形裂缝;在负曲率作用下,房屋两端地表应力增大,易形成底部中央的竖向裂缝或两侧的正八字形裂缝。

4. 地表水平变形对建(构)筑物的影响

地表水平变形对建筑物的破坏作用很大,尤其是拉伸变形的影响。由于建筑物抵抗拉伸能力远小于抵抗压缩的能力,所以较小的地表拉伸变形就能使建筑物产生开裂性裂缝。一般在门窗洞口的薄弱部位最易产生裂缝,砖砌体的结合缝,建筑物结点(如房梁)也易被拉开。

1.2.4 煤矿开采地表沉陷控制的主要技术途径

鉴于采用传统常规的垮落法大规模开采煤炭资源,势必会引起采区上方地表大面积沉陷,威胁矿区周边的生态环境,给人们生命财产安全造成严重损失。近些年来,相关学者[13-27]对减小采煤引起地表移动变形的特殊采煤方法进行了深入研究,并取得丰硕成果。目前主要采取以下技术途径。

1. 全柱式开采

在建筑物下中厚煤层或薄煤层开采时,采用长工作面、双工作面或阶梯工作面的全柱式联合开采方法,煤层整体快速推过建筑物下方,使地面村庄在工作面停采后尽量位于采空区中央,将建筑物损害程度控制在一定范围内。兖州北宿矿进行吴官庄村下压煤开采时,使用了这种方法,成功的开采了 $16_\perp$、17 煤层,并且使得开采引起的房屋 I 级破坏占 37.3%,II 级破坏仅占 4.9%(采前破坏占 24.2%),还有 33.6% 的房屋没有发生裂缝。此方法受地质采矿条件、村庄范围(小)、村庄与采区相对位置关系(最好位于采区中央)及煤层采厚(厚度不大)制约。

全柱式协调开采是通过两层煤或分层之间以及同一煤层内各个工作面之间的协调开

采,以减少采动地表变形的叠加影响,如峰峰矿务局二矿在辛寺庄村下采用 7 个工作面协调开采获得成功,使得开采后 98% 的村庄建筑物受到的采动损害等级在 I 级以下。

2. 部分开采

主要有房柱式开采、条带开采、分层限厚开采等。房柱式开采在国外应用较多,美国是世界上采用连续采煤机房柱式开采最早、产量最高的国家,采出率一般为 50%～60%,地表下沉系数为 0.35～0.68。我国西山矿务局、陕西黄陵矿、兖州集团公司南屯煤矿、神府东胜矿区大柳塔煤矿等都曾进行过房柱式开采研究。条带开采方面,波兰、苏联、英国等主要采煤国家早在 20 世纪 50 年代就开始应用条带法开采建筑物压煤,取得了较为丰富的经验。我国条带开采多采用冒落法管理顶板,采深一般小于 500m,开采厚度在 6m 以下,采出率一般为 40%～65%,工作面采出率为 30%～60%,地表下沉系数一般小于 0.2,并成功地在鹤壁、徐州、峰峰、邯郸、济宁等多个矿区的村庄下采煤中推广应用。

3. 覆岩离层注浆开采

有关离层注浆减沉的最早研究国家是苏联,曾有高压注浆减缓地表沉降和变形的专利,波兰试验离层注浆减沉率为 20%～30%。近 20 年来,我国对离层注浆减沉的理论和方法进行了全面深入的研究,其中在理论方面,研究了离层裂缝发育的位置、大小、工作面最佳开采区间、浆液扩散半径、注浆孔间距等;在实践方面,开展了离层注浆减沉工艺、离层注浆减沉率等现场研究。我国已先后在多个矿区进行了离层注浆减沉的工业性试验,取得了很大的成功,但也存在一些问题,如减沉效果评价、浆液扩散半径计算、离层注浆减沉后地表移动计算方法等,都有待进一步完善。

4. 充填采煤

充填采煤是一种采空区岩层控制技术,主要指用采场外部的砂、石、矿渣或炉灰等充填材料直接充填或制成膏体充填采空区,并靠填料的支撑作用减少顶板下沉和垮落。充填方式视其输送填料所用方式的不同,划分为水力充填、风力充填、机械充填、自溜充填、膏体充填,以及目前正在全国范围内推广采用的综合机械化密实矸石充填等。

充填采煤技术,特别是矸石固体密实充填不仅可以消除煤矿开采后的采空区,大大减弱了老采空区瓦斯超限的安全隐患,从而更安全地解放"三下"(建筑物下、水体下、铁路下)压煤资源。而且通过利用矸石和城市固体废物垃圾作为充填材料,可以解决我国矸石和城市垃圾问题,更好地保护我国的环境,是一种绿色"三下"充填采煤新措施。目前,以中国矿业大学为主研发的综合机械化密实矸石充填采煤技术已取得了突破性进展,已经在新汶、邢台、济宁、兖州、平顶山、皖北、淮北、阳泉等矿区进行了成功应用,在提高呆滞资源采出率、控制地表变形方面获得了很好的效果。随着我国科学水平的不断进步,采煤技术的不断发展,煤矿充填采煤这项绿色开采工艺,势必会成为我国未来煤炭开采的一个新方向。

1.3　充填采煤方法与技术

充填采煤是将井下或地面用矸石、砂、碎石等物料充填入采空区,达到控制岩层移动及地表沉陷的目的。按充填方式的不同可分为:水力充填、风力充填、机械充填、矸石自溜充填等。按输送方式和所采用充填材料的不同可分为:用矿车、风力或其他机械输送干式充填材料的干式充填采矿法;用水力管道输送选厂尾砂、山砂、河沙、炉渣、棒磨砂、碎石等充填材料的水力充填采矿法;用水泥及其代用品或其他胶凝材料与选厂尾砂等配制成具有胶结性质的充填材料用于充填采空区的胶结充填采矿法;国外为解决在重要建筑物下的开采时,曾采用混凝土充填。

矿山充填技术是为了满足采矿工业的需要发展起来的。矿山充填虽然已达数百年的历史,但早期的充填是从矿山排弃地下废料开始的,最早有计划地进行矿山充填的是 1915 年澳大利亚的塔斯马尼亚芒特莱尔矿和北莱尔矿应用废石充填。国外(如波兰、德国、法国等)煤矿都曾采用过充填采煤方法。其中充填采煤在波兰、德国发展应用效果较好且应用广泛。波兰采用水砂充填的采煤量占其全国城镇及工业建筑物下采煤量的 80% 左右。国外使用的充填材料通常是河沙、矸石和电厂粉煤灰等。英国、法国、比利时等国都不同程度地采用了风力充填方法。我国在抚顺用废油母页岩充填采空区,蛟河煤矿将矸石破碎作为充填材料。

在国外,近 60 年在矿山充填方面取得较大的进展,国内的发展要比国外滞后 10～20年,但是由于汲取了国外的经验,其差距已逐步缩小。国内外矿山充填技术[28-42]的发展均经历了 4 个发展阶段。

第一阶段:国外在 20 世纪 40 年代以前,以处理废弃物为目的,在不完全了解充填材料性质和使用效果的情况下,将矿山废料送入井下采空区。如澳大利亚北莱尔矿在 20 世纪初的废石充填,以及加拿大诺兰达公司霍恩矿在 30 年代将粒状炉渣加磁黄铁矿充入采空区。

国内在 20 世纪 50 年代以前,均是采用以处理废弃物为目的的废石干式充填工艺。废石干式充填采矿法曾在 50 年代初期成为我国主要的采矿法之一,1955 年在有色金属矿床地下开采中占 38.2%,在黑色金属矿床地下开采中竟达到了 54.8%。但于 1956 年以后,随着回采技术的发展,废石干式充填因其效率低、生产能力小和劳动强度大,满足不了回采技术发展的需要。因而,自 1956 年开始,国内干式充填法所占比例逐年下降,到 1963 年在有色金属矿山开采担负的产量仅占 0.7%,处于被淘汰的地位。

第二阶段:20 世纪四五十年代,澳大利亚和加拿大等国的一些矿山开发并应用了水砂充填技术。从此真正将矿山充填纳入了采矿计划,成为采矿系统的一个组成部分,并且对充填材料及充填工艺展开研究。这一阶段主要是将尾矿借助水力充入井下采空区,其充填材料的输送浓度较低,一般在 60%～70%,需要在采场大量脱水。因而通过脱除尾矿的细泥部分以控制渗透速度,并确定了以 100mm 的渗透速度作为工业标准。应用水砂充填的矿山已较多,如澳大利亚的布罗肯希尔矿和加拿大的一些矿山广泛应用了这一工艺。

国内矿山从 20 世纪 60 年代才开始采用水砂充填工艺。50 年代,我国抚顺老虎台矿用山砂进行水砂充填工艺,成功地在机车车辆厂下方采煤,沿用至今。1965 年,锡矿山南矿为了控制大面积地压活动,首次采用了尾矿水力充填采空区工艺,有效地缓减了地表下沉。湘潭锰矿也从 1960 年开始采用碎石水力充填工艺,以防止矿坑内因火灾,并取得了较好的效果。70 年代在铜绿山铜铁矿、招远金矿和凡口铅锌矿等矿山应用了尾矿水力充填工艺,80 年代则已在国内 60 余座有色、黑色等金属矿山的开采中广泛应用了水砂充填。

第三阶段:20 世纪六七十年代,开始应用和研发尾矿胶结充填技术。由于非胶结充填体无自立能力,难以满足采矿工艺高采出率和低贫化率的需要,因而在水砂充填工艺得以发展并推广应用后,就开始发展采用胶结充填技术。其代表矿山有澳大利亚的芒特艾萨矿,于 60 年代采用尾矿胶结充填工艺回采底柱,其水泥添加量为 12%。随着胶结充填技术的发展,在这一阶段已开始深入研究充填材料的特性、充填材料与围岩的相互作用、充填体的稳定性和充填胶凝材料。

国内初期的胶结充填均为传统的混凝土充填,即完全按建筑混凝土的要求和工艺制备输送胶结充填材料。其中凡口铅锌矿从 1964 年开始采用压气缸风力输送混凝土胶结充填,充填体水泥单耗为 240kg/m³,金川龙首镍矿也于 1965 年开始应用戈壁集料作为集料的胶结充填工艺,并采用电耙接力输送。其充填体水泥单耗量为 200kg/m³。这种传统的粗骨料胶结充填的输送工艺复杂,且对物料级配的要求较高,因而一直未获得大规模推广使用。在 20 世纪七八十年代,上述充填几乎被细砂胶结充填完全取代。细砂胶结充填于 70 年代开始在凡口铅锌矿、招远金矿和焦家金矿等矿山获得应用。细砂胶结充填以尾矿、天然砂和棒磨砂等材料作为充填集料,胶结剂主要为水泥。集料与胶结剂通过搅拌制备成料浆后,以两相流管输方式输入采场进行充填。因细砂胶结充填兼有胶结强度和适于管道水力输送的特点,于 80 年代得到广泛推广应用。目前,以分级尾矿、天然砂和棒磨砂等材料作为集料的细砂胶结充填工艺与技术已日臻成熟,并已在 20 余座矿山应用细砂胶结充填。

第四阶段:20 世纪八九十年代,随着采矿工业的发展,原充填工艺已不能满足回采工艺的要求,同时,也达不到进一步降低采矿成本或环境保护的需要,因而发展了高浓度充填技术、膏体充填、块石砂浆胶结充填和全尾矿胶结充填等新技术。高浓度充填是指充填材料到达采场后,虽有多余水分渗出,但其多余水分的渗透速度很低、浓度变化较慢的一种充填方式。制作高浓度的物料包括天然集料、破碎岩石料和选矿尾砂。对于天然砂和尾矿料的高浓度概念,一般是指重量浓度达到了 75% 的充填材料浆。所谓膏体充填则指充填材料呈膏状,在采场不脱水,其胶结充填体具有良好的强度特性。块石砂浆胶结充填则指以块石作为充填集料,以水泥浆或砂浆作为胶结介质的一种在采场不脱水的高质量充填技术。全尾矿胶结充填则是指尾矿不分级,全部用作矿山充填材料,这对于尾矿产率低和需要实现零排放目标的矿山是十分有价值的。国外有澳大利亚的坎宁顿矿,加拿大的基德克里克矿、洛维考特矿、金巨人矿和奇莫太矿,德国的格隆德矿,奥地利的布莱堡矿,以及南非、美国和俄罗斯的一些地下矿山都在近年来应用了这些新的充填工艺与技术。国内则分别在凡口铅锌矿、济南的张马屯矿、湘西金矿等矿山投入应用。

目前矿山应用的充填采煤方法与技术[43-66]主要如下。

1）胶结充填采矿法

胶结充填始于 20 世纪 50 年代的加拿大,经过几十年的发展,高浓度的胶结充填技术现在已经被应用于实践,如似膏体充填、膏体充填等。胶结充填材料包括胶结剂、充填骨料和水。一般地讲,胶结剂应满足以下两个条件:第一,形成的胶结充填体达到控制岩层移动和地表变形所需的强度;第二,胶结剂和对应的充填材料成本低廉。新型的材料主要有全砂材料与高水速凝材料。前者所固结的砂土中含泥量可达 50% 甚至更高,而水泥一般在 20% 左右;后者能将自身体积 9 倍或更高倍数的水凝结成固体,具有速凝早强的特性。

2）覆岩离层注浆充填法

覆岩离层注浆充填法是利用矿层开采后覆岩开裂过程中形成的离层空间,借助高压注浆泵,从地面通过钻孔向离层空间注入充填材料,占据空间、减少采出空间向上的传递,支撑离层上位岩层、减缓岩层的进一步弯曲下沉,从而达到减缓地表下沉的目的。

该充填法近年才开发研究。研究认为采场离层带的产生是有一定条件的,即在煤层上覆岩层中存在硬度明显不同且具有一定厚度的岩层。且通过试验表明,在工作面前后方 15~20m 处离层发展最为充分。我国自 20 世纪 80 年代后期先后在大屯徐庄煤矿、新汶华丰煤矿、兖州东滩煤矿等进行了离层注浆试验,不同程度地减缓了地表沉陷,取得了一定的实践经验。但现在对离层注浆充填法减少地表沉降的效果尚存在争论。

3）冒落矸石空隙注浆胶结充填减沉法

该技术利用冒落带岩石的碎胀性注入胶结材料对采空区矸石进行固结,现在尚处于实验阶段。此充填法有以下特点:第一,浆液充填至采空区冒落矸石的空隙;第二,浆液凝固后有胶结性能及一定的强度;第三,充填浆液凝固后无水析出,克服了水砂充填排滤水的难题;第四,充填与采煤平行作业。

4）粉煤灰部分代替水泥充填法

在应用水砂胶结充填的矿井中,为了节约生产成本和保护生态环境,有人提出用热电厂的粉煤灰部分地代替水泥形成充填材料浆,取得了良好的经济与社会效益。粉煤灰是热电厂排弃的废料,占用土地资源、污染周围环境,我国粉煤灰现阶段的累计排放量在 1 亿 t,但利用率仅为 23%。研究表明,粉煤灰是一种人工火山灰材料,具有一定的胶结性能,可以部分地代替水泥,在矿山充填领域具有广阔的应用前景。

5）固体充填采煤法

固体充填采煤[67-71]指采用矸石、粉煤灰、黄土和风积沙等固体充填材料或其混合体对煤炭开采的采空区进行充填。

在煤炭生产中伴随产生的固体废物矸石占煤炭产量的 15%~25%,我国历年累计堆放的矸石约 55 亿 t,而且堆积量每年还以 4.0 亿~6.0 亿 t 的速度增加。美国年产矸石量也在 1.5 亿 t,经洗选产生的入选煤量的 30% 作为矸石直接排放于矸石山。相关专家学者普遍认为,煤矿排矸带来的问题,可以通过矸石作为充填材料在井下得以解决。

粉煤灰是燃煤火力发电厂煤粉燃烧熔融后排出的粉末状固体废物,国外对粉煤灰的开发利用较早,在 20 世纪 30 年代就探索利用粉煤灰配制粉煤灰混凝土。美国、英国、苏联、荷兰、日本等发达国家相继开始对粉煤灰的物理化学特性、实践应用等进行了深入的研究和开发,现已明确作为一种二次资源进行开发利用。我国粉煤灰研究开发利用始于 50 年代,主要集中在水泥和混凝土应用开发试验研究上,并已在工程建设中广为应用,其实,国内外对于粉煤灰的应用研究相当广泛,主要方面有:矿山充填、水泥生产、建筑工程、道路工程、农业、污水处理、工业原料提取等。

根据矿区的地理环境和矿井废弃物排放情况,固体充填还可以采用黄土和风积沙充填。如在我国西北矿区,在矸石和粉煤灰充填材料匮乏的情况下,可以利用地面黄土或地表风积沙作为充填材料。

合理的固体充填技术能够置换出更多的煤炭资源,从而提高煤炭资源的采出率。矸石充填技术在 19 世纪 50 年代的欧洲煤炭行业中应用较为普遍。美国在长壁工作面以及近距离煤层开采中,也采用了固体充填技术。同时,有文献认为矸石充填技术能控制地表的下沉,从而达到加强矿井通风的管理、防止井下煤炭自燃的目的。风流经过井下通风系统中的风墙、风桥时会出现漏风的状况,这些都是由于地表运动产生裂隙造成的,固体充填技术可以解决上述问题。

固体充填的方法一般根据充填材料充填采空区的方式来确定,包括人工充填、机械充填、风力充填、水力充填。常用的两种充填方法是风力充填和水力充填。不同的充填系统的充填材料一般由新掘进矸石、矸石山矸石、砂子、采石场碎石及粉煤灰等组成,并且加入胶结料或其他添加剂。随着煤炭机械化水平的不断提高,机械充填在效率、资源保护和人力节省上明显较人力充填、风力充填和水力充填更具优势。机械化的固体充填方法主要有以下几种。

(1) 掘巷充填采煤方法。掘巷充填采煤技术是以岩巷、半煤岩巷掘进过程产生的矸石或者煤流中的矸石等作为充填材料,通过在工厂煤柱、条带开采留设的煤柱中布置充填巷,在充填巷掘出后利用矸石充填输送机将矸石充填于充填巷,以通过构筑充填体达到置换出煤炭资源、控制地表沉陷、实现矸石不上井的目的。

掘巷充填采煤技术实现矸石充填置换煤柱的目的,需要一整套能适应充填巷道的机械化设备,以保证充填速度及充填效果。充填设备要和矸石输送装置可靠配套,在充填部退移后,应能使整套装备通过自动调整,始终保持正常工作,或在简单的手动调整后,能使整套装备迅速恢复工作。

掘巷充填采煤技术中主要的设备有矸石充填输送机以及机尾驱动式矸石带式输送机,分别如图 1-2 和图 1-3 所示。

(2) 普采(或炮采)充填方法。长壁普采(或炮采)充填采煤技术总体技术思路为:将岩巷和半煤岩巷(煤矸分装)掘进矸石或地面矸石山矸石用矿车运至井下矸石车场,经翻车机卸载,破碎机破碎后,进入矸石仓。通过矸石仓下口,经带式输送机或刮板输送机将破碎后的矸石运入上下山,由带式输送机或刮板输送机转载入采煤工作面的回风平巷,再经工作面采空区刮板输送机运至工作面采空区抛投式充填机尾部,由抛投式充填机向采空区抛矸充填。在长壁普采(或炮采)充填采煤技术中,抛投式充填机、刮板输送机是充填采煤工艺中最关键的设备,主要包括运矸带式输送机、电动机、支架等。其中,抛矸带式输

图 1-2　矸石充填输送机

图 1-3　机尾驱动式矸石带式输送机

送机与巷采充填采煤方法所采用矸石输送机原理基本相同。

（3）综合机械化固体充填采煤技术。所谓综合机械化固体充填采煤技术,是指在综合机械化采煤作业面上同时实现综合机械化固体充填作业。综合机械化固体充填采煤是在综合机械化采煤的基础上发展起来的,与传统综采相比较,综合机械化固体充填采煤可实现在同一液压支架掩护下采煤与充填并行作业,其工艺包括采煤工艺与充填工艺。其中,采煤与运煤系统布置与传统综采完全相同,不同的是综合机械化充填采煤技术增加了一套将地面充填材料安全高效输送至井下,并运输至工作面采空区的充填材料运输系统,以及位于支架后部用于采空区充填材料压实的压实系统。一般充填固体(矿区固体废弃物)需从地面运至充填工作面,为实现高效连续充填,需建设投料井、井下运输巷及若干转载系统,最后将固体充填材料送入多孔底卸式输送机,卸落至充填工作面内。

（4）采选充采一体化技术。随着我国煤炭资源的高强度大规模开采,矿井正面临以下新的问题:①开采深度不断增加,大大提高了矿井提升费用;②地质条件复杂多变,原煤含矸率高;③在部分高瓦斯矿井,采用半煤或全岩解放层开采,产生了大量的矸石。然而,目前煤矿矸石井下处理方法主要为填充废弃巷道或硐室、用作沿空留巷巷旁支护材料,矸石的处理能力和利用效率低,远远不能满足要求。在此背景下,提出了采选充采一体化技术,即是将煤矿井下采煤、选煤与充填技术有机地集成在一起,实现井下煤流矸石分选系统、充填矸石综合供应系统以及充填采煤生产系统的协调与统一,形成一种绿色、循环的矿井生产新模式。其基本技术原理为:工作面采出的原煤于井下进行分选,将分选出的矸石、井下掘进矸石以及地面矸石一起运送至固体充填采煤工作面进行采空区充填。

第 2 章　综合机械化固体充填采煤技术

所谓综合机械化固体充填采煤技术,是指用机械方法落煤和装煤,输送机运煤和液压支架支护的采煤方法和用机械方法把固体充填材料直接密实充填到采空区的方法的合成。

2.1　综合机械化充填采煤技术发展历程

综合机械化固体充填采煤技术中,矸石等固体充填材料通过运矸系统输送至悬挂在充填支架后顶梁的多孔底卸式输送机上,再由多孔底卸式输送机的卸料孔将矸石充填入采空区,最后经充填支架后部的压实机进行压实。图 2-1 即为综合机械化固体充填采煤作业原理(支架)与综合机械化采煤作业原理对比。

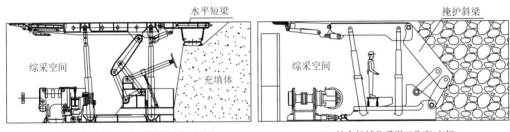

(a) 综合机械化固体充填采煤工作面(支架)　　　　　　(b) 综合机械化采煤工作面(支架)

图 2-1　综合机械化固体充填采煤与综合机械化采煤工作面对比示意图

综合机械化固体充填采煤方法是综合机械化采煤和综合机械化固体充填两种方法的有机合成,综合机械化采煤方法与传统综采方法相一致,而综合机械化固体充填方法[72-81]是我国具有完全自主知识产权的创新成果。综合机械化固体充填采煤方法的工作面布置方式与传统综采工作面布置基本相同,其中在采煤工作面的后部,即在采空区侧布置充填作业面,再在工作面轨道巷内布置一条运输固体充填材料的带式输送机,将固体充填材料输送至多孔底卸式输送机上。在这种工作面布置方式中,可实现充填与采煤在同一工作面系统中并行作业。

实现在同一工作面系统中充填与采煤两项作业并举的核心装备是综合机械化充填采煤液压支架。众所周知,实现固体充填采煤的三大要点是充填空间、充填通道与充填动力,而在这种工作面布置系统中就可完成:①充填采煤液压支架与传统综采支架相比拆除了传统综采液压支架的掩护后顶梁,代之以水平后顶梁,可将固体材料直接充入水平后顶梁掩护的空间内,而不是采空区内;②由带式输送机将充填材料运至挂在掩护后顶梁下面的多孔底卸式输送机,形成充填材料的连续输送通道;③充填材料由于自重从多孔底卸式输送机卸料孔中落入后顶梁的掩护空间内,再利用压实机(辅助动力)将充填体向采空区压实,实现固体密实充填。

通过对固体充填采煤方法和技术的深入研究,至今,综合机械化充填采煤液压支架已经历了从第一代到第四代的发展历程,如图 2-2 所示。

当初,由于受综合机械化固体充填采煤第一次工业性试验经费投入的限制,第一代充填采煤液压支架是用退役的旧综采支架改造而成,但工业性试验也取得了预期的效果。从图 2-2(a)中可以看到,第一代充填采煤液压支架架型是正四连杆四柱支撑式,与其他三代的显著区别在于没有设计充填材料的主动压实系统。

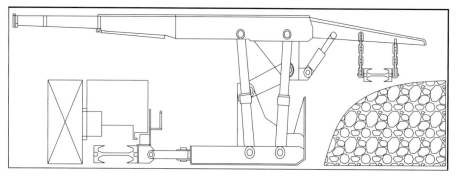

(a) 第一代充填采煤液压支架

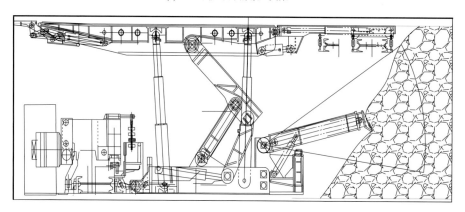

(b) 第二代充填采煤液压支架

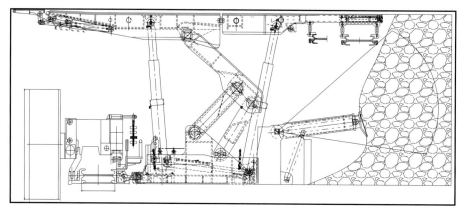

(c) 第三代充填采煤液压支架(四柱非同轴铰接)

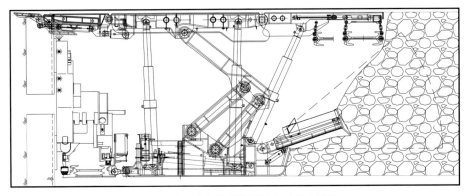

(d) 第四代充填采煤液压支架(六柱支撑式)

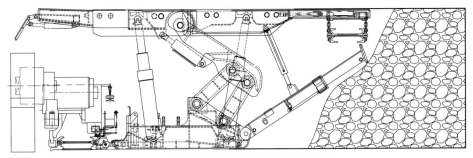

(e) 第四代充填采煤液压支架(四柱同轴铰接)

图 2-2　综合机械化固体充填采煤的四代液压支架

从图 2-2(b)中可以看到,第二代充填采煤液压支架是针对固体充填采煤专门设计的新型支架,增设了主动压实系统,在实践中取得了良好的效果,实现了对采空区的密实充填,充实率可达 80％以上。但由于支架后顶梁与支架主体部分仅用支撑角度很小的液压油缸(千斤顶)支撑,缺少足够的支架强度来控制后顶梁上方顶板的下沉。

从图 2-2(c)中可以看到,第三代充填采煤液压支架是试图来克服前两代支架对后部顶梁支撑强度不足而专门设计的,但在使用过程中很难克服后部顶梁的平衡控制以及后立柱与压实系统之间的结构矛盾,因而在样机试验后没有投入工业性应用。

从图 2-2(d)、(e)中可以看到,第四代充填采煤液压支架为正四连杆四柱与六柱支撑式,它克服了前三代充填采煤液压支架所存在的缺点,却汇集了前三代的优点,被我们确定为固体充填采煤的基本定形架型,也是固体充填采煤现场普遍应用的架型。

2.2　普采(或炮采)机械化抛矸充填采煤技术

2.2.1　机械化抛矸充填采煤系统布置

长壁普采(或炮采)机械化抛矸充填采煤技术总体技术思路为:将岩巷和半煤岩巷(煤矸分装)掘进矸石或地面矸石山矸石用矿车运至井下矸石车场,经翻车机卸载,破碎机破碎后,进入矸石仓。通过矸石仓下口,经带式输送机或刮板输送机将破碎后的矸石运入上下山,由带式输送机或刮板输送机转载入采煤工作面的回风平巷,再经工作面采空区刮板输送机运至工作面采空区抛投式充填机尾部,由抛投式充填机向采空区抛矸充填。下面以盛泉矿业公司为例介绍一下长壁普采(或炮采)机械化抛矸充填采煤技术系统布置。

盛泉矿业公司工业性试验面为21103西工作面。煤层厚度1.6～1.8m,平均厚为1.65m,煤层倾角8°～15°,平均12°。基本顶为粉细互层,13.5m,Ⅰ类顶板;直接顶为粉砂岩,4.0m,Ⅱ类顶板,其充填采煤系统布置如图2-3所示,21103西长壁炮采充填采煤工作面的充填矸石主要来源如图2-4所示。

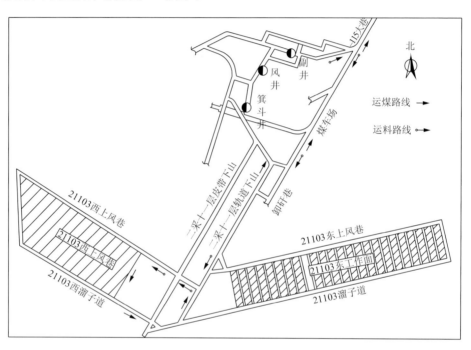

图2-3　21103西炮采充填工作面系统布置

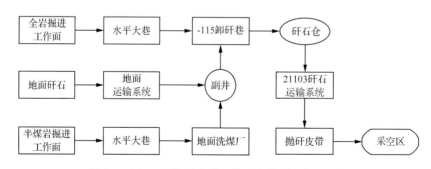

图2-4　21103西炮采充填工作面充填矸石来源示意

如图2-4所示,21103西长壁炮采充填采煤工作面的充填矸石主要来源有三部分:第一部分是掘进工作面产生的全岩矸石,通过卸矸装置进入矸石仓,再进入矸石运输系统,进入充填工作面,通过充填设备充填到采空区;第二部分是半煤岩掘进工作面的煤矸石,经地面洗煤厂洗选后,运回井下,同掘进全岩矸石一样充填到工作面采空区;第三部分是地面矸石通过副井,运到地下矸石仓,再用矸石运输系统运送到充填工作面。

2.2.2　机械化抛矸充填采煤关键设备

在长壁普采(或炮采)机械化抛矸充填采煤技术中,抛投式充填机、刮板输送机是充填采煤工艺中最关键的设备,由抛投式充填机、电动机、支架等部分组成,分别如图2-5、图2-6所示。该抛投式充填机的带速可达 $5 \sim 8m/s$,矸石的最大抛出距离(L)可达$4.0 \sim 5.0m$,一次充填宽度可达 4m 以上,抛投式充填机高度(Y)范围为 $1.2 \sim 1.4m$,长度(X)为 $4 \sim 5m$,用抛矸动能使矸石充分接顶,提高堆矸密度和充填质量。

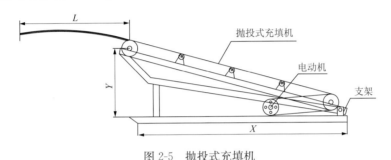

图 2-5　抛投式充填机

图 2-6　刮板输送机现场实拍

为使抛投式充填机能够具有灵活性、使用范围广的性能,对普通带式输送机进行了改造:一是在带式输送机尾处增加一套推力轴承系统,使带式输送机可左右摆动 $90°$,更有利于现场使用和转向;二是带式输送机架增加了调高系统,使抛投式充填机的高度可任意调节,适用于各种煤层厚度的工作面使用;三是将抛投式充填机驱动由机头滚筒改为机尾滚筒,可有效解决由于机头处环境差对设备使用带来的不便,同时可减少升降带式输送机的工作阻力;四是抛投式充填机的调高系统采用单体液压支柱调高,可直接利用工作面乳化液泵站供给的液压动力,而不需要采用外加液压系统,减少了系统设备的占用空间。

2.2.3 机械化抛矸采煤与充填工艺

长壁普采(或炮采)充填采煤系统布置如图2-7所示。

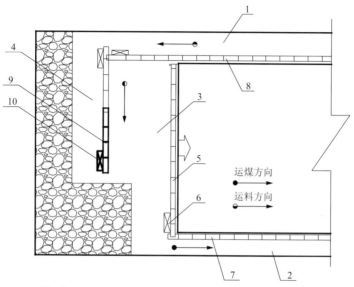

1-回风巷；2-进风巷；3-采煤工作面；4-充填工作面；5-刮板输送机；
6-采煤机；7-运煤带式输送机；8-运矸带式输送机；9-刮板输送机；10-抛矸带式输送机

(a) 平面图

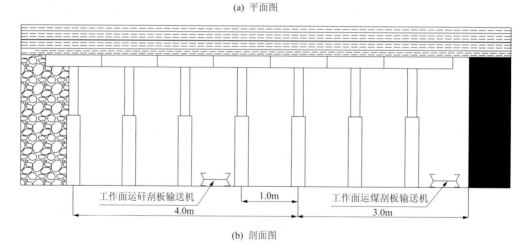

(b) 剖面图

图 2-7　长壁普采(或炮采)充填采煤系统布置

　　工作面采用单体液压支柱配合金属铰接顶梁支护，排距为1.0m，柱距为0.8m。工作面推进七排支柱后停采，开始做充填准备工作，在近采空区第三排支柱处沿工作面方向加密支柱，柱距变为0.4m，再挂竹笆等作为充填挡墙，采空区中间沿工作面方向铺设刮板输送机与抛投式充填机，在分段回撤采空区及上循环充填挡墙支柱后，按由下到上的顺序开始充填，随充填接实顶板随回撤支柱，超前2.0m挂高度为1.5m的挡矸帘。充填结束后工作面每推进4.0m进行一次矸石充填，按充填量确定工作面推进时间。在矸石充填完毕前,工作面推进 4.0m,以实现间断开采,连续充填。抛投式充填机抛矸充填示意图如图 2-8 所示。

图 2-8　抛投式充填机抛矸示意

工作面进风巷运煤,回风巷运矸,其中采煤工作面铺设一部运煤刮板输送机,充填工作面铺设一部刮板输送机与抛投式充填机,运煤刮板输送机随工作面推进前移,刮板输送机与抛投式充填机随充填区域的缩短而缩短。

我国盛泉矿业公司于 2006 年最早开始试验和使用长壁普采(或炮采)充填采煤技术,该技术充填系统简单,机械化程度较高,装备投资少,充填效果较好,保护地面建筑物非常有效,实现了将采掘工作面产生的矸石全部充填到工作面采空区,基本上达到了矸石不升井的目的,并回收了煤炭资源。但该技术需要较多矸石,充填地点较远时矸石运送距离长。

2.3　综合机械化采空区储矸充填采煤技术

2.3.1　采空区储矸充填采煤系统布置

采空区储矸充填采煤总体技术思路为:通过布置充填采煤液压支架和多孔底卸式输送机,使充填综采工作面生产系统、充填系统融合为一体,架前采煤与架后充填同时进行,充填过程中无需人员进入采空区,通过多孔底卸式输送机下刮板的推平和自重作用,对矸石进行压实,实现采空区储矸充填采煤。

储矸充填采煤试验工作面为翟镇煤矿七采区 7403 工作面,位于七采区轨道下山东侧,南邻 7402 工作面,北邻 7405 工作面。工作面走向长 802~875m,倾斜长 150m。对应地表为由东南向西北分别为穆家店、镇医院、学校、镇政府相关单位及家属区等建筑物,地面标高为 +123.2~+176.9m,工作面埋深在 680.5~729.7m。7403 工作面开采 4♯煤层,基本顶为灰黑色粉砂岩,厚度 11.7~14.1m;直接顶为灰白色细砂岩;直接底为深灰色细砂岩,厚度 7.2~13.5m;老底为灰-深灰色粉砂岩,厚度 5.0~10.9m。

采空区储矸充填采煤系统设计的基本原则是尽量利用现有生产系统的巷道及设备。设计的运矸系统如下：充填矸石由各采区经东大巷运至七采区运矸上车场，经翻车机卸载→运矸刮板输送机→破碎机→矸石仓→矸石运输下山带式输送机→转载平巷刮板输送机→下山转载巷刮板输送机→可缩桥式中间驱动带式输送机→7403 工作面架后多孔底卸式输送机→采空区。采空区储矸充填采煤系统布置如图 2-9 所示。

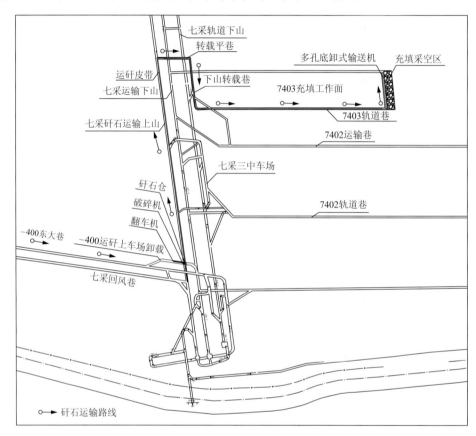

图 2-9　采空区储矸充填采煤系统布置

2.3.2　采空区储矸充填采煤关键设备

根据长壁综采的装备与开采特点，采空区储矸充填采煤工作面关键的设备为充填采煤液压支架（第一代充填采煤液压支架）和多孔底卸式输送机。充填采煤液压支架的功能是实现架前掩护采煤作业，架后掩护矸石充填作业。充填采煤液压支架主要由顶梁、伸缩梁、立柱、底座、尾梁、尾梁调节千斤顶、尾梁之下悬挂的多孔底卸式输送机和圆环链等构成，结构如图 2-10 所示。充填采煤液压支架前、后配备双侧同向不等位的两部输送机，即前部回采工作面刮板输送机和后部悬挂于支架尾梁的多孔底卸式输送机。充填采煤液压支架除了满足综采面生产时的顶板支护要求，同时满足充填采空区的目的。

充填采煤液压支架基本原理是：支架前梁下布置综采机组设备进行采煤作业，取消斜掩护梁而设计平行短尾梁，尾梁下吊挂一部多孔底卸式输送机，多孔底卸式输送机槽板上

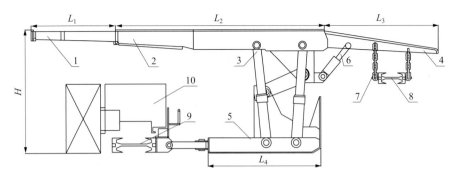

图 2-10　矸石充填采煤液压支架示意图

1-支架伸缩梁；2-支架顶梁；3-立柱；4-支架尾梁；5-支架底座；6-尾梁调整千斤顶；7-悬挂链；8-多孔底卸式输送机；
9-工作面刮板输送机；10-采煤机；L_1-支架伸缩梁长度；L_2-支架顶梁长度；L_3-支架尾梁长度；L_4-底座长度

开若干可控制的卸料孔，多孔底卸式输送机和运矸巷的运矸带式输送机相连接，将矸石运进采空区并从卸料孔中落下，以实现充填，多孔底卸式输送机卸料充填原理如图 2-11所示。

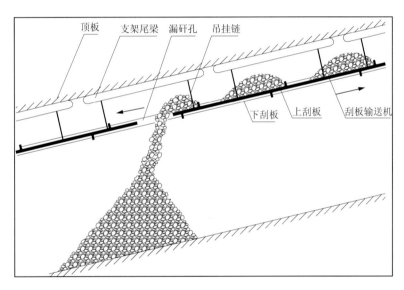

图 2-11　多孔底卸式输送机卸料充填原理

多孔底卸式输送机溜槽由四条圆链悬挂在尾梁之下，悬挂圆环链与其两侧的吊环连接，溜槽槽板上开有充填用的卸料孔，如图 2-12 所示。

2.3.3　采空区储矸充填与采煤工艺

采空区储矸充填与采煤工艺设计包括综采采煤工艺与充填工艺。采煤工艺与传统综采采煤工艺相同，包括割煤、移架与推移刮板输送机。充填工艺在采面割完两刀煤后进行，其工艺过程如下：

第一，每班按照正规循环割两刀煤（即进尺 1.2m），然后停止割煤，移直多孔底卸式输

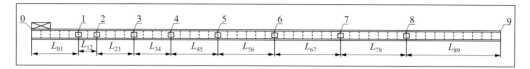

图 2-12　多孔底卸式输送机卸料孔布置

0-多孔底卸式输送机机头；1-1♯卸料孔（5♯支架）；2-2♯卸料孔（7♯支架）；3-3♯卸料孔（11♯支架）；
4-4♯卸料孔（15♯支架）；5-5♯卸料孔（20♯支架）；6-6♯卸料孔（26♯支架）；7-7♯卸料孔（33♯支架）；
8-8♯卸料孔（40♯支架）；9-多孔底卸式输送机机尾

送机的机头与机尾。检查充填系统的完好情况，准备充填工作。

第二，首先启动工作面多孔底卸式输送机，然后依次启动可缩桥式中间驱动带式输送机、下山转载巷矸石运输刮板输送机、转载平巷矸石运输刮板输送机、矸石运输下山带式输送机，进行采空区矸石充填。

第三，充填时采用多孔底卸式输送机机头向机尾方向依次充填，也即先打开多孔底卸式输送机机头的第一个插板进行"自由落体"充填阶段、"自充自压"阶段，待此段矸石输送机溜槽顶端距支架尾梁 200mm 时，关闭第一个插板，打开第二个插板，重复上述工作，待8 个插板全部完成上述两个阶段后，再同时打开全部 8 个插板，进行"充分压实"阶段的工作。

2.4　综合机械化固体密实充填采煤技术

综合机械化固体充填采煤是在综合机械化采煤的基础上发展起来的，与传统综采相比较，综合机械化固体充填采煤可实现在同一液压支架掩护下采煤与充填并行作业，并设置了压实机构对充入采空区的固体充填材料进行压实。其工艺包括采煤工艺与充填工艺。

2.4.1　固体密实充填采煤系统布置

1. 固体密实充填采煤系统整体布置

综合机械化固体密实充填采煤技术[82-100]的基本思想是将地面的矸石、粉煤灰、建筑垃圾、黄土、风积沙等固体废弃物通过垂直连续输送系统运输至井下，再用带式输送机等相关运输设备将其运输至充填工作面，借助充填材料转载输送机、充填采煤液压支架、多孔底卸式输送机等充填采煤关键设备实现采空区密实充填。井下掘进矸石破碎后，可以直接运输至工作面进行充填。固体密实充填采煤系统布置如图 2-13 所示。

综合机械化固体密实充填采煤的运煤、运料、通风、运矸系统如下。

运煤系统：充填采煤工作面→运输平巷→运输上山→运输大巷→运输石门→井底煤仓→主井→地面。

运料系统：副井→井底车场→辅助运输石门→辅助运输大巷→采区下部车场→轨道上山→采区上部车场→回风平巷→充填采煤工作面。

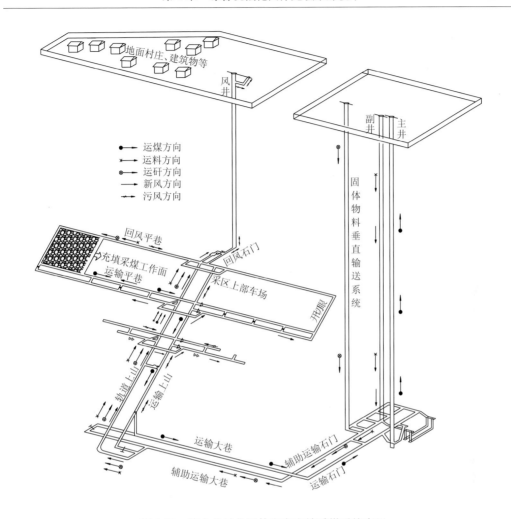

图 2-13　综合机械化固体密实充填采煤系统布置

通风系统:新风由副井→井底车场→辅助运输石门→辅助运输大巷→轨道上山→运输平巷→充填采煤工作面;污风由回风平巷→回风石门→回风大巷→风井。

运矸系统:地面→固体物料垂直输送系统→井底车场→辅助运输石门→辅助运输大巷→轨道上山→回风平巷→充填采煤工作面。

由于运矸系统与运料系统有部分运输路线重叠,也即辅助运输石门、辅助运输大巷、轨道上山及回风平巷均为机轨合一巷。因此,在巷道设计中,要充分考虑巷道的断面大小,保证设备的安全运行,并符合《煤矿安全规程》的规定。

2. 地面固体充填材料输送系统

在地面上为充填材料的运输、加工及存储服务的各种建(构)筑物及设备统称为地面运输系统,它是地面充填材料来源的首要环节。现以矸石山矸石运输至投料井为例,介绍地面固体充填材料输送系统。

一般地面固体充填材料输送系统分为三个环节：①将矸石山矸石装载至输送机上。此环节主要采用推土机、装载机及装料漏斗等设备，把矸石山矸石装载至带式输送机或者刮板输送机上。②破碎矸石。输送机把矸石运输至破碎系统，破碎粒径为 50～150mm。③运输至投料井口。破碎后的矸石，经带式输送机运输至投料井口。此时地面设有专用控制系统来调节矸石运输量，在必要的情况下需要设置地面矸石仓。地面固体充填材料输送系统如图 2-14 所示。

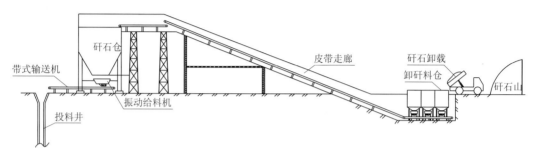

图 2-14　地面固体充填材料输送系统布置

3. 固体物料垂直输送系统

与综合机械化固体充填采煤技术配套的两种充填材料投放系统是直接投放系统与垂直连续输送系统。由于投料落差一般为 50～900m，需要对投料井的孔径、料仓、防冲击及料管的耐磨性等方面进行优化设计。

1）直接投放系统

该种方法将地面矸石等固体物料经破碎等前期工序后运输至垂直投料输送系统井口，物料被投放至投料井内经缓冲装置缓冲后进入储料仓，工作面充填时将其通过给料机放出，再经带式输送机运至工作面，垂直投料输送系统的主要设备包括地面运输装置、缓冲装置、满仓报警装置、清仓装置、控制装置等。直接投放系统结构如图 2-15 所示。

2）垂直连续输送系统

垂直连续输送系统是通过钢丝绳提升，将固体物料投放在托盘上，随着电机带动天轮旋转，旋转的天轮带动钢丝绳做循环运动，托盘上的物料随钢丝绳的下移，最终在经过下部导向轮时实现卸料，然后通过井下带式输送机，运输至工作面进行充填。该系统主要包括地面运输设备、天轮及导向轮、钢丝绳、托盘等设备，如图 2-16 所示。

垂直连续输送系统的基本流程为：按从井下至地面的顺序依次开动各相关设备；系统在电机的带动下，开始以匀加速度空转，当其运行速度达到预定的速度时，开动地面输送机以及井下输送机，充填材料通过地面输送机投放到投料井筒内，落到连接在钢丝上的托盘内；随着充填材料不断投入管内，开始实施电动机制动，使钢丝绳的速度稳定在预定的速度上；当托盘到达井下改向轮时，承载板转向，充填材料在自重作用下开始卸料，通过放料口底部进入井下输送机。同时，托盘经过天轮向上移动。如此反复，完成矿渣从地面到井下的运输。当系统需要停止时，首先停止地面输送机给料，再通过电机使得钢丝绳减速，直至所有托盘上的充填材料卸完，钢丝绳便停止移动，整个垂直连续输送系统停止工作。

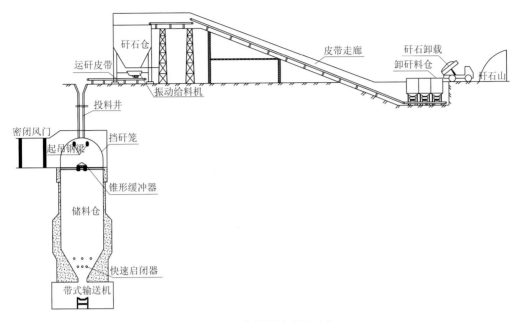

图 2-15 直接投放系统示意

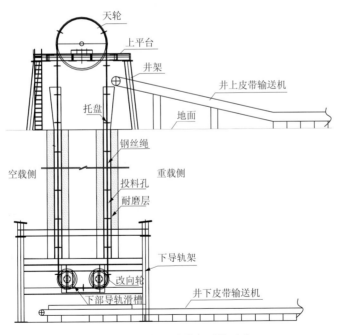

图 2-16 垂直连续输送系统示意

整个系统主要由三部分组成,即地面部分、井下部分和控制部分。地面部分主要带式输送机、入料装置、厂房、井架、传动机构、天轮等组成;井下部分有投料管、托盘及连接装置、导向装置、改向轮、给料机、井下带式输送机、拉紧装置等;控制部分有计量装置、监控装置、控制台等。

2.4.2 固体密实充填采煤关键设备

综合机械化固体密实充填采煤关键设备包括采煤设备与充填设备。其中采煤设备主要有采煤机、刮板输送机、充填采煤液压支架等；充填设备主要有多孔底卸式输送机、自移式充填材料转载输送机等。

1. 充填采煤液压支架

充填采煤液压支架是综合机械化固体密实充填采煤工作面的主要装备之一，它与采煤机、刮板输送机、多孔底卸式输送机、压实机配套使用，起着管理顶板隔离围岩、维护作业空间的作用，与刮板输送机配套能自行前移，推进采煤工作面连续作业。

随着综合机械化固体密实充填采煤在我国各大矿区的进一步推广与应用，逐步形成了两种基本架型，分别是四柱与六柱支撑式充填采煤液压支架。

1）六柱支撑式充填采煤液压支架

六柱支撑式充填采煤液压支架主要由前顶梁、前立柱、后立柱、底座、四连杆机构、后顶梁、多孔底卸式输送机、压实机构等构成。后顶梁由两根斜立柱支撑，以增加支架后顶梁的支护强度和稳定性。根据四连杆机构的不同，六柱支撑式充填采煤液压支架分为正四连杆、反四连杆两种，后者是在前者的基础上创新而来，在支架的前顶梁掩护下有采煤操作通道，其采煤、移架、推溜等工序均在该通道内进行；在支架后顶梁的掩护下有充填操作通道，前部采煤与后部充填操作通道分离。六柱支撑式充填采煤液压支架原理如图 2-17 所示。

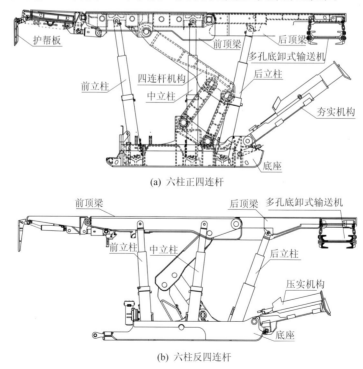

(a) 六柱正四连杆

(b) 六柱反四连杆

图 2-17　六柱支撑式充填采煤液压支架结构原理图

2）四柱支撑式充填采煤液压支架

四柱支撑式充填采煤液压支架与六柱支撑式充填采煤液压支架主体结构相似，主要不同点在于取消了后立柱，改用后部千斤顶支承后顶梁，整架为前后顶梁、四连杆机构同轴铰接。尾部压实机构有两种调节角度方法，一种是在底座上设置千斤顶，另一种是在后顶梁上设置千斤顶。四柱支撑式充填采煤液压支架原理如图 2-18 所示。

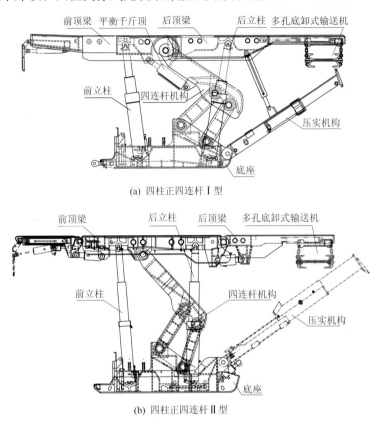

(a) 四柱正四连杆 I 型

(b) 四柱正四连杆 II 型

图 2-18　四柱支撑式充填采煤液压支架结构原理图

2. 多孔底卸式输送机

多孔底卸式输送机是基于工作面刮板输送机研制而成的，其基本结构同普通刮板机类似，不同之处是在多孔底卸式输送机下部均匀地布置卸料孔，用于将充填材料卸载在下方的采空区内。多孔底卸式输送机机身悬挂在后顶梁上，与综采面上、下端头的机尾、机头，组成整部的多孔底卸式输送机，用于充填材料的运输，与充填采煤液压支架配合使用，实现工作面的整体充填。压实机安装在支架底座上，对多孔底卸式输送机卸下的充填材料进行压实。为了控制卸料孔的卸料量和卸料速度，在卸料孔下方安置有液压插板，在液压油缸的控制下，可以实现对卸料孔的开启与关闭。

3. 自移式充填材料转载输送机

为了实现固体充填材料自低位的带式输送机向高位的多孔底卸式输送机机尾的转载,自移式充填材料转载输送机由两部分组成:一部分是具有升降、伸缩功能的转载输送机;另一部分是能够实现液压缸迈步自移功能的底架总成。转载输送机铰接在底架总成上。可调自移机尾装置也有两部分组成:一部分是可调架体;另一部分也是能够实现液压缸迈步自移功能的底架总成。转载输送机和可调自移机尾装置共用一套液压系统,操纵台固定在转载输送机上。

2.4.3 固体密实采煤与充填工艺

1. 采煤工艺

采煤工艺与综合机械化采煤工艺相同。

2. 充填工艺

充填工艺按照采煤机的运行方向相应分为两个流程:一是从多孔底卸式输送机机尾到机头;二是从多孔底卸式输送机机头到机尾。

(1)当采煤机从多孔底卸式输送机机尾向机头割煤时的充填工艺流程为:在工作面刮板运输机移直后,将多孔底卸式输送机移至支架后顶梁后部,进行充填。充填顺序由多孔底卸式输送机机尾向机头方向进行,当前一个卸料孔卸料到一定高度后,即开启下一个卸料孔,随即启动前一个卸料孔所在支架后部的压实机千斤顶推动压实板,对已卸下的充填材料进行压实,如此反复几个循环,直到压实为止,一般需要2~3个循环。当整个工作面全部充满,停止第一轮充填,将多孔底卸式输送机拉移一个步距,移至支架后顶梁前部,用压实机构把多孔底卸式输送机下面的充填材料全部推到支架后上部,使其接顶并压实,最后关闭所有卸料孔,对多孔底卸式输送机的机头进行充填。第一轮充填完成后将多孔底卸式输送机推移一个步距至支架后顶梁后部,开始第二轮充填,其工艺流程图如图2-19所示。

(2)当采煤机从多孔底卸式输送机机头向机尾割煤时的充填工艺流程为:工作面充填顺序整体由机头向机尾、分段局部由机尾向机头的充填方向。在采煤机割完煤的工作面进行移架推溜,然后开始充填。首先在机头打开两个卸料孔,然后从机头到机尾方向把所有的卸料孔进行分组,每四个卸料孔为一组。首先把第一组机尾方向的第一个卸料孔打开,当第一个卸料孔卸料到一定高度后,即开启第二个卸料孔,随即启动第一个卸料孔所在支架后部的压实机,对已卸下的充填材料进行压实,直到压实为止。然后关闭第一个卸料孔,打开第三个卸料孔,如此反复,直到第一组第四个卸料孔压实时即打开第二组的第一个卸料孔进行卸料。按照此方法把所有组的卸料孔打开充填完毕后再把机头侧的两个卸料孔充填完毕,从而实现整个工作面的充填,其工艺流程图如图2-20所示。

不同充填阶段对应充填设备工作状态如图2-21所示。

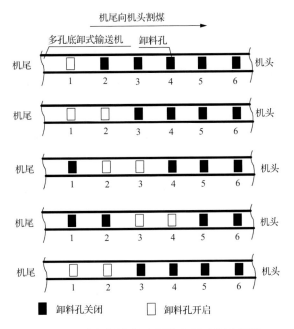

图 2-19 由机尾向机头割煤充填工艺示意图

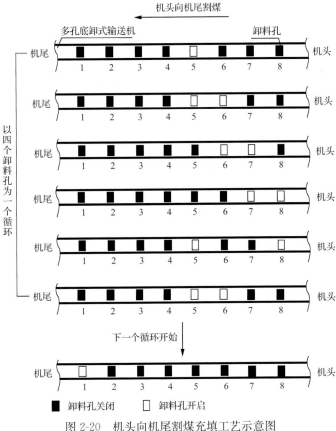

图 2-20 机头向机尾割煤充填工艺示意图

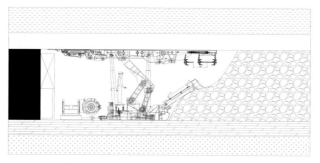

(a) 多孔底卸式输送机初次充填材料到一定高度工作示意

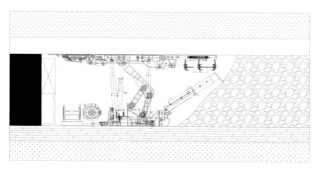

(b) 压实机压实充填断面中上部的工作状态

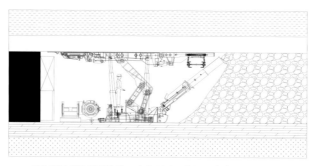

(c) 多孔底卸式输送机拉移一个步距后压实机压实充填断面上部状态

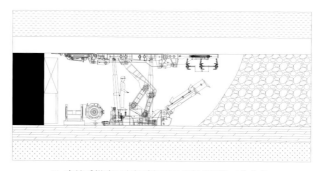

(d) 充填采煤液压支架移架后及物料充填前工作状态

图 2-21　不同充填阶段对应充填设备工作状态示意

3. 固体充填与采煤工艺优化组合

固体充填采煤技术的工艺包括工作面的采煤工艺与充填工艺,为了保证采煤与充填可以同时进行,设计了充填采煤液压支架,实现了采煤与充填综合机械化并行作业,节省了充填工艺所占用的时间,保证了固体充填采煤工作面的煤炭产量。

以长度为 100m 的工作面为例,采用"三八制"循环作业方式,则每个采煤班均可以完成三次采煤、三次充填工艺的循环,即工作面每个班可以进三刀、充填三次。正规循环作业表如图 2-22 所示。

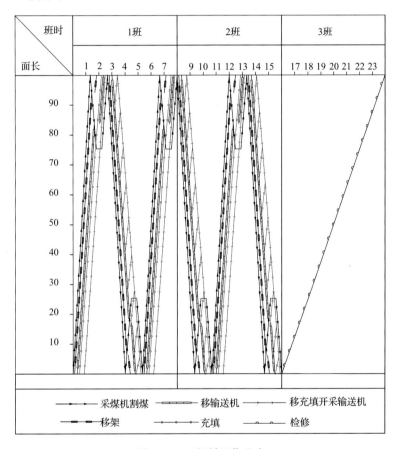

图 2-22 正规循环作业表

2.5 采选充采一体化固体充填采煤技术

结合目前的经济技术条件和矿企发展的需要,在第三代综合机械化固体充填采煤技术的基础上,发展和形成了第四代综合机械化采选充采一体化固体充填采煤技术。该技术通过研究地面矸石运输系统、井下矸石不升井系统和井下煤流矸石分选系统,开发出适合井下选煤的关键技术与装备,提高井下煤矸分离效能,形成高效的井下煤矸分选和采空区充填技术,实现全部矸石于井下处理与有效控制岩层移动及地表沉陷,从而形成一种新型矿井生产技术模式。

2.5.1　采选充采一体化技术原理

充填采煤所采用的充填材料主要来自矿井自身产生的矸石、电厂产生的粉煤灰及矿区周边可用的固体材料等。一方面,充填前期主要采用地面矸石山的矸石,若按照一般1.2～1.8的充采比设计,地表矸石山矸石的储量不足以维持井下多工作面的充填需求;另一方面,井下矸石运至地面会加重运输系统的负担,尤其是运输路线较长的矿井,因此,井下煤矸分离是实施充填采煤重要的辅助措施,可以同时解决矸石的长距离输送问题,降低井下矸石提升费用、减少煤矸石地表堆积面积、保护生态环境,越来越多的国有大型煤矿将煤矸分离技术应用到井下。

井下煤矸分离与矸石充填采煤技术的有机结合,是充填采煤技术进一步发展的方向,地面运输及投料系统被井下煤矸分离系统取代,充填材料直接来源于井下,生产系统集约化程度更加集中。通过集成地面矸石运输系统、井下矸石不升井系统和井下煤流矸石分选系统,开发出适合井下选煤的关键技术与装备,提高井下煤矸分离效能,形成高效的井下煤矸分选和采空区充填技术,实现矸石井下直接处理与充填采煤对岩层移动及地表沉陷的有效控制。

其基本技术原理为:工作面采出的原煤于井下进行分选,分选出的矸石、掘进矸石及地面矸石运送至固体充填采煤工作面进行采空区充填。

2.5.2　井下煤流矸石洗选系统

一般情况下,井下煤矸分选技术的选择不但与井下实际条件相关,更与井下分选煤炭的煤质密切相关。此外,由于井下硐室空间有限,为不影响井下煤炭的正常生产,要求分选设备的尺寸较小,同时又要考虑使分选设备的处理能力与井下生产能力相匹配,充分利用井下生产系统及巷道的布置情况,分析煤炭来源,减少洗选巷道硐室工程量,简化井下运输路线,合理衔接运煤运矸系统等。在充分考虑以上因素的基础上,选择合理的分选工艺和设备,建立井下煤流矸石洗选系统。井下各个采掘工作面采出的原煤经运输系统运至井下洗选系统进行处理,选出的矸石经运矸系统运至充填工作面进行充填,选出的精煤通过主运输系统运至地面,井下煤流矸石洗选系统布置如图2-23所示。

2.5.3　采选充采关键设备

采选充采关键设备包括固体充填采煤关键设备和井下煤矸分选设备,采煤主要设备有采煤机、刮板输送机、充填采煤液压支架等;充填设备主要有自移式充填材料转载输送机、多孔底卸式输送机及压实机构等。其中采煤机、刮板输送机均是常规的设备,其选型与综采面设备选型无异。而其他设备则是固体充填采煤关键设备,其选型需结合充填采煤的要求进行。

鉴于井下空间狭小、安全性需求高、生产能力匹配及连续生产等实际情况,井下分选设备选择需满足:体积小、防爆性好、实用性强、分选效果好、可靠性高等。目前井下煤矸

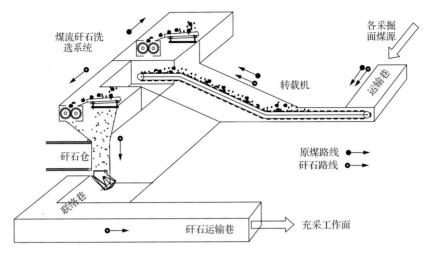

图 2-23　井下煤流矸石洗选系统布置示意图

分选的方法主要有:煤矸选择性破碎方法、重介质选煤法、动筛跳汰法等。

以动筛跳汰方法为例,其原理为物料在动筛跳汰机中受脉动介质(水、空气)流作用按密度分层,进而达到分选的目的。其设备简单、成本较低、生产效率高,工艺系统简单,是井下分选排矸的优选方案之一。所采用的动筛跳汰机结构示意如图 2-24 所示。

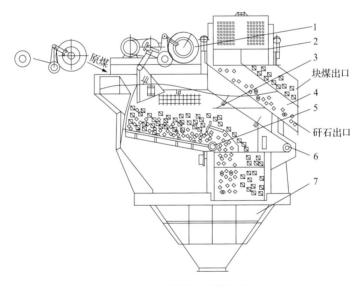

图 2-24　动筛跳汰机结构示意

1-驱动机构;2-提升轮;3-筛箱;4-溜槽;5-排矸轮;6-箱轴;7-槽体

动筛跳汰机具有用水量少(仅为传统湿法选煤的 1/10)、工艺系统简单等优点。根据动筛驱动方式的不同,动筛跳汰机分为液压式动筛跳汰机和机械式动筛跳汰机两种,前者以液压作为动力源,需要配备液压系统,后者则利用机械传动作为动力源,系统相对简单,辅助装置相对减少。其中 WD2000 型动筛跳汰机单位面积处理能力见表 2-1。

表 2-1　WD2000 型动筛跳汰机单位面积处理能力

分选作业名称	单位面积处理能力/[t/(m² · h)]			
	极易选煤	易选煤	中等可选煤	难选煤
不分级入选	16~18	15~17	13~15	11~13
块煤分选	18~20	16~18	14~16	12~14
末煤分选	14~16	13~15	10~12	9~10
再选	9~10			

2.5.4　采选充采工艺

1. 洗选工艺

跳汰排矸系统的工艺如下：井下原煤通过分级筛，筛上物（+50mm）进入入料带式输送机，筛下物进入末煤带式输送机，进入入料带式输送机的筛上物经过机械动筛跳汰机分选后，矸石进入矸石带式输送机后充填至工作面，块煤进入末煤带式输送机；机械动筛跳汰机的煤泥水进入煤泥水处理工艺，跳汰排矸工艺流程如图 2-25 所示。

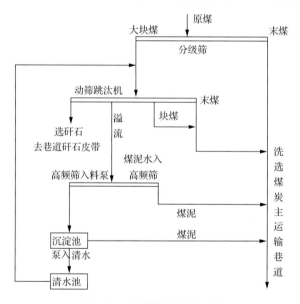

图 2-25　动筛跳汰法及工艺

2. 充采工艺

充填工作面充采工艺与 2.4.3 节所述的固体密实采煤与充填工艺一致。

基 础 理 论

第3章　固体充填材料物理力学特性测试

随着固体充填采煤技术的发展,以及在全国范围内的推广应用,固体充填材料呈现多样化趋势。主要充填材料包括矸石、粉煤灰、黄土、风积沙和露天矿渣等。充填材料是固体充填采煤技术中的重要组成部分,研究充填材料在压实过程中的物理力学特性,可为掌握采空区充填体与覆岩耦合变形的基本特征及了解充填采煤采场覆岩变形的基本规律均具有较强的理论指导与现实意义。

3.1　固体充填材料来源与基本特性

3.1.1　固体充填材料来源

近年来,随着固体充填采煤技术的深入发展及全国性的规模化应用,针对充填材料的相关研究也日益增多,充填材料的种类日渐丰富。目前,矸石、粉煤灰、黄土、风积沙和露天矿渣等充填材料皆已在相关矿井得到应用。矿井可根据实际情况就地取材,可从尾矿库、矸石山、黄土坡、露天排渣场、电厂粉煤灰排放处等地选取合适的充填材料充填采空区。充填材料来源现场实拍如图 3-1 所示。

(a) 尾矿库

(b) 矸石山

(c) 黄土坡

(d) 露天排渣场

(e) 电厂粉煤灰排放处

图 3-1　充填材料来源现场实拍

3.1.2　固体充填材料基本特性

不同种类的充填材料来源不同，各自具有其独特的物理力学特性[101-111]，包括其形状、数量及粒径分布等，矸石、粉煤灰、黄土、风积沙及露天矿渣等充填材料基本特性如下：

（1）矸石分为掘进矸石和洗选矸石两大类。掘进矸石主要是由煤矿开拓或准备巷道掘进中产生的岩石组成；洗选矸石是由工作面回采过程中采出的夹矸以及少量的顶底板岩石，经矿井地表选煤厂洗选分离后排放的岩石。洗选矸石较掘进矸石粒径大且块度均匀。我国煤矿现有矸石山 1600 余座，堆积量约 55 亿 t，目前每年矸石产量为 4 亿～6 亿 t，占地 400～600hm^2。

（2）粉煤灰是从煤燃烧后的烟气中收捕下来的细灰，是燃煤电厂的主要固体排放物。颗粒呈多孔型蜂窝状组织，具有较高的吸附活性，粒径范围为 0.5～300.0μm，有很强的吸水性。煤矿区自备电厂生产中排放粉煤灰历年达 5 亿 t 以上，随着电力工业的发展，粉煤灰排放量逐年增加，每年新增 0.5 亿～0.7 亿 t。

（3）黄土是在干燥气候条件下形成的多孔性具有柱状节理的黄色粉性土。颗粒大小介于黏土与细砂之间，呈浅黄色或黄褐色。主要分布于广大西北地区的黄土高原以及华北平原和东北地区的南部。黄土高原的面积占全国黄土分布总面积的 70% 以上，黄土层的厚度一般都达 100m 以上，陕北和陇东的局部地区达 150m，陇西地区可超过 200m。

（4）风积沙是经由风吹而积淀的沙层，多见于沙漠、戈壁。颗粒的粒径范围主要为 0.074～0.250mm，占 90% 以上；大于 0.25mm 的颗粒极少，仅占 0.1%；而小于 0.074mm 的颗粒也只有不足 9%，均匀度较好。风积沙分布广泛，主要集中于我国东北、华北及西北地区。

（5）露天矿渣是露天煤矿开采时排放的大量矿渣混合料。露天矿渣粒径较大。多分布于我国露天矿周边地区，据不完全统计，露天矿每开采 1t 煤平均排放矿渣 0.2～0.4t，是固体充填采煤较理想的充填材料。

3.2 固体充填材料的基本物理力学特性

3.2.1 固体充填材料的矿物成分

1. 矿物成分测试

矿物成分测试所选用的充填材料试样包括矸石、粉煤灰及黄土。采用的仪器为 D/Max-3B 型 X 射线衍射仪(X-Ray diffraction instrument，D/Max-3B, Made by Rigaku Co. Japan)。测试条件：Cu 靶，Kα 辐射，石墨弯晶单色器。狭缝系统：DS(发散狭缝)，1°；RS(接收狭缝)，1°；SS(防散射狭缝)，0.15mm；RSM(单色器狭缝)，0.6°。X 射线管电压：35kV。X 射线管电流：30mA。

定性分析扫描方式：连续扫描，扫描速率 3°/min，采样间隔 0.02°。

定量分析扫描方式：步进扫描，扫描速率 0.25°/min，采样间隔 0.01°。

1) 定性分析

利用粉末衍射联合会国际数据中心(JCPDS-ICDD)提供的各种物质标准粉末衍射资料(PDF)，并按照标准分析方法进行对照分析。矸石与掘进矸石的定性分析结果如下：

(1) 矸石：含有较多的石英、高岭石，有部分伊利石、伊蒙混层和少量绿泥石、菱铁矿、黄铁矿等矿物。

(2) 粉煤灰：含有较多的非晶物质，有部分莫来石、石英、伊利石和少量方解石、长石等矿物。

(3) 黄土：含有较多的石英，有部分绿泥石、伊利石、长石、蒙皂石、伊蒙混层、方解石及少量其他矿物。

2) 定量分析

按照中国标准(GB 5225—86)的 K 值法进行定量分析。矸石、粉煤灰和黄土的定量分析结果见表 3-1。

表 3-1 矿物组成成分(%)

送样	石英	高岭石	伊利石	伊蒙混层	蒙皂石	绿泥石	长石	方解石	非晶物质	其他
矸石	37	35	12	6	1	2	1	≤0.5	4	余量
粉煤灰	31	5	9	0	0	0	—	6	—	—
黄土	25	5	15	7	8	18	15	5	0	余量

矸石、粉煤灰和黄土的 X 射线衍射图谱分别如图 3-2 至图 3-4 所示。

2. 化学成分

矸石、粉煤灰和黄土的化学成分测试结果见表 3-2。

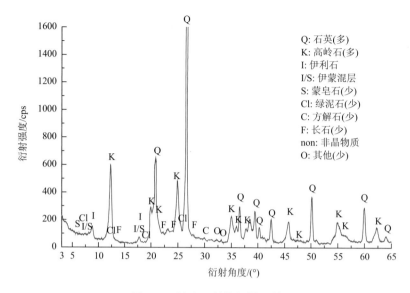

图 3-2　矸石 X 射线衍射图谱

cps：每秒脉冲数

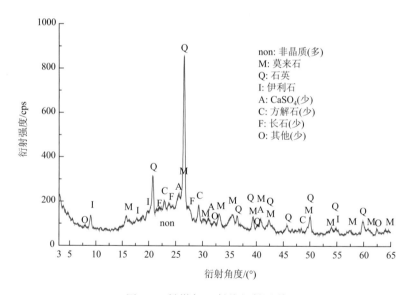

图 3-3　粉煤灰 X 射线衍射图谱

充填材料的矿物组成直接影响着充填材料的工程性质。由图 3-2 至图 3-4 及表 3-1 和表 3-2 可知，矸石、粉煤灰和黄土试样的成分中，SiO_2 的含量较高，可充当充填采煤时充填材料的骨架，可提高颗粒间的承载力，使充填材料具有较好的抗变形能力。此外，由于矸石、粉煤灰和黄土中含有 Al_2O_3 和 CaO 等物质，易使充填材料发生风化和水解。

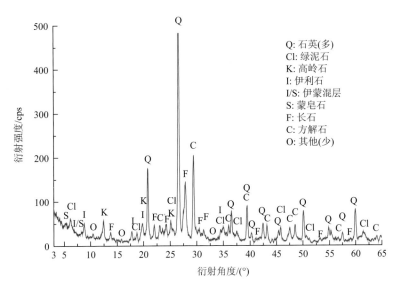

图 3-4　黄土 X 射线衍射图谱

表 3-2　矸石、粉煤灰和黄土化学成分(%)

送样	Na_2O	MgO	Al_2O_3	SiO_2	K_2O	CaO	Fe_2O_3	P	S
矸石	1.2	1.2	24.3	53.1	1.3	5.4	1.9	0.03	0.8
粉煤灰	1.5	1.2	25.5	48.8	0.6	4.2	4.7	0.07	1.0
黄土	1.6	2.1	11.9	57.5	2.5	6.1	4.3	0.05	0.9

送样	Ba	Mn	Cu	Pb	Zn	Ti	F	Cl
矸石	0.11	0.09	0.001	<0.0002	0.007	0.48	<0.045	0.019
粉煤灰	0.04	0.04	0.008	<0.0002	0.007	0.72	<0.045	0.024
黄土	0.06	0.06	0.005	<0.0002	0.006	0.65	<0.045	0.022

3.2.2　固体充填材料的细观结构特征

通过电镜扫描(scanning electron microscope，SEM)对矸石、粉煤灰、黄土、风积沙和露天矿渣的细观结构特征进行分析研究。

1. 矸石细观结构特征

矸石在不同分辨率条件下的 SEM 图片如图 3-5 所示，各图示细观结构描述见表 3-3。

由图 3-5 及表 3-3 可知，矸石颗粒比较致密，表面凹凸不平，具有被细小颗粒填充的空间。由此可以推断，压实初始阶段，细小颗粒将会相互挤占空间，逐步密实，其中的粗颗粒具有很强的承载能力。

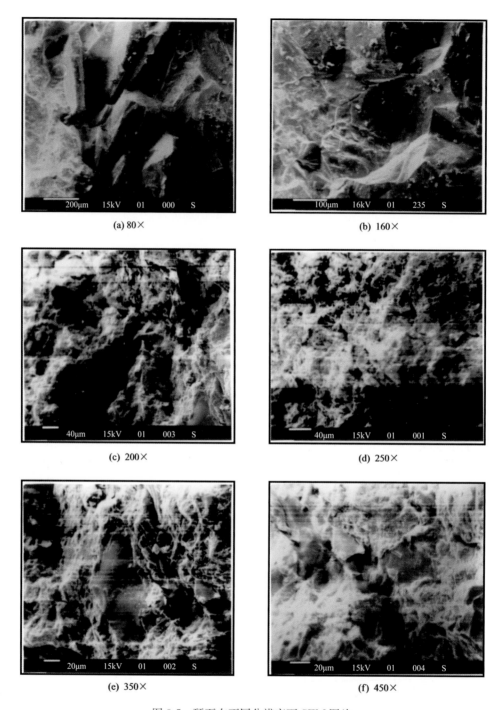

(a) 80×　　　　　　　　　　　　　　(b) 160×

(c) 200×　　　　　　　　　　　　　(d) 250×

(e) 350×　　　　　　　　　　　　　(f) 450×

图 3-5　矸石在不同分辨率下 SEM 图片

表 3-3　矸石 SEM 图片细观结构描述

序号	图号	分辨率	范围	图片说明
1	3-5(a)	80×	概貌	粗粒矿物间多镶嵌分布;压实特征明显;结构较致密;粗大孔洞及裂隙基本未见
2	3-5(b)	160×	局部放大	基本同上;粗粒矿物相对集中;与细粒黏土间具胶结构;孔隙不发育
3	3-5(c)	200×	局部放大	基本同上;粗粒矿物相对集中;结构致密,未见裂隙及粗大孔洞
4	3-5(d)	250×	局部放大	细粒黏土间微孔洞及裂隙不发育;未见明显层状分布规律
5	3-5(e)	350×	局部放大	粗粒矿物与黏土间基本具"胶结"结构;孔隙不发育
6	3-5(f)	450×	局部放大	局部钙质颗粒分布相对集中;晶体粗大结晶较完整

2. 粉煤灰细观结构特征

粉煤灰在不同分辨率条件下的 SEM 图片如图 3-6 所示,各图示细观结构描述见表 3-4。

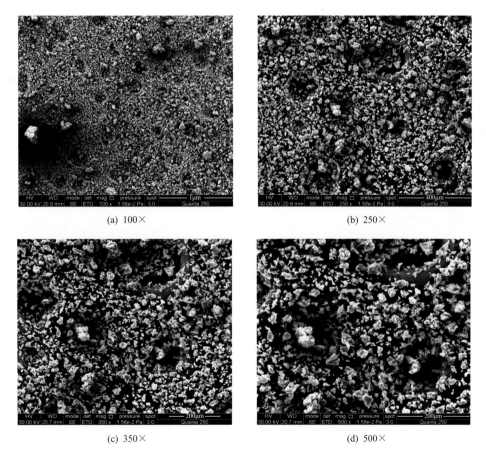

(a) 100×

(b) 250×

(c) 350×

(d) 500×

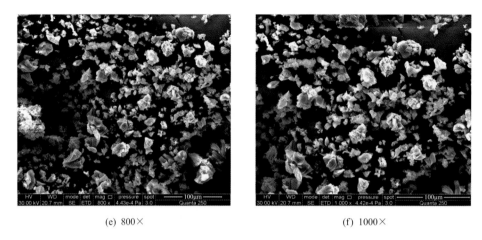

(e) 800×　　　　　　　　　　　　　　　　(f) 1000×

图 3-6　粉煤灰在不同分辨率下 SEM 图片

表 3-4　粉煤灰 SEM 图片细观结构描述

序号	图号	分辨率	范围	图片说明
1	3-6(a)	100×	概貌	细小颗粒均匀分布;孔隙较多;粗大孔洞基本未见
2	3-6(b)	250×	局部放大	基本同上;粗粒矿物相对集中,孔隙较多
3	3-6(c)	350×	局部放大	基本同上
4	3-6(d)	500×	局部放大	颗粒均匀,有孔隙分布
5	3-6(e)	800×	局部放大	颗粒形状多样,表层空洞较多
6	3-6(f)	1000×	局部放大	局部钙质颗粒分布相对集中;晶体粗大结晶较完整

由图 3-6 及表 3-4 可知,堆积的粉煤灰呈粉末状,内部蓬松,具有较大的塑性。粉煤灰颗粒呈不规则的片状结构,质量较轻,当受到外部压力的时候,容易产生变形。

3. 黄土细观结构特征

黄土在不同分辨率条件下的 SEM 图片如图 3-7 所示,各图示细观结构描述见表 3-5。

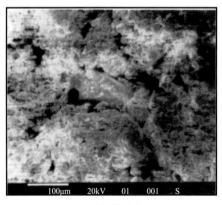

(a) 180×　　　　　　　　　　　　　　　　(b) 550×

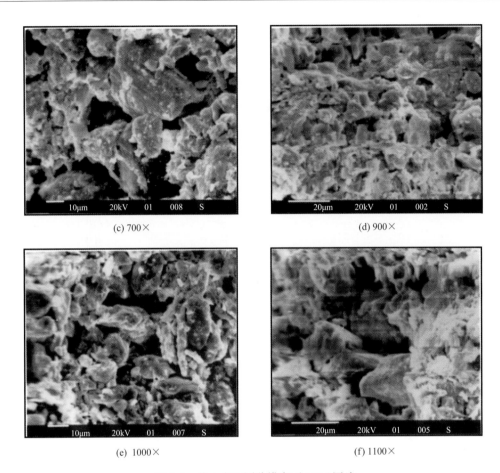

图 3-7　黄土在不同分辨率下 SEM 图片

表 3-5　黄土 SEM 图片细观结构描述

序号	图号	分辨率	范围	描述
1	3-7(a)	180×	概貌	粗粒矿物少见;细粒矿物与黏土团粒分布较均匀;部分区域有较大裂隙
2	3-7(b)	550×	局部放大	团粒间中孔及微孔发育;连通好
3	3-7(c)	700×	局部放大	粒间多以"点"接触方式构架;粒间孔隙较发育
4	3-7(d)	900×	局部放大	黏土矿物"层状"分布特征不明显;细粒矿物与细粒黏土基本呈松散堆积
5	3-7(e)	1000×	局部放大	局部黏土团粒间孔隙密度较大;结构松散
6	3-7(f)	1100×	局部放大	细粒矿物与黏土基本不具"胶结"结构,多为松散堆积

由图 3-7 及表 3-5 可知,黄土呈团状,团粒间中孔及微孔发育,连通性好。粗粒矿物少见,细粒矿物与黏土团粒分布较均匀。粒间多以"点"接触方式构架,粒间孔隙较发育,局部黏土团粒间孔隙密度较大,结构松散,抗压缩性能小。

4. 风积沙细观结构特征

风积沙在不同分辨率条件下的 SEM 图片如图 3-8 所示。各图示细观结构描述见表 3-6。

由图 3-8 及表 3-6 可知,风积沙颗粒细小且均匀,致密坚硬,颗粒之间空隙小且多,透气性良好。颗粒表面不规则,凹凸不平,孔隙不发育。由于颗粒细小均匀,能较好的传递压力,不易形成应力集中,总体积变化较难。

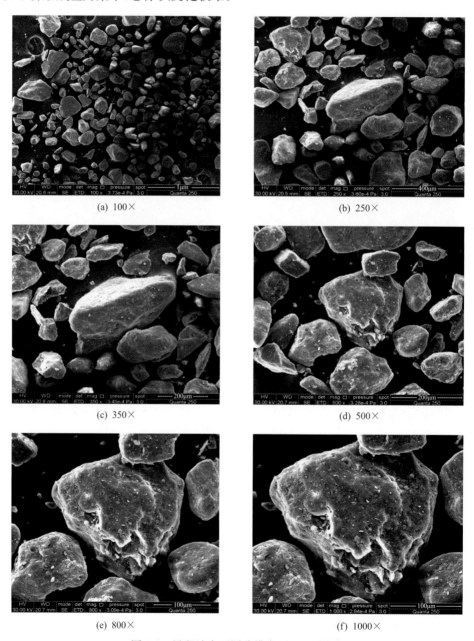

(a) 100×

(b) 250×

(c) 350×

(d) 500×

(e) 800×

(f) 1000×

图 3-8　风积沙在不同分辨率下 SEM 图片

表 3-6　风积沙 SEM 图片细观结构描述

序号	图号	分辨率	范围	图片说明
1	3-8(a)	100×	概貌	颗粒大小均匀分布；粗大颗粒间空隙较多
2	3-8(b)	250×	局部放大	基本同上；粗粒矿物相对集中；与细粒矿物相间分布；孔隙较大
3	3-8(c)	350×	局部放大	基本同上
4	3-8(d)	500×	局部放大	细小颗粒间微孔洞及裂隙发育
5	3-8(e)	800×	局部放大	粗大颗粒密实，有裂隙发育
6	3-8(f)	1000×	局部放大	粗大颗粒局部有叠层，孔隙发育

5. 露天矿渣细观结构特征

露天矿渣在不同分辨率条件下的 SEM 图片如图 3-9 所示。各图示细观结构描述见表 3-7。

由图 3-9 及表 3-7 可知，露天矿渣颗粒与矸石颗粒相似，都比较致密，表面凹凸不平，具有被细小颗粒填充的空间。不同之处在于露天矿渣粗大颗粒所占比例较大，细小颗粒较少，作为充填材料堆放时，颗粒间空隙较多。

综上所述，对比分析 5 种充填材料的电镜扫描呈现出的细观结构可得出如下结论：①矸石细小颗粒填充粗颗粒，但存在变形空间，颗粒比较致密，其中的粗大颗粒具有很强

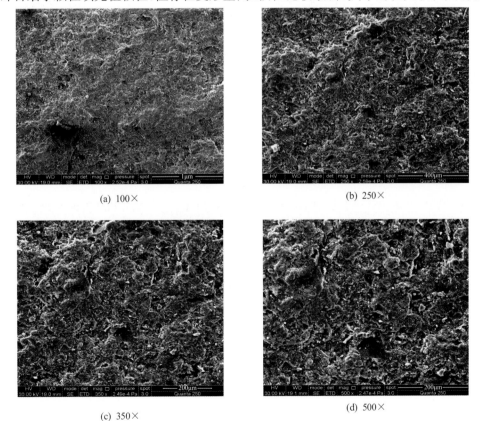

(a) 100×　　　　　　　　　　　　　　　(b) 250×

(c) 350×　　　　　　　　　　　　　　　(d) 500×

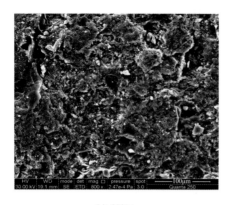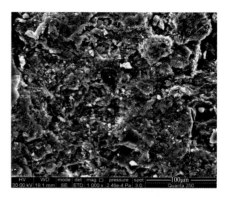

(e) 800×　　　　　　　　　　(f) 1000×

图 3-9　露天矿渣在不同分辨率下 SEM 图片

表 3-7　露天矿渣 SEM 图片细观结构描述

序号	图号	分辨率	范围	图片说明
1	3-9(a)	100×	概貌	粗粒矿物间多镶嵌分布;结构较致密;粗大孔洞及裂隙基本未见
2	3-9(b)	250×	局部放大	基本同上;粗大矿物相对集中
3	3-9(c)	350×	局部放大	基本同上;结构较致密;粗大孔洞及裂隙基本未见
4	3-9(d)	500×	局部放大	基本同上;表面凹凸不平,未发现孔隙;未见明显层状分布规律
5	3-9(e)	800×	局部放大	矿物颗粒间镶嵌分布;孔隙不发育
6	3-9(f)	1000×	局部放大	局部钙质颗粒分布相对集中;晶体粗大结晶较完整

的承载能力,抗压变形能力小于风积沙;②粉煤灰呈粉末状,内部蓬松,具有较大的塑性,颗粒呈不规则的片状结构,质量较轻,当受到外部压力的时候,更容易变形;③自然状态的高原黄土呈团状,团粒间中孔及微孔发育,连通性好,粗大矿物颗粒少见,粒间孔隙较发育,局部黏土团粒间孔隙密度较大,结构松散,抗压缩性能弱;④风积沙颗粒细小均匀,致密坚硬,能较好传递压力,不易形成应力集中,不易失稳,抗压能力强;⑤露天矿渣颗粒与矸石颗粒相似,都比较致密,不同之处在于露天矿渣粗大颗粒所占比例较大,细小颗粒较少,作为充填材料堆放时,颗粒间空隙稠密,变形空间更大,抗变形能力小于矸石。

3.2.3　固体充填材料的力学特性

在固体充填采煤中,矸石、粉煤灰、黄土、风积沙和露天矿渣等充填材料进行破碎后(破碎后粒径小于 50mm),通过垂直投料系统输送到井下储料仓,然后经井下充填材料输送系统输送到充填采煤工作面。最后通过充填采煤工作面的关键设备将充填材料充填入采空区,实现采空区的密实充填,从而达到支撑顶板、减少上覆岩层移动和控制地表沉陷的目的,由此可见,充填材料本身的力学特性将直接影响着采场上覆岩层的移动特征。

充填材料的力学特性一方面影响采空区充填体达到稳定的时间,另一方面其最终压缩量直接决定充填体对采场上覆岩层移动的抑制程度。岩层移动变形、充填体压缩变形及稳定时间均与充填材料的力学特性密切相关,因此,有必要对充填材料的力学特性进行深入的研究。

充填材料的力学特性[112-131]主要包括充填材料的碎胀、压实及时间相关特性等。碎胀性是指充填材料破碎后的体积比破碎前的体积增大的性质,即充填材料破碎后处于松散状态下的体积与充填材料破碎前处于整体状态下的体积之比。碎胀性对与充填材料配比的选择、采场矿压控制及顶板管理具有非常重要的意义;充填材料的压实特性主要是指充填材料在不同载荷作用下发生形状和体积的变化,包括应变-应力关系、压实度-应力关系等,压实特性对于掌握充填材料在采空区内压缩变形与顶板下沉相互作用关系具有重要的意义;充填材料的时间相关特性是指充填材料在载荷作用下,变形程度随时间逐渐增加的现象,研究充填材料的时间相关特性,对充分掌握覆岩的移动变形及采空区顶板变形稳定时间具有重要的理论和现实意义。

以上充填材料的力学特性均可通过实验室试验测得,测试结果可为分析固体充填采煤岩层移动特征及地表沉陷预计提供基础数据。

3.3　固体充填材料的碎胀与压实特性

通过测试充填材料的碎胀与压实特性,可以掌握固体充填采煤充填体在覆岩作用下的变形及其控顶效果。

3.3.1　固体充填材料的碎胀特性

本小节以矸石为例介绍充填材料碎胀的测试方法。

选取在单轴压缩试验中不同轴压下破断的试样进行试验。根据其破断前尺寸计算试样实体体积后,再进行一次性击碎,并用量筒测量其破碎后的体积。4 块试样在压实断裂时,因试样岩性的区别和破断前受压的不同,破断解理差异很大。试样被击碎后,破碎散体粒度不同,造成破碎体的孔隙度有差异,破碎散体体积也就有所差异,试验结果见表 3-8。

表 3-8　碎胀系数测试结果

项目	试样序号			
	1#	2#	3#	4#
破断压力 σ/MPa	116	88	94	75
碎胀系数 K_{pi}	1.92	1.82	1.81	1.63
平均碎胀系数 K_p	1.79			

由表 3-8 可知,矸石的平均碎胀系数 K_p 为 1.79,且单轴抗压强度大的的矸石试样,其碎胀系数大于单轴抗压强度小的试样。

3.3.2　固体充填材料的应变与应力关系

1. 试验材料及设备

试验材料包括矸石、粉煤灰、黄土、风积沙和露天矿渣。为满足固体充填采煤的需要,需将矸石与露天矿渣进行破碎,破碎后粒径小于 50mm,破碎后的粒径级配如图 3-10 所示;黄土、风积沙及粉煤灰不需破碎即可满足试验要求。

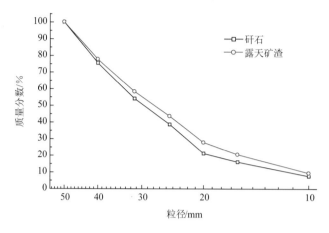

图 3-10　粒径级配分布

压实装置为自行设计的采用无缝钢管加工而成的钢筒,高度为 305mm,内径为 125mm,壁厚为 12mm;加载装置为 YAS-5000 电液伺服试验系统,最大轴向力为 5000kN,测控范围 0~250mm,压实加载采用载荷控制,加载由试验系统通过配于钢筒的活塞和传力杆实现,加载速率为 1~2kN/s,分别用载荷传感器和行程传感器测量充填材料在压实过程中的压实载荷和压实变形量,如图 3-11 所示。

图 3-11　试验设备

2. 试验方案

试验时 5 种充填材料各称取 9kg,矸石、露天矿渣按破碎后的粒径级配进行配制,将称量好的充填材料装入钢筒内以进行压实试验,分别测试 5 种充填材料的压实变形特性,为确保试验数据的真实有效性,以上每组试验均进行 3 次。具体试验方案见表 3-9。

表 3-9　充填材料压实特性试验方案

材料种类	取样方式	轴向应力/MPa
矸石	人工破碎级配	20
粉煤灰	人工取样	20
黄土	人工取样	20
风积沙	人工取样	20
露天矿渣	人工破碎级配	20

3. 试验结果及分析

充填材料在压实过程中的轴向应力与应变之间具有一定的相关性,为研究两者之间的关系,为实际工程提供参考依据,定义充填材料的轴向应力。为作用在充填材料上的轴向载荷 P 与受力面积 A 之比,其表达式为

$$\sigma = \frac{P}{A} \tag{3-1}$$

定义充填材料的应变 ε 为充填材料的压实变形量 Δh 与初始装料高度 h 之比,其表达式为

$$\varepsilon = \frac{\Delta h}{h} \tag{3-2}$$

不同充填材料应变-轴向应力关系曲线如图 3-12 所示。

不同充填材料应变-轴向应力的关系对比曲线如图 3-13 所示。

由图 3-12 和图 3-13 可知:

(1) 在压实过程中,5 种充填材料的应变-轴向应力关系十分相似,均呈对数形式。

(2) 随着压实应力的增大,5 种充填材料的应变逐渐增大,但增加的幅度越来越小,逐渐趋于稳定。

(3) 整个压实过程可分为快速压实、缓慢压实及稳定压实 3 个阶段:在快速压实阶段 (0~2.5MPa),由于充填材料颗粒间存在大量孔隙,颗粒间抵抗变形的能力较弱,因此变形较快;在缓慢压实阶段 (2.5~10.0MPa),随着应力的增加,颗粒开始大量破碎,破碎的小颗粒填充了孔隙,充填材料的孔隙率降低,充填材料抵抗变形的能力逐渐增大,因此,应变增长率逐渐减少;在稳定压实阶段 (10.0~20.0MPa),充填材料逐渐被压密,应变的变化率趋于零。

(4) 在相同应力条件下,5 种充填材料的应变大小依次为:黄土＞粉煤灰＞露天矿渣＞矸石＞风积沙,表明其抗变形能力依次为:风积沙＞矸石＞露天矿渣＞粉煤灰＞黄土。

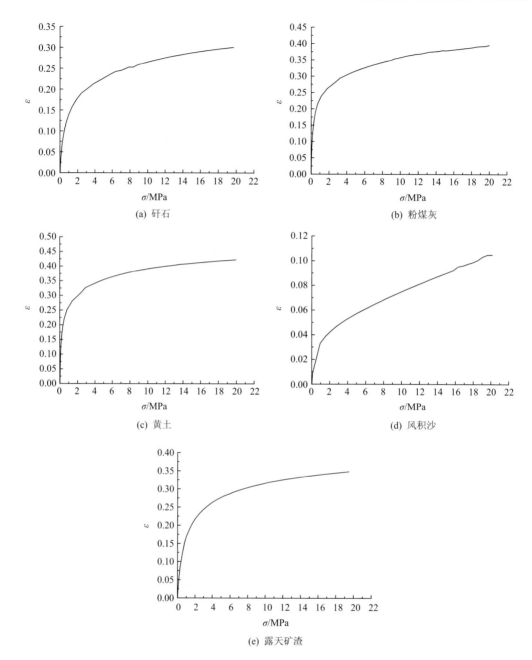

图 3-12　不同充填材料应变-轴向应力关系曲线

（5）当压力由 0MPa 加载到 20MPa 过程中，矸石 58.2％、粉煤灰 48.5％、黄土 72.6％、风积沙 36.7％和露天矿渣 58.3％的变形都发生在 0～2.5MPa 阶段内。

根据数据采集结果，对曲线进行拟合，得到其回归函数见表 3-10。

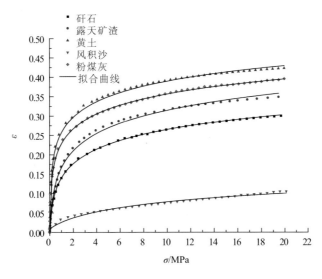

图 3-13　不同充填材料应变-轴向应力关系对比曲线

表 3-10　不同充填材料的应变-轴向应力回归

分类	ε-σ 方程	R^2
矸石	$\varepsilon=0.056\ln(11.412\sigma6+0.751)$	0.999 87
粉煤灰	$\varepsilon=0.056\ln(58.755\sigma-0.206)$	0.999 34
黄土	$\varepsilon=0.058\ln(85.999\sigma-0.934)$	0.999 45
风积沙	$\varepsilon=0.036\ln(0.769\sigma+1.272)$	0.999 98
露天矿渣	$\varepsilon=0.066\ln(11.711\sigma+0.641)$	0.998 65

3.3.3　固体充填材料的压实度与应力关系

充填材料的压实度是指充填材料受外力作用而被压实的程度。充填材料的压实度为充填材料压实后体积与原松散状态下体积的比值。压实度 k 的算式为

$$k = \frac{V_{ys}}{V_s} \tag{3-3}$$

式中：V_{ys} 为压实后的体积；V_s 为原松散状态下体积。

不同充填材料压实度-轴向应力关系曲线如图 3-14 所示。

不同充填材料压实度-轴向应力关系对比曲线如图 3-15 所示。

由图 3-14 和图 3-15 可知：

（1）5 种充填材料的压实度-轴向应力关系为非线性关系，且随着压实应力的增大，5 种充填材料的压实度逐渐减小，但减小的幅度越来越小，逐渐趋于稳定。

（2）在压实过程中，5 种充填材料的压实度-轴向应力关系与其应变-轴向因力关系具有相同的变化规律，也经历快速压实、缓慢压实及压实稳定 3 个阶段。

（3）充填材料的抗压实能力主要由材料的粒径和强度决定。黄土、风积沙与粉煤灰

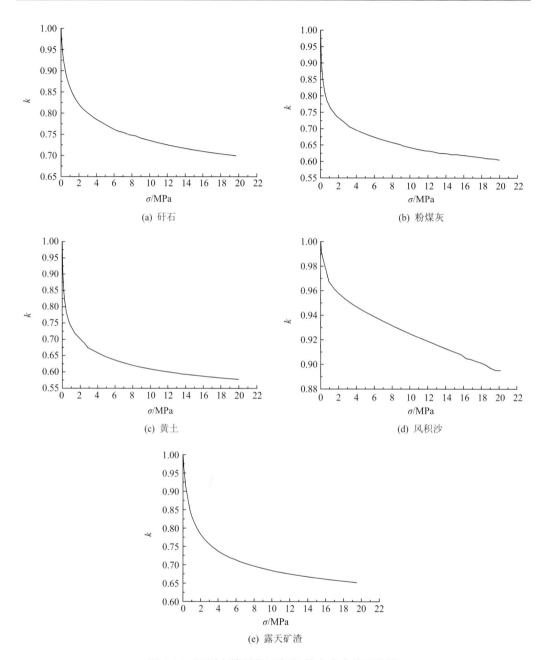

图 3-14　不同充填材料压实度-轴向应力关系曲线

的粒径均小于 2.5mm,但风积沙的强度最大,导致其抗压实能力最强。

　　(4) 对 5 种充填材料施加 1.5～2.5MPa 的压实力,可抑制充填材料的快速压实,防止顶板的突然垮落,确保工作面的安全生产。

　　根据数据采集结果,对曲线进行拟合,得到其回归函数见表 3-11。

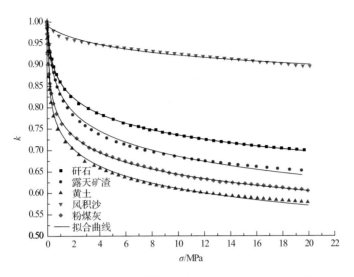

图 3-15 不同充填材料压实度-轴向应力关系对比曲线

表 3-11 不同充填材料的压实度-轴向应力回归函数

分类	k-σ 方程	R^2
矸石	$k=1-0.056\ln(11.412\sigma+0.751)$	0.999 87
粉煤灰	$k=1-0.056\ln(58.755\sigma-0.206)$	0.999 34
黄土	$k=1-0.058\ln(85.899\sigma-0.934)$	0.999 45
风积沙	$k=1-0.036\ln(0.769\sigma-1.272)$	0.999 98
露天矿渣	$k=1-0.066\ln(11.711\sigma+0.641)$	0.998 65

3.4 固体充填材料的时间相关特性

在充填采煤技术中,时间和采空区充填体变形情况是影响覆岩变形的主要因素。因此,对固体充填材料压实变形时间相关性的研究,为充分掌握覆岩的移动变形,深入了解采空区顶板变形稳定后充填体的变形情况,具有重要的理论和现实意义。

本节主要用试验的方法对充填材料试样进行测试,研究试样在某一恒定压力作用下变形的时间相关性,同时分析压力水平对其变形特征的影响,为掌握其压实变形的时间相关性、进一步完善充填材料的压实变形特征提供基础数据。

3.4.1 固体充填材料时间相关特性测试方法

压实变形时间相关特性测试仪器选用长春科新试验仪器有限公司出产的 YAS-5000 电液伺服试验系统,该系统的保载模式能够将压实力固定在定值。试验材料包括矸石、粉煤灰、黄土、风积沙和露天矿渣。具体试验方案见表 3-12。

表 3-12　充填材料时间相关特性试验方案

材料种类	取样方式	轴向应力/MPa				
矸石	人工破碎级配	2	5	10	15	20
粉煤灰	人工取样	2	5	10	15	20
黄土	人工取样	2	5	10	15	20
风积沙	人工取样	2	5	10	15	20
露天矿渣	人工破碎级配	2	5	10	15	20

模拟不同埋深条件对充填材料压实变形的时间相关变形规律进行研究,试验系统达到轴向应力的时间控制在 1～4min,保持载荷 7200s,并实时记录试验数据。

3.4.2　固体充填材料时间相关特性试验结果

根据表 3-12 确定的试验方案,对矸石、粉煤灰、黄土、风积沙和露天矿渣进行时间相关特性试验,将所得试验数据进行回归分析,整理得出其时间相关特性曲线,具体试验结果及分析如下:

(1) 矸石在 2MPa、5MPa、10MPa、15MPa 和 20MPa 压力水平下的时间相关特性曲线如图 3-16 所示。

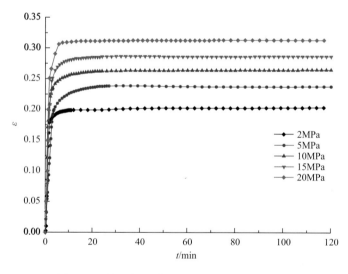

图 3-16　矸石在不同压力下时间相关特性曲线

由图 3-16 可知,在压力增大阶段,矸石变形较快,压力越大,变形越大;不同压力水平下的矸石最终应变量水平也不同,随着压力水平的增加,应变水平递增。在压力保持阶段,随着时间的增加,矸石变形呈近似直线状,流变变形较小。

根据数据采集结果,对时间相关特性曲线进行拟合,得到其回归函数见表 3-13。

由表 3-13 计算出压力稳定后矸石试样历经不同时间的压实变形量,见表 3-14。

表 3-13　不同压力矸石压实流变的应变-时间回归函数

分类	ε-t 方程	R^2
2MPa 流变	$\varepsilon=0.001796\ln t+0.1877$	0.957 62
5MPa 流变	$\varepsilon=0.001396\ln t+0.227$	0.947 56
10MPa 流变	$\varepsilon=0.001846\ln t+0.2492$	0.934 7
15MPa 流变	$\varepsilon=0.001045\ln t+0.2781$	0.957 8
20MPa 流变	$\varepsilon=0.001649\ln t+0.2997$	0.969 8

注：时间 t 的单位为 s。

表 3-14　历经不同时间后的矸石应变量(％)

分类	1 个月	3 个月	6 个月	12 个月
2MPa 流变	21.4	21.6	21.7	21.9
5MPa 流变	24.8	24.9	25	25.1
10MPa 流变	27.6	27.8	28	28.1
15MPa 流变	29.4	29.5	29.5	29.6
20MPa 流变	32.4	32.6	32.7	32.8

由图 3-16 及表 3-13 和表 3-14 可知,矸石试样在 2MPa、5MPa、10MPa、15MPa 和 20MPa 恒压下保持 7200s,试样的变形量分别为试样总高的 20.3％、23.9％、26.6％、28.7％和 31.4％。由于充填采煤采空区变形的稳定时间一般为 3～6 个月,根据回归方程计算得出充填体稳定后的总变形量分别为 21.7％、25.0％、28.0％、29.5％和 32.7％。

(2)粉煤灰在 2MPa、5MPa、10MPa、15MPa 和 20MPa 压力水平下时间相关特性曲线如图 3-17 所示。

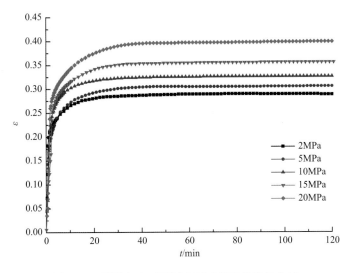

图 3-17　粉煤灰在不同压力下时间相关特性曲线

由图 3-17 可知,在压力增大阶段,粉煤灰变形较快,压力越大,变形越大;在压力保持阶段,随着时间的增加,粉煤灰变形呈近似直线状,流变变形较小。

根据数据采集结果,对时间相关特性曲线进行拟合,得到其回归函数见表3-15。

表 3-15　不同压力粉煤灰压流变的应变-时间回归函数

分类	ε-t 方程	R^2
2MPa 流变	$\varepsilon=0.00002567\ln t+0.2891$	0.947 63
5MPa 流变	$\varepsilon=0.001736\ln t+0.2843$	0.937 66
10MPa 流变	$\varepsilon=0.001366\ln t+0.3921$	0.954 3
15MPa 流变	$\varepsilon=0.001722\ln t+0.4454$	0.927 9
20MPa 流变	$\varepsilon=0.001127\ln t+0.46$	0.959 4

注:时间 t 的单位为 s。

由表 3-15 计算出压力稳定后粉煤灰试样历经不同时间的压实变形量,见表 3-16。

表 3-16　历经不同时间后的粉煤灰应变量(%)

分类	1 个月	3 个月	6 个月	12 个月
2MPa 流变	28.9	28.9	29.0	29.0
5MPa 流变	31.0	31.2	31.3	31.4
10MPa 流变	41.2	41.4	41.5	41.6
15MPa 流变	47.1	47.3	47.4	47.5
20MPa 流变	47.7	47.8	47.9	47.9

由图 3-17 及表 3-15 和表 3-16 可知,粉煤灰试样在 2MPa、5MPa、10MPa、15MPa 和 20MPa 恒压下保持 7200s,试样的变形量分别为试样总高的 28.9%、29.3%、40.4%、47% 和 47.2%。由于充填采煤采空区变形的稳定时间一般为 3~6 个月,根据回归方程计算得出充填体稳定后的总变形量分别为 29.0%、31.3%、41.5%、47.4% 和 47.9%。

(3) 黄土在 2MPa、5MPa、10MPa、15MPa 和 20MPa 压力水平下时间相关特性曲线如图 3-18 所示。

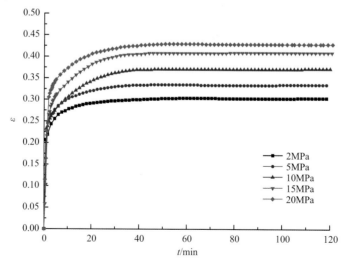

图 3-18　黄土在不同压力下时间相关特性曲线

由图 3-18 可知,在压力增大阶段,黄土变形较快,压力越大,变形越大,15MPa 和 20MPa 的变形值近似,说明 15MPa 以上,黄土已经压实致密;在压力保持阶段,随着时间的增加,黄土变形呈近似直线状,流变变形较小。

根据数据采集结果,对时间相关特性曲线进行拟合,得到其回归函数见表 3-17。

表 3-17　不同压力黄土压流变的应变-时间回归函数

分类	ε-t 方程	R^2
2MPa 流变	$\varepsilon=0.0006558\ln t+0.2972$	0.945 62
5MPa 流变	$\varepsilon=0.004651\ln t+0.2964$	0.927 86
10MPa 流变	$\varepsilon=0.004068\ln t+0.3382$	0.934 6
15MPa 流变	$\varepsilon=0.003338\ln t+0.4347$	0.947 5
20MPa 流变	$\varepsilon=0.001572\ln t+0.4543$	0.965 8

注:时间 t 的单位为 s。

由表 3-17 计算出压力稳定后黄土试样历经不同时间的压实变形量,见表 3-18。

表 3-18　历经不同时间后的黄土应变量(%)

分类	1 个月	3 个月	6 个月	12 个月
2MPa 流变	30.7	30.8	30.8	30.9
5MPa 流变	36.5	37.0	37.3	37.7
10MPa 流变	39.8	40.3	40.6	40.8
15MPa 流变	48.4	48.8	49.0	49.2
20MPa 流变	49.8	49.9	50.0	50.1

由图 3-18 及表 3-17 和表 3-18 可知,黄土试样在 2MPa、5MPa、10MPa、15MPa 和 20MPa 恒压下保持 7200s,试样的变形量分别为试样总高的 30.3%、33.8%、37.4%、46.4% 和 47.8%。根据回归方程计算得出充填体稳定后的总变形量分别为 30.8%、37.3%、40.6%、49.0% 和 50.0%。

(4) 风积沙在 2MPa、5MPa、10MPa、15MPa 和 20MPa 压力水平下时间相关特性曲线如图 3-19 所示。

从图 3-19 可知,在压力增大阶段,风积沙变形较快,压力越大,变形越大,10MPa、15MPa 和 20MPa 的变形值近似,说明 10MPa 以上,风积沙已经压实致密;在压力保持阶段,随着时间的增加,风积沙变形呈近似直线状,流变变形较小。

根据数据采集结果,对时间相关特性曲线进行拟合,得到其回归函数见表 3-19。

由表 3-19 计算出压力稳定后风积沙试样历经不同时间的压实变形量,见表 3-20。

由图 3-19 及表 3-19 和表 3-20 可知,风积沙试样在 2MPa、5MPa、10MPa、15MPa 和 20MPa 恒压下保持 7200s,试样的变形量分别为试样总高的 5.3%、6.9%、9.6%、11.1% 和 11.2%。由于充填采煤采空区变形的稳定时间一般为 3～6 个月,根据回归方程计算得出充填体稳定后的总变形量分别为 5.63%、7.41%、10.41%、11.62% 和 12.06%。

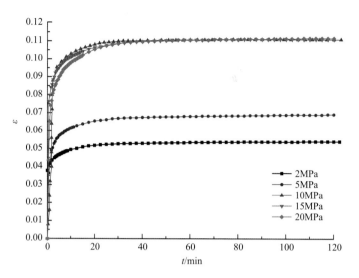

图 3-19　风积沙在不同压力下时间相关特性曲线

表 3-19　不同压力风积沙压实流变的应变-时间回归函数

分类	ε-t 方程	R^2
2MPa 流变	$\varepsilon = 0.00035\ln t + 0.05051$	0.925 62
5MPa 流变	$\varepsilon = 0.00067\ln t + 0.06302$	0.937 55
10MPa 流变	$\varepsilon = 0.00103\ln t + 0.08702$	0.944 2
15MPa 流变	$\varepsilon = 0.00061\ln t + 0.1061$	0.977 5
20MPa 流变	$\varepsilon = 0.00114\ln t + 0.1017$	0.969 5

注：时间 t 的单位为 s。

表 3-20　历经不同时间后的风积沙应变量(%)

分类	1 个月	3 个月	6 个月	12 个月
2MPa 流变	5.57	5.61	5.63	5.65
5MPa 流变	7.29	7.37	7.41	7.46
10MPa 流变	10.22	10.34	10.41	10.48
15MPa 流变	11.51	11.58	11.62	11.66
20MPa 流变	11.85	11.98	12.06	12.14

（5）露天矿渣在 2MPa、5MPa、10MPa、15MPa 和 20MPa 压力水平下时间相关特性曲线如图 3-20 所示。

由图 3-20 可知,在压力增大阶段,露天矿渣变形较快,压力越大,变形越大,压力大于 5MPa 时,压力的增加对充填材料稳定变形量的增大影响较小;在压力保持阶段,随着时间的增加,露天矿渣变形呈近似直线,流变变形较小。

根据数据采集结果,对时间相关特性曲线进行拟合,得到其回归函数见表 3-21。

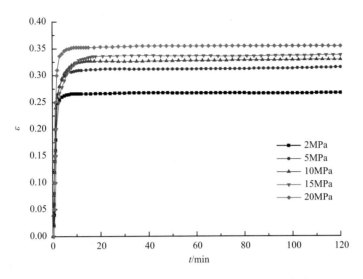

图 3-20 露天矿渣在不同压力下时间相关特性曲线

表 3-21 不同压力露天矿渣压流变的应变-时间回归函数

分类	ε-t 方程	R^2
2MPa 流变	$\varepsilon=0.0003028\ln t+0.2648$	0.927 52
5MPa 流变	$\varepsilon=0.001163\ln t+0.3043$	0.937 55
10MPa 流变	$\varepsilon=0.0005355\ln t+0.3328$	0.954 78
15MPa 流变	$\varepsilon=0.000892\ln t+0.4079$	0.977 6
20MPa 流变	$\varepsilon=0.000992\ln t+0.4279$	0.959 4

注：其中时间 t 的单位为 s。

由表 3-21 计算出压力稳定后露天矿渣试样历经不同时间的压实变形量，见表 3-22。

表 3-22 历经不同时间后的露天矿渣应变量（%）

分类	1 个月	3 个月	6 个月	12 个月
2MPa 流变	26.9	27.0	27.0	27.0
5MPa 流变	32.1	32.3	32.4	32.4
10MPa 流变	34.1	34.1	34.2	34.2
15MPa 流变	42.1	42.2	42.3	42.3
20MPa 流变	44.3	44.4	44.4	44.5

由图 3-20 以及表 3-21 和表 3-22 可知，露天矿渣试样在 2MPa、5MPa、10MPa、15MPa 和 20MPa 恒压下保持 7200s，试样的变形量分别为试样总高的 26.7%、31.5%、33.8%、41.6% 和 43.7%。由于充填采煤采空区变形的稳定时间一般为 3～6 个月，根据回归方程计算得出充填体稳定后的总变形量分别为 27.0%、32.4%、34.2%、42.3% 和 44.4%。

3.4.3 固体充填材料时间相关特性试验对比

矸石、粉煤灰、黄土、风积沙和露天矿渣 5 种充填材料在同一压力水平下的时间相关特性对比曲线如图 3-21 所示。

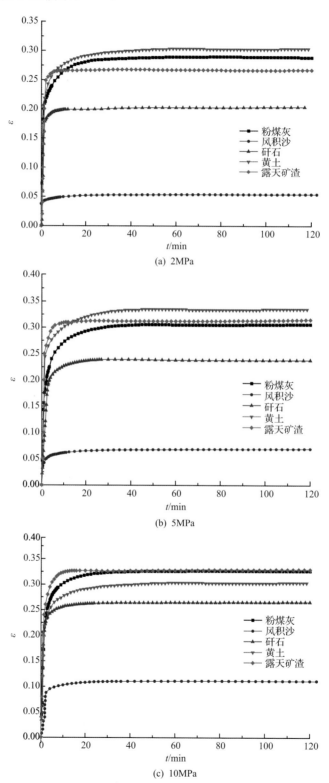

(a) 2MPa

(b) 5MPa

(c) 10MPa

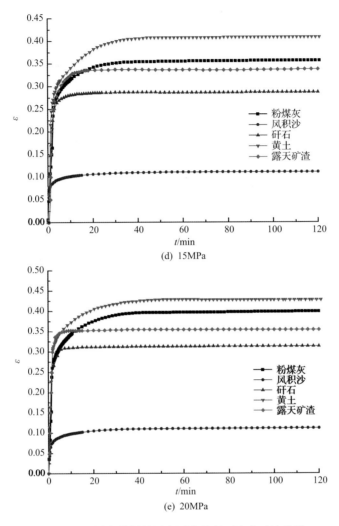

图 3-21　不同充填材料固定压力情况下流变对比曲线

由图 3-21 可知,矸石、粉煤灰、黄土、露天矿渣和风积沙受到某一恒定轴向压力作用,在压力增大阶段,变形较快,压力越大,变形越大;在压力保持阶段,随着时间的增加,变形呈近似直线状,流变变形较小。

在不同压力水平下,风积沙一直保持较小的变形,抗变形能力最强;矸石在其余 4 种材料中,抗变形能力是最强的;粉煤灰、黄土和露天矿渣在 2MPa、5MPa 和 10MPa 压力水平下,抗变形能力相似,当压力水平增加到 15MPa 以上时,不同的变形性能表现的比较明显,黄土变形最大,其次分别是粉煤灰和露天矿渣。

5 种充填材料受到不同轴向恒载作用下,充填体压缩变形稳定后的总变形量见表 3-23。

由表 3-23 可知,不同充填材料在 5 种压力水平(分别代表了 5 类埋深情况)下经历 6 个月流变的变形量,对于同一种充填材料,轴向恒载作用力越大,稳定后的压缩变形量越高。在压力水平相同时,流变变形稳定后风积沙、矸石、露天矿渣、粉煤灰和黄土的变形量逐渐增大,抗变形能力逐渐减小。

表 3-23 充填材料压缩稳定后变形量(%)

材料种类	2MPa	5MPa	10MPa	15MPa	20MPa
矸石	21.7	25.0	28.0	29.5	32.7
粉煤灰	29.0	31.3	41.5	47.4	47.9
黄土	30.8	37.3	40.6	49.0	50.0
风积沙	5.6	7.41	10.4	11.6	12.1
露天矿渣	27.0	32.4	34.2	42.3	44.4

第4章　固体密实充填采煤方法

4.1　固体密实充填采煤的原理与方法

4.1.1　固体充填采煤技术难点分析

固体密实充填采煤的技术难点[132-144]主要是要解决实施密实充填的充填空间、充填通道和充填动力问题。水砂充填是由水作动力,将砂通过管道运入采空区;风力充填是将矸石磨碎后由风作动力,将粉碎矸石通过管道吹入采空区;膏体充填是将细小的固体颗粒加入人工材料后制成膏体,通过管道用高压泵挤入采空区。

1. 技术难点

在综合机械化固体密实充填采煤技术中,工作面前部采煤过后,工作面后部的充填系统必须在顶板垮落与下沉之前将矸石等充填材料运输至采空区进行充填并压实,实现密实充填,存在以下三个难点。

(1) 保证采煤过后采空区顶板不垮落、不(或较小)下沉,提供相对独立安全的作业掩护空间,以掩护固体物料安全高效运输及压实作业,为采空区矸石充填提供空间(充填掩护空间)。

(2) 形成充填材料的连续输送通道,安全高效地将矸石等固体充填材料运输至采空区进行充填(充填通道)。

(3) 解决固体充填材料卸载至采空区并进行致密压实的动力及方式,保证固体充填材料在采空区被充分压实,使固体物料形成致密的充填体,以取代原有空间煤炭支撑顶板,保证采空区的上覆岩层完整性(充填动力)。

2. 解决方法

充填空间、充填通道和充填动力三大难题是充填采煤技术发展的瓶颈,在综合机械化固体充填采煤技术中,采用如下方法解决以上三大技术难点:

(1) 拆除传统综采液压支架的掩护后顶梁,代之以后顶梁,将固体直接充入后顶梁掩护的空间内而不是采空区内,保证操作人员的安全,解决作业掩护空间难题。

(2) 在充填采煤液压支架后顶梁下部悬挂多孔底卸式输送机,与布置在运矸巷道内的带式输送机及转载输送机配合,实现固体物料定时定点定量向充填空间运输,从而解决物料输送通道难题。

(3) 在充填采煤液压支架的底座后部设置物料压实机构,利用该压实机构对从多孔底卸式输送机的卸料孔卸下的固体充填材料进行压实,以形成密实的充填体,取代原有空间的煤炭来支撑顶板,从而解决充填动力难题。

4.1.2　固体充填采煤的技术原理

综合机械化固体充填采煤技术,是指在综合机械化采煤作业面上同时实现综合机械化固体充填作业,是在综合机械化采煤的基础上发展起来的。与传统综采相比较,综合机械化固体充填采煤可实现在同一液压支架掩护下采煤与充填并行作业,其工艺包括采煤工艺与充填工艺两部分。其中,采煤与运煤系统与传统综采完全相同,不同的是综合机械化充填采煤技术增加了一套将地面或井下充填材料安全高效输送至工作面采空区的充填材料运输系统,以及位于支架后部用于充填材料压实的压实机构。为实现高效连续充填,若充填材料需从地面运至充填工作面,则还需建设一个投料井,井下运输巷及若干转载系统,最后将充填固体送入多孔底卸式输送机。

综合机械化固体充填采煤技术中,矸石等固体材料充填通过运矸系统输送至悬挂在充填支架后顶梁的多孔底卸式输送机上,再由多孔底卸式输送机的卸料孔将矸石充填入采空区,最后经充填支架后部的压实机进行压实。图 4-1 即为综合机械化固体充填采煤作业原理(支架)与综合机械化采煤作业原理对比。

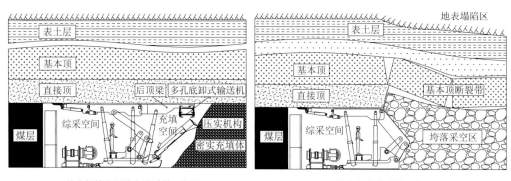

(a) 综合机械化固体充填采煤工作面　　　　　(b) 综合机械化采煤工作面

图 4-1　综合机械化固体充填采煤与综合机械化采煤工作面对比示意图

综合机械化固体充填采煤方法是综合机械化采煤和综合机械化固体充填两种方法的有机合成,综合机械化采煤方法与传统综采方法相一致,而综合机械化固体充填方法是我国具有完全自主知识产权的创新成果。如图 4-2 所示,综合机械化固体充填采煤工作面布置方式与传统综采工作面布置基本相同,不同的是在采煤工作面的后部,即在采空区一侧布置充填作业面,再在工作面进风巷内布置一条固体充填材料的带式输送机,将固体充填材料输送至多孔底卸式输送机上,实现充填与采煤在同一工作面系统中并行作业。

在同一工作面中实现充填与采煤两项作业并举的核心装备是充填采煤液压支架。由4.1.1 节所述,实现固体充填采煤的三大要点是空间、通道与动力,而在固体密实充填采煤液压支架的协助下就可顺利完成:①充填采煤液压支架与传统综采支架比较拆除了传统综采液压支架的掩护后顶梁,代以水平后顶梁,可将固体材料直接充入水平后顶梁掩护的空间内,而不是采空区内;②通过带式输送机等其他设备将充填材料运至挂在掩护后顶梁下面的多孔底卸式输送机上,形成充填材料的连续输送通道;③充填材料由于自重从多孔底卸式输送机卸料孔中落入后顶梁的掩护空间内,再利用压实机(辅助动力)将充填体向采空区压实,实现固体密实充填。

固体充填采煤的效果评价通过充实率直观评价。充实率是指在充填采煤中达到充分采动后,采空区内的充填材料在覆岩充分沉降后被压实的最终高度与采高的比值,则充实率 φ 表达式为

$$\varphi = \frac{h - H_z}{h} = \frac{h - \left[h_t + h_q + \eta(h - h_t - h_q)\right]}{h} \tag{4-1}$$

式中:h 为采高,m;H_z 为采空区顶板下沉量;h_t 为充填之前顶板的提前下沉量,m;h_q 为充填欠接顶量,m;η 为充填体压实率。根据充实率 φ 的概念可知,充实率将直接影响着固体充填采煤过程中采场覆岩变形特征。当充实率 φ 较小时(一般小于 50%),直接顶随着工作面的推进而发生垮落,基本顶也随之发生垮落,最终导致主关键层的破断,其采动岩层破坏变形特征与采用全部垮落法处理顶板相同;随着充实率 φ 的增大(一般 50%~70%),直接顶与基本顶仍然随着工作面的推进而发生垮落,但由于直接顶、基本顶等垮落的岩层都具有一定的碎胀性,使主关键层仅存在一定的弯曲下沉而不发生断裂,显著缓解了煤层开采而引起的矿压显现,减小了地表沉陷量;随着充实率 φ 的继续增大(一般 70%~90%),当充填体能够限定直接顶与基本顶下沉,使直接顶或基本顶不发生破断,上覆岩层均以弯曲下沉为主,只有局部出现裂隙,而不存在垮落带。

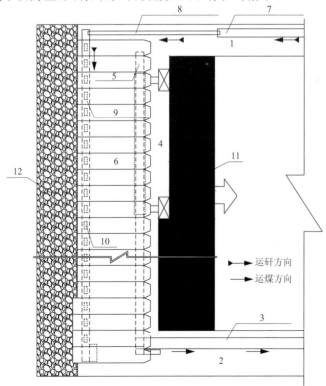

图 4-2　综合机械化固体充填采煤的工作面布置

1-回风平巷;2-运输平巷;3-运煤带式输送机;4-采煤机;5-刮板输送机;6-充填采煤液压支架;7-运矸带式输送机;8-充填材料转载输送机;9-多孔底卸式输送机;10-卸料孔;11-煤体;12-采空区充填体

4.1.3　固体充填采煤技术关键

固体充填采煤的关键技术主要包括：

（1）固体充填材料高效输送技术。固体充填材料高效输送技术实现充填材料自地面至井下的安全、高效运输。具体包括地面固体物料运输环节、垂直投料环节以及井下运输环节。为了使充填材料在各级运输环节中衔接顺利，在地面运输系统需具备筛分破碎、物料混合级配、暂时存储、实时监控等功能；垂直投料输送环节主要包括垂直投料井、缓冲报警装置、满仓报警装置、清仓装置及闭锁控制装置，用以解决物料垂直投放过程中的连续输送、高速缓冲、高压排解、满仓预防预报、仓壁清理等一系列问题，同时，投料管直径、耐磨管壁厚及缓冲机构、储料仓合理尺寸等技术参数的合理设计也是固体充填材料高效输送技术中垂直投料环节的关键技术问题；井下运输环节中需要解决的关键技术问题则是采场中充填材料自低位的带式输送机向高位的多孔底卸式输送机的合理转载。

（2）充填采煤设备选型设计与配套。固体充填采煤技术的成功实施离不开支架等关键设备的保障和支持，固体充填采煤设备应用到煤层开采中以保证回采过程中采煤与充填空间的安全性，需要采煤机、刮板输送机、充填采煤液压支架、多孔底卸式输送机、自移式转载输送机等关键充填采煤设备的高效配合。因此，设计出适用于固体充填采煤的关键设备是关键技术之一，尤其是关键设备需要适应不同的地质条件，同时还要满足高效生产的需求。

（3）充填效果监测监控技术。固体充填技术的主要目的是保证工作面开采后不引起地表的下沉，实现"三下"压煤的安全开采。针对不同的地质条件应该有不同的充填采煤指标设计，才能达到经济合理、技术安全采煤的目的。充实率理论控制指标的合理设计、工程实践中充实率的有力控制措施及实施充填后充填效果的实时监测监控，均是实施充填采煤技术的关键环节。

4.2　固体密实充填主动支护系统

4.2.1　固体充填采煤矿压控制原则

传统综采随工作面的推进，直接顶与基本顶的相继破断导致了基本顶上部关键层发生较大的变形而破断，由于关键层与其上部承载体的耦合作用，从而致使地表发生较大的沉降。钱鸣高等[1-3]建立的砌体梁理论将回采工作面前后的岩体形态分为垮落带、断裂带与弯曲下沉带，推导出了破断岩块的咬合方式及平衡条件，同时还讨论了基本顶破断时在岩体内引起的扰动，很好地解释了采场矿山压力的显现规律，为采场矿山压力的控制及支护设计提供了理论依据，对我国煤矿采场矿压理论研究与生产实践指导起到了重要作用。但砌体梁理论是建立在采场上覆岩层垮落的基础上发展起来的，而在固体充填采煤中，随着充填工作面的推进，实现了工作面前方采煤与后部采空区充填的并行作业，充填工作面始终在相当于切眼宽度的范围内整体前移，上覆岩层只出现了裂隙带及弯曲下沉带，而没有出现垮落带，在充实率大于 80% 时，一般随工作面推进，采场没有出现初次来压、周期来压等传统综采的矿压显现规律。

固体充填采煤岩层控制理论是在采空区充填体参与作用下的采空区覆岩控制理论，区别于垮落法开采的岩层控制问题，是确定充填采煤中确定充填体材料性能与充填支架架型、支护强度的依据，必须建立固体充填采煤的相关岩层控制理论，目前已经进行的系统研究具体包括以下几项。

（1）充填采煤覆岩移动特征。由于充填采煤中充填体作为支撑体承担了采空区上覆岩层大部分的载荷，改变了传统开采法中围岩的应力状态，顶板岩层的变形、移动规律将会受到影响，需要对其进行研究，从而得到固体充填采煤工作面矿压显现规律。

（2）充填体与围岩的相互作用机理。已有的研究成果表明，不同目的固体充填采煤及围岩条件，采空区充填体的作用是不同的。固体充填采煤的主要目的是减沉，控制地表变形在允许的范围之内，不同于金属矿山充填以提高采出矿石品位或维护局部围岩稳定的目的，煤矿的层状围岩条件与金属矿的脉状岩体不同，需要根据煤矿的层状围岩条件，结合固体充填采煤的减沉的要求，研究煤矿固体充填采煤中充填体与围岩的相互作用机理。

（3）固体充填采煤控制地表沉陷的影响因素及规律。与垮落法开采不同，固体充填采煤时，充填体和上覆岩层共同作用来控制地表变形破坏，通过控制直接顶及下位基本顶的移动变形，来实现对地表沉陷的控制，需要研究固体充填采煤地表变形规律，采煤工艺、充填工艺和充填体力学性能等对覆岩移动的影响，以及固体充填采煤的减沉机理，确定充填条件下岩层移动稳定的判据和合理的充填指标。

（4）固体充填采煤支架与围岩相互作用关系。传统方法研究的重点是直接分析直接顶（顶煤）力学性质对支架与围岩相互作用力的影响，将支架简化成一个力学单元，没有考虑支架整体结构运动的影响，而固体充填采煤时由于充填体的作用改变了传统的支架与围岩的作用关系，需要研究直接顶-煤体（壁）-充填体-支架共同作用系统下，支架与围岩的动态作用规律，为深入研究充填支架与围岩的关系创造条件。

4.2.2　固体充填采煤采场支护系统

固体充填采煤液压支架作为综合机械化充填采煤工作面主要装备之一，是采场支护系统最主要设备，它与采煤机、刮板输送机、多孔底卸式输送机、压实机配套使用，起着管理顶板控制围岩、维护作业空间的作用，与刮板输送机配套能自行前移，推进采煤工作面连续作业。

在固体充填采煤过程中，充填材料直接充填于采空区内，并通过充填采煤液压支架上的压实机实现压实和接顶，随着工作面的推进，在上覆岩层的作用下，充填体进一步被压实，充填体对顶板起到了一定的支撑作用。顶板岩层移动变形情况如图 4-3 所示。

在固体充填采煤中，从工作面推进方向看，整个采面上覆岩层中直接顶形成的结构是"煤壁-充填采煤液压支架-采空区充填体"支撑体系。

从垂直方向来看，采场支架作为支护顶板，维护采场安全生产的结构物，并不是孤立的存在，而是与围岩构成了一个相互作用的体系。充填采煤液压支架作为综合机械化充填采煤工作面主要装备之一，是采煤采场支护系统最主要设备，它与采煤机、刮板输送机、多孔底卸式输送机、压实机配套使用，起着管理顶板控制围岩、维护作业空间的作用，与刮板输送机配套能自行前移，推进采煤工作面连续作业。

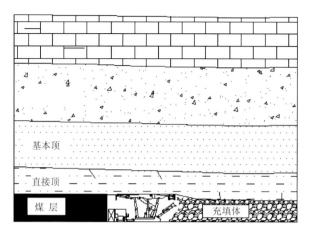

图 4-3　固体充填采煤岩层移动示意

根据采场上覆岩层运动对采场产生直接影响的程度,可以认为基本顶及其以下范围的围岩是对采场产生直接影响的岩层,而基本顶之上岩层则视为作用到其上的载荷。因此,采场支护系统主要是由煤壁-充填采煤液压支架-采空区充填体组成。

4.2.3　充填采煤液压支架支护阻力

本节以第四代充填采煤液压支架(四柱支撑式、六柱支撑式)为例,分析其支护阻力。

1. 六柱支撑式充填采煤液压支架支护阻力分析

1) 支架与直接顶相互作用力学计算

在支架与直接顶相互作用的体系中,支架与直接顶相互作用的力是作用力与反作用力的关系。因此,为了分析支架上所受到的载荷,可以首先分析直接顶的受力。在固体充填采煤中,为了使充填效果达到最佳,应保证直接顶在充填之前下沉量较小。因此,支架上直接顶结构可以简化为悬臂梁。其结构示意如图 4-4 所示。

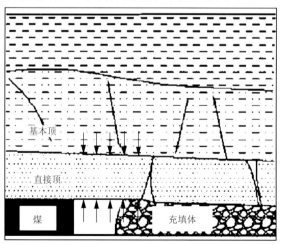

图 4-4　直接顶结构示意

　　根据图 4-4 所示的直接顶结构特点,支架上方的直接顶由煤壁、液压支架、采空区共同承担,液压支架的作用效果使得直接顶在支架上方不发生离层,而在支架后部的直接顶逐渐下沉与充填体互相作用,因在支架后部的直接顶发生了离层,且采空区内充填体对直接顶的作用力远未达到原岩应力。根据以上分析,建立直接顶的悬臂梁力学模型如图 4-5 所示。其中,a、b 分别为支架中间两根立柱到前顶梁前端和后顶梁后端的距离,实际含义如图 4-6 所示;q 为支架作用给直接顶的最大集度,q_0' 为支架后方直接顶作用给充填体的载荷,q' 为充填体作用给直接顶的最大集度。支架后方直接顶可等效为作用在 C 点的一个集中力 F 和弯矩 M_0,如图 4-6 所示。

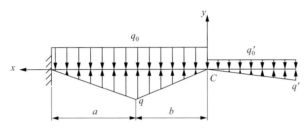

图 4-5　直接顶的悬臂梁模型

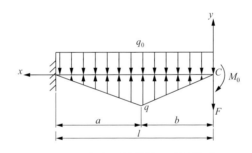

图 4-6　直接顶的等效悬臂梁模型

　　在载荷 F、M_0、q_0、$q(x)$ 下的弯矩方程分别为

$$M_1(x) = -Fx \tag{4-2}$$

$$M_2(x) = -M_0 \tag{4-3}$$

$$M_3(x) = -\frac{q_0 x^2}{2} \tag{4-4}$$

$$M_4(x) = \begin{cases} \dfrac{qx^3}{6b}, & x \in [0,b] \\ -\dfrac{1}{6}q\left(\dfrac{-ab^2 + 3abx + x^3 - 3x^2 b + 3xb^2 - b^3 - 3ax^2}{a}\right), & x \in [b, a+b] \end{cases} \tag{4-5}$$

　　在 C 端施加垂直向下的单位力,单位力引起的弯矩方程:

$$\bar{M}(x) = -x \tag{4-6}$$

　　采用莫尔积分计算 C 端挠度,为了保证充填采煤的效果,要求充填前后顶梁不发生下沉,故 C 端挠度 y_C 应为零:

$$y_C = \frac{\sum_{i=1}^{4} \int_{0}^{a+b} \bar{M}(x) M_i(x) \mathrm{d}x}{EI} = 0 \tag{4-7}$$

将式(4-5)、式(4-6)代入方程(4-7),可解得支架对直接顶作用的分布载荷得最大集度 q 为

$$\begin{aligned}q = 5(&3q_0 a^3 + 8a^2 F + 9q_0 ba^2 + 12am_0 + 16aFb \\&+ 9q_0 b^2 a + 12m_0 b + 8Fb^2 + 3q_0 b^3)/(11a^3 \\&+ 24ba^2 + 16b^2 a + 4b^3)\end{aligned} \tag{4-8}$$

2) 支架后部直接顶与充填体相互作用分析

经过现场的实测分析,充填体大约在工作面推过 $10\sim15\mathrm{m}$ 才逐渐被压实,这主要是因为在充填采煤液压支架 $0\sim15\mathrm{m}$ 范围内的基本顶没有发生破断,仅发生弯曲下沉,因此,基本顶本身可以形成自稳结构,不会将自身及上覆岩层的压力传递到直接顶上,而此范围内的直接顶往往会发生离层,仅在下方与充填体发生一定接触。在 $0\sim15\mathrm{m}$ 范围以外的直接顶则逐渐压实充填体,这主要是因为基本顶或者直接顶发生了弯曲变形或部分破断,上覆岩层失稳,因此可以压实充填体。所以在 $0\sim15\mathrm{m}$ 范围以外的充填体提供的支撑力维持了直接顶的自重及上覆岩层的压力。所以在此处仅对 $0\sim15\mathrm{m}$ 范围内的直接顶做受力分析。

$0\sim15\mathrm{m}$ 范围内的直接顶计算模型如图 4-7 所示。所有载荷对 C 点的力矩为 0,则

$$-q_0' l' \frac{l'}{2} + \frac{q'}{2} l' \frac{2l'}{3} + M_0 = 0 \tag{4-9}$$

合力为 0,则

$$-q_0' l' + \frac{q'}{2} l' + F = 0 \tag{4-10}$$

联立方程(4-9)和(4-10),可得

$$\left. \begin{aligned} M_0 &= q_0' l' \frac{l'}{2} - \frac{q'}{2} l' \frac{2l'}{3} \\ F &= q_0' l' - \frac{q'}{2} l' \end{aligned} \right\} \tag{4-11}$$

式中: q_0' 为直接顶自重引起的分布载荷; q' 为 $0\sim15$ 范围内充填体对直接顶载荷的最大集度,约为 q_0'。

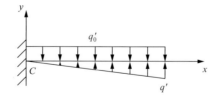

图 4-7　液压支架后方直接顶模型图

3) 支架顶梁的力学模型

支架结构如图 4-8 所示,支架顶梁分为前顶梁和后顶梁,前顶梁由共有四根立柱支

撑,后顶梁由两根立柱支撑。后顶梁与前顶梁铰接,支架顶梁的力学模型如图 4-9 所示。

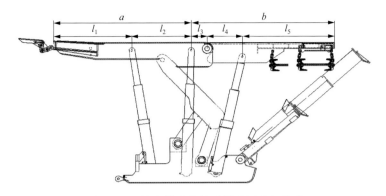

图 4-8　六柱支撑式充填采煤液压支架结构

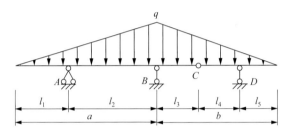

图 4-9　顶梁力学模型

其中,A、B、D 分别为立柱对顶梁的约束,立柱支撑力的垂直分力即为以上三处的支座反力 F_A、F_B、F_C,C 为支架顶梁的铰接点。l_1、l_2、l_3、l_4、l_5 的实际含义如图 4-8 所示。

(1) 后顶梁受力分析。该模型为多跨静定梁。多跨静定梁由基本部分和附属部分组成,应按照结构力学中先处理附属部分,后处理基本部分的顺序计算。前顶梁为基本部分,后顶梁为附属部分,模型进一步简化如图 4-10 所示。

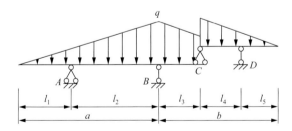

图 4-10　按基本部分和附属部分表示的顶梁的静定多跨梁模型

取图 4-10 中的后顶梁部分,即从 C 点起向右的一段进行计算。

C 点合力矩为零,$\sum M_C = 0$,则

$$\frac{(l_4 + l_5)^3 q}{6(l_3 + l_4 + l_5)} - F_D l_4 = 0 \tag{4-12}$$

y 方向合力为零,$\sum F_y = 0$,则

$$F_D + F_C - \frac{(l_4 + l_5)^2 q}{2(l_3 + l_4 + l_5)} = 0 \tag{4-13}$$

由式(4-12)、式(4-13)得：

$$F_C = \frac{q}{6l_4(l_3 + l_4 + l_5)}(-l_5^3 + 2l_4^3 + 3l_4^2 l_5) \tag{4-14}$$

$$F_D = \frac{q}{6l_4(l_3 + l_4 + l_5)}(l_4^3 + 3l_4^2 l_5 + 3l_4 l_5^2 + l_5^3) \tag{4-15}$$

式中：F_D 即为后顶梁立柱所受压力。

（2）前顶梁受力分析。取图4-10中的基本部分，前顶梁进行计算。前顶梁部分的模型如图4-11所示。

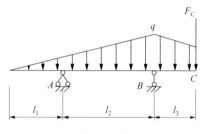

图4-11　模型的前顶梁部分

B 点合力矩为零，$\sum M_B = 0$，则

$$F_A l_2 - \left[\frac{1}{6}q(l_1 + l_2)^2 + \frac{1}{6}q\left(1 - \frac{l_4 + l_5}{l_3 + l_4 + l_5}\right)l_3^2\right] + \frac{1}{2}ql_3^2 \frac{l_4 + l_5}{l_3 + l_4 + l_5} + F_C l_3 = 0 \tag{4-16}$$

y 方向合力为零，$\sum F_y = 0$，则

$$F_A + F_B - F_C - \frac{1}{2}q(l_1 + l_2) - \frac{1}{2}q\left(1 + \frac{l_4 + l_5}{l_3 + l_4 + l_5}\right)l_3 = 0 \tag{4-17}$$

由式(4-16)、式(4-17)得

$$F_A = \frac{q}{6l_2 l_{345} l_4}(l_{12}^2 l_{345} l_4 + l_3^2 l_{345} l_4 - 4l_{45} l_3^2 l_4 + l_3 l_{45}^3 - 3l_{45}^2 l_3 l_4) \tag{4-18}$$

$$F_B = -\frac{q}{6l_2 l_{345} l_4}(l_{12}^2 l_{345} l_4 + l_3^2 l_{345} l_4 - 4l_{45} l_3^2 l_4 + l_3 l_{45}^3 - 3l_{45}^2 l_3 l_4 + l_{45}^3 l_2 - 3l_{45}^2 l_4 l_2$$
$$- 3l_3 l_{45} l_4 l_2 - 3l_3 l_{345} l_4 l_2 - 3l_{12} l_{345} l_4 l_2) \tag{4-19}$$

式中：$l_{12} = l_1 + l_2, l_{45} = l_4 + l_5, l_{345} = l_3 + l_4 + l_5$。

至此，支座反力 F_A、F_B、F_D 均已求出，它们分别是前两根、中间两根和后两根立柱所应提供的支撑力的垂直分力。

4）某矿六柱式支架工作阻力计算

根据此矿的地质条件，按第5章阐述的等价采高理论，可得其等价采高为0.83m。

均布载荷 q_0 的计算如下：

在传统综采中,一般情况,其均布载荷按照 8~10 倍的采高计算,固体充填采煤后应按照 8~10 倍的等价采高计算均布载荷,即充填采煤液压支架所要控制的是一个潜在冒落高度,因此,所研制的支架必须以控制这个潜在冒落高度不发生下沉为原则。根据上覆岩层的地质条件,将直接顶视为弹性梁,则 q_0 为潜在冒落岩层对其施加的载荷,q_0 为

$$q_0 = \rho g h m \tag{4-20}$$

式中:ρ 为上覆岩层平均密度,2500kg/m³;g 为重力加速度,9.8m/s²;h 为潜在冒落高度,m;m 为支架中心距,m。

直接顶自重引起的分布载荷 q_0' 为

$$q_0 = \rho g h' m \tag{4-21}$$

式中:h' 为直接顶的厚度,3.5m。

后顶梁支柱的工作阻力为 p 为

$$p = \frac{F_D}{2\cos\alpha} \tag{4-22}$$

式中:α 为后顶梁支柱与垂直方向的夹角,12°。

后顶梁的支护强度 δ_1 为

$$\delta_1 = \frac{l_4 + l_5}{2nb}q \tag{4-23}$$

式中:n 为顶梁宽度,1.5m。

支架的工作阻力 p' 至少为

$$p' = \frac{1}{2}ql \tag{4-24}$$

式中:l 为支架顶梁全长,7.4m。

支架的平均支护强度 δ 为

$$\delta = \frac{q}{2n} \tag{4-25}$$

代入相关参数 $l_1=2.23, l_2=1.52, l_3=0.4, l_4=0.9, l_5=2.35, l=7.4, l'=10, a=4.15, b=3.25, m=1.5m, n=1.5m, h=8m, h'=3.5m$。可得后顶梁支柱的工作阻力至少为 1343kN,支护强度 0.45MPa;支架的工作阻力至少为 5581kN,平均支护强度为 0.50MPa。

在支架的实际使用过程中,支架并非只受静载荷的作用,支架更要承受动载荷对其的冲击作用,因此,研制的充填采煤液压支架必须要承受工作面动载荷对其的作用。结合理论分析,以及静载荷与动载荷之间的对应关系,根据实测分析表明,固体充填采煤动载荷大约为静载荷的 1.5 倍,因此,支架承受的实际最大载荷是其动载荷,即为计算得到的静载荷 1.5 倍以上。计算可得,后顶梁立柱的支护阻力应大于 2015kN,其支护强度应大于0.68MPa;整架的工作阻力应大于 8372kN,整架支护强度应大于 0.75MPa。

2. 四柱支撑式充填采煤液压支架顶梁受力特征分析

正四连杆四柱支撑式充填采煤液压支架与顶板的相互作用机理与六柱式相同,支架后部直接顶与充填体相互作用也与六柱式相同,在此不赘述。

正四连杆四柱支撑式充填采煤液压支架结构如图 4-12 所示。

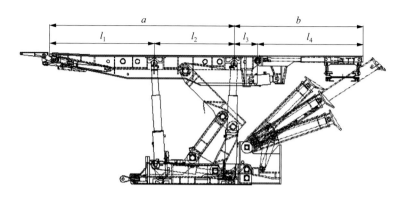

图 4-12　正四连杆四柱支撑式充填采煤液压支架结构示意

　　支架顶梁分为前顶梁和后顶梁,前顶梁由共有四根立柱支撑,后顶梁与前顶梁铰接,并用千斤顶与前顶梁相连。支架顶梁的力学模型如图 4-13 所示。

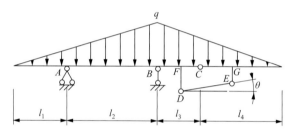

图 4-13　顶梁力学模型

　　图 4-13 中 A 和 B 分别为立柱对顶梁的约束,立柱支撑力的垂直分力即为以上两处的支座反力 F_A、F_B,C 为支架顶梁的铰接点,D_E 为后顶梁千斤顶。该结构包含 3 个构件,4 个铰链约束和 1 个链杆约束。体系自由度:

$$D_{OF} = 3 \times 3 - 2 \times 4 - 1 \times 1 = 0$$

　　D_E 杆仅在两端受到铰接约束,为二力杆,只受沿其周线方向的力。取后顶梁部分为分析对象,如图 4-14 所示。

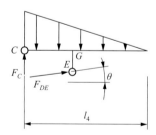

图 4-14　后顶梁部分计算图

　　C 点合力矩为零,$\sum M_C = 0$,则

$$F_{DE} GE \cos\theta + F_{DE} CG \sin\theta - \frac{l_4^3 q}{6(l_3 + l_4)} = 0 \tag{4-26}$$

y 方向合力为零，$\sum F_y = 0$，则

$$F_{DE}\sin\theta + FC - \frac{l_4^2 q}{2(l_3 + l_4)} = 0 \tag{4-27}$$

由式(4-26)、式(4-27)得：

$$F_{DE} = \frac{q l_4^3}{6(GE\cos\theta + CG\sin\theta)(l_3 + l_4)} \tag{4-28}$$

$$F_C = \frac{q l_4^2 (3GE\cos\theta + 3CG\sin\theta - l_4\sin\theta)}{6(GE\cos\theta + CG\sin\theta)(l_3 + l_4)} \tag{4-29}$$

式中：F_{DE} 为后顶梁千斤顶所受压力。

1）前顶梁受力分析

取图 4-14 中前顶梁部分进行计算。前顶梁部分的模型如图 4-15 所示。

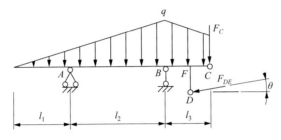

图 4-15　前顶梁计算图

B 点合力矩为零，$\sum M_B = 0$，则

$$F_C l_3 + F_{DE}BF\sin\theta + F_{DE}DF\cos\theta + \frac{l_4 l_3^2 q}{2(l_3 + l_4)} + \frac{l_3^3 q}{6(l_3 + l_4)} + F_A l_2 - \frac{q}{6}(l_1 + l_2)^2 = 0 \tag{4-30}$$

y 方向合力为零，$\sum F_y = 0$，则

$$F_A + F_B - F_C - F_{DE}\sin\theta - \frac{q}{2}(l_1 + l_2) - \frac{q l_3}{2}\left(1 + \frac{l_4}{l_3 + l_4}\right) = 0 \tag{4-31}$$

由上式得：

$$F_A = \frac{q}{l_2}\frac{1}{6}(l_1 + l_2)^2 - \frac{l_3^3}{6(l_3 + l_4)} - \frac{l_3^2 l_4}{2(l_3 + l_4)} - \frac{DF l_4^3 \cos\theta}{6(GE\cos\theta + CG\sin\theta)(l_3 + l_4)}$$
$$- \frac{BF l_4^3 \sin\theta}{6(GE\cos\theta + CG\sin\theta)(l_3 + l_4)} - \frac{l_3 l_4^2(3GE\cos\theta + 3CG\sin\theta - l_4\sin\theta)}{6(GE\cos\theta + CG\sin\theta)(l_3 + l_4)} \tag{4-32}$$

$$F_B = \frac{q}{2}(l_1 + l_2) + \frac{l_4^3 q}{6(GE\cos\theta + CG\sin\theta)(l_3 + l_4)}$$
$$+ \frac{q l_4^2(3GE\cos\theta + 3CG\sin\theta - l_4\sin\theta)}{6(GE\cos\theta + CG\sin\theta)(l_3 + l_4)} + \frac{q l_3}{2}\left(1 + \frac{l_4}{l_3 + l_4}\right) - F_A \tag{4-33}$$

至此，F_A、F_B 和 F_{DE} 已完全求出，它们分别为前排立柱、后排立柱和后顶梁千斤顶所受的压力。

2）某矿四柱式充填采煤液压支架工作阻力计算

根据某矿的具体地质条件，按第 5 章阐述的等价采高理论，计算可得其等价采高为 0.83m。

根据上覆岩层的地质条件，将直接顶视为弹性梁，则其上所受载荷 q_0 为直接顶及基本顶自重所引起的压应力，q_0 为

$$q_0 = \rho g h m \tag{4-34}$$

式中：ρ 为上覆岩层平均密度，一般取 2500kg/m³；g 为重力加速度，9.8m/s²；h 为潜在冒落高度，m；m 为支架中心距，m。

直接顶自重引起的分布载荷 q_0' 为

$$q_0' = \rho g h' m \tag{4-35}$$

式中：h' 为直接顶的厚度，m。

后顶梁千斤顶的工作阻力为 F_{DE}，见式（4-28）。

后顶梁的支护强度 δ_1 为

$$\delta_1 = \frac{l_4}{2n(l_3 + l_4)}q \tag{4-36}$$

式中：n 为顶梁宽度，m。

支架的工作阻力 p' 至少为

$$p' = \frac{1}{2}ql \tag{4-37}$$

式中：l 为支架顶梁全长，m。

支架的平均支护强度 δ 为

$$\delta = \frac{q}{2n} \tag{4-38}$$

取相关参数 $l_1 = 2.474$m，$l_2 = 1.910$m，$l_3 = 0.566$m，$l_4 = 2.500$m，$l = 7.450$m，$a = 4.384$m，$b = 3.066$m，$m = 1.5$m，$n = 1.5$m，$h = 8$m，$h' = 3.5$m。可得支架对直接顶载荷的最大集度 q 为 1373.3kN/m，后顶梁千斤顶工作阻力 $F_{DE}/2$ 为 1873.8kN，前排立柱工作阻力 $F_A/2$ 为 597.46kN，后排立柱工作阻力 $F_B/2$ 为 1968.6kN。后顶梁支护强度 $\delta_1 = 0.3733$MPa，支架工作阻力 $p' = 5115.5$kN，整架支护强度 $\delta = 0.46$MPa。

根据支架动载荷是静载荷 1.5 倍的实测结果，计算可得，后顶梁千斤顶的工作阻力应大于 2810.8kN。前排立柱工作阻力应大于 896.2kN，后排立柱工作阻力应大于 2952.93kN；后顶梁支护强度应大于 0.56MPa，整架工作阻力应大于 7673.3kN，整架支护强度应大于 0.69MPa。

4.3 固体密实充填全断面压实系统

4.3.1 固体充填采煤密实度控制方法

地质条件、充填工艺、固体充填材料、充填采煤液压支架等影响因素均会直接影响充填密实度。地质条件及充填工艺一定的前提下，固体充填材料与充填采煤液压支架对密

实度的影响与控制尤为明显。从多孔底卸式输送机卸载至采空区的充填材料是松散体，具有较强的变形性能，受到顶板压力后，将会产生较大变形，导致覆岩下沉，地表变形较大。充填采煤液压支架的全断面压实系统通过对散体的充填材料进行压实，使充填材料达到一定的致密性，从而具有一定的抗压能力，以有效控制顶板的下沉，从而将地面建筑物的破坏程度控制在要求范围内。

对于液压泵站而言，其供液压力一般是固定的，减小压实板的面积，就相对增加了压实结构的压实强度，但如此一来，势必减少压实机构每次压实的物料量，增加每个支架后部采空区充填体的压实次数，延长充填体压实所需时间，减缓工作面推进速度；相反，增加压实板的面积，能够增加每次压实机构压实的物料量，缩减充填压实所需时间，但同时压实强度也会减小，充填材料的初始密实度较小，抗变形能力降低，不能有效控制充实率。

固体充填采煤密实度控制的基本原理在于地质条件、充填工艺等因素确定的前提下，尽可能地多的充填固体物料，同时，通过全断面压实结构的压实强度控制充填材料的致密性，以确保顶板加载之前充填体的密实度。

4.3.2　固体充填采煤全断面压实结构

1. 全断面压实结构整体功能结构

全断面压实结构由两个水平压实油缸，一个调高油缸，一块压实板，两个立柱组成，如图 4-16 所示。两个水平压实油缸位于全断面压实系统的上部。水平压实油缸后座用铰链方式安装在两个立柱上端，该立柱用螺栓固定在液压支架底座上。水平压实油缸缸体外径中前部通过两个可以活动的连接环连起，连接环中部由一个调高油缸支撑。两水平压实油缸伸出端装有一块压实板，压实板仿照铲斗机构设计板面与缸体垂直。两立柱间用槽钢连接，形成一整体。以上部件相互连接，形成一个整体机构。由此，压实系统两个水平压实油缸可以通过调高油缸以铰接点为支点进行旋转，并可以通过双伸缩压实千斤顶改变油缸的长度，通过压实板压实采空区的矸石，实现全断面压实功能。

(a) 压实系统抬高状态　　　　　　　(b) 压实系统处于水平状态

图 4-16　全断面压实系统实物图

2. 全断面压实结构

为了避免矸石等杂物进入箱体内卡住伸缩机构,把整个伸缩机构设计成封闭的箱体结构。在箱体结构的上部加上双"V"形导流板,如图4-17所示。当压实板伸出进行压实时,箱体结构随着伸缩机构整体伸出,形成"反向式"箱体结构;压实板回缩时,箱体结构带回的大量矸石通过双"V"形导流板分流到伸缩机构两侧进入采空区。为防止伸缩机构伸出压实矸石时结构间的缝隙有矸石进入伸缩机构内部,在设计时理论间隙非常小,同时在制造中采取一定的措施,确保高精度的装配,具体措施如下:

(1)焊接时采取预变形措施。

(2)严格控制焊缝的焊接次序,防止热变形的发生。

(3)焊后及时进行热处理(热时效)。

通过以上的工艺措施,能确保配合箱体结构的高精度装配,保证伸出箱体按照设计的轨迹运行,避免别卡现象的发生。

图 4-17 全断面压实系统结构图

根据全断面压实系统的性能要求,设计了某矿采用的全断面压实结构,其基本参数见表4-1。

表 4-1 全断面压实系统基本参数

项目	一级压实千斤顶	二级压实千斤顶
形式	普通	普通
缸径 Φ/杆径 Φ/mm	160/105	160/105
推力/kN	633	633
数量/根	2	2

4.3.3 固体充填采煤压实机构工作状态

压实机构的工作状态随着充填状态的改变而改变。在一个充填循环即由机尾向机头逐架依次充填(每架进行多次放矸与压实循环)→拉移多孔底卸式输送机→逐架压实→人工对机头(机尾)充填的过程中,压实结构工作状态(以二级压实机构为例)如图 4-18所示。

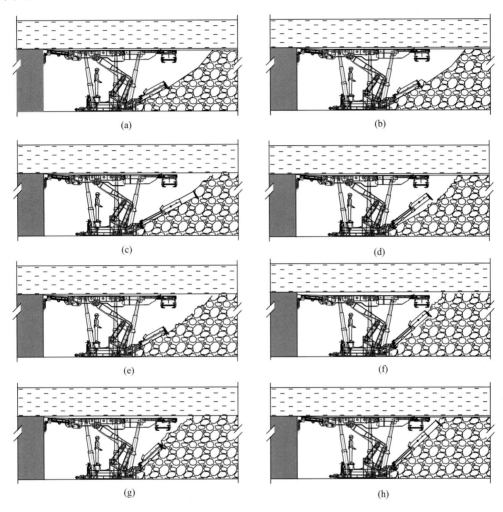

图 4-18　压实结构工作状态

　　(1)卸载充填材料前,压实机构处于最低位置,防止充填材料进入压实机构下方,如图 4-18(a)所示。

　　(2)卸载充填材料时,压实机构继续处于最低位置,卸载的充填材料不超出压实机构挡板上沿,防止压实过程中后溢堵塞千斤顶滑道,如图 4-18(b)所示。

　　(3)压实充填材料时,先伸出一级压实机构,再伸出二级压实机构,如图 4-18(c)所示。

　　(4)收回压实机构时,先收回一级压实机构,再收回二级压实机构。收回过程中适当缓慢抬起压实机构,如图 4-18(d)所示。

　　(5)压实机构完全收回,降低压实机构,开始下个伸出缩回的压实循环,直至压实机构触碰多孔底卸式输送机下边沿,如图 4-18(e)所示。

（6）压实机构完全收回,继续卸载充填材料,待多孔底卸式输送机拉移后继续压实,如图 4-18(f)所示。

（7）拉移多孔底卸式输送机后,压实机构继续伸出压实状态,如图 4-18(g)所示。

（8）拉移多孔底卸式输送机后,压实机构完全伸出,充填材料致密接顶状态,如图 4-18(h)所示。

4.4　固体密实充填密实度实时监控系统

4.4.1　固体充填采煤密实度监控内容与方法

为了确保充填体密实度满足设计要求,需要对充填采煤液压支架的支护质量、压实机构压实力、充采质量比、充填体应力、顶板动态下沉等工程指标进行全程监控,实现固体密实充填采煤密实度的实时监控与反馈。根据固体充填采煤密实度的监控内容,建立监控体系,该体系由工作面监测系统、充采比监测系统、采空区监测系统及地面控制中心 4 部分组成,各系统之间的信息传递与反馈控制机理如图 4-19 所示。

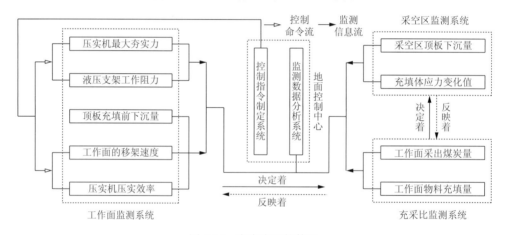

图 4-19　密实度监控体系

利用工作面、运输系统及采空区的监测系统实时采集数据,再由地面控制中心分析采集的数据并对相应设备、人员发出指令以实现对充实率的控制。具体的监测方法为:

1. 充填采煤液压支架的支护质量及压实机构压实力监测

在工作面的支架及压实机构上安装监测装置,实时监测支架支护阻力以及压实机构的压实力,全程监督充填材料的压实质量。

2. 顶板动态下沉监测

在充填材料内埋设数排位移计及应变-应力仪构成采空区监测系统,监测顶底板移近量及充填材料承载载荷变化,以判断采空区充实率是否达到设计要求。

在密实充填体内垂直安装顶板动态监测仪,其上部接触顶板,下部接触底板。顶板产生位移时将导致监测仪器测量部分产生压缩,由压缩变化转化电信号,上传至上位机再进行数据分析。

顶板动态监测仪的安装参数从两个方向合理设计。沿工作面倾斜方向,因对应安装动态监测仪的相邻两台支架在一定推进步距内不能进行压实,考虑不影响整个工作面的控顶效果,即布置时不宜设置过密,但又需要确保监测数据的合理性,其间距通常设置为15m 左右;沿工作面推进方向,根据垮落法开采时初次来压与周期来压的经验数据,第一排顶板动态监测仪距开切眼 20m 左右,后续每排间隔 15~20m。

3. 充填体应力监测

充填体应力传感器采用应变测量技术,测量的是充填体垂直载荷应力。当顶板发生下沉后,将应力传递到应变体上产生横向变形,应变体将变形量转换成电压信号,经过变送器电路转换成数字信号输出。

安装时首先将充填体应力传感器紧固在方形钢板上,将相应安装地点的浮煤清理干净、整平,将钢板和传感器固定于安装地点,再将传感器电缆做相应防护(穿管或用槽钢防护),引出到巷道中。充填体应力布置参数与顶板动态仪设置基本相同,充填体应力的监测一般与顶板动态监测同时进行。

4. 充采质量比监测

利用煤炭采出空间与充入的固体充填材料空间体积相等的原理,设计充采质量比等价为设计固体充填材料与原煤的密度比。设计值确定了固体充填采煤的充填量与采煤量比例关系,可为整个充填工作面充实率设计提供理论依据。

工作面采出的原煤经运煤带式输送机上的计量装置进行实时统计,充填入的固体材料的量由运料带式输送机上的计量装置进行实时统计,通过产煤量与充填入的固体材料比值的实时监测,得到充填采煤工作面实时动态的充采质量比。

4.4.2　固体充填采煤密实度监控装备

根据固体充填采煤密实度监控的内容与方法,固体充填采煤密实度监控的装备有所区别。其中顶板提前下沉量及欠接顶量目前主要依靠人工观测;充填采煤液压支架的支护质量及压实机构的压实力主要采用压力表监测;充采质量比主要采用皮带秤等计量装置监测;充填体应力采用充填体应力监测仪监测;顶板动态下沉采用专用的顶板动态变化监测仪监测。监测设备分别如图 4-20 至图 4-22 所示。

4.4.3　固体充填采煤密实度监控数据分析方法

针对固体充填采煤密实度监控的充填采煤液压支架的支护质量、压实机构压实力、顶板动态下沉、充填体应力、充采质量比等具体工程指标,本节重点介绍工程监测指标的分析方法,并以实际工程监测数据为例,阐述各监测指标具体的分析步骤。

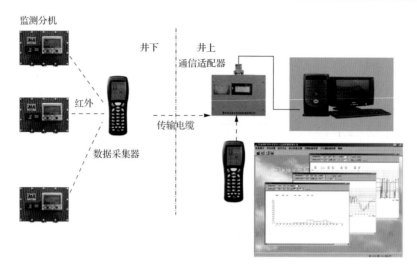

图 4-20　充填采煤液压支架的支护质量及压实机构压实力监测设备

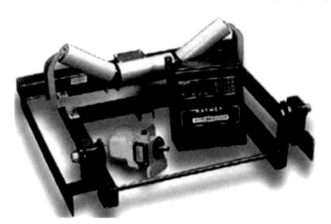

图 4-21　充采质量比监测设备

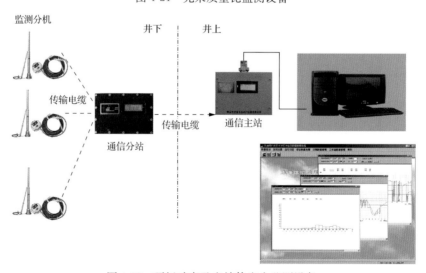

图 4-22　顶板动态及充填体应力监测设备

1. 充填采煤液压支架的支护质量及压实机构压实力分析

支架支护质量主要包括工作阻力及平均工作阻力变化规律等,工作阻力变化规律反映充填采煤工作面回采过程是否出现工作阻力激增、初次来压及周期来压现象,反映工作面整体的矿压显现强度;平均工作阻力变化规律反映顶板整体的来压强度,支护强度以及工作面沿倾斜方向工作阻力的变化。实际分析过程中通过绘制单个支架的工作阻力-回采时间曲线、工作阻力分布曲线以及多部支架的工作阻力-回采距离曲线等实现上述分析。图 4-23 所示为翟镇矿 7203W 充填工作面生产期间 35♯ 支架工作阻力-回采时间实测曲线;图 4-24 为该工作面 6♯、20♯、34♯、40♯、45♯、53♯ 和 60♯ 支架工作阻力-回采距离实测曲线。

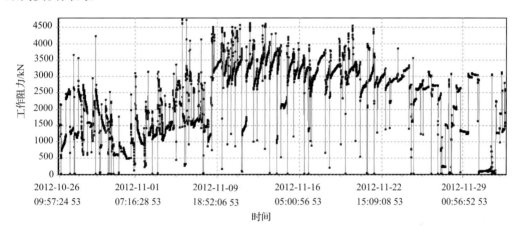

图 4-23 充填支架工作阻力实测

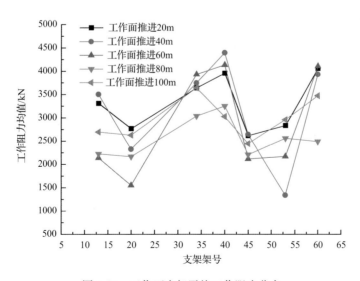

图 4-24 工作面支架平均工作阻力分布

2. 板动态下沉监测分析

顶板动态下沉监测仪主要监测采空区充填后的顶板的动态下沉量,监测仪回采期间安设在采空区内,采空区顶板的下沉量通过有线连接的方式传输监测数据。通过绘制下沉量-推进距离曲线可得到测站所处位置顶板随工作面推进的动态变化规律,进而反算最终的充实率工程控制值。图 4-25 为位于济三矿 6304 工作面中部,距离切眼煤壁 18m 的3 号测点的顶板动态下沉实测曲线。

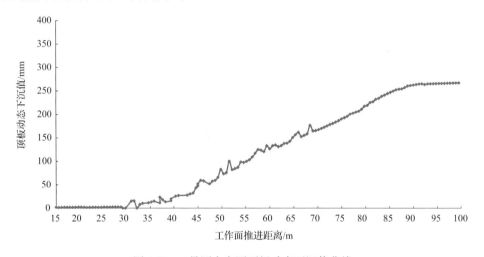

图 4-25　3 号测点实测顶板动态下沉值曲线

由图 4-25 可知:充填采煤采空区顶板动态下沉量随着工作面的推进变化规律分为 3个阶段:围岩小变形阶段(距离工作面 0～35m)、围岩变形阶段(30～75m)、围岩变形稳定阶段(75m 以后)。在围岩小变形阶段(0～35m),由于工作面的推进距离比较小,切眼煤柱和工作面前方煤体承担了上覆岩层的大部分载荷,加上充填体对顶板的初始应力,顶板下沉量较小。在围岩变形阶段(30～75m)。由于工作面推进距离的逐渐增大,切眼煤柱和工作面前方煤体不足以承担上覆岩层的大部分载荷,顶板开始发生整体弯曲下沉,3 号测点最大下沉值为 267mm,8 号测点最大下沉值为 340mm;在围岩稳定阶段(距离工作面75m 以后),随着工作面的推进,充填体逐步被压实且成为承担上覆岩层载荷的主体,顶板的下沉量也趋于稳定,根据测点的最大下沉值,可以得出该测点位置处的最终充实率为 92.4%。

3. 充填体应力监测分析

充填体应力监测仪主要监测采空区充填后的充填体的应力变化规律。通过绘制应力-推进距离曲线可得到测站所处位置充填体随工作面推进受覆岩压力的动态变化规律,进而判断顶板动态运动及达到稳定状态。图 4-26 为济三矿 6304 工作面 3 号、8 号测点的充填体应力实测曲线。

由图 4-26 可知:充填体应力随着工作面的推进应力变化规律同样分为 3 个阶段:初始应力区(距离工作面 0～35m)、应力增高区(30～75m)、应力稳定区(75m 以后),与上述

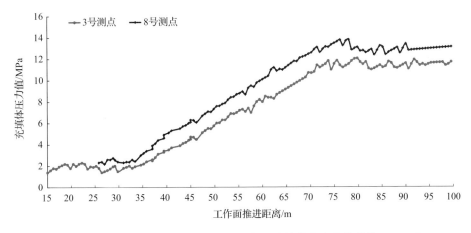

图 4-26 3 号测点与 8 号测点实测充填体应力变化曲线

顶板下沉量随工作面的推进变化规律吻合。在初始应力区(0~35m),充填体内部应力值为 1.6~2.5MPa 变化,基本没有出现应力增加的现象;在 30~75m 的应力增高区,充填体内部的应力出现逐步增高的现象,但增长速度较慢,说明采空区顶板在上覆岩层的作用下逐渐发生弯曲下沉,充填体逐步被压实;在距离工作面 75m 以后,随着工作面的推进,充填体内部应力逐步稳定,最大值达到 12.5MPa,接近于原岩应力,说明此时上覆岩层的整体弯曲下沉在充填体支撑作用下已经趋于稳定。

4. 充采质量比监测分析

根据充填工作面回采充填期间充入充填材料的质量与原煤产量的统计数据,得到充采质量比-回采时间的曲线,充采质量比是采空区充填效果的重要参考指标,图 4-27 是花园矿 1316 充填采煤工作面回采过程中充采质量比-回采时间实测曲线。

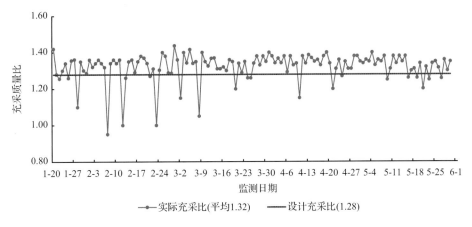

图 4-27 工作面推进过程充采比实测变化曲线

由图 4-27 可知:实测充采质量比平均为 1.32,大于设计充采质量比 1.28;随着开采工艺水平及工作面管理水平的不断提高,实际充采质量比不断提高,且趋于稳定。

第5章　固体充填采煤岩层移动与地表沉陷控制理论

5.1　固体充填采煤岩层移动分析的等价采高理论

5.1.1　固体充填采煤等价采高模型的建立

目前,传统综采矿山压力与地表沉陷分析结果的主要影响因素之一为采高,而充填采煤由于开采后采空区充填入固体充填材料,充填体占据了覆岩层垮落的空间,相当于降低了采高。理想的岩层运动控制是采出多少煤炭后充入等量体积的固体,即岩层绝对不运动,地表无任何沉陷变形量,而用现有人工办法这是无法做到的。现有充填采煤的工业性试验多数在"三下"压煤状况下开展,若完全依靠实测的办法来研究岩层运动规律也是不现实的。因此,为了对比分析传统综采与固体充填采煤的采场矿压与岩层移动(地表沉陷)的需要,引出"等价采高"的概念,即:等价采高为工作面采高减去采空区固体充填体压实后的高度。"等价采高"模型如图5-1所示。

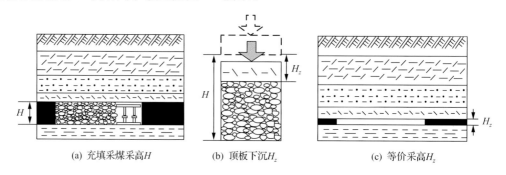

(a) 充填采煤采高H　　　　(b) 顶板下沉H_z　　　　(c) 等价采高H_z

图5-1　固体充填等价采高模型

如图5-1所示,假设充填采煤的采高为H,由于充实率(充填不接顶)和松散体碎胀率(充填体没压实)等因素,采空区覆岩顶板总会有一定的下沉量H_z。因此,由于实施固体充填的原因,实际采出煤层厚度为H而最终等价于采高H_z。根据等价采高模型,可以得到等价采高H_z的计算公式(5-1)

$$H_z = h_z + (k - k')(H - h_z) \tag{5-1}$$

式中:H_z为充填采煤等价采高,m;h_z为充填采煤未充填高,m;H为实际采高,m;k为充填体的松散系数;k'为充填体的压实系数。

运用等价采高的概念,可以将固体充填采煤视为"极薄煤层"开采,可用传统矿压理论与地表沉陷等方法分析固体充填采煤中的矿压显现和地表沉陷规律。这是一种极限分析方法,得到的支架载荷、巷道变形、支承压力以及地表变形等参数都是其上限值。

5.1.2　固体充填采煤等价采高关键参数的确定

等价采高,是充填体经过上覆岩层载荷长期压实流变以后的等量最大开挖高度。采用传统岩层移动和地表沉陷分析方法,由等价采高 H_z 计算预计出的岩层移动和地表沉陷量即为最大极限量,这正是工程实践中所需要的预测指标。因此,充填采煤等价采高模型中参数的确定是研究上覆岩层运动及地表沉陷预计的关键。下面以固体充填体——矸石为例分析说明等价采高关键参数的确定方式。

在式(5-1)中,煤层开采高度 H 在具体的实施矿区为已知数。未充填高度 h_z,即充填体接顶距离,与充填材料、采矿条件、充填工艺和施工管理等因素有关,需根据一定的经验数据,并结合现场实测数据进行校正。

矸石松散碎胀系数 k,即矸石破碎后处于松散状态下的体积与矸石破碎前处于整体下的体积之比,$k = V_b/V_c$,V_b 为矸石破碎后处于松散状态下的体积,矸石完整体积为 V_c。压实系数 k' 为充填体在上覆岩层载荷下充分压实后的体积与压实前体积之比,$k' = V_r/V_b$,V_r 为充填体压实后的体积。

充填材料松散碎涨系数 k 和压实系数 k' 可以通过岩石力学实验方法测得。图 5-2 为破碎岩石松散与压实性能测试系统。其中破碎岩石松散与压实装置采用高强度钢焊接而成,如图 5-2 所示,装置也可测定松散岩体压实过程中的渗流特性。该装置与常规岩石力学实验机(MTS815 实验系统)组合成为综合实验测试系统。

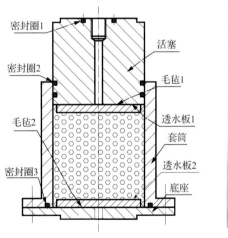

图 5-2　破碎岩石松散与压实装置

利用该实验系统,完成了大量与矿区固体废弃物(充填体)相关的松散碎胀与压实特性测定。例如,矸石、粉煤灰、黄土、黄沙以及矸石与粉煤灰、矸石与黄土等相关碎胀与压实性能的测定。图 5-3 是某矿区矸石由不同颗粒大小级配(g_1、g_3、g_5)后的碎胀与压实性能曲线。

根据"三下"开采岩层运动的设防参数,总能得到一个上覆岩层移动或地表下沉所能承受的最大的开采极限厚度 H_{max}。因此,充填采煤的等价采高 H_z 必须满足如下判别条件:

$$H_z \leqslant H_{\max} \tag{5-2}$$

从式(5-2)中可知，H_z 的表达式中除了几何和材料常数外，采空区充实率和充填体的压实率都可以通过固体充填采煤技术得到人为的控制。研究充填材料压实性能，掌握等价采高关键参数的确定，对实现固体充填采煤控制岩层运动及地表沉降具有重要意义。

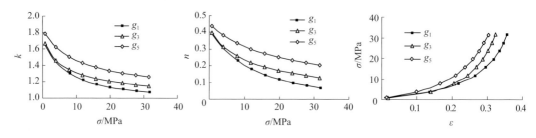

图 5-3　矸石碎胀与压实性能曲线

5.1.3　固体充填采煤等价采高影响因素分析

由式(5-1)可知，固体充填采煤随着工作面采高 H、未充填高 h_z、充填体的松散碎胀系数 k 的变化，将对等价采高有较大的影响。下面以试验矿井翟镇煤矿具体条件及矸石压实试验结果为例，分析相关参数变化对等价采高的影响。

1. 工作面未充填高度 h_z 变化对等价采高的影响

综合机械化固体充填采煤前期试验阶段支架后部未安设推移压实矸石装置，由于受支架后部后顶梁厚度与自压式矸石充填输送机槽帮厚度的限制，其有 $0.3 \sim 0.4\text{m}$ 的空间高度未能充填，所以在等价采高有充填采煤未充填高度 h_z 一项。不同采高 H 与未充填高 h_z 条件下等价采高 H_z 变化如图 5-4 所示。

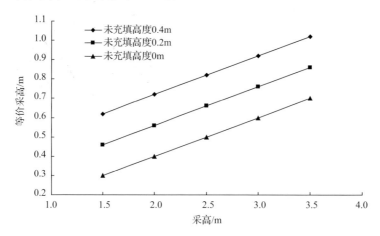

图 5-4　不同采高 H 与未充填高 h_z 条件下等价采高 H_z 的变化

由图 5-4 可以得出：

（1）随着采高由 1.5m 增加到 3.5m，未充填高度在 0.4m 时，综合机械化固体充填采煤等价采高由 0.62m 增加到 1.02m，充填采煤相当于开采一个极薄煤层。

（2）在采高为 2.0m 时，随着综合机械化固体充填采煤未充填高度由 0.4m 变化至 0m 时，其等价采高由 0.72m 变化至 0.40m，减小了 42.7%。

因此，充填采煤应从设备、充填工艺等方面减小或消除未充填高度，可降低等价采高，以控制地表变形，确保开采区域地表建（构）筑物的安全。

2. 充填矸石松散碎胀系数 k 变化对等价采高的影响

综合机械化固体充填采煤，矸石充填体由于受压实机构的初步压实，其松散碎胀系数有所减小，一般为 1.10～1.20。在充填入采空区后，其受覆岩层的作用，将被进一步压实，最终压实系数一般为 1.05 左右。不同充填矸石松散碎胀系数 k 条件下等价采高的变化如图 5-5 所示。

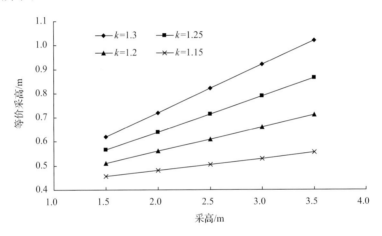

图 5-5　充填矸石不同松散碎胀系数 k 条件下等价采高的变化

由图 5-5 可以得出：

（1）随着采高的增大，综合机械化固体充填采煤的等价采高也增大。但随着松散碎胀系数的减小，其增幅变化较小。

（2）在采高为 2.0m 时，随着综合机械化固体充填采煤充填矸石碎胀系数 k 由 1.30 变化至 1.15 时，等价采高由 0.72m 变化至 0.48m，减小了 33.3%。因此，对矸石进行初步的压实可大幅度减小等价采高。

充填采煤随工作面的推进，在工作面架后采空范围内进行充填，相当于给工作面顶板下沉与破断一个较小的空间，而传统综采采用全部垮落法管理工作面顶板，给予顶板变形空间大。上述特征决定着充填采煤与传统综采在岩层移动方面有不同的规律，下面主要针对传统综采与充填采煤的岩层移动特性进行分析。

3. 基于等价采高的固体充填采煤覆岩破坏特征

垮落带、裂隙带和弯曲下沉带高度与其上覆岩层的岩性结构、煤层倾角、采高、采煤方法等因素有关。综合机械化固体充填采煤与传统综采由于采高的变化,在一定覆岩结构条件下,覆岩移动特征主要是由采高决定,垮落带和裂隙带的高度与采高呈近似直线关系,固体充填采煤后没有垮落带,只有裂隙带,此处计算的垮落带高度为等价高度。下面针对试验矿井翟镇煤矿的覆岩结构特点,分析充填采煤垮落带与裂隙带。

垮落带高度分析计算关系式为

$$H_k = \frac{H}{(k-1)\cos\alpha} \qquad (5\text{-}3)$$

式中:H_k 为垮落带高度,m;H 为采高,充填采煤等价采高 0.62m、传统综采 2.0m;k 为碎胀系数,取 $1.3\sim1.4$;α 为煤层倾角,$12°$。

代入相关参数,可得充填采煤垮落带高度 H_k 为 3.17m,而传统综采为 10.22m。

翟镇煤矿工作面顶板岩性为"中硬岩层",裂隙带高度分析计算由式(5-4)确定。

$$H_d = \frac{100H}{1.2H + 3.6} \pm 5.6 \qquad (5\text{-}4)$$

式中:H_d 为裂隙带高度,m;H 同前。

代入相关参数,可得充填采煤裂隙带高度 H_d 为 $8.67\sim19.87$m,而传统综采为 $27.73\sim38.93$m。可得导水裂缝带高度为:充填采煤 $11.84\sim23.04$m,传统综采 $37.95\sim49.12$m。

因此,固体充填采煤可大大降低垮落带和裂隙带高度,有利于防止顶板水通过岩体破断裂缝流入采空区和回采工作面,提高了工作面安全生产条件。

5.2　固体充填采煤的采场矿压与地表沉陷规律

5.2.1　固体充填采煤采场矿压显现规律

1. 传统采煤与固体充填采煤覆岩变形特征

传统开采中,随着工作面的推进,直接顶与基本顶相继垮落,覆岩关键层受到下部岩层的承载力降低,并产生较大的弯曲变形,当达到其强度极限时发生破断。煤层采出后,采空区周围原有的应力平衡状态受到破坏,引起应力的重新分布,从而引起岩层的变形、破坏与移动,并由下向上发展至地表引起地表的移动,这一过程和现象称为岩层移动。

大量的观测表明,采用传统综采全部垮落法处理采空区情况下,根据采空区覆岩移动破坏程度,可以分为"三带",即垮落带、裂隙带和弯曲带(或整体移动带)。

"两带"高度和岩性与煤层采高有关,覆岩岩性越坚硬,"两带"高度越大。一般情况下,对于软弱岩层,其"两带"高度为采高的 $9\sim12$ 倍,中硬岩层为 $12\sim18$ 倍,坚硬岩层为 $18\sim28$ 倍。其实测结果如图 5-6 所示。岩层移动最终在地表形成下沉,如图 5-7 所示。

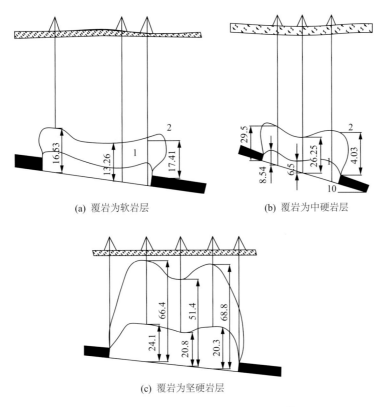

(a) 覆岩为软岩层　　　　　　　(b) 覆岩为中硬岩层

(c) 覆岩为坚硬岩层

图 5-6　实测不同类型覆岩开采后的破坏情况

1-垮落带；2-裂缝带

单位：m

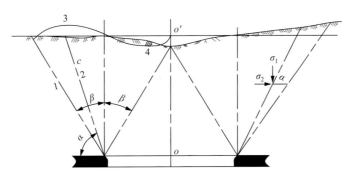

图 5-7　岩层移动概貌

1-滑移面；2-断裂面；3-拉伸变形；4-压缩变形；

α-断裂角；β-滑移角

　　充填采煤随着工作面的推进，在支架后方进行了充填，减小了采空区顶板的下沉空间，相当于减小了采高，这里称之为"等价采高"。垮落带与断裂带（也称"两带"）高度和岩性与煤层采高有关，覆岩岩性越坚硬，"两带"高度越大。充填采煤降低了煤层采高，相当于减小了垮落带与裂缝带的高度。

　　固体充填采煤随着工作面的推进,直接顶达到其垮落步距时发生垮落,由于矸石充填体与破碎直接顶的碎胀性,基本顶达到其垮落步距发生垮落,直接与破碎的直接顶接触。基本顶承载的软弱层也发生下沉而与关键层发生离层,关键层在其上部覆岩的载荷作用下产生弯曲变形,但由于离层空间的限制,关键层及其承载体直接作用于其下的软弱层,随着变形量的增加,其下部软弱层给予的支撑作用力加强,从而限制了关键层的弯曲变形量。

　　因此,充填采煤与传统开采相比,基本顶的垮落步距增大,覆岩变形空间减小,关键层发生的变形量较小,一般情况下不会失稳破断,关键层依然可以作为覆岩自重的承载主体,变形特征如图 5-8(b)所示。

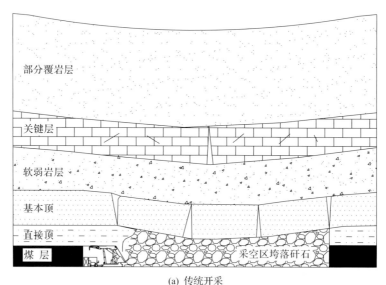

(a) 传统开采

(b) 充填开采

图 5-8　采动过程中覆岩变形示意图

2. 固体充填采煤采场矿压显现规律

一般随着充填采煤工作面的推进,直接顶达到其垮落步距时发生垮落,由于矸石充填体与破碎直接顶的碎胀性,基本顶未发生破断时已经与破碎的直接顶接触。当达到基本顶的垮落步距时,基本顶破断时受破碎直接顶压缩变形支撑力的作用,其给予支架、煤壁等的动载系数(传统开采一般为 4~8 倍)将减小,工作面开采过程中直接顶及基本顶运动特征如图 5-9 所示。

对于长壁综采工作面,沿工作面推进方向力学问题简化为平面应变问题。基本顶上部载荷简化为铅直均布力 q,如图 5-10 所示。

1) 充填采煤基本顶关键块力学计算模型

结合固体充填采煤充填工艺及顶板矿压显现特征,取基本顶岩块作为研究对象。鉴于岩块左侧发生破断,整个岩块可以绕支点转动,故取左端边界为铰支;岩块右端由于发

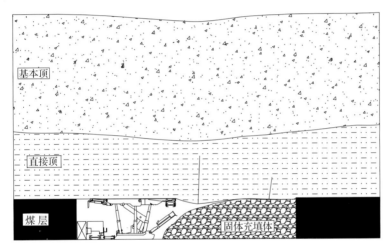

(a) 矸石充填

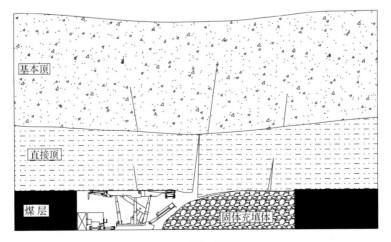

(b) 直接顶垮落

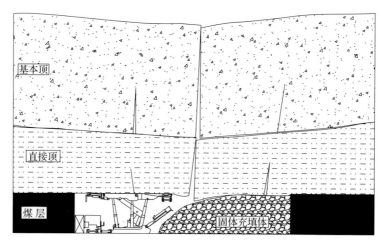

(c) 基本顶破断

图 5-9　矸石充填采煤随工作面推进顶板活动示意

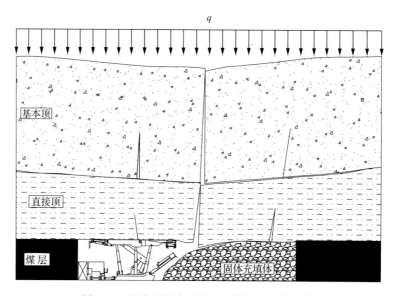

图 5-10　基本顶铅直均布力 q 作用下覆岩结构

生切断而受到右侧相邻岩块挤压作用,故取水平方向的滚轴支座为右端边界;对于岩块下部的碎石,由于它本身具有的时间相关特性和流变特性,岩块下部受到的支撑力作用可用黏性弹簧来代替;岩块所受的覆岩作用可以等效为均布压力[145-156],如图 5-11 所示。

　　岩块覆岩的压力记作 $q = \gamma h$,其中 h 表示基本顶至主关键层的距离,γ 表示基本顶上覆岩层的平均容重;左端铰支处受力记作 F_{Ax}、F_{Ay};右端的滚轴约束记作 F_{Bx},由于水平方向的挤压作用而产生垂直方向上的摩擦力记作 F_{By};岩块下部充填矸石对岩块的支撑作用力记作 $q(x)$,由于工作面支架的存在,$q(x)$ 作用范围为 $L\text{-}L'$,如图 5-12 所示。

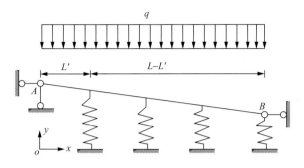

图 5-11　基本顶关键块力学模型

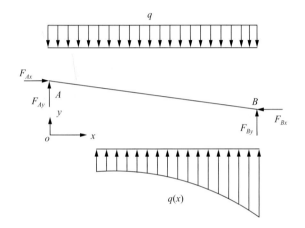

图 5-12　基本顶关键块受力分析

2）基本顶关键块力学分析

固体充填采煤基本顶运动力学模型如图 5-12 所示。根据矸石以及直接顶破碎岩体压实曲线,压实过程中的变形量 Δ 与压实力 σ 之间并非线性关系

$$\sigma = a\mathrm{e}^{\Delta b} \tag{5-5}$$

式中: a、b 为与矸石压实特性相关的系数。

由此可知,破碎直接顶和矸石压实曲线关系为

$$\sigma_1 = a_1\mathrm{e}^{\Delta_1 b_1},\ \sigma_2 = a_2\mathrm{e}^{\Delta_2 b_2} \tag{5-6}$$

式中, Δ_1 为直接顶破碎后碎石的压实量; Δ_2 为矸石的压实量; a_1, b_1 为直接顶碎石压实曲线的比例参数; a_2, b_2 为矸石压实曲线的比例参数; σ_1, σ_2 为直接顶、矸石所受的压实力。

直接顶碎石和矸石的压实量关系以及两者与压实力的关系为

$$\sigma_1 \approx \sigma_2 = q = \gamma h,\ \Delta = \Delta_1 + \Delta_2 \tag{5-7}$$

式中: Δ 为基本顶的沉降量; h 为基本顶至关键层的距离; γ 为基本顶上覆岩层的平均容重。

直接顶碎石和充填矸石压实量关系分别见式（5-8）和式（5-9）。

$$\Delta_1 = \frac{1}{b_1}\ln\left(\frac{\sigma_1}{a_1}\right),\ \Delta_2 = \frac{1}{b_2}\ln\left(\frac{\sigma_2}{a_2}\right) \tag{5-8}$$

$$\Delta = \frac{1}{b_1}\ln\left(\frac{\sigma_1}{a_1}\right) + \frac{1}{b_2}\ln\left(\frac{\sigma_2}{a_2}\right) \tag{5-9}$$

将直接顶碎石和充填矸石进行耦合,比作同一种碎石来进行处理。两者耦合后的压实关系为

$$\sigma = (a_1{}^{b_2} a_2{}^{b_1} \, e^{b_1 b_2 \Delta})^{\frac{1}{b_1 + b_2}} \tag{5-10}$$

鉴于图 5-12 所示梁的末端 B 处于压实状态,而该处垫层从松散状态到压实状态,因而发生的沉降量为

$$\Delta_B = h_2\left(1 - \frac{K'_{P_2}}{K_{P_2}}\right) - h_1(K'_{P_1} - 1) \tag{5-11}$$

式中: Δ_B 为梁末端 B 的沉降量; K_{P_1} 为直接顶破碎后的碎胀系数; K_{P_2} 为矸石的碎胀系数; K'_{P_2} 为矸石的残余碎胀系数; K'_{P_1} 为直接顶破碎后的残余碎胀系数。

而整个梁发生的沉降关系为

$$\Delta(x) = \frac{\Delta_B}{L}x \tag{5-12}$$

式中: $\Delta(x)$ 为整个梁的沉降量; L 为基本顶的垮落长度。

因此梁所受的支承力为

$$q(x) = \sigma(x) = \left[a_1{}^{b_2} a_2{}^{b_1} \, e^{b_1 b_2 \Delta(x)}\right]^{\frac{1}{b_1 + b_2}} = (a_1{}^{b_2} a_2{}^{b_1} \, e^{b_1 b_2 \frac{\Delta_B}{L}})^{\frac{1}{b_1 + b_2}} \cdot e^{\frac{x}{b_1 + b_2}} \tag{5-13}$$

根据支架的平衡关系为

$$\begin{cases} \sum F_x = F_{Ax} - F_{Bx} = 0 \\ \sum F_y = F_{Ay} + F_{By} + \int_{L'}^{L} q(x)\mathrm{d}x - qL = 0 \\ \sum M_B = F_{Ax}\Delta_B + F_{Ay}L + \int_{L'}^{L}(L-x)q(x)\mathrm{d}x - \frac{qL^2}{2} = 0 \end{cases} \tag{5-14}$$

图 5-13 所示梁右端水平推力 F_{Bx} 以及 B 处摩擦力 F_{By} 的关系为

$$F_{By} = f \cdot F_{Bx} \tag{5-15}$$

式中: f 为岩块之间的摩擦因数,一般可取 0.3。

对方程组 (5-14) 进行求解,可以解得 A 端受力

$$F_{Ay} = \frac{q_0 L(0.15L - \Delta_B) - (0.3 - \Delta_B)L\displaystyle\int_{L'}^{L} q(x)\mathrm{d}x + 0.3\displaystyle\int_{L'}^{L} x \cdot q(x)\mathrm{d}x}{0.3L - \Delta_B} \tag{5-16}$$

其中,

$$\int_{L'}^{L} q(x)\mathrm{d}x = (a_1^{b_2} a_2^{b_1} \, e^{b_1 b_2 \frac{\Delta_B}{L}})^{\frac{1}{b_1 + b_2}}(b_1 + b_2)(e^{\frac{L}{b_1 + b_2}} - e^{\frac{L'}{b_1 + b_2}}) \tag{5-17}$$

$$\int_{L'}^{L} x \cdot q(x)\mathrm{d}x = (a_1^{b_2} a_2^{b_1} \, e^{b_1 b_2 \frac{\Delta_B}{L}})^{\frac{1}{b_1 + b_2}}(b_1 + b_2)\left[(L - b_1 - b_2)e^{\frac{L}{b_1 + b_2}} - (L' - b_1 - b_2)e^{\frac{L'}{b_1 + b_2}}\right]$$

$$\tag{5-18}$$

充填采煤时所需的支架支护强度 P_C 为

$$P_C = \frac{F_{Ay}}{S} = \frac{q_0 L(0.15L - \Delta_B) - (0.3 - \Delta_B)L\displaystyle\int_{L'}^{L} q(x)\mathrm{d}x + 0.3\displaystyle\int_{L'}^{L} x \cdot q(x)\mathrm{d}x}{(0.3L - \Delta_B) \cdot S}$$

$$\tag{5-19}$$

式中：P_C 为充填采煤时支架支护强度，kPa；S 为支架有效的控顶面积，m^2。

将式(5-11)、式(5-17)、式(5-18)代入式(5-19)中，可得：

$$P_C = \frac{F_{Ay}}{S} = \frac{\gamma h L(0.15L - \Delta_B)}{(0.3L - \Delta_B) \cdot S} + \frac{(a_1^{b_2} a_2^{b_1} e^{b_1 b_2 \frac{\Delta_B}{L}})^{\frac{1}{b_1 + b_2}}(b_1 + b_2)}{(0.3L - \Delta_B) \cdot S} \cdot \Big[0.3(L - b_1 - b_2) e^{\frac{L}{b_1 + b_2}}$$

$$- 0.3(L' - b_1 - b_2) e^{\frac{b_1 + b_2}{}} - (0.3 - \Delta_B)L(e^{\frac{L}{b_1 + b_2}} - e^{\frac{L'}{b_1 + b_2}}) \Big] \tag{5-20}$$

3）固体充填采煤支架支护强度修正系数

传统综采工作面支护强度一般采用载荷估算法得出

$$P_w = k h_2 \gamma \tag{5-21}$$

式中：h_2 为采高；k 为采高倍数的岩石容重，一般取 $4\sim8$。

这里为对比分析固体充填采煤与传统综采支架支护强度，特引出修正系数的概念。修正系数定义为固体充填采煤与传统综采支架支护强度的比值，记为 η。

由式(5-20)、式(5-21)可得出固体充填采煤与传统综采支架支护强度修正系数 η 为

$$\eta = \frac{P_C}{P_w} \tag{5-22}$$

即修正系数 η 为

$$\eta = \frac{h L(0.15L - \Delta_B)}{(0.3L - \Delta_B) \cdot S \cdot k h_2} + \frac{(a_1^{b_2} a_2^{b_1} e^{b_1 b_2 \frac{\Delta_B}{L}})^{\frac{1}{b_1 + b_2}}(b_1 + b_2)}{(0.3L - \Delta_B) \cdot S \cdot k \gamma h_2} \cdot \Big[0.3(L - b_1 - b_2) e^{\frac{L}{b_1 + b_2}}$$

$$- 0.3(L' - b_1 - b_2) e^{\frac{L'}{b_1 + b_2}} - (0.3 - \Delta_B)L(e^{\frac{L}{b_1 + b_2}} - e^{\frac{L'}{b_1 + b_2}}) \Big] \tag{5-23}$$

式中：η 为固体充填采煤与传统综采支护强度的比值。

将试验矿井相关参数代入式(5-20)、式(5-21)，可得充填与未充填采煤时工作面支护强度如图 5-13 所示。代入式(5-23)得出随采高变化时修正系数 η 如图 5-14 所示。

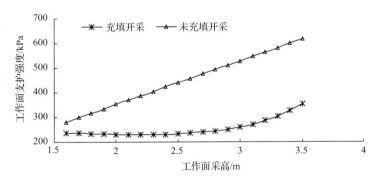

图 5-13　工作面支护强度随采高变化曲线

由图 5-13 和图 5-14 可以得出：

（1）固体充填采煤工作面所需支护强度明显小于未充填采煤，主要由于支架、煤壁与矸石充填体（或破碎的直接顶）共同承载基本顶及其承载体，因而对支架的作用力减弱，所需的支护强度减小。

（2）当采高在 $1.6\sim3.5m$ 变化时，修正系数 η 的变化范围为 $0.49\sim0.84$。当采高在 $1.6\sim3m$ 变化时，固体充填采煤所需的支护强度降低；当采高超过 $3m$ 时，固体充填采煤

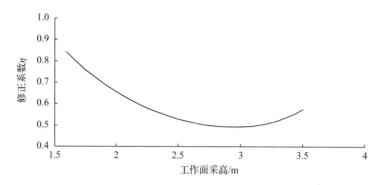

图 5-14 修正系数 η 随采高变化曲线

所需的支护强度增加。

(3) 综合机械化固体充填采煤工作面所需支架支护强度低。相比传统综采,采场矿压显现会减弱。

3. 实测矿压对比

由等价采高的概念,可以推导出充填采煤与普通开采的支架载荷之比。支架的极限载荷为冒落顶板的重量,则有固体充填采煤支架载荷 Q_z 为

$$Q_z = \gamma\Delta_z = \alpha\gamma H_z \tag{5-24}$$

式中:γ 为岩层的比重;Δ_z 为固体充填采煤直接顶冒高;α 为冒高与采高之比。

因此,固体充填采煤与非充填采煤支架的被动载荷之比 η 为

$$\eta = \frac{\alpha\gamma H_z}{\alpha\gamma H} = \frac{H_z}{H} \tag{5-25}$$

在新汶矿区,以 2m 采高为例,则有 η 为 0.25～0.33,即充填采煤液压支架所受载荷仅为传统开采的 30% 左右。

对新汶矿区固体充填采煤与类似条件非充填采煤矿压进行了实测对比。工作面超前支承压力对比曲线如图 5-15 所示,工作面巷道顶底板移近量对比曲线如图 5-16 所示,两帮移近量如图 5-17 所示。

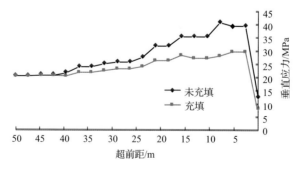

图 5-15 工作面超前支承压力对比曲线

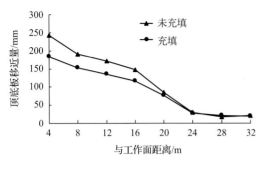

图 5-16　工作面巷道顶底板移近量

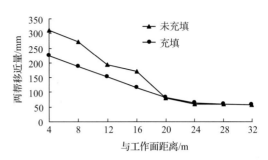

图 5-17　工作面巷道两帮移近量

从图 5-15 可知,在工作面前方支承压力对比曲线中,无论支承压力的影响范围还是峰值,固体充填采煤都显著低于非充填采煤,峰值仅为非完全开采的 20% 左右。

从图 5-16 和图 5-17 中可知,在工作面巷道采动变形对比曲线中,固体充填采煤的收敛变形明显低于非充填采煤,最大收敛变形面积仅为非充填开采的 30% 左右。

通过实测对比可以得出,实施固体充填采煤后,显著降低工作面两巷的最大收敛变形量和支承压力的影响范围及峰值,实际开采中已没有明显的周期来压的情况。

5.2.2　固体充填采煤地表沉陷规律

随着长壁工作面的推进,采空区顶板岩层首先在自重应力及上覆岩层重力的作用下,产生向下的移动和弯曲,当其内部应力超过岩层的抗拉强度时,直接顶板首先断裂、破碎并相继垮落,而基本顶岩层则以梁、板形式沿层面法向移动、弯曲,进而产生断裂、离层,这一过程随工作面推进不断重复,直至上覆岩层达到新的应力平衡状态。从上述分析可以看出,岩层移动的主要原因是煤炭的开采打破了上覆岩体的应力平衡状态,而垮落岩石的碎胀有效地减少了上覆岩体的下沉空间,是岩层移动停止的关键因素。固体废物充填采煤就是通过机械化充填设备将固体废物充入采空区,限制顶板垮落下沉来达到控制上覆岩层移动和减轻地表沉陷的目的。充填采空区的固体废物占据了上覆岩层的下沉空间,相当于减小了开采厚度;如同岩层移动后期主要是破碎岩体的压实和上覆岩体中离层、裂隙的闭合一样,固体充填采煤岩层移动后期也主要体现为充填体的压实沉降。在充填采煤现场实践中,其中十分重要的控制指标之一是地表沉陷参数。可引入等价采高的概念,采用传统地表沉陷预计方法,对固体充填采煤后的地表沉陷进行预计和实测分析。

根据固体充填采煤沉陷控制的基本原理和模拟研究成果[157-165],充填采空区的固体废物占据了上覆岩层的下沉空间,相当于大幅度减小了开采高度;固体充填采煤引起的地表沉陷就相当于固体废物充填体经充分压实后的等价采高所引起的地表沉陷。因此,固体充填采煤地表沉陷可采用基于等价采高的常规垮落法地表沉陷预测方法进行沉陷预计。

该方法已经在邢台、新汶矿区进行了实证分析,实测结果表明,使用该方法进行固体充填采煤引起的地表沉陷预计结果是可靠的。

等价采高与充填前顶底板移近量、充填欠接顶量、充填率以及固体废物充填体的压缩率相关。

求出等价采高后,即可采用薄煤层垮落法预计参数结合等价采高进行固体充填采煤的沉陷预计。

概率积分法的数学模型如下:

(1) 地表任意点 $A(x,y)$ 的下沉值 $W(x,y)$,见式(5-26)

$$W(x,y) = W_{cm}C_{x'}C_{y'} \tag{5-26}$$

式中:W_{cm} 为充分采动条件下地表最大下沉值,$W_{cm} = mq\cos\alpha$;m 为采出煤层厚度;q 为地表下沉系数;α 为煤层倾角;$C_{x'}$、$C_{y'}$ 为待求点在走向和倾向主断面上投影点处的下沉分布系数;x、y 为待求点坐标。

(2) 地表任意点 $A(x,y)$ 沿 φ 方向倾斜变形值 $T(x,y)\varphi$,见式(5-27)。

$$T(x,y)\varphi = T_x C_{y'}\cos\varphi + T_y C_{x'}\sin\varphi$$
$$T(x,y)\varphi + 90 = -T_x C_{y'}\sin\varphi - T_y C_{x'}\cos\varphi \tag{5-27}$$
$$T(x,y)m = T_x C_{y'}\cos\varphi_T + T_y C_{x'}\sin\varphi_T$$

式中:$\varphi_T = \arctan(T_y C_{x'}/T_x C_{y'})$;$T(x,y)m$ 为待求点的最大倾斜值,mm/m;φ_T 为最大倾斜值方向与 OX 轴的夹角(沿逆时针方向旋转),(°);T_x、T_y 分别为待求点沿走向和倾向主断面上投影点处叠加后的倾斜变形值,mm/m。

(3) 地表任意点 $A(x,y)$ 沿 φ 方向的曲率变形 $K(x,y)\varphi$,见式(5-28)。

$$K(x,y)\varphi = K_x C_{y'}\cos 2\varphi + K_y C_{x'}\sin 2\varphi + (T_x T_y/W_{cm})\sin 2\varphi$$
$$K(x,y)\varphi + 90 = K_x C_{y'}\sin 2\varphi + K_y C_{x'}\cos 2\varphi - (T_x T_y/W_{cm})\sin 2\varphi$$
$$K(x,y)_{\max} = K_x C_{y'}\cos 2\varphi + K_y C_{x'}\sin 2\varphi + (T_x T_y/W_{cm})\sin 2\varphi_k \tag{5-28}$$
$$K(x,y)_{\min} = K(x,y)\varphi + K(x,y)\varphi + 90 - K(x,y)_{\max}$$

式中:$K(x,y)_{\max}$,$K(x,y)_{\min}$ 分别为待求点最大、最小曲率变形值;K_x、K_y 分别为待求点沿走向及倾向在主断面投影处迭加后的曲率值。

(4) 地表任意点 $A(x,y)$ 沿 φ 方向的水平移动值 $U(x,y)\varphi$,见式(5-29)。

$$U(x,y)\varphi = U_x C_{y'}\cos\varphi + U_y C_{x'}\sin\varphi$$
$$U(x,y)\varphi + 90 = -U_x C_{y'}\cos\varphi + U_y C_{x'}\sin\varphi \tag{5-29}$$
$$U(x,y)_{cm} = U_x C_{y'}\sin\varphi_u + U_y C_{x'}\cos\varphi_u$$

式中:φ_u 为最大水平移动方向与 OX 轴的夹角

$$\varphi_u = \arctan(U_y C_{x'}/U_x C_{y'})$$

U_x、U_y 分别为待求点沿走向和倾向在主断面投影点处的水平移动值,mm。对于倾斜方向需加 $C_{y'} \cdot W_{cm} \cdot \cot\theta$。

(5) 地表任意点 $A(x,y)$ 沿 φ 方向的水平变形值 $\varepsilon(x,y)\varphi$,见式(5-30)。

$$\varepsilon(x,y)\varphi = \varepsilon_x C_{y'}\cos 2\varphi + \varepsilon_y C_{x'}\sin 2\varphi + [(U_x T_y + U_y T_x)/W_{cm}] \cdot \sin\varphi \cdot \cos$$
$$\varepsilon(x,y)\varphi + 90 = \varepsilon_x C_{y'}\sin 2\varphi + \varepsilon_y C_{x'}\cos 2\varphi - [(U_x T_y + U_y T_x)/W_{cm}] \cdot \sin\varphi \cdot \cos\varphi$$
$$\varepsilon(x,y)_{\max} = \varepsilon_x C_{y'}\cos 2\varphi_\varepsilon + \varepsilon_y C_{x'}\sin 2\varphi_\varepsilon + [(U_x T_y + U_y T_x)W_{cm}] \cdot \sin\varphi_\varepsilon \cdot \cos\varphi_\varepsilon$$
$$\varepsilon(x,y)_{\min} = \varepsilon(x,y)\varphi + \varepsilon(x,y)\varphi + 90 - \varepsilon(x,y)_{\max}$$

$$\tag{5-30}$$

式中：$\varphi_\varepsilon = \dfrac{1}{2}\arctan\dfrac{U_x T_y + U_y T_x}{W_{on}(\varepsilon_x C_{y'} - \varepsilon_y C_{x'})}$；$\varepsilon(x, y)_{max}$，$\varepsilon(x, y)_{min}$ 分别为待求点最大、最小水平变形值；ε_x，ε_y 分别为待求点沿走向及倾向在主断面投影处叠加后的水平变形值。

以翟镇煤矿固体充填采煤为例，其地表为村庄、学校等建筑物，采深 740m，平均采高 2.0m，其地表沉陷预计与实测情况见表 5-1。从表 5-1 可以看到，如非充填采煤，地面下沉达到 1019mm，在多雨季节易造成积水等；采用固体充填采煤，则地面变形等级仅为轻微，无需对房屋实施加固或维修。目前，该采区已接近充分采动，实测到的地表变形量很小。

表 5-1　固体充填采煤区域地表移动预计与实测

比较项目	全高开采预计	固体充填采煤预计	固体充填采煤实测
最大下沉量/mm	1019	333	18
最大水平变形/(mm/m)	0.29	0.11	0.01

5.3　固体充填采煤岩层移动物理模拟

为了揭示固体充填采煤覆岩移动破坏特征，设计制作了相似材料模型，模拟研究固体充填采煤时的覆岩移动和破坏规律。

5.3.1　相似材料模型的建立

设计模型为二维平面模拟，几何尺寸为 2.5m×0.2m×1.1m，充填率为 100%，岩层分布情况见表 5-2。

为更好地反映固体充填采煤覆岩移动破坏特征，铺设模型各岩层分布在实际岩层的基础上进行了一定的简化和修改。设计相似材料模拟试验的相似参数如下。

表 5-2　兖州某采区实际地质情况

岩层序号	层厚/m	深度/m	岩石名称	岩层序号	层厚/m	深度/m	岩石名称
1	0.67	0.67	粉砂岩	9	11.65	74.98	细砂岩
2	18.57	19.24	粗砂岩	10	3	77.98	粗砂岩
3	3.8	23.04	细砂岩	11	3.25	81.23	细砾岩
4	4	27.04	煤层	12	13.8	95.03	细粉砂岩
5	13.57	40.61	中砂岩	13	3.5	98.53	细砾岩
6	0.4	41.01	泥岩	14	10.25	108.78	细砾岩
7	16.72	57.73	粉砂岩	15	22.14	130.92	风化泥岩
8	5.6	63.33	砂岩	16	180	310.92	表土层

（1）几何相似准数：$C_l = 1/100$；

（2）时间相似准数：$C_t = \sqrt{C_l} \approx 12$；

（3）应力相似准数：$R_m = \dfrac{l_m}{l_h} \cdot \dfrac{\gamma_m}{\gamma_h} \cdot R_H$。

并由此结合某矿区实际岩石力学参数，确定出相似材料模型各岩层的物理力学参数及岩层分布，见表 5-3。

表 5-3　实测参数与模拟参数对比表

岩性	实测参数				模拟参数		
	厚度/m	抗压/MPa	抗拉/MPa	容重/(kg/m³)	厚度/cm	抗压/MPa	抗拉/MPa
表土层	180	3.26	0.4	2300	180	0.022	0.003
风化泥岩	23	10.44	0.8	2410	23	0.07	0.005
细粉砂岩互层	30	26.47	0.9	2408	30	0.176	0.006
细砂岩	18	43.36	1.6	2484	18	0.289	0.011
粉砂岩	21	35.87	2.8	2615	21	0.239	0.019
砂质泥岩互层	14	18.05	1.7	2455	14	0.120	0.011
煤	4	11.5	0.6	2400	4	0.077	0.004
底板（细砂岩）	20	112.13	1.8	2621	20	0.746	0.012

铺设模型监测线如图 5-18 所示，自下而上 6 排共 87 个监测点，煤层直接顶、基本顶附近为破坏较严重区域，需重点监测，布设 3 条监测线，线间隔为 10cm，点间隔为 10cm；再上方每一岩层中间布设 1 条监测线，共 3 条，点间隔为 20cm。

图 5-18　相似材料模型图

5.3.2　固体充填体相似模拟试验

相似模型能否真实反映固体充填采煤过程，一个重要方面就是要选取合适的充填体模拟相似材料。为满足相似材料的动态变形模拟，理论上讲，必须保证模拟充填材料与实际充填体的应力-应变曲线基本保持相似，即必须找到一种模拟充填材料，其应力-应变曲线与运用相似公式计算出的应力-应变曲线相同,但试图找到两条完全一样的曲线比较困难,实际充填体与充填体材料应力-应变曲线如图 5-19 和图 5-20 所示。

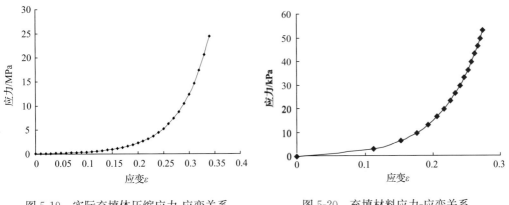

图 5-19　实际充填体压缩应力-应变关系　　　　图 5-20　充填材料应力-应变关系

为此,选取经海绵、泡沫硬度计测定的不同强度海绵(1 号、2 号、3 号、4 号)和不同强度泡沫材料(1 号、2 号),通过单独压缩及两者之间按高度比例进行组合压缩,以求取最适合的模拟充填材料。

1. 海绵、泡沫单独压缩试验

选取不同型号的海绵和泡沫,逐步加压至极限荷载得出各自的应力-应变曲线如图 5-21所示。

由不同强度海绵单独压缩应力-应变曲线可以看出,如果模拟材料单独采用海绵,当荷载较小时其应变值还能符合矸石压缩相同压力下的应变,但当荷载加载到一定量时,其应变值突然增大如图 5-21 中曲线拐点且最终应变值即压缩量较大,与充填体应力-应变曲线相差较大,因此,不适宜做模拟充填材料。

由不同强度泡沫应力应变曲线得出,1 号泡沫由于强度较大,在荷载的加压过程中其应变值变化很小,几乎为不变;2 号泡沫其应力应变近似呈线性,即在极限荷载的加压下其应变值还在增加,没有达到一个压实的阶段。因此,也不适宜做模拟充填材料。

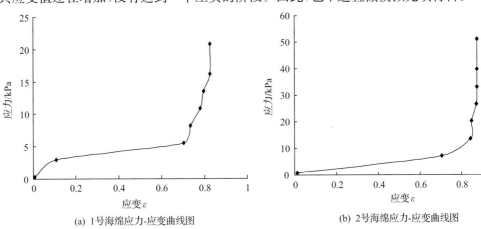

(a) 1号海绵应力-应变曲线图　　　　　　　　(b) 2号海绵应力-应变曲线图

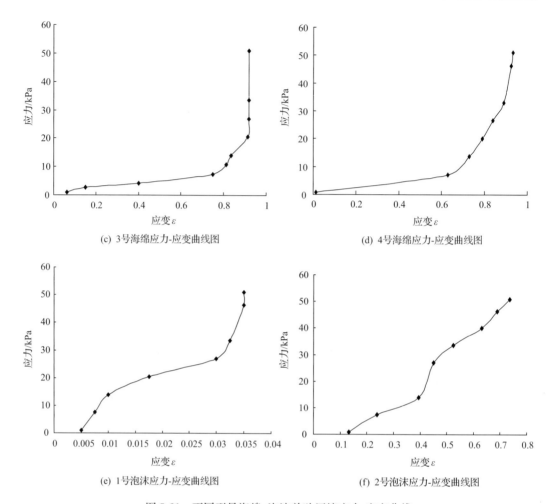

(c) 3号海绵应力-应变曲线图

(d) 4号海绵应力-应变曲线图

(e) 1号泡沫应力-应变曲线图

(f) 2号泡沫应力-应变曲线图

图 5-21 不同型号海绵、泡沫单独压缩应力-应变曲线

在此基础之上，考虑采用泡沫和海绵组合的形式进行压缩试验。

2. 海绵、泡沫组合压缩试验

选取强度最大的 1 号海绵与 1 号、2 号泡沫组合，厚度比为 1∶1，在相同极限荷载的压力下进行压缩试验，其应力应变曲线如图 5-22 所示。

由图 5-22 应力-应变曲线分析，可以得出由于海绵强度相对较弱，无论底板泡沫为 1 号或 2 号，在荷载的逐渐加压下，其应变值即压缩量较大，与矸石实际压缩过程不相符合。为此，调整海绵和泡沫的厚度比，选取 1 号海绵和 1 号泡沫，厚度比分别为 1∶2 和 1∶3，相同极限荷载压力下进行压缩，其应力-应变曲线如图 5-23 所示。

由图 5-23 分析可知，当 1 号海绵与 1 号泡沫的厚度比为 1∶2 时，其应力-应变曲线与用相似公式计算出的应力-应变曲线最为相似。将 1 号海绵与 1 号泡沫厚度比为 1∶2 的应力-应变曲线与运用相似公式计算出的应力-应变曲线进行对比分析，如图 5-24 所示。

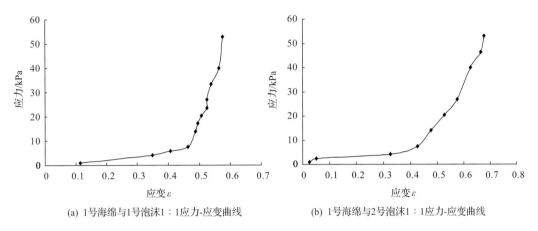

(a) 1号海绵与1号泡沫1∶1应力-应变曲线　　　　(b) 1号海绵与2号泡沫1∶1应力-应变曲线

图 5-22　不同型号海绵、泡沫组合压缩应力-应变曲线图

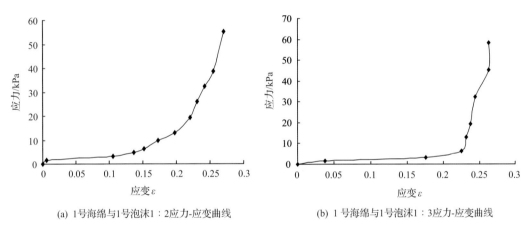

(a) 1号海绵与1号泡沫1∶2应力-应变曲线　　　　(b) 1号海绵与1号泡沫1∶3应力-应变曲线

图 5-23　不同比例海绵、泡沫组合压缩应力-应变曲线图

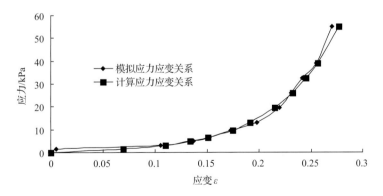

图 5-24　计算应力-应变曲线与模拟应力-应变曲线对比图

由图 5-24 曲线对比分析可以看出,模拟充填体的应力-应变曲线无论从变化过程还是最终应变压缩量都与计算应力-应变曲线基本相似,因此本次试验选取模拟充填体材料为:1号海绵和 1 号泡沫组合体,厚度比为 1∶2。

5.3.3　固体充填采煤覆岩移动规律分析

1. 开采过程中岩层移动破坏变化特征

在固体充填采煤模拟的过程中,上覆岩层整体性结构未发生破坏,保持了整体的连续性。在整个充填采煤过程中,岩层未出现明显垮落带,仅存在裂隙带、弯曲带,岩层上方也无明显离层出现。裂隙主要发生在开切眼侧和工作面停采线侧,呈对称"厂"形分布,范围较小;工作面中间无明显竖向裂隙,仅存在较小横向层间裂隙且随着工作面的推进逐步被压实。按照上覆岩层的移动破坏程度将模拟开采过程分为两个阶段。

第一个阶段:顶板岩层无明显的弯曲下沉,充填体压缩量较小,其岩层移动破坏过程如图 5-25 所示。

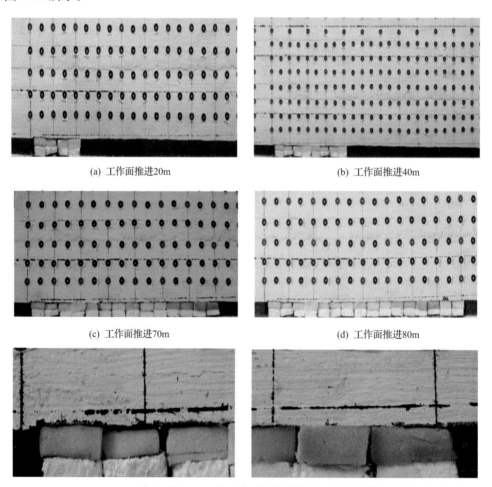

(a) 工作面推进20m　　　　　　　　　　　　　(b) 工作面推进40m

(c) 工作面推进70m　　　　　　　　　　　　　(d) 工作面推进80m

(e) 工作面开挖70~80m时,开切眼和停采线侧岩层移动破坏情况

图 5-25　固体充填第一阶段岩层移动破坏过程

第二阶段:顶板岩层出现明显弯曲下沉状态,充填体压缩量增大;随着弯曲下沉量增大顶板岩层开始出现轻微的断裂破坏,其过程如图 5-26 所示。

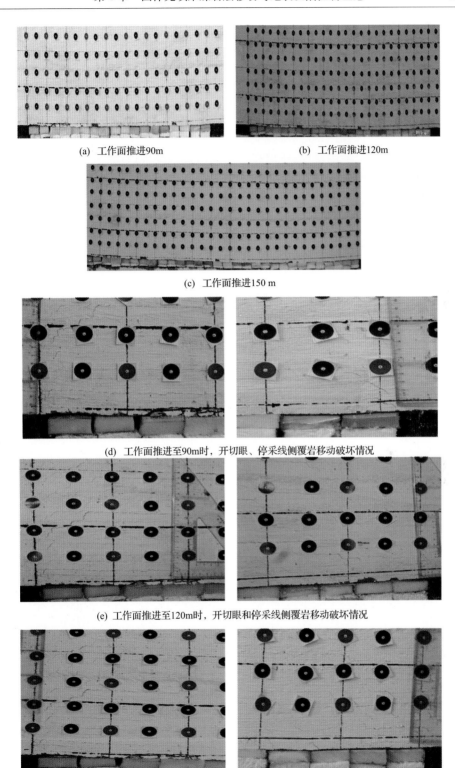

(a)　工作面推进90m　　　　　　　　(b)　工作面推进120m

(c)　工作面推进150 m

(d)　工作面推进至90m时，开切眼、停采线侧覆岩移动破坏情况

(e)　工作面推进至120m时，开切眼和停采线侧覆岩移动破坏情况

(f)　工作面开采完成后，开切眼和停采线侧覆岩移动破坏情况

图 5-26　固体充填第二阶段岩层移动破坏过程

2. 开采过程中位移监测点动态变化特征

1）同一垂线上监测点位移变化观测及分析

由图 5-27 不同观测时间各监测线下沉曲线可知,上覆岩层的移动是自下而上逐步向上发展的,随着工作面的推进,下沉值和移动范围由小变大,最后趋于稳定呈对称碗状。由于受到充填体的支撑作用,各监测线上测点下沉较为平缓且基本保持着同步下沉,说明监测线之间没有出现较大的离层;距离煤层不同位置的顶板,其垂直位移量不同,距离越近其位移量越大,但监测线之间位移总量差距很小。

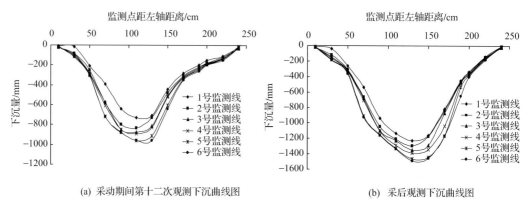

(a) 采动期间第十二次观测下沉曲线图　　　　　(b) 采后观测下沉曲线图

图 5-27　不同观测时间各监测线下沉曲线图

取最上一排 1 号监测线(距顶板 70m)和最下一排 7 号监测线(距顶板 10m)的最大下沉点(点 81 及点 11),绘出其随着开采推进的下沉值及下沉速度变化曲线图,如图 5-28 所示。

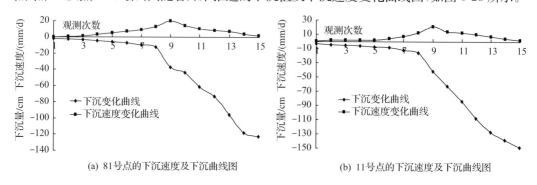

(a) 81号点的下沉速度及下沉曲线图　　　　　(b) 11号点的下沉速度及下沉曲线图

图 5-28　不同监测线上最大下沉点的下沉速度及下沉曲线图

由图 5-28 可以得出,固体充填采煤过程中上覆岩层的下沉速度经历了极小-逐步增大-减小稳定的过程,其变化过程与长壁垮落法开采时基本相同;但下沉量和下沉速度远远低于全部垮落法开采时。当工作面推进到 70m 时,81 号测点的下沉速度开始逐渐增大,到推进至 90m 时达到最大,最大下沉速度为 19mm/d。此后,随着工作面继续推进,最大下沉速度点前移,而 81 号测点下沉速度逐渐减小并趋于平缓。和长壁垮落法开采不同的是由于充填体的支撑作用,其最大下沉速度持续时间较短,没有出现下沉速度陡增的现象,速度变化较为平缓;但由于充填体具有逐步压实的特点,使得固体充填采煤的覆岩移动持续时间较长。

2）同一水平上监测点位移变化观测及分析

随着开采工作面的推进，上覆岩层的下沉位移量也逐步增加，如图 5-29 所示。

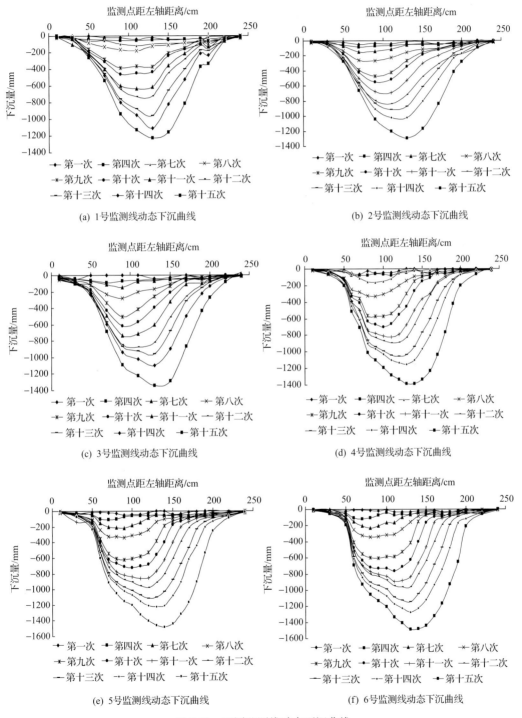

图 5-29　不同监测线动态下沉曲线

在工作面开采初期,由于充填体支撑作用及顶板岩梁自身具有一定的强度,监测点几乎不发生移动;当工作面推进至 70m 时,顶板岩层受力弯曲下沉,充填体开始压缩变形,下位监测线监测点开始出现下沉并逐步向上覆岩层传递。

此后,随着工作面继续推进,下沉值和移动范围由小到大逐渐增加。由于充填体填充到采空区,支承上覆岩层,减少了顶板岩层的自由空间;因此,各监测点动态下沉较为平缓,没有出现岩层突然垮落、下沉陡增的情况。同时各监测线下沉几乎同步,没有较大的离层出现。最终观测到的各水平监测线的最大下沉值分别为:1226mm(顶板上 60m)、1294mm(顶板上 50m)、1345mm(顶板上 40m)、1389mm(顶板上 30m)、1482mm(顶板上 20m)、1486mm(顶板上 10m)。下沉曲线左右对称,与长壁垮落法开采曲线基本一致。

固体充填采煤过程中,覆岩破坏主要集中在直接顶附近。因此,选取顶板上方 4 号、5 号、6 号监测线,观测相互之间纵向应变的变化情况,如图 5-30 所示。

在模型工作面的开切眼附近(50～70m)及停采线附近(180～200m)纵向应变发生了较大的突变,说明该区域岩层下沉不一致,出现了较明显的离层现象;而在采空区中间区域(70～180m)纵向应变变化较小且相对平稳,说明该区域岩层呈同步下沉,无明显离层现象。

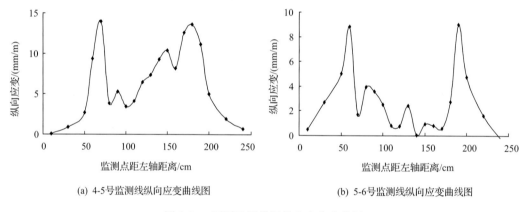

(a) 4-5号监测线纵向应变曲线图　　　　　(b) 5-6号监测线纵向应变曲线图

图 5-30　不同监测线间纵向应变曲线图

5.4　固体充填采煤岩层移动数值分析

5.4.1　固体充填数值分析模型的建立

近几十年来,随着计算机应用的发展,数值计算方法在岩土工程和采矿工程的问题分析中得到了迅速而又广泛的应用。UDEC 是针对非连续介质模型的二维离散元数值计算程序,能够很好地适应不同岩性和不同开挖状态条件下的岩层运动和巷道变形的需要,是目前模拟岩层破断移动过程较为理想的数值模拟软件。

UDEC 是针对非连续介质模型的二维离散元数值计算程序,它应用于计算机主要包括两方面的内容:①离散的岩块允许大变形,允许沿节理面滑动、转动和脱离冒落;②在计算过程中能够自动识别新的接触。UDEC 软件主要模拟静载或动载条件下非连续介质(如节理块体)力学行为的特征,非连续介质是通过离散块体的组合来反映的,节理被看成块体间的边界条件来处理,允许块体沿节理面运动及回转。单个块体可以是刚体的或者是可变形的,接触是可变形的。可变形块体再被细化为有限差分元素网格,每个元素的力学特性遵循规定的线性或非线性的应力-应变规律,节理的相对运动也是遵循法向或切向的线性或非线性力-位移运动关系。对于不连续的节理以及完整的块体,UDEC 具有丰富的材料特性模型,从而允许模拟不连续材料的地质特征或相近材料的力学行为特征。UDEC 既可以用于解决平面应变问题也可以用于解决平面应力问题,既可以解决静态问题,也可以解决动态问题。

UDEC 适于研究与采矿有关的问题。使用 UDEC 对于地下深部开挖巷道已经进行了静态和动态分析。断层滑落导致巷道围岩失稳是运用 UDEC 进行分析的事例之一。运用动态应力或速度波研究在模拟边界的爆破效果。运用连续节理模型进行断层滑落诱导受震程度的研究。运用结构元素模拟各种岩石加固系统,如灌浆岩石锚杆和喷射混凝土加固系统。

UDEC 提供了 7 种材料本构模型(①Null;②Elastic,Isotropic;③Druck-Prager plasticity;④Mohr-Coulumb plasticity;⑤Ubiquitous joint;⑥Strain-hardening/softening;⑦Double-yield)和 5 种节理本构模型。UDEC 能够较好地适应不同岩性和不同开挖状态条件下的岩层运动和巷道变形的需要。它可以定量地分析任何一点的应力、应变、位移状态,并可以对其进行全程监测,所有工作均能以直观化的图像和数据表述,分析问题直观明了,是目前模拟岩层破断移动过程较为理想的数值模拟软件。

因此,笔者采用 UDEC2D3.1 模拟不同开采条件下岩层移动特征。

1) 模型边界条件

在岩层移动数值模拟中,限于数值模拟软件可运行单元数的限制或为了节约机时,通常采用与相似材料模拟实验相类似的简化方法,将未模拟岩层简化为均布载荷加在数值模型的上边界。但针对不同的研究目的,所采用的模型边界也应该适当调整,就研究的岩层移动特征而言,关键层之上至地表的岩层不应当在模型中简化为载荷,因此取模型的垂直范围为煤层底板至地表。

根据煤岩层综合柱状,确定计算模型采用摩尔-库仑模型。模型尺寸:走向×倾向=750m×2200m,采用平面应变模型。

位移边界条件:模型的左右及下部边界为位移边界,左右边界限制 x 方向的位移;下部边界限制 y 方向的位移,力学模型如图 5-31 所示。

2) 模型单元划分及计算参数

在 UDEC 中,模型单元是软件进行各种力学计算和行为模拟的实际对象,模型的宏观行为特性实质上是单元体的行为特性的总体表现。对于煤体,要求单元最大边长不大于 1m,其他各岩层单元按与煤层的远近,适当划分,如图 5-32 所示。模型中的计算参数以实验室的岩石力学参数为基础,经反演求参,得到具体的计算参数见表 5-4。

3) 模拟步骤及过程监测

数值计算采用如下技术路线进行:

原岩应力计算→煤层开挖→UDEC 计算→煤层开挖→UDEC 计算(达到模拟推进距离)→结果输出。

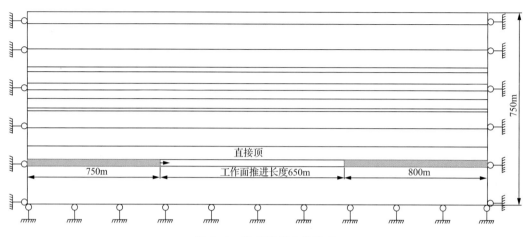

图 5-31　数值模拟力学模型

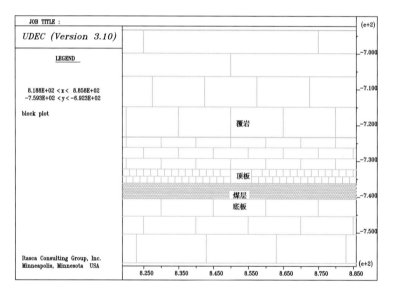

图 5-32　数值模拟单元划分

表 5-4　UDEC 模拟中煤岩层参数

项目		厚度/m	弹性模量/GPa	内聚力/MPa	内摩擦角/(°)	密度/(t/m³)	泊松比
岩体	老底	10	30	10	30	2.7	0.3
	煤	2	3	1.5	18	1.4	0.3
	直接顶	2.5	10	2	21	2.6	0.3
	基本顶	13	30	10	30	2.7	0.3
节理	真节理		20	5	15		0.2
	假节理		20	0	10		0.2

工作面的开采引起围岩应力重新分布。数值模拟过程的时步虽不能与实际开采影响的时间过程相对应，但数值分析中不同时步的应力、位移结果反映了实际开采过程中应力位移的演化过程[166-183]。建模过程中，在覆岩中设置了监测点，记录该处围岩的应力、位移等变量的变化过程。

模拟步骤：第一，建整体模型，模型原岩应力平衡计算；第二，沿走向开采工作面（分步开采），按规定要求充填工作面；第三，模型应力平衡计算。

4）模拟方案

为研究不同开采条件对岩层移动规律的影响，按充填体弹性模量为 1GPa、5GPa、10GPa、15GPa、20GPa（等价采高为 0.64m，实际采高 2.0m）等 5 个设计方案来模拟分析工作面覆岩活动、关键层弯曲下沉及地表变形规律。模拟开采方式采用沿走向开采工作面（分步开采），按规定要求充填工作面，计算模型应力平衡。模型中设置的监测点实时记录围岩的应力、位移等变量的变化过程。

5.4.2　固体充填材料与岩层移动关系分析

固体充填采煤是通过充填材料来控制覆岩层运动的，通过改变充填材料的弹性模量来模拟分析覆岩层的移动特征，从而掌握不同充填材料对岩层移动控制规律。模拟共选用 5 个不同弹性模量充填材料进行，分别模拟分析其覆岩运动、关键层弯曲下沉及地表变形。

1. 不同充填材料条件下覆岩运动

上覆岩层模拟分析充填体弹性模量为 1GPa、5GPa、10GPa、15GPa、20GPa 覆岩运动规律。模拟工作面沿走向共推进 650m，取工作面推进 50m、150m、650m 时覆岩垮落情况、垂直应力场及围岩位移矢量等分布情况。

1）充填体弹性模量 1GPa 时覆岩运动模拟

充填体弹性模量 1GPa 时，工作面推进 50m、150m、650m 时覆岩垮落情况、垂直应力场及围岩位移矢量等分布情况分别如图 5-33 至图 5-35 所示。

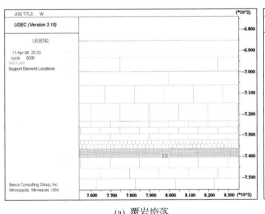
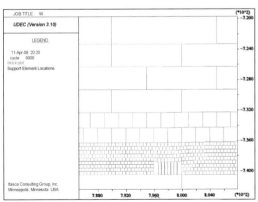

(a) 覆岩垮落　　　　　　　　　　　　　　　(b) 局部放大

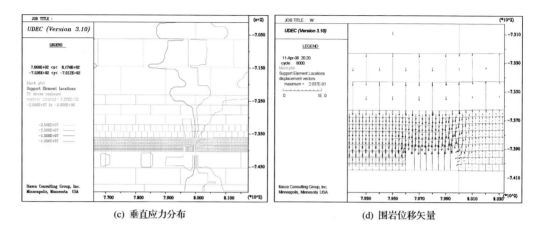

(c) 垂直应力分布　　　　　　　　　　　　(d) 围岩位移矢量

图 5-33　充填体弹性模量为 1GPa 工作面推进 50m 时的覆岩活动规律

由图 5-33 至图 5-35 可以看出,固体充填采煤时工作面覆岩活动与全部垮落法相比较为缓和,顶板下沉量和煤壁支承应力也相对较小。受工作面超前应力的影响,煤壁有变形,但变形量不大。由于充填体强度(弹性模量小)较低,充填体发生较大压缩变形。由图 5-34(c)可知煤壁前方最大支承应力为 30MPa。

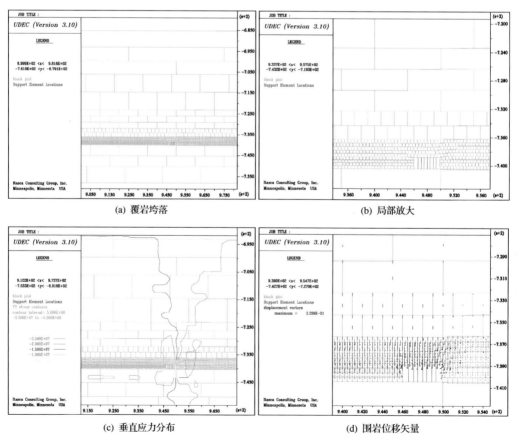

(a) 覆岩垮落　　　　　　　　　　　　　(b) 局部放大

(c) 垂直应力分布　　　　　　　　　　　(d) 围岩位移矢量

图 5-34　充填体弹性模量为 1GPa 工作面推进 150m 时的覆岩活动规律

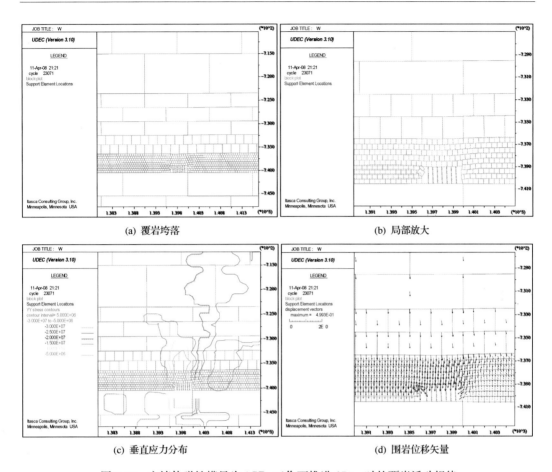

(a) 覆岩垮落　　　　　　　　　　　　(b) 局部放大

(c) 垂直应力分布　　　　　　　　　　(d) 围岩位移矢量

图 5-35　充填体弹性模量为 1GPa 工作面推进 650m 时的覆岩活动规律

2) 充填体弹性模量 5GPa 时覆岩运动模拟

充填体弹性模量 5GPa 时,工作面推进 50m、150m、650m 时覆岩垮落情况、垂直应力场及围岩位移矢量等分布情况分别如图 5-36 至图 5-38 所示。

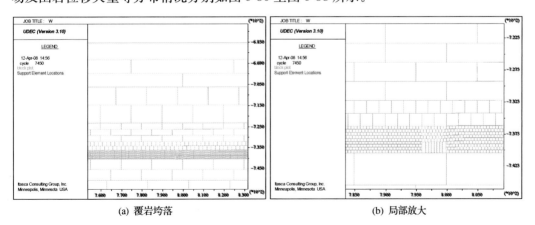

(a) 覆岩垮落　　　　　　　　　　　　(b) 局部放大

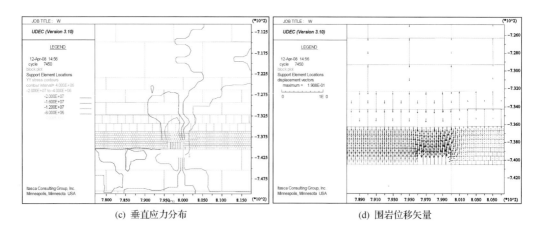

(c) 垂直应力分布　　　　　　　　　　　　(d) 围岩位移矢量

图 5-36　充填体弹性模量为 5GPa 工作面推进 50m 时的覆岩活动规律

从图 5-36 至图 5-38 可以看出,工作面覆岩活动与全部垮落法相比较为缓和,顶板下沉量和煤壁支承应力也相对较小。受工作面超前应力的影响,煤壁有变形,但变形量不大。由于充填体强度增大,充填体压缩变形量减小。图 5-38(c)所示当工作面推进至650m 时煤壁前方最大支承应力为 25MPa。

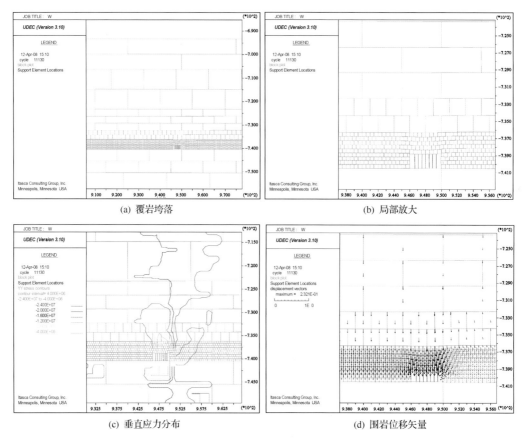

(a) 覆岩垮落　　　　　　　　　　　　　　(b) 局部放大

(c) 垂直应力分布　　　　　　　　　　　　(d) 围岩位移矢量

图 5-37　充填体弹性模量为 5GPa 工作面推进 150m 时的覆岩活动规律

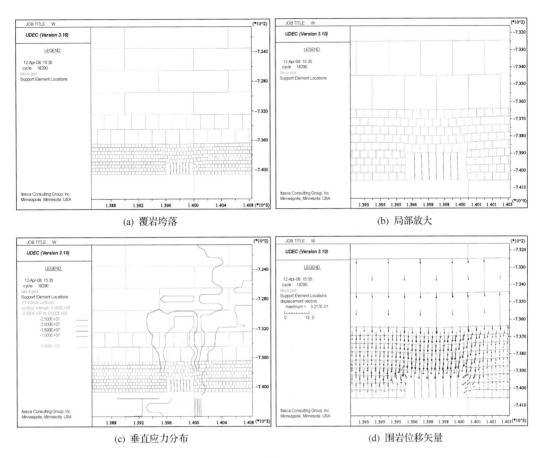

(a) 覆岩垮落　　　　　　　　　　　　　　(b) 局部放大

(c) 垂直应力分布　　　　　　　　　　　　(d) 围岩位移矢量

图 5-38　充填体弹性模量为 5GPa 工作面推进 650m 时的覆岩活动规律

3）充填体弹性模量 10GPa 时覆岩运动模拟

充填体弹性模量 10GPa 时，工作面推进 50m、150m、650m 时覆岩垮落情况、垂直应力场及围岩位移矢量等分布情况分别如图 5-39 至图 5-41 所示。

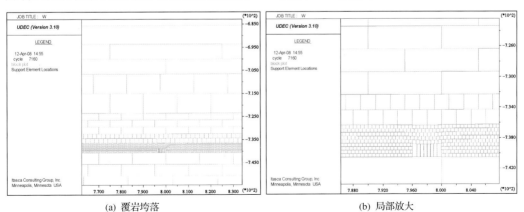

(a) 覆岩垮落　　　　　　　　　　　　　　(b) 局部放大

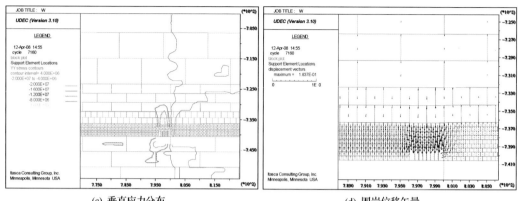

(c) 垂直应力分布　　　　　　　　　(d) 围岩位移矢量

图 5-39　充填体弹性模量为 10GPa 工作面推进 50m 时的覆岩活动规律

从图 5-39 至图 5-41 可以看出，工作面覆岩活动与全部垮落法相比较为缓和，顶板下沉量和煤壁支承应力也相对较小。受工作面超前应力的影响，煤壁有变形，但变形量不大。充填体强度增大，充填体压缩变形量较小。图 5-41(c)所示当工作面推进至 650m 时煤壁前方最大支承应力为 24MPa。

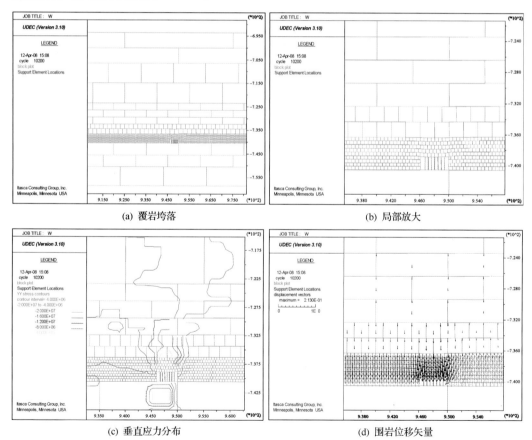

(a) 覆岩垮落　　　　　　　　　　　(b) 局部放大

(c) 垂直应力分布　　　　　　　　　(d) 围岩位移矢量

图 5-40　充填体弹性模量为 10GPa 工作面推进 150m 时的覆岩活动规律

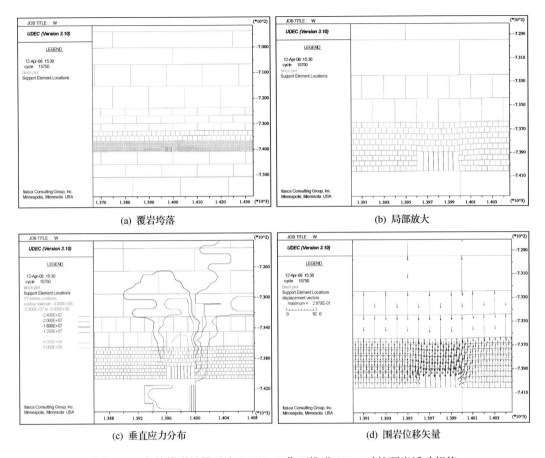

(a) 覆岩垮落　　　　　　　　　　　　(b) 局部放大

(c) 垂直应力分布　　　　　　　　　　(d) 围岩位移矢量

图 5-41　充填体弹性模量为 10GPa 工作面推进 650m 时的覆岩活动规律

4) 充填体弹性模量 15GPa 时覆岩运动模拟

充填体弹性模量 15GPa 时,工作面推进 50m、150m、650m 时覆岩垮落情况、垂直应力场及围岩位移矢量等分布情况分别如图 5-42 至图 5-44 所示。

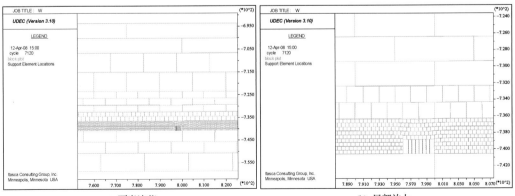

(a) 覆岩垮落　　　　　　　　　　　　(b) 局部放大

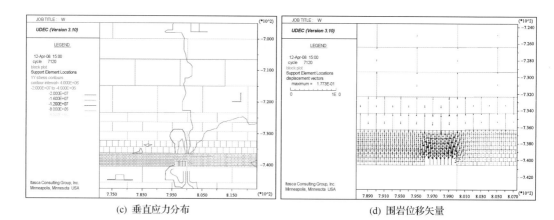

(c) 垂直应力分布 　　　　　　　　　(d) 围岩位移矢量

图 5-42　充填体弹性模量为 15GPa 工作面推进 50m 时的覆岩活动规律

　　从图 5-42 至图 5-44 可以看出,工作面覆岩活动与全部垮落法相比较为缓和,顶板下沉量和煤壁支承应力也相对较小。充填体强度较大,充填体压缩变形量小。

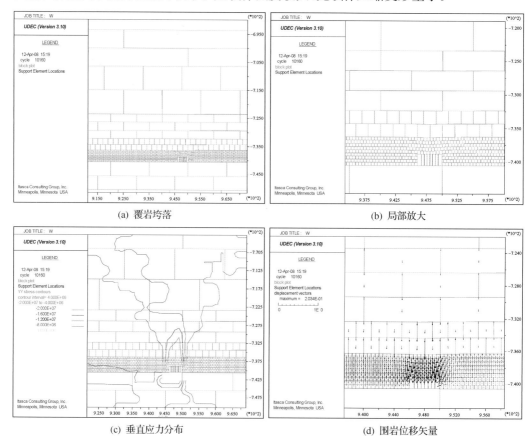

(a) 覆岩垮落 　　　　　　　　　　　(b) 局部放大

(c) 垂直应力分布 　　　　　　　　　(d) 围岩位移矢量

图 5-43　充填体弹性模量 15GPa 工作面推进 150m 时的覆岩活动规律

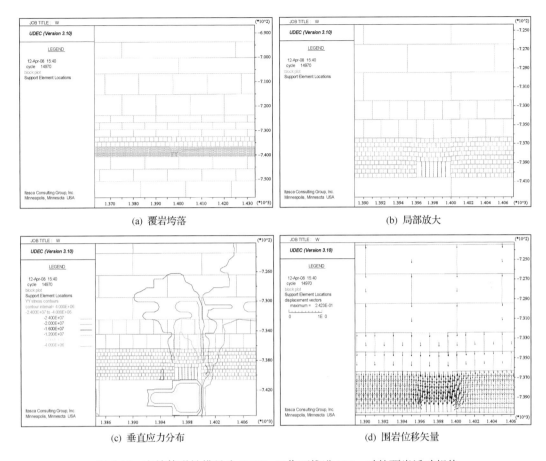

(a) 覆岩垮落　　　　　　　　　　　　(b) 局部放大

(c) 垂直应力分布　　　　　　　　　　(d) 围岩位移矢量

图 5-44　充填体弹性模量为 15GPa 工作面推进 650m 时的覆岩活动规律

5）充填体弹性模量 20GPa 时覆岩运动模拟

充填体弹性模量 20GPa 时，工作面推进 50m、150m、650m 时覆岩垮落情况、垂直应力场及围岩位移矢量等分布情况分别如图 5-45 至图 5-47 所示。

从图 5-45 至图 5-47 可以看出，工作面覆岩活动与全部垮落法相比较为缓和，顶板下

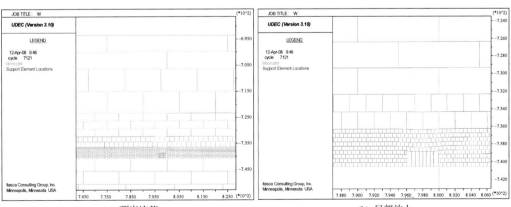

(a) 覆岩垮落　　　　　　　　　　　　(b) 局部放大

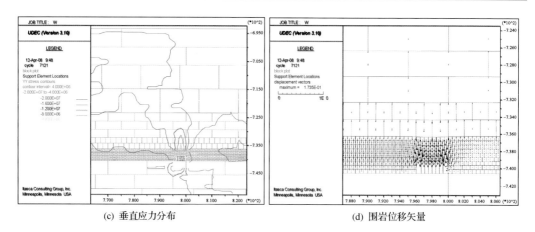

$$\text{(c) 垂直应力分布} \qquad\qquad \text{(d) 围岩位移矢量}$$

图 5-45　充填体弹性模量为 20GPa 工作面推进 50m 时的覆岩活动规律

沉量和煤壁支承应力也相对较小。充填体强度较大,充填体压缩变形量小。图 5-47(c)所示为当工作面推进至 650m 时煤壁前方最大支承应力为 24.6MPa,超前应力变化不大。

从上述分析可以看出,充填采煤时工作面覆岩活动与全部垮落法相比较为缓和,顶板下沉量和煤壁支承应力也相对较小。随着充填体弹性模量的不断增加,工作面前方垂直

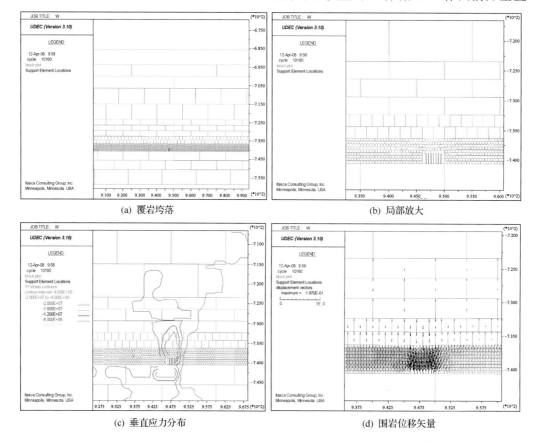

$$\text{(a) 覆岩垮落} \qquad\qquad\qquad \text{(b) 局部放大}$$

$$\text{(c) 垂直应力分布} \qquad\qquad\qquad \text{(d) 围岩位移矢量}$$

图 5-46　充填体弹性模量为 20GPa 工作面推进 150m 时的覆岩活动规律

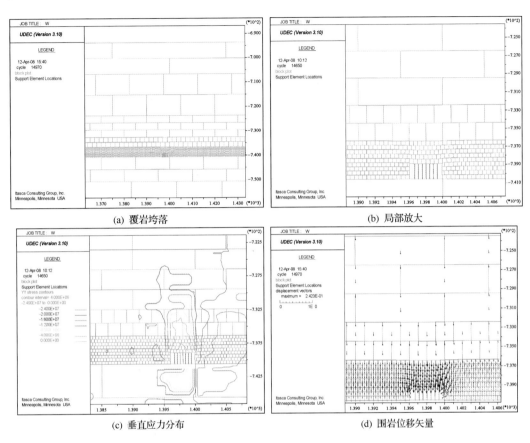

(a) 覆岩垮落　　　　　　　　　　　　(b) 局部放大

(c) 垂直应力分布　　　　　　　　　　(d) 围岩位移矢量

图 5-47　充填体弹性模量为 20GPa 工作面推进 650m 时的覆岩活动规律

应力集中程度逐渐减小。当充填体弹性模量为 1GPa 时,由于强度较低,充填体发生较大压缩变形,煤壁前方最大支承应力为 30MPa;当充填体弹性模量增加至 5GPa 时,覆岩运动规律及垂直应力分布大致相同,此时充填体变形较小,煤壁前方垂直应力集中程度减小,最大支承应力为 25MPa。充填体弹性模量增大为 10GPa、15GPa、20GPa 时,覆岩活动规律大致相同,垂直应力集中程度逐渐减小,但减小幅度不再显著。

2. 不同充填材料条件下关键层弯曲下沉

充填体弹性模量 1GPa、5GPa、10GPa、15GPa、20GPa 时,随工作面推进关键层弯曲下沉如图 5-48 所示。

从图 5-48 可以看出,当充填体弹性模量为 1GPa 时,关键层最大下沉量为 423mm;充填体弹性模量为 5GPa 时,关键层最大下沉量为 279mm;充填体弹性模量为 10GPa 时,关键层最大下沉量为 204mm;充填体弹性模量为 15GPa 时,关键层最大下沉量为 162mm;充填体弹性模量为 20GPa 时,关键层最大下沉量为 135mm。从以上数值可以看出,随着充填体弹性模量不断增大,关键层下沉量逐渐减小,且减小幅度逐渐变小。

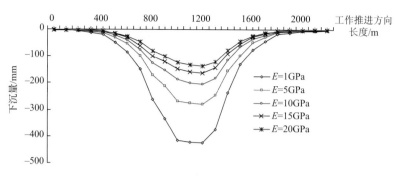

图 5-48 关键层弯曲下沉

3. 不同充填材料条件下地表变形

充填体弹性模量 1GPa、5GPa、10GPa、15GPa、20GPa 时，随工作面推进地表下沉、倾斜变形、曲率变形及水平变形如图 5-49 所示。

从图 5-49(a)可以看出，随着充填体弹性模量的增大，地表下沉不断减小。充填体弹性模量为 1GPa 时，地表下沉量为 280mm；充填体弹性模量为 5GPa 时，地表下沉量为 180mm；充填体弹性模量为 20GPa 时，地表下沉量为 85.5mm；当弹性模量由 1GPa 增加至 5GPa 时，下沉量较小幅度较大，当弹性模量大于 5GPa 时，增大弹性模量对减小地表下沉的效果逐渐减弱。

从图 5-49(b)、图 5-49(c)、图 5-49(d)可以看出，倾斜变形、曲率变形及水平变形变化规律表现出与地表下沉相同的变化规律。

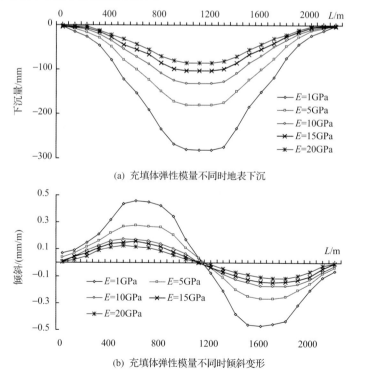

(a) 充填体弹性模量不同时地表下沉

(b) 充填体弹性模量不同时倾斜变形

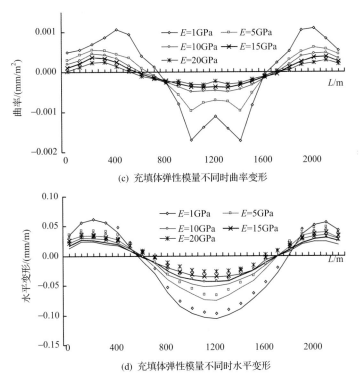

(c) 充填体弹性模量不同时曲率变形

(d) 充填体弹性模量不同时水平变形

图 5-49 不同充填体弹性模量时地表变形变化规律

L：工作面推进方向长度

5.4.3 固体充填采煤岩层移动特征分析

基于等价采高理论，以试验矿井等价采高 0.64m，结合实际采高 2.0m，模拟分析覆岩运动、关键层弯曲下沉及地表变形规律。

1. 等价采高固体充填采煤岩层移动特征

基于等价采高理论，以等价采高 0.64m 分别模拟工作面推进 50m、150m、650m 时覆岩垮落情况、垂直应力场及围岩位移矢量等分布情况分别如图 5-50 至图 5-52 所示。

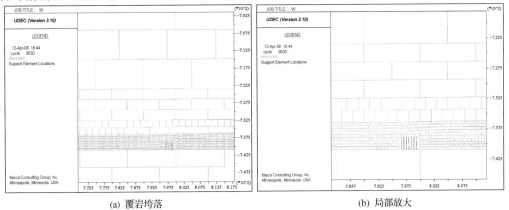

(a) 覆岩垮落　　　　　　　　　　　　　　　　(b) 局部放大

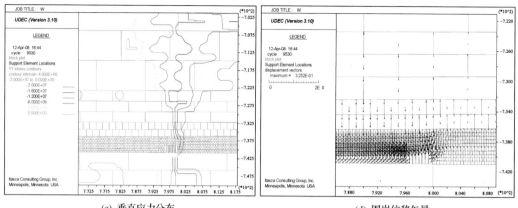

(c) 垂直应力分布　　　　　　　　　　　(d) 围岩位移矢量

图 5-50　等价采高 0.64m 工作面推进 50m 时的覆岩活动规律

　　从图 5-50 至图 5-52 上可以看出,因采高较小,覆岩活动较为缓和,顶板垮落较为规整。工作面前方垂直应力最大为 30MPa,应力集中程度不大。

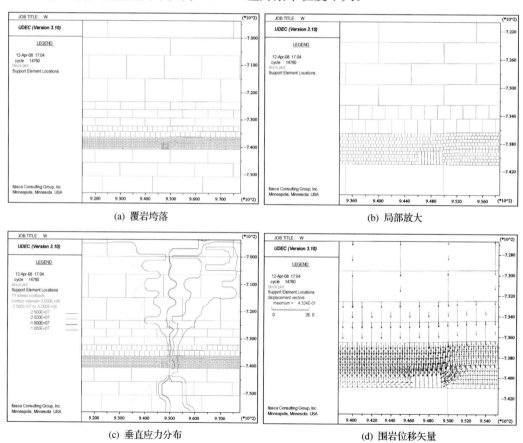

(a) 覆岩垮落　　　　　　　　　　　(b) 局部放大

(c) 垂直应力分布　　　　　　　　　　　(d) 围岩位移矢量

图 5-51　等价采高 0.64m 工作面推进 150m 时的覆岩活动规律

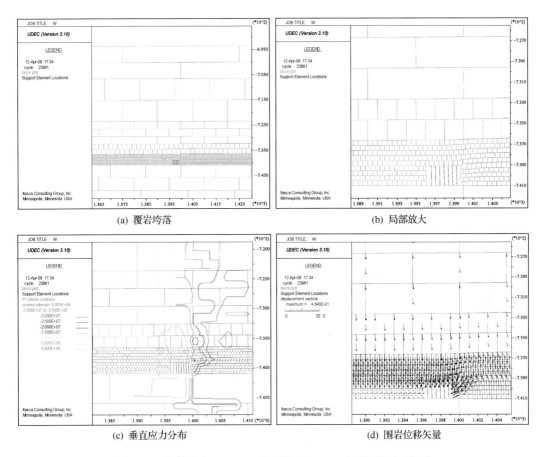

(a) 覆岩垮落　　　　　　　　　　　　(b) 局部放大

(c) 垂直应力分布　　　　　　　　　　(d) 围岩位移矢量

图 5-52　等价采高 0.64m 工作面推进 650m 时的覆岩活动规律

2. 等价采高固体充填采煤关键层弯曲下沉及地表变形

1) 等价采高固体充填采煤关键层弯曲下沉

等价采高为 0.64m 时, 随工作面推进关键层弯曲下沉如图 5-53 所示。

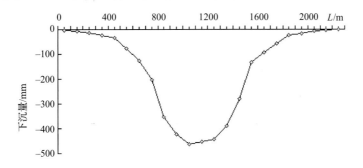

图 5-53　关键层弯曲下沉量

L: 工作面推进方向长度

从图 5-53 可以看出, 等价采高为 0.64m 时, 关键层最大下沉量为 464mm。其下沉量比当充填体弹性模量最小为 1GPa 时的关键层最大下沉量(423mm)大。

2) 等价采高固体充填采煤地表变形规律

等价采高条件下,随工作面推进地表下沉、倾斜变形、曲率变形及水平变形如图 5-54 所示。

从图 5-53 可以看出,地表最大下沉量为 333mm,最大倾斜变形为 0.528mm/m,最大曲率变形为 0.0129mm/m²,最大水平变形为 0.0673mm/m。由于采高较小,其地表变形值属于不需维修的 I 级变形范围。

3. 传统开采关键层弯曲下沉及地表变形

1) 传统开采关键层弯曲下沉

实际采高为 2.0m 时,随工作面推进关键层弯曲下沉如图 5-55 所示。

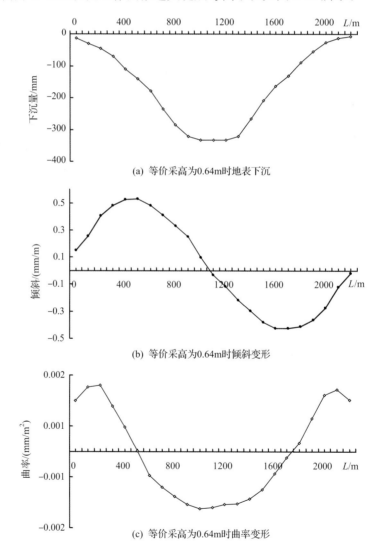

(a) 等价采高为0.64m时地表下沉

(b) 等价采高为0.64m时倾斜变形

(c) 等价采高为0.64m时曲率变形

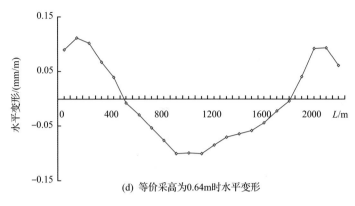

(d) 等价采高为0.64m时水平变形

图 5-54　等价采高为 0.64m 时地表变形规律

L:工作面推进方向长度

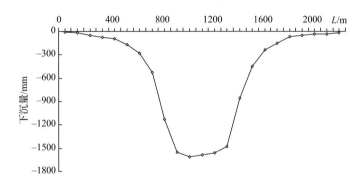

图 5-55　传统开采关键层弯曲下沉

L:工作面推进方向长度

从图 5-55 可以看出,实际采高为 2.0m 时,关键层最大下沉量为 1612mm。其下沉量远大于等价采高条件下的 464mm,说明充填采煤限制了关键层弯曲下沉量,从而得以控制地表的下沉。

2) 传统开采地表变形规律

实际采高条件下,随工作面推进地表下沉、倾斜变形、曲率变形及水平变形如图 5-56 所示。

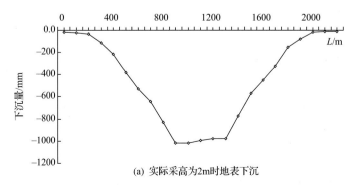

(a) 实际采高为2m时地表下沉

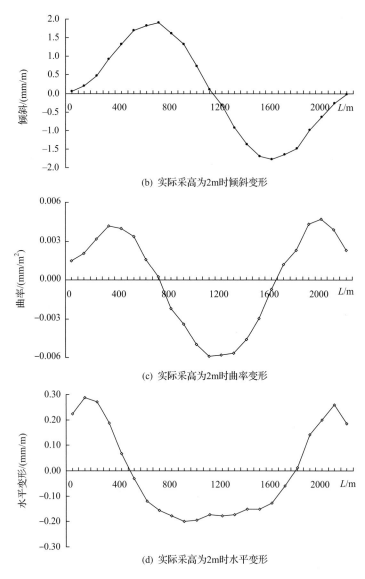

(b) 实际采高为2m时倾斜变形

(c) 实际采高为2m时曲率变形

(d) 实际采高为2m时水平变形

图 5-56　实际采高为 2m 时地表变形规律

L：工作面推进方向长度

从图 5-56 可以看出，地表最大下沉量为 1019mm 时，最大倾斜变形为 1.89mm/m，最大曲率变形为 0.0059mm/m²、最大水平变形为 0.287mm/m。可见，未进行充填采煤条件下地表的变形达到Ⅱ级破坏范围。

5.5　固体充填采煤地表沉陷控制的设计方法

5.5.1　固体充填采煤地表沉陷控制目标

通常，在煤矿地下开采中，我们把因采矿引起的岩层移动波及至地表，使得地表产生移动、变形和破坏的现象及过程称为地表移动,而由地下采空区顶板的冒落所造成的地面变形统称为地表沉陷。地表沉陷在煤矿开采中表现为一个渐变的过程,其地表移动和破坏的主要形式包括地表移动盆地、地表裂缝和塌陷坑,这将对地表上的建(构)筑物产生极大的危害。下面以建筑物和铁路下采煤为例说明地表沉陷对其的危害。

1. 地表沉陷对建筑物的影响

在地下开采影响下,建筑物的变形与破坏是由于采空区上方及其周围地表产生的移动与变形作用于建筑物的基础,导致建筑物受到附加应力的作用而产生的。不同的地表变形作用对建筑物将产生不同的影响。其主要影响因素如下:

1)由下沉引起建筑物的破坏

地表均匀下沉,仅在超临界面积开采时才可能出现。一般来说,在这种条件下对建筑物危害不大,建筑物只产生位置的变化,即建筑物整体位移。但当地表下沉量大、地下水位又很浅时,会形成地面积水坑,这样不仅影响建筑物使用,而且使其浸泡在水中,降低地基强度,严重时可使建筑物倒塌。

一般情况下,处于地表移动稳定后均匀下沉区的建筑物,在开采过程中,还将受到地表“动态”变形的影响,即建筑物先受地表拉伸变形影响,随着工作面的推进,建筑物受地表压缩变形影响;当工作面推至离建筑物的距离大于 $0.6H$(H 是开采深度)时,建筑物地基变形接近于零,只是产生整体垂直位移。因此,可以认为只要建筑物可承受上述开采过程中的地表“动态”变形,则地表的均匀下沉不会对建筑物产生危害。

2)由倾斜引起的建筑物破坏

地表倾斜往往发生在移动盆地边缘区,位于拐点处的地表倾斜最大,其位置大致在煤壁上方地表附近。

地表倾斜对底面积小、高度大的建筑物或构筑物,如烟囱、水塔、高压输电线塔等影响较大。地表倾斜能使这些高耸构筑物重心发生偏斜,引起应力重新分配。地表倾斜大时,构筑物的重心落在基础底面积之外会使其发生折断或倾倒。

3)由曲率引起建筑物的破坏

地表曲率有正、负曲率之分。在地表负曲率影响下,建筑物基础犹如一个两端受支承的梁,中间部分悬空,致使建筑物墙体产生八字形的裂缝;在地表正曲率影响下,建筑物基础两端悬空,使建筑物墙体产生倒八字形的裂缝。裂缝倾角一般为 $60°\sim70°$。

4)由水平变形引起建筑物的破坏

水平变形包括地表的拉伸和压缩变形。它对建筑物的破坏作用很大,尤其是拉伸变形的影响,由于建筑物抵抗拉伸能力远小于抵抗压缩的能力,所以在较小的地表拉伸变形作用下就能使建筑物产生裂缝。一般在门窗洞口等薄弱部位最易产生裂缝,砖砌体的结合缝也易被拉开。

此外,建筑物位于移动盆地内不同位置时,其影响程度也是不一样的。开采引起建筑物的破坏如图 5-57 所示。

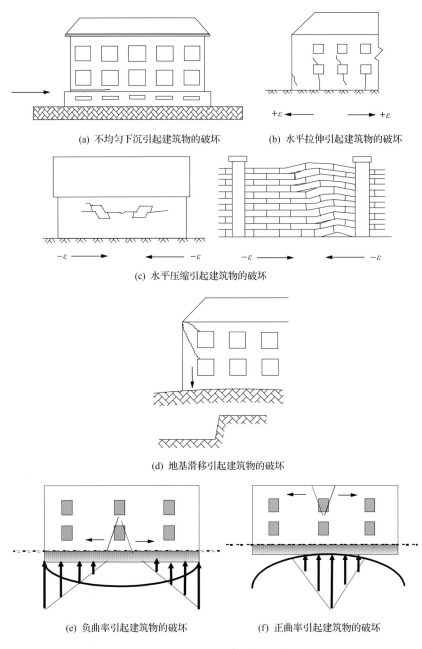

(a) 不均匀下沉引起建筑物的破坏　　　　(b) 水平拉伸引起建筑物的破坏

(c) 水平压缩引起建筑物的破坏

(d) 地基滑移引起建筑物的破坏

(e) 负曲率引起建筑物的破坏　　　　(f) 正曲率引起建筑物的破坏

图 5-57　开采引起建筑物的破坏

2. 地表沉陷对铁路的影响

地表沉陷对铁路的影响包括对路基和对线路的影响两个方面。

地表沉陷对路基的影响主要有:①下沉和水平移动。路基具有较强的适应地表移动变形能力,在时间和空间上与地表的变形一致,路基下沉过程中在竖直方向不会产生明显的松动和离层现象,路基在下沉的同时还伴随着水平移动,垂直于路基延伸方向的横向水平移动将改变路基原有方向。下沉和水平移动对路基的承载能力一般影响不大。②倾斜。地表倾斜对路基的稳定性有一定影响,特别是在高路堤、陡坡路基深路堑等原来稳定性较差的地段。当倾斜方向与滑坡方向相同时,会使这些路堤和路堑的稳定性降低。③水平变形。地表水平变形使路基产生附加的拉伸或压缩变形。土质路基有一定的孔隙度,能吸收压缩变形,拉伸变形会导致路基密实度降低,甚至产生裂缝。列车通过时的动载荷会将路基重新压实。

地表沉陷对线路的影响主要有:①倾斜。不均匀沉降引起的地表倾斜使线路增减相应的坡度,沿线路方向的倾斜会使线路原有的坡度发生变化。铁路部门对线路坡度的限制有明确的规定,国家一级铁路在一般地段为 6‰,在困难地段为 12‰;国家三级铁路为 15‰。上述各级铁路在双机车牵引时最大坡度可为 20‰。显然线路原有坡度的变化将引起列车运行阻力的变化。超限的坡度使上坡列车的牵引力不足,使下坡列车的制动力不足。垂直线路方向的横向倾斜将使两股钢轨下沉不等,直线段使列车重心偏移,曲线段将改变外轨超高高度。②曲率。线路相邻段不均匀倾斜将导致竖直方向上原有竖曲线的曲率变化,地表下沉曲线的正负曲率可使线路原有的曲率半径增大或减小。③横向水平移动。线路横向水平移动大小和方向与铁路相对于开采空间的相对位置有关,一般情况下使线路直线段变曲,使曲线段的半径增大或减小。当线路方向与采煤工作面推进的方向一致时,位于下盆地主断面内的线路,其横向水平移动较小。当线路方向与采煤工作面推进方向垂直,且采煤工作面要穿过线路的条件下,线路主断面内的横向水平移动总是指向采煤工作面。当线路不在下沉盆地的主断面内时,横向水平移动往往指向采空区。④纵向水平移动与变形。平行线路方向的水平移动和相应的变形与地表水平移动和变形分布范围大致相同,即在地表受拉伸区内线路受拉伸变形,在地表受压缩区内线路受压缩变形。拉伸变形使轨缝增大,可能拉断鱼尾板或切断连接螺栓;压缩变形使轨缝缩小或闭合,使钢轨接头处或钢轨产生附加应力。

在实际的地表沉陷过程中,建(构)筑物均有一定的抗变形能力,不同的建(构)筑物具有不同的抗变形能力,保护地表建(构)筑物就是要确保地表沉陷控制在地表建(构)筑物允许变形范围之内。固体充填采煤是将固体充填材料机械化的充填至采空区内而限制岩层移动及地表沉陷的一种方法,固体充填采煤虽不能改变地表沉陷的表现形式,但可以控制地表沉陷和变形程度,因此,固体充填采煤地表沉陷控制的目标是满足地表建(构)筑物抗变形能力的需要,主要控制的指标包括下沉、倾斜、曲率、水平移动、水平变形、扭曲和剪切变形。

5.5.2　固体充填采煤地表沉陷设计流程

对于固体充填采煤地表沉陷设计,应充分考虑保护目标的临界变形值和环境条件,其基本设计流程:第一步,分析保护目标的抗变形能力和环境条件,确定地表移动和变形设防指标,分别为 w_m、i_m、ε_m、k_m 和 k_m;第二步,根据建立的预计模型,计算最大等价采高,给出充实率理论控制值;第三步,提出对应的固体密实充填采煤方法,满足充实率控制要求;第四步,进行矿压与地表监测,修正相关系数。

其中,固体充填采煤等价采高应满足

$$M_{cz} \leqslant \min\left(\frac{w_m}{q\cos\alpha}, \frac{i_m r}{q\cos\alpha}, \frac{k_m r^2}{1.52q\cos\alpha}, \frac{\varepsilon_m r}{1.52bq\cos\alpha}\right) \tag{5-31}$$

式中：q 为固体密实充填采煤的地表下沉系数，无量纲；r 为主要影响半径，m；α 为煤层倾角，(°)；w_m 为最大下沉值；i_m 为最大倾斜变形；k_m 为最大曲率变形；ε_m 为最大水平变形。

根据固体充填采煤岩层移动与地表沉陷的基本规律[184-200]，固体充填采煤地表沉陷控制计算方法可以分为理论模型法和基于固体密实充填等价采高的概率积分法，通过建立对应的计算模型进行分析。

1. 固体密实充填采煤地表移动分析的理论模型法

根据以上章节相似模拟、数值模拟研究结果和岩层移动的关键层理论，固体密实充填采煤时岩层和移动在结构关键层的控制作用下主要表现为整体弯曲下沉特征，因此，可以认为：

（1）固体密实充填采煤的地表移动和变形主要是岩层结构关键层弯曲下沉传递到地表的表现。

（2）固体密实充填采煤地表移动盆地的最终体积与岩层结构关键层弯曲所占用的空间近似相等，小于采出空间中充填体压密后的剩余空间。

（3）结构关键层的弯曲变形是随着开采空间的增大逐步发展的，并逐渐压密充填体；充填体的支承反力随着其逐渐压密迅速提高，在充填体支承反力作用下结构关键层的弯曲变形速度逐渐减小。

与传统垮落法相比，固体密实充填采煤改变了岩层移动变形特征，主要表现为"三带"（垮落带、裂隙带和弯曲下沉带）变"两带"（裂隙带和弯曲下沉带），以及由岩层的破断与离层等不连续变形变为连续变形，因此，可以采用连续介质力学的理论与方法准确地分析覆岩的变形与运动规律。建立密实充填采煤覆岩变形的连续梁力学模型如图5-58所示。

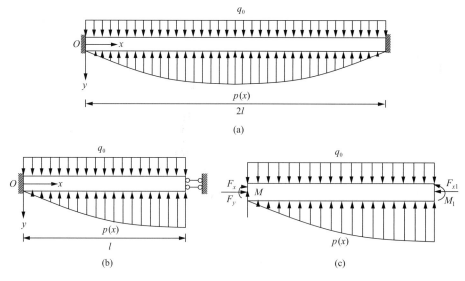

图 5-58　密实充填开采单一结构关键层力学模型

根据以上模型,借助 Winkler 地基理论,可求得有限长弹性地基梁在承受均布载荷的挠度方程见式(5-32)。

$$w(x) = \frac{2q_0}{k} \frac{\text{sh}(2l\beta) - \sin(2l\beta)}{\text{sh}(2l\beta) + \sin(2l\beta)} \phi_3 - \frac{q_0}{k} \frac{\text{ch}(2l\beta) - \cos(2l\beta)}{\text{sh}(2l\beta) + \sin(2l\beta)} \phi_4 + q_0 \frac{1 - \phi_1}{k} \quad (5-32)$$

基于以上得到的挠度方程,即结构关键层的弯曲下沉方程,可进一步得出固体密实充填采煤结构关键层其他移动变形计算公式,见式(5-33)至式(5-36)。

倾斜变形:

$$i(x) = \frac{\mathrm{d}w(x)}{\mathrm{d}x} \quad (5-33)$$

曲率变形:

$$k(x) = \frac{\mathrm{d}^2 w(x)}{\mathrm{d}x^2} \quad (5-34)$$

水平移动:

$$u(x) = Bi(x) \quad (5-35)$$

水平变形:

$$\varepsilon(x) = Bk(x) \quad (5-36)$$

假定弯曲下沉带内任意水平上的移动变形曲线相似,任意水平上下沉盆地的体积相等。设结构关键层距地表深度为 H_1,根据结构关键层水平上的移动和变形 $w_1(x)$、$i_1(x)$、$k_1(x)$、$u_1(x)$ 和 $\varepsilon_1(x)$,任意 z 水平的移动和变形为 $w_z(x)$、$i_z(x)$、$k_z(x)$、$u_z(x)$ 和 $\varepsilon_z(x)$,则可根据相似原理导出地表的移动与变形值 $w_0(x)$、$i_0(x)$、$k_0(x)$、$u_0(x)$ 和 $\varepsilon_0(x)$。

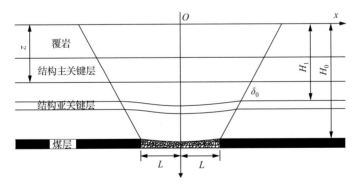

图 5-59　固体密实充填地表移动与变形计算原理图

根据图 5-59,对于任意 z 水平,根据相似性并假定任意水平上下沉盆地的体积相等,对于 z 水平上一微段 $\mathrm{d}x$ 的下沉体积 $w_z(x)\mathrm{d}x$,而与此对应的 H_1 水平上的下沉体积为 $w_1(x)\mathrm{d}x$,则有

$$w_z(x) = \frac{w_1(x)}{1 + \dfrac{H_1 - z}{H_0 - H_1 + L\tan\delta_0}}$$

$$i_z(x) = \frac{i_1(x)}{\left[1 + \dfrac{H_1 - z}{H_0 - H_1 + L\tan\delta_0}\right]^2}$$

$$k_z(x) = \frac{k_1(x)}{\left[1 + \dfrac{H_1 - z}{H_0 - H_1 + L\tan\delta_0}\right]^3}$$

$$u_z(x) = B(z)i_z(x)$$

$$\varepsilon_z(x) = B(z)k_z(x)$$

式中：H_0 为采深，m；H_1 为岩梁距离地表深度，m；L 为开采工作面半长，m；δ_0 为边界角，(°)。$B(z)$ 为 z 水平的水平移动系数。

当上述公式中 z 取为 0 时，即可得到地表的移动与变形值。即地表移动与变形值计算式为

$$w_0(x) = \frac{w_1(x)}{1 + \dfrac{H_1}{H_0 - H_1 + L\tan\delta_0}}$$

$$i_0(x) = \frac{i_1(x)}{\left[1 + \dfrac{H_1}{H_0 - H_1 + L\tan\delta_0}\right]^2}$$

$$k_0(x) = \frac{k_1(x)}{\left[1 + \dfrac{H_1}{H_0 - H_1 + L\tan\delta_0}\right]^3}$$

$$u_0(x) = B(0)i_0(x)$$

$$\varepsilon_0(x) = B(0)k_0(x)$$

式中：$B(0)$ 为地表水平移动系数，可根据实测资料确定。

2. 基于固体密实充填等价采高的概率积分法

在工程应用中，采区各岩层物理力学性质难以准确掌握，使得应用理论模型进行准确的地表移动和变形预计存在较大困难。

根据岩层移动的关键层理论和随机介质理论，并结合模拟研究和实测结果，我们提出以下观点：

（1）由于弯曲下沉带岩层中大量原生裂隙、节理、层理的存在，可将上覆岩层视为似连续结构的非连续随机介质特征，仍可采用碎块体理论对其进行描述，按基于随机介质理论的概率积分法来预计地表移动和变形是可行的。

（2）结构关键层的最大弯曲下沉量小于或等于充填体压密后的等价采高；应用等价采高按随机介质理论来进行地表沉陷预计在工程上是偏安全的。

（3）在应用概率积分法进行固体充填采煤地表移动变形预计时，预计模型中的煤层采高可采用基于等价采高理论计算得出的等价采高，模型参数不能直接采用全部垮落法采煤工作面获得的预计参数，预计参数的取值可按 5.5.3 节给出的方法确定。由于该地表沉陷预计模型中采高和参数确定的特殊性，我们可称之为固体密实充填采煤基于等价采高的概率积分法预测模型。

则半无限开采条件下的地表移动变形为

$$W(x) = \frac{W_0}{2}\left[\mathrm{erf}\left(\frac{\sqrt{\pi}}{r}x\right) + 1\right]$$

$$i(x) = \frac{dW(x)}{dx} = \frac{W_0}{r} e^{-\pi \frac{x^2}{r^2}}$$

$$k(x) = \frac{d^2 W(x)}{d^2 x} = -2\pi \frac{W_0}{r^3} x e^{-\pi \frac{x^2}{r^2}}$$

$$U(x) = bri(x) = bW_0 e^{-\pi \frac{x^2}{r^2}}$$

$$\varepsilon(x) = brk(x) = -2\pi b \frac{W_0}{r^2} x e^{-\pi \frac{x^2}{r^2}}$$

式中：$W_0 = M_e q \cos\alpha$；$r = H/\tan\beta$；M_e 为固体密实充填采煤的等价采高；q 为固体密实充填采煤的地表下沉系数，与采空区充实率、等价采高密切相关；b 为水平移动系数；$\tan\beta$ 为主要影响角正切；α 为开采煤层倾角。

据此，可进一步导出地表移动盆地任意点的移动和变形。

5.5.3　固体充填采煤地表沉陷预计参数选择

在固体密实充填等价采高确定后，确保地表移动和变形预计精度的关键在于科学、合理地确定概率积分法模型中的有关参数。由于与全部垮落法开采引起的岩层和地表剧烈移动变形不同，固体密实充填采煤的岩层和地表移动是伴随着充填体的逐渐压实而逐渐向上传递的过程，具有显著的缓沉、减沉特征；基于等价采高的概率积分法预测模型参数并不能直接取用相似采高的薄煤层开采概率积分法参数，而具有其特殊性。

概率积分法沉陷预计参数主要包括：下沉系数、水平移动系数、主要影响角正切、拐点偏移距和主要影响传播角。一般来讲，确定模型参数主要有四类方法：①根据实测数据反演参数；②理论分析法；③类比方法；④经验公式法。就固体密实充填开采而言，由于现阶段的地表沉陷实测数据相当匮乏，很难从实测数据反演角度求取地表沉陷预计参数，更没有建立参数求取的经验公式，大多数矿区目前尚不具备反演求参和类比方法、经验公式法确定预计参数的条件。

考虑到我国大部分矿区基本都通过地表移动观测资料求取了全部垮落法开采地表沉陷预计的概率积分法模型参数，且固体密实充填采煤的岩层和地表移动过程相当于全部垮落法上覆岩层中微小断裂带、弯曲下沉带的移动变形过程。因此，可以通过理论分析方法构建固体密实充填采煤和全部垮落法开采条件下地表移动预计参数之间的定量关系，即可充分利用现有地表移动观测成果，来满足固体密实充填采煤地表移动和变形预计的需求。

下面依次分析固体密实充填和全部垮落法管理顶板两类条件下这些参数之间的关系；在缺乏实测资料时可采用下述方法确定地表移动变形预计所需参数。

1. 下沉系数 q

下沉系数为充分采动条件下地表最大下沉值与煤层采高的比值，其关键在于确定煤层开采后地表最大下沉值。地表最大下沉值取决于煤层开采高度、垮落带、裂隙带和弯曲下沉带的残余碎胀系数，由于固体密实充填采煤充填体支撑上覆岩层而缓慢下沉，仅发育裂隙带和弯曲下沉带。全部垮落法采煤与固体密实充填采煤地表最大下沉计算见式(5-

37)、式(5-38)。

$$W_c = M_e - H_1(k_1 - 1) - H_2(k_2 - 1) - H_3(k_3 - 1) \qquad (5-37)$$

式中：W_c 为全部垮落法开采地表最大下沉值；M_e 为固体密实充填采煤的等价采高；H_1、H_2、H_3 为垮落带、裂隙带和弯曲下沉带高度；k_1、k_2、k_3 分别为垮落带、裂隙带和弯曲下沉带残余碎胀系数。

其中，采深 $H = H_1 + H_2 + H_3$

$$W_e = M_e - H_2'(k_2' - 1) - H_3'(k_3' - 1) \qquad (5-38)$$

式中：W_e 为固体密实充填采煤地表最大下沉；H_2'、H_3' 为固体密实充填采煤裂隙带和弯曲下沉带高度；k_2'、k_3' 为固体密实充填采煤裂隙带和弯曲下沉带残余碎胀系数。

其中，采深 $H = H_2' + H_3'$

采用相似材料模拟方法分别对全部垮落法开采薄煤层和固体密实充填采煤时岩体内部竖向残余碎胀系数进行对比分析，结果如图 5-60 所示。

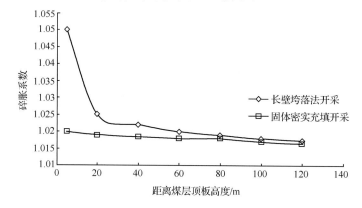

图 5-60　全部垮落法开采和固体密实充填开采岩层竖向残余碎胀系数对比

结果表明：覆岩内微小裂隙带、弯曲下沉带碎胀系数较小，可近似认为全部垮落法开采相当于等价采高的薄煤层时和固体密实充填采煤的微小裂隙带、弯曲下沉带的残余碎胀系数基本相当。因此，可以得到全部垮落法开采和固体密实充填采煤地表下沉系数之间的关系见式(5-39)。

$$q_e = q_c - [H_2'(k_2 - 1) - H_3'(k_3 - 1) - H_1(k_1 - 1) - H_2(k_2 - 1) - H_3(k_3 - 1)]/H_z \qquad (5-39)$$

固体密实充填采煤下沉系数 q_e 计算：根据矿区覆岩破坏高度计算经验公式或《建筑物、水体、铁路及主要井巷煤柱留设与压煤开采规程》中推荐的不同岩性上覆岩层覆岩破坏高度公式计算出全部垮落法开采垮落带 H_1、裂隙带高度 H_2；采用碎块体圆筒压缩试验测试出垮落带、裂隙带岩体的残余碎胀系数 k_1、k_2，进而利用已知的全部垮落法开采下沉系数计算出 k_3；将参数代入式(5-39)，可求出固体密实充填采煤下沉系数 q_e。

以济宁花园煤矿地质采矿条件为例，得到固体密实充填采煤后地表下沉系数约为全部垮落法开采下沉系数的 1.05 倍，即 $q_e = 1.05 q_c$。

2. 主要影响角正切 $\tan\beta$

主要影响角正切 $\tan\beta$ 是反映了充分采动条件下地表移动盆地内外边缘区的范围的参数,主要体现了地表移动稳定后地表变形的集中程度,主要与上覆岩层岩性有较大关系。与全部垮落法开采相比,密实固体充填采煤主要呈现弯曲下沉的特征。根据模拟研究结果,固体密实充填采煤主要影响角正切值比类似覆岩条件下的全部垮落法参数要小 $0.2\sim0.5$,即在确定密实固体充填开采主要影响角正切 $\tan\beta$ 时,可在类似条件下的薄煤层全部垮落法主要影响角正切值的基础上减去 $0.2\sim0.5$。

3. 水平移动系数 b

水平移动系数为地表最大下沉值与最大水平移动值的比值,水平移动系数主要与松散层厚度、煤层倾角有关。全部垮落法开采与固体密实充填采煤的水平移动系数基本相当,计算可取同一值。

4. 拐点偏移距 S

拐点偏移距实质是采空区两侧岩层在上覆岩层悬臂梁结构状态下较难垮落,悬臂梁的长度与拐点偏移距直接相关。相似材料模拟和数值模拟研究表明,密实固体充填开采时比同条件下全部垮落法开采时的拐点偏移距离增加 $0.05\sim0.1H$。

5. 开采影响传播角 θ_0

开采影响传播角 θ_0 是倾斜煤层开采时倾向方向地表移动和变形预计的特有参数,反映了倾斜煤层开采时地表移动盆地向下山方向偏移问题。开采影响传播角 θ_0 主要与煤层倾角有关,全部垮落法开采与固体密实充填采煤的主要影响传播角基本相当。计算见式(5-40)。

$$\theta_0 = 90° - k\alpha \tag{5-40}$$

式中:α 为煤层倾角;k 为相关系数。覆岩坚硬时 $k=0.7\sim0.8$;覆岩中硬时 $k=0.6\sim0.7$;覆岩软弱时 $k=0.5\sim0.6$。

工程设计方法

第6章　固体充填材料井上下输送系统设计

6.1　固体充填材料井上运输方式与系统

6.1.1　固体充填材料井上输送方式选择

矸石、粉煤灰等固体物料的来源一般为洗选矸石、电厂粉煤灰,因此,固体物料必须从矸石山、电厂等堆积点运输至投料堆积厂内。根据不同矿区矸石的来源分布特点,其主要运输方式有矿区铁路运输、汽车运输、带式运输三种方式。

矸石、粉煤灰等固体物料从地面堆积点运输至垂直投料井口的工序:粉煤灰等细颗粒固体可以通过管道直接从电厂运输至地面投放口;矸石等大块固体采用装载机等设备从矸石山运送至装料漏斗、刮板输送机,再经过筛分、破碎系统后进入地面缓冲仓,通过入料带式输送机送入垂直投料井内。井上矸石、粉煤灰运输一般工艺流程如图6-1所示。

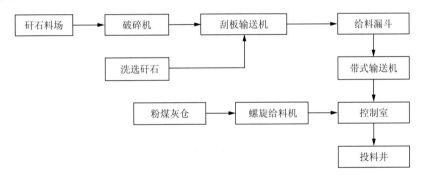

图 6-1　井上矸石、粉煤灰运输工艺流程

6.1.2　固体充填材料井上输送设备选型

设备选型的原则:

(1)地面运输系统输送能力应大于系统的充填能力;

(2)安装在地面的设备,应注意预防雨、风等自然灾害;

(3)带式输送机在选型时要确定的参数主要包括输送能力、电机功率和架体强度,电机功率主要根据运输的倾角、带长及输送量的大小等条件确定,强度应按使用可能出现最恶劣工况和满载工况进行验算;

(4)投料系统地面控制室电控装置设计时应有对地面运输系统整体控制自动、手动开机,自动、手动关机,当后续工作出现故障时能够紧急制动。

地面运输设备主要包括带式输送机、矸石运输设备、振动给料机、螺旋给料机和投料系统地面控制室等。此外,需安设皮带秤实时监测固体物料输送量。

某矿固体充填材料井上输送系统输送能力为 500t/h,其设备型号参数见表 6-1。

表 6-1　地面运输系统设备参数表

序号	设备名称	规格型号	单位	数量	主要参数
1	带式输送机	TDⅡ-1000/45kW-41m	套	1	输送长度 41m;45kW;带宽 1000mm
2	带式输送机	TDⅡ-1000/15kW-17m	套	1	输送长度 17m;15kW;带宽 1000mm
3	梭式矿车	20m×1.2m×1.25m×30kW	台	1	长 20m;容积 30m³
4	带式给煤机	DG-4	台	1	
5	低压配电柜		台	2	
6	低压启动柜		台	4	
7	带式输送机	TDⅡ-800/45kW	台	1	功率 45kW;带宽 800mm
8	颚式破碎机	PE-800	台	1	进料口尺寸 800mm×1060mm,最大进料粒度 640mm;处理速度 130～330t/h;功率 110kW;外形为 2710mm×2430mm×2800mm
9	刮板机	SGB-620/40T	台	1	输送量 150t/h;刮板链速 0.86m/s;电动机型号 DSB-40;总功率 40kW;中部槽规格 160mm×620mm×180mm;总重 16.5t

6.1.3　固体充填材料井上输送系统设计

本节以矸石充填材料为例,分析充填材料井上输送系统。

1. 地面运输系统的性能要求

充填材料为矸石时,在地面运输过程中可能出现以下问题:

(1)矸石山在地面堆积时间久远,受空气湿度、黏结性、降雨、风吹等自然因素影响严重,粒度微小的矸石颗粒经过长期侵蚀,可能会黏结在带式输送机上;同时,湿度较大也会对充填材料力学性能造成影响,影响充填效果。

(2)矸石运输至充填投料区域,若没有一定的储备空间,将会造成井下充填材料不能连续供应,影响工作面正常生产。

(3)矸石在投料井中投放是非可视化的,若没有地面监控系统控制投料量,将会造成投料井堵仓。

(4)地面运输系统管理不当,会造成地面投料量与井下使用量不均衡,影响井下生产。

(5)地面运输系统要全面考虑对周边环境的影响,尽量使系统的布置体现出对环境的适应与保护。

针对上述问题,运输中应采取以下措施:①尽量避免充填材料湿度过大,搭建地面厂房及带式输送机走廊;②在矸石入投料口之前,根据实际情况,若矸石需要破碎,应增加破碎系统,保证充填矸石在规定的粒度之下,以避免投料井堵塞;③在投料区域附近增设矸石存放场地,保证矸石能连续供应;④在投料井口设置地面投料控制室,并安设投料系统控制台,控制投料量;⑤在地面运矸带式输送机上安装计量装置控制矸石的投放量;⑥为满足环境的需要,地面充填站要进行全封闭设计,实现景观化、美观化等环保要求。

2. 矸石存储场地设计

矸石存储场地的尺寸主要取决于充填采煤面年产量、充采质量比等因素。根据具体情况,每年矸石需求量 S 见式(6-1)。

$$S = kQ \tag{6-1}$$

式中:Q 为充填采煤年产量,万 t/a;k 为充采质量比,一般 k 取 $0.8 \sim 1.7$。

矸石存储场的体积 v 见式(6-2)。

$$v = \frac{S \times n}{360 p \times \eta} \tag{6-2}$$

式中:n 为矸石存储场能够提供井下矸石用量的天数;p 为矸石松散状态的容重,取 1.7t/m^3;η 为矸石存储场地的有效利用率,取 70%。

按照矸石存储场能够存储 1 天、2 天、3 天、4 天的矸石用量分别计算存储场的体积。计算结果见表 6-2。

表 6-2　矸石存储场地体积参数表格

项目	1 天	2 天	3 天	4 天
存储矸石量/万 t	0.55	1.1	1.64	2.18
容积/万 m³	0.46	0.92	1.38	1.83

根据矿的实际情况,从洗煤厂洗选的矸石不能直接堆放在地表上,应具备一定的存储场地,因此,在充填采煤工作停止或长期检修时,洗选矸石必须存储在存储场地内;反之,当洗煤厂检修或由于矸石供应量不均衡时,要使充填采煤工作正常进行,需要有一定的储存能力,从而满足充填采煤工作的需要。一般情况下,存储场地需满足井下充填采煤 3 天的矸石需求量。

3. 地面运输系统设计

根据矿区实际条件,确定矸石从来源处到充填站的运输方式。充填材料运输到储料场后,经破碎机破碎,由给料机将矸石等固体物料投放至运矸带式输送机上,运矸带式输送机将破碎后的矸石运送到矸石仓。矸石仓下口安设给料机,当投料井内需要投放物料时,打开给料机,矸石经过运矸带式输送机运送到投料井口进行投料。

以开滦唐山矿、阳泉东坪矿为例,地面运输系统布置如图 6-2 所示。

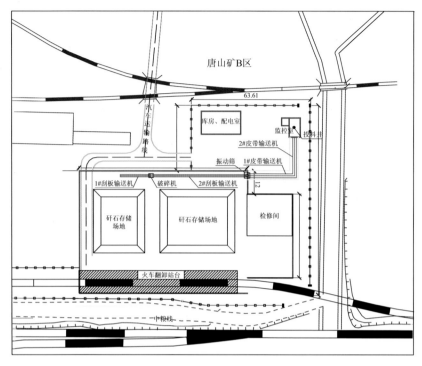

(a) 唐山矿地面运输系统布置

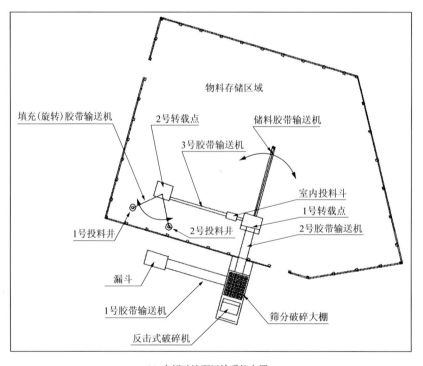

(b) 东坪矿地面运输系统布置

图 6-2　地面运输系统平面图

6.2　固体充填材料垂直输送系统

6.2.1　固体充填材料垂直输送基本结构

为了高效、快捷的将地面的充填材料运输至井下,设计了垂直投料输送系统,其主要设备包括投料管、缓冲装置、满仓报警监控装置、储料仓清堵装置、控制装置等。其工作流程为:地面矸石经筛分、破碎等前期工序后运输至垂直投料输送系统投料井井口,矸石被投放至投料井内,经缓冲装置缓冲后进入井下储料仓,充填作业时通过给料机将充填材料放出至井下带式输送机,进而运输至工作面。据现场情况及其总体设计要求,大垂深投料输送系统结构如图 6-3 所示。

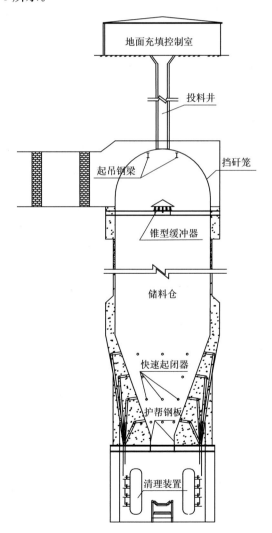

图 6-3　垂直投料输送系统结构

根据煤矿所选投料井位置的井上下情况,设计投料管总长度,储料仓深度,投料管口至储料仓出料口深度。

6.2.2 垂直输送系统投料管材质与结构

投料管用于垂直投料输送系统,安装在钻孔内,形成物料的垂直通道,是投料井系统的核心设备。投料管的材质与结构决定了垂直输送系统的效率和使用寿命,应根据不同充填材料及投放能力合理设计、选择投料管的结构及材质。

1. 投料管结构设计

在投料管安装过程中,需要承受纵向拉力;在使用过程中,需要承受充填材料对管壁的冲击、冲蚀摩擦及外侧岩体对管体的围压作用。为保证投料管顺利安装并达到规定的使用年限,需要对其结构进行设计。

根据投料管需要达到的要求,结合其制造工艺,设计投料管为三层管状结构,分为防护层、中间层及耐磨层,耐磨层为高耐磨性材料。如图 6-4 所示。

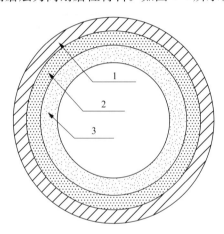

图 6-4 投料管结构示意图
1-防护层;2-中间层;3-耐磨层

其中,耐磨层主要承受投料过程中充填材料对管壁的冲击及摩擦,保证投料系统的使用年限。同时,耐磨层抗压强度较大,可以承受投料管在安装及使用过程中的外侧围压;高耐磨性材料需浇铸于中间层,设计防护层主要利于投料管的制造工艺,同时,外层钢管可以承受安装过程中的纵向拉力及外侧围压。

2. 耐磨层设计

1) 高耐磨性材料选择

(1) 奥氏体耐磨锰钢:奥氏体锰钢以高韧性、易加工硬化著称。目前,国内外生产和应用的奥氏体锰钢仍以 Mn13 系列为主。迄今在大冲击载荷磨料磨损工况(如圆锥式破碎机轧臼壁和破碎壁、旋回式破碎机衬板、大型锤式破碎机锤头,以及大中型湿式矿山球磨机衬板)下仍主要选用奥氏体锰钢。日本等一些国家较推崇屈服强度和耐磨性较高的

Mn13Cr2 耐磨钢。我国 20 世纪五六十年代几乎把高锰钢作为万能的耐磨材料使用,但在生产实践中发现,只有在冲击大、应力高、磨料硬的情况下,高锰钢材耐磨,而且其屈服强度低,易于变形。

(2) 铬系白口铸铁:国外耐磨白口铸铁的发展分为普通白口铸铁、镍硬铸铁和高铬白口铸铁 3 个阶段,铬系白口铸铁目前仍是国内外耐磨铸铁的主流。Cr15、Cr20、Cr26 系列高铬耐磨铸铁在美国、日本和我国均已大批量生产和应用。我国在高铬铸铁基础上又研究了中铬硅耐磨铸铁和适于铸态应用的低铬耐磨铸铁,并已批量生产和工业应用。

高铬铸铁凝固后的组织为(Fe,Cr)7C3 型碳化物和 γ 相,当基体全部为马氏体时,这种合金的耐磨性能最好,如果基体中存在残余奥氏体,通常要进行热处理;低铬合金白口铸铁与普通白口铸铁相比,碳化物的稳定性更好。

铬系白口铸铁的研究中,往往被认为越硬越耐磨。实际上,盲目地追求硬度并不一定能取得理想的效果,反而会使成本大幅度提高,造成浪费。有试验表明,高铬铸铁在接近 90°角冲蚀磨损时,其耐磨性还不如 20 钢。

(3) 奥贝球铁系列耐磨铸铁:贝氏体-马氏体耐磨球铁是通过等温淬火热处理或加入合金元素,使基体转变为贝氏体-铁素体基体上分布着残余奥氏体的组织,具有强度高、塑性好,以及弯曲疲劳和接触疲劳等动载性能高的优点,在国内外已被用于齿轮、凸轮轴、汽车牵引钩等易磨损件。我国对奥贝球铁的应用仅限于中低档产品,还没有达到产业化生产的水平,主要是在铁路货车斜楔铁、曲轴等结构件,以及磨球、锤头等抗磨件生产中应用,并在制作贝氏体球墨铸铁管、衬板、齿轮和轧辊等方面进行了一定的研究和应用。

(4) 钢铁基耐磨复合材料:钢铁基耐磨复合材料是以钢为黏结金属,以难熔金属碳化物作硬质相的结合材料,在一些严酷的磨损工况中得到了工业应用。其组织特点是微细硬质晶粒均匀分散于钢基体中,兼有硬质化合物的硬度、耐磨性,以及钢的强度和韧性,处于普通硬质合金和钢的中间地位。但黏结剂最常使用的添加元素有镍、铬等稀缺金属,且需要粉末冶金方法、浸渍法、热压法、热等静压法、喷射成形法、混合搅拌铸造法及等离子熔融粉末法等加工方法制备。

(5) 中低合金耐磨钢:具有良好的耐磨性组织,能提供较高的硬度和足够的韧性。研究结果表明:板条马氏体在准解理断裂时产生较小的断裂单元和较多的撕裂等,消耗断裂功,从而提高了韧性;下贝氏体以不同位向的铁素体板条为最小断裂单元,其韧性较相同硬度的回火马氏体高;残余奥氏体存在于马氏体或下贝氏体组织中,能使应力松弛,阻碍裂纹扩展,材料断裂时吸收能量增加,而使韧性改善;细小弥散分布的碳化物能提升耐磨性。

(6) 耐磨陶瓷:耐磨工程陶瓷具有熔点高、硬度高、耐磨损和耐腐蚀等优点,主要有贴片和涂料两种应用。在耐磨陶瓷中,氧化物陶瓷由于成本低而应用最广。为避免突然性的整体断裂,耐磨陶瓷不能用于高应力、大角度冲击的工况,通过与其他材料复合(黏合固化等),可以减弱其脆性。

(7) 高分子耐磨材料:在许多物料易发生黏结、堵塞和磨损的工况下,高分子耐磨材料由于具有自润滑等优点而得到应用,如 NPEHU(环纳复合板)、UHMWPE(超高分子量聚乙烯板)和 PA66(尼龙)等。但由于易老化、摩擦大和表面硬度低等缺点,耐磨高分子材料的应用受到很大的局限。

在实际使用中,应根据投料管的制造工艺、使用环境、作用等条件来选择合适的高耐磨性材料。

2) 厚度设计

根据现有制造工艺及高耐磨性材料的性能,较合理的耐磨层厚度范围为 15~65mm,不同厚度高耐磨性材料的投料管可以通过的物料量见表 6-3。

表 6-3　不同厚度高耐磨性材料的投料管可通过的物料量

项目	参数						
高耐磨性材料厚度/mm	15	22	28	40	52	55	65
可通过物料量/万 t	500	800	1200	2000	3000	4000	5000

3. 中间层

中间层是位于耐磨层与防护层之间的过渡层,在高耐磨性材料的浇铸过程中,高耐磨性材料容易渗透防护层内,使外层钢管的强度降低,产生裂缝,甚至在搬运过程中断裂。因此,为了保证防护层的质量,中间层的厚度应满足一定的要求。

4. 防护层

由于高耐磨性材料抗拉及抗弯能力弱,在形成管道时,一般浇铸于外层钢管内。在投料管的设计中,外层钢管要求满足高耐磨性材料的浇铸要求,厚度应达到高耐磨性材料的渗透厚度的两倍以上。

6.2.3　固体充填材料垂直输送缓冲装置设计

矸石等固体充填材料是从地面通过投料井直接投到井底,较大的投料高度会导致充填材料到达井底时的冲击力很大。为了防治冲击力过大而造成设备的损坏等安全问题,需在井下储料仓上部设置缓冲装置以减小固体充填材料投至井底的冲击力。

缓冲装置的设计目的是减小物料下落的冲击力,因此,需要计算出矸石下落到缓冲装置时的冲击力大小,在此基础上进行缓冲器的结构设计及材料选型设计。

1. 固体物料冲击力计算

1) 固体物料受力分析

把固体物料简化为球体,固体物料在投料井内的运动即可简化为垂直下落的球体的运动。下落过程中共受到重力 $F_重$、空气黏滞阻力 $F_阻$ 和空气浮力 $F_浮$ 的作用。可分别根据下式计算:

$$F_重 = mg \tag{6-3}$$

$$F_浮 = \rho_气 Vg \tag{6-4}$$

$$F_阻 = 0.5\rho_气 G_d S v^2 \tag{6-5}$$

则物体下落过程中所受 F 合力为

$$F = F_{重} - F_{浮} - F_{阻} = mg - \rho_{气}Vg - 0.5\rho_{气}G_dSv^2 \qquad (6\text{-}6)$$

式中：m 为下落物体的质量，kg；g 为重力加速度，9.8m/s²；$\rho_{气}$ 为空气的密度，1.29×10^{-3}kg/m³；V 为下落物体的体积，m³；S 为物体受空气阻力的最大横截面积，m²；v 为物体相对于空气的速度大小，m/s；G_d 为阻力系数。

其中，阻力系数 G_d 是一个与空气雷诺数有关的量，可以由下式计算得出：

$$G_d \approx \frac{24}{Re} + \frac{6}{1 + Re^{\frac{1}{2}}} + 0.4 \qquad (6\text{-}7)$$

式中：Re 为空气雷诺数，$Re = \rho l v / \eta$，ρ 为空气密度，l 为与物体横截面积相联系的特征长度，η 为空气的黏度。

2）固体物料速度计算

根据上述分析，可以得出垂直下落球体的动力学方程。

$$
\begin{aligned}
mx'' &= mg - \rho_{气}Vg - \frac{1}{2}\rho_{气} - \frac{1}{2}\rho_{气}G_dSv^2 \\
&= mg - \rho_{气}Vg - \frac{1}{2}\rho_{气}\left[\frac{24}{Re} + \frac{6}{1 + Re^{\frac{1}{2}}} + 0.4\right]Sv^2 \qquad (6\text{-}8)\\
&= mg - \frac{4}{3}\pi r^3\rho_{气}g - \frac{1}{2}\rho_{气}\pi r^2 x'\left[\frac{12\eta}{\rho_{气}x'r} + \frac{6\sqrt{\eta}}{\sqrt{\eta} + 2\rho_{气}x'r} + 0.4\right]
\end{aligned}
$$

式中：x 为固体物料下落距离，即投料井深度，m；x' 为固体物料下落距离对时间的一阶导数，即速度，m/s；x'' 为固体物料下落距离对时间的二阶导数，即加速度，m/s²；γ 为投料井半径。

代入相关数据计算得出，矸石到达投料井井底时速度。

计算过程中，将下落矸石简化为实心球体，将矸石的下落过程简化为受空气阻力的落体运动，由于下落过程中矸石还会受到管壁的摩擦阻力，所以运用上述动力学方程求出的最终速度为最大值。

3）冲击力计算

受力分析过程为充填材料直接由地面投到井下，考虑到充填材料经投料管落到缓冲装置上是个连续的过程，因此运用动量守恒原理对物料落到缓冲装置上时所产生的冲击力进行计算分析。

考虑矸石进入投料管的初速度为水平方向，水平方向的速度将在下落过程中导致矸石与管壁发生摩擦和碰撞，使这部分动能被消耗。结合工程实际，下落矸石对缓冲器的冲击主要由竖直方向的运动产生，故在计算过程中认为矸石初始速度对最终的冲击力没有影响。

$$m \cdot v - m \cdot 0 = F \cdot t \qquad (6\text{-}9)$$
$$m = Qt \qquad (6\text{-}10)$$

式中：F 为物料与缓冲装置发生碰撞时的冲击力，N；m 为投入的充填材料质量，kg；Q 为投料速度，t/h；v 为固体物料的速度，m/s；t 为单位投料时间，h。

由式(6-9)、式(6-10)，可以得出：

$$F = Qv \qquad (6\text{-}11)$$

代入相关数据,可求得冲击力 F。由于投料过程中还伴有受气流扰动导致矸石与管壁的摩擦产生的阻力的作用,因此计算得出的冲击力为最大值。

上述计算是基于均匀投料得出的平均冲击力,考虑投料的不均衡性及下落过程中受到气流扰动影响,可能出现部分物料落下时不均衡作用于冲击缓冲器的情况,故最大瞬时冲击力 F_{max} 应大于 F,可由式(6-12)确定。

$$F_{max} = \eta \times F \tag{6-12}$$

式中:η 为安全系数,经模拟实验测得为 $1.10 \sim 1.15$,设计中取 1.15。

2. 缓冲器结构设计

根据落料程度和冲击力分析情况,设计缓冲器样式为"伞形",即固体物料的直接接触面为锥形面,整个伞形缓冲装置主要由双减震拱形梁、弹性缓冲器、抗冲击耐磨合金体、组合式减震器、缓冲式导向器等结构组成。经模拟实验,该设施可以承载充填材料落下的冲击力,具体结构尺寸如图 6-5 所示。

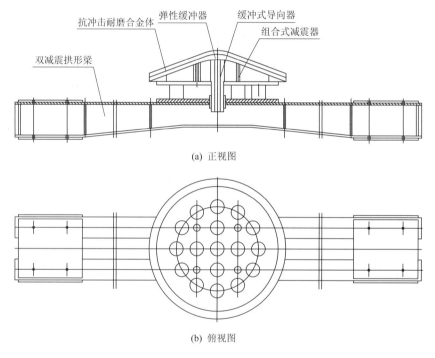

(a) 正视图

(b) 俯视图

图 6-5　伞形缓冲装置图

弹性缓冲器是机构的"骨架",由铸钢制成,其上表面设计为锥面,可以有效缓冲落料并使其减速后下落,缓冲式导向器套入双减震拱形梁,以防止其发生水平移动,并保持在缓冲时只做上下运动。组合式减震器作为承受冲击力的主要机构,其下端固定于双减震拱形梁上,上端支撑弹性缓冲器,当弹性缓冲器上表面受到冲击作用后,组合式减震器可以有效地将充填材料下落后的动能转化为自身的弹性势能。固定组合式减震器时,需先将其底座固定于双减震拱形梁上,然后将双减震拱形梁固定于储料仓壁中,这样可以稳定的固定于储料仓上部,最终实现其缓冲作用。

3. 组合式减震器设计

组合式减震器由一组弹簧组成,主要作用是将固体物料的动能转化为自身弹性能,是承受固体物料冲击力的主要机构。需对弹簧进行选型设计。

1) 弹簧的材质选择

组合式减震器由一组弹簧组成,根据其结构特点可知,弹簧所承受的为Ⅰ类载荷(循环载荷作用次数在 $1×10^6$ 以上),且载荷较大,参照国家标准选用 60Si2Mn 钢为弹簧材料。同时考虑弹簧位于储料仓内,湿度和粉尘对其影响较大,应增强耐腐蚀性,需要对其表面进行氧化处理。

2) 弹簧的参数计算

本设计中选用的圆柱螺旋压缩弹簧应用广泛便于购买、安装。弹簧的钢丝截面为圆形,其特征线为线性。设计中需要选择弹簧的端部结构、钢丝表面处理技术、钢丝材料直径、弹簧中径、弹簧的环绕比、弹簧的圈数、弹簧的高度、弹簧的螺旋角和旋向、弹簧的节距、弹簧的展开长度,其中钢丝的直径 d、弹簧中径 D、有效圈数 n 是构成弹簧的 3 个基本参数。基本公式法是一种常用的弹簧设计方法,其基本计算过程如下所示。

(1) 最大作用载荷的确定:最大载荷由矸石冲击产生的冲击力和伞部结构的重力构成。计算时假设载荷均匀作用在弹簧组的各个弹簧上,在安装满足一定精度的情况下,此假设合理。各个弹簧的最大工作载荷

$$F'_{max} = (F_{max} + F_重)/N \tag{6-13}$$

式中:N 为安装弹簧的组数,为了使载荷均匀分布和安装,使弹簧对称分布在底座的以两条垂直直径划分的 4 个区域内,故 N 取值不应小于 4。

(2) 最大弹簧变形 f 的确定:最大变形量 f 由式(6-14)确定。

$$\frac{0.5mv^2 + Mgf}{F'_{max}f} < 0.5 \tag{6-14}$$

式中:m 为单位时间的投料量,t/h;v 为物料撞击前的速度,m/s;M 为伞部的质量,kg;g 为重力加速度,9.8m/s²。

(3) 选择旋绕比,根据弹簧的设计经验,取值范围 5~8。

(4) 弹簧的直径,由式(6-15)确定,计算后根据国标取整。

$$d \geqslant 1.6\sqrt{\frac{KFC}{[\tau]}} \tag{6-15}$$

式中:K 为曲度系数 $\left(K=\frac{4C-1}{4C-4}+\frac{0.615}{C}\right)$;$F$ 为最大工作载荷,N;C 为旋绕比,取值范围为 5~8;$[\tau]$ 为材料的许用切应力。

(5) 弹簧的中径由式(6-16)确定,计算后按照国标取标准值。

$$D = Cd \tag{6-16}$$

(6) 弹簧圈数由式(6-17)确定,计算后按照国标取标准值,为了避免载荷偏心引起过大的附加力,最小工作圈数不应该小于 3 圈。

$$n = \frac{Gd^4 f}{8FD^3} \qquad (6\text{-}17)$$

式中：n 为弹簧有效圈数；G 为材料的切变模量；d 为弹簧的钢丝直径，mm；D 为弹簧的中径，mm；F 为弹簧的最大工作载荷，N。

弹簧的总圈数在有效弹簧的总圈数两端各取支承圈1圈。即：

$$n_总 = n + 2 \qquad (6\text{-}18)$$

式中：$n_总$ 为总圈数；n 为有效圈数。

（7）试验载荷 F_s 的计算，由式(6-19)确定。

$$F_s = \frac{\pi d^3}{8D} \tau_s \qquad (6\text{-}19)$$

式中：F_s 为试验载荷，N；d 为弹簧钢丝直径，mm；D 为弹簧中径，mm；τ_s 为试验切应力，MPa。

（8）自由高度 H_0 由式(6-20)确定，计算出 H_0 按照国标取标准值。为了增加其受力均匀性，采用 YI 端部结构两端并紧并磨平。

$$H_0 = nt + 1.5d \qquad (6\text{-}20)$$

式中：t 为节距，$t = d + \frac{f}{n} + \delta_1$，其中 $\delta_1 = 0.1d$。

（9）弹簧的螺旋角由式(6-21)确定。

$$\alpha = \arctan \frac{t}{\pi D} \qquad (6\text{-}21)$$

（10）弹簧的稳定性，由式(6-22)进行验算。

$$b = \frac{H_0}{D} < 5.3 \qquad (6\text{-}22)$$

式中：b 为高径比；H_0 为自由高度，mm；D 为弹簧中径，mm。

（11）弹簧的刚度 F' 由式(6-23)确定。

$$F' = \frac{Gd^4}{8D^3 n} \qquad (6\text{-}23)$$

（12）对应变形 f 时弹簧的最大工作载荷，由式(6-24)确定。

$$F = F' \times f \qquad (6\text{-}24)$$

（13）弹簧的试验变形 f_s，由式(6-25)计算。

$$f_s = \frac{F_s}{F'} \qquad (6\text{-}25)$$

（14）对设计的弹簧进行校核，主要考虑选用弹簧是否满足许用最大切应力要求，即 $\tau_{实际} < [\tau]$；是否满足稳定性要求，即两端固定的情况下满足 $b < 5.3$；螺旋角是否符合要求，即 $\alpha = 5° \sim 9°$；是否满足安装尺寸要求，即现行安装工艺可顺利安装。

（15）在允许的范围内再取几个值，继续重复上述的计算过程，直至得到最优结果。

3）组合式减震器优化设计

综合以上计算过程，对组合式减震器的弹簧进行优化设计，弹簧的优化主要考虑弹簧的稳定性 b；弹簧的总质量 $m_总$；弹簧的利用率，即 n/n_1 的值；在满足设计要求的情况下，选择稳定性高、弹簧总质量小、弹簧的利用率高的方案,其中总质量为优先考虑因素,在总质量相近的情况下,再比较其他两个因素,确定最优方案,16 组弹簧的方案,其相关数据见表 6-4。

表 6-4　组合式减震器弹簧的基本参数

项目	旋绕比	钢丝直径/mm	弹簧中径/mm	有效圈数	总圈数
参数	6.4	10	64	17	19
项目	曲度系数	工作切应力/MPa	许用切应力/MPa	自由高度/mm	刚度/(N/mm)
参数	1.24	28.0	445	340	21.16
项目	节距/mm	平均冲程/mm	螺旋角/(°)	最大变形/mm	高径比
参数	19.2	97.5	5.35	104	5.23

4）组合式减震器参数校核

在上述设计基础上,对组合式减震器工作的状态进行模拟分析。考虑缓冲器主要设计参数是否满足实际需求。

6.3　固体充填材料垂直输送监控系统

6.3.1　固体充填材料垂直输送监控指标

固体充填材料分为单一充填材料和混合充填材料,当固体物料进入垂直投料管内,固体充填材料将自动混合,并由投料控制系统控制固体充填材料的配比及投料速度,在固体充填材料下落接近井底时,经储料仓上口的缓冲器缓冲后落入储料仓内,固体充填材料再经储料仓下口的给料机通过井下带式输送机运输至工作面,当储料仓内固体充填材料堆积高度达到防堵仓报警值时通过投料控制系统将地面运输设备闭锁,停止垂直投料系统的供料工作,因此,固体充填材料垂直输送监控指标包括:①固体充填材料在储料仓内的堆积高度;②固体充填材料在地面的投料速度;③固体充填材料在储料仓内的堆积状况。以上监控指标中主要以固体充填材料在储料仓内的堆积高度这一指标为核心。

6.3.2　固体充填材料垂直输送监控设备

1. 充填材料输送系统满仓监控设备

固体物充填材料是从地面通过投料井直接投到储料仓内,为了防止出现悬挂式堵仓,保障投料工作的安全可靠,同时建立起井上和井下的联系,使井下充填材料在充满料仓时井上控制台能够及时停止供料,必须安装一套能够识别料仓中物料高度并能及时将信息传导到控制台的设备,即所谓满仓报警系统,通过该设备实现投料工作的运行与停止的联动。

满仓报警系统主要由雷达物位计、通信光纤、信号转接器、控制台等组成,其中雷达物位计是系统的核心装置,它能够识别物料高度并作出反馈。基本原理如图 6-6 所示。

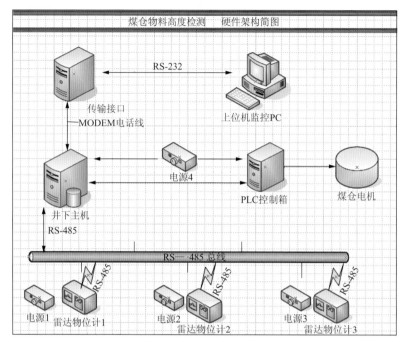

图 6-6　满仓报警装置原理

图 6-7　雷达物位计

2. 雷达物位计的工作原理

雷达物位计天线发射极窄的微波脉冲,这个脉冲以光速在空间传播,遇到被测介质表面,其部分能量被反射回来,被同一天线接收。发射脉冲与接收脉冲的时间间隔与天线到被测介质表面的距离呈正比,从而计算出天线到被测介质表面的距离。雷达物位计实物如图 6-7所示。

3. 雷达物位计的选型

根据料仓的具体高度,选择雷达物位计。RD-P4 型脉冲型的具体参数见表 6-5。

表 6-5　雷达物位计的参数

项目	参数	项目	参数
最大量程	70m	过程温度	$-40\sim200$℃
测量精度	±20mm	过程压力	$-1.0\sim40$bar(1bar=10^5Pa)
过程连接	法兰 316L	频率范围	6GHz
天线材料	不锈钢 316L/PTFE	信号输出	两线制/四线制 4~20mA/HARTt

6.3.3 固体充填材料垂直输送监控系统布置

满仓报警系统雷达物位计共需安装 3 个,在缓冲器底部钢梁的中间和两端各装 1 个。满仓报警系统的报警过程为:料仓堆满→物位计报警→通信光纤→信号转接器→通信电缆→副井→地面控制室→停止投料。物位计报警临界值为避免投料井堵塞而设置的重要参数,设置雷达物位计的工作上限即报警临界值一般为距离固体充填材料 1.5~3.0m,即当固体充填材料堆积高度距离雷达物位计 1.5~3.0m 时,向地面控制室发送报警信号,从而切断矸石给料机的电控系统,停止供料。

6.4 固体充填材料井上下输送系统设计方法

6.4.1 固体充填材料输送条件分析

在固体充填材料垂直连续输送系统中,首先,根据充填材料的选择,其充填材料的不同性能和不同的投放深度、充填材料对井壁以及井底设备的冲击、充填材料在下落过程中产生的气压等一系列问题也将随之改变;其次,根据充填采煤工作面的充填量确定合理的充填材料输送能力,充填采煤矸石垂直连续输送系统在设计过程中必须遵循以下几个原则。

1. 设计合理的投料管直径,并选择合理的耐磨材料护管

投料管的直径大小取决于两个因素:①物料最大颗粒的直径;②所需的物料量。管筒直径过小直接影响填料的输送且容易堵管,过大则增加经济成本以及影响井底的接料。一般取大于最大通过管道粒度 3 倍为圆管直径。同时选择合理的耐磨材料护管,减小投料过程中充填材料对管壁的冲击,并能够有效地防止堵管。

2. 实现垂直投料系统的连续运输,保证充填采煤系统的稳产

在充填采煤过程中,为实现垂直投料系统的连续运输必须在投料井底部设置储料仓,用于存放一定量的固体充填材料,当充填材料不足、投料钻孔堵孔或地面设备出现故障等一系列问题时,储料仓内的充填材料能够维持一定时间,为充填材料的准备、钻孔清理以及地面设备的检修等争取时间,以达到充填采煤系统稳产的目的。

3. 解决充填材料的冲击、堵仓问题

在投料系统中,充填材料从地面投至不同深度的井底,其冲击力非常大,因此根据不同深度必须在投料井底部、储料仓上部有足够的空间设置缓冲装置、挡矸笼、满仓监控系统等设备,用来减小充填材料对储料仓的冲击,同时有效地防止储料仓堵仓事故,并在投料井底部、储料仓上部设置绕道及硐室,为缓冲装置、挡矸笼、满仓监控系统等设备的安装、检修提供了足够的空间。

4. 储料仓的容积必须大于投料管内的投料量

在充填采煤的投料运输过程中,难以实现地面充填材料运输系统与井下运输系统的联动,当井下运输系统停止后,地面运输系统仍然没有停止,因此必须在投料井下部设置足够大的储料仓,用来存放井下运输系统停止后投料井内的充填材料。

根据输送能力选择储料仓的尺寸设计可按照三种情况计算,分别是储料仓满足一天的充填材料用量、满足三班生产的充填材料用量、满足一班生产的充填材料用量。

储料仓的高度 H 满足式(6-26)。

$$v_1 = \frac{1}{3}\pi c(r_1{}^2 + r_1 R_1 + R_1^2)$$

$$v_2 = 0.625^2 \times 0.5\pi$$

$$\frac{a}{1.7} + \pi \frac{0.486^2}{4}(634 - H) = v_1 + v_2 + \pi r^2(H - c - 0.5) \tag{6-26}$$

式中:v_1 为储料仓下部圆台结构的体积,m^3;r_1 为圆台下部的半径,m;R_1 为圆台上部的半径,m;c 为圆台的高度,m;v_2 为储料仓下部收口的体积,m^3;a 为一天、三班或者一班所需的充填材料量,t;r 为储料仓上部的半径,m;

根据上式,在储料仓分别满足一天、三班、一班充填材料用量的情况下,当选取储料仓直径为 10m、7m、5m 时,计算得出储料仓的基本参数见表 6-6。

表 6-6 储料仓基本参数表

直接投料	储量仓				
	直径/m	高度/m	容积/m³	收口段高/m	底宽/m
一天充填量(5454t)	10.0	50	3548	6.76	1.25
	7.0	92	3428	4.61	1.25
	5.0	173	3358	3.18	1.25
一班(三刀)充填量 (2194.9t)	10.0	22	1621	6.75	1.25
	7.0	40	1426	4.61	1.25
	5.0	76	1453	3.18	1.25
一刀充填量 (731.6t)	10.0	14	757	6.75	1.25
	7.0	20	657	4.61	1.25
	5.0	33	609	3.18	1.25

5. 解决投料井内气压问题

在充填采煤投料系统的投料过程中,整个投料系统都处于一个密闭的空间内,充填在下落过程中持续压缩投料井及储料仓内的空气,为保证气流通畅避免投料管及储料仓的气压过大阻碍充填材料下落,在储料仓上部设置排压管道系统,并与相关巷道连通,从而减小储料仓底部运矸巷道的通风压力。

6.4.2　固体充填材料输送系统结构与施工设计

投料井施工一般工序是先施工投料钻孔,然后再安装耐磨管,最后施工储料仓,投料井的施工工艺流程如图 6-8 所示。

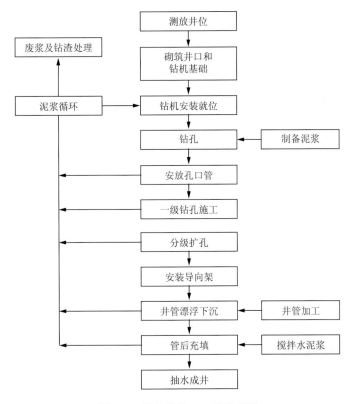

图 6-8　投料井施工工艺流程图

1. 钻孔施工方案

根据施工特点,为保证钻井的垂直度,全井段下入钢管确定采用满眼钻进工艺。

满眼钻进是用大尺寸的刚性钻具,使它的边棱"撑满"下部井眼,以保持下部钻柱垂直和居中的一种钻井法。钻进过程中使用 $\Phi203mm$ 的钻铤加压,在大直径钻铤外面用硬质合金块在设计的位置加焊扶正器,扶正器与井壁之间的间隙约为 5mm。

根据钻孔直径和钻机性能参数,管井施工均采用分级扩孔方案。为确保钻孔垂直度,超前钻孔直径为 311mm。超前钻孔一次钻进至设计标高后,再进行分级扩孔。钻井施工过程中,根据超前钻孔施工及地层的实际情况,可以对扩钻的径级进行调整。

2. 钻孔施工设备

采用的钻机型号为 TSJ-2600 型钻机,其钻机参数见表 6-7。

表 6-7　TSJ-2600 型钻机技术参数

参数名称	参数值
钻孔深度/m	2 600
转盘通径/mm	600
转盘转数/(r/min)	43,63,93,156（正反）
转盘扭矩/kN·m	30
绞车慢速单绳提升能力/t	10
绞车单绳速度/(m/s)	0.82,1.87,3.22
配备动力功率/kW	90×2
皮带轮输入转数/(r/min)	730
卷筒容绳量/m	Φ24.5,270
主机外形尺寸/m×m×m	4.15×1.915×1.29
重量/kg	10 000

各径级钻进钻压参数见表 6-8。

表 6-8　各径级钻进钻压参数

项目	钻头直径/mm		
	311	600	850
牙轮数量/个	3	5	6
钻压/kN	45	75	90

3. 钻孔测斜与防斜

1）钻孔测斜

根据要求,应保证钻孔的偏斜度在 1.0‰之内,为保证钻孔在施工过程中的垂直度,选用 JJX-3 型测斜仪器进行钻孔垂直度的检测,各级钻孔的测量次数不少于以下规定:

（1）超前钻孔进入软岩与硬岩的交替互层处和设计深度后,应进行测斜。在钻进过程中,如发现钻具转动不平稳或可能发生钻孔倾斜时,应增加测斜次数;

（2）扩孔时的测斜次数根据超前孔的偏斜情况确定;

（3）当钻孔的偏斜率大于 1.0‰,或钻孔有效断面不够,或钻孔具有明显拐点时,均应进行纠偏处理。

2）钻孔防斜

（1）钻进中必须采用钻铤加压,使轴心压力控制在小于一次临界钻压或大于二次临界钻压,不可在一次、二次临界钻压之间,否则容易产生孔斜。

（2）钻进过程中使用的 Φ203mm 的钻铤发生一次、二次弯曲的临界钻压分别为 8.0t 和 15.8t。钻铤弯曲的临界钻压是较低的,用降低钻压来减少钻具的弯曲以保证井身质量,对钻进速度是不利的,解决的办法是在钻铤产生弯曲处加上扶正器以增加下部钻具的支点。

（3）增加一个支点,产生弯曲的临界钻压可以提高 1～3 倍。确定扶正器的位置可采用欧拉公式。

（4）Φ311mm 超前孔钻进时,在钻头的上部 0.2m、5.0m、10.0m、15m 的位置上加设 4 个同径级的导向装置,满足刚性防斜、满眼钻进的要求。

（5）扩孔钻进时采用钻头超前导向和钻头后导向相结合的措施进行防斜。

4. 投料管安放

通过计算井管的重量超过钻机的提升能力和钻塔的承载能力,确定使用浮板下管法。具体方法是在距离井管底部 0.5m 的位置安放浮板,浮板选用厚度为 25mm 的钢板与井管焊接,在浮板上安装两个串联的单向阀,单向阀要能承受 30MPa 以上的压力,在单向阀上端连接一个钻杆反接头。为防止浮板变形损坏,在浮板上浇筑厚 2.0m C30 混凝土,钻杆反接头应高出混凝土面。

投料管安放的工艺流程如图 6-9 所示。

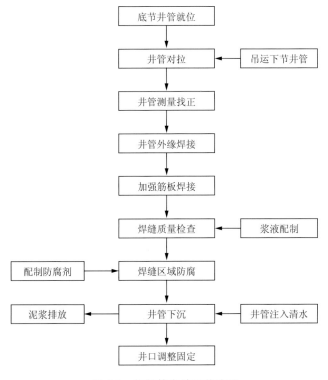

图 6-9　投料管安放工艺流程

5. 施工组织

根据施工方法及工艺,采用的主要设备见表 6-9,人员组织见表 6-10。

表 6-9　主要设备一览

序号	名称	型号规格	单位	数量	主要用途	备注
1	钻机	TSJ-2600	台	1	钻孔	
2	泥浆泵	BW1200/5	台	2	循环泥浆	
3	钻头	Φ311	个	5	钻孔	
4	扩孔钻头	Φ600	个	1	钻孔	现场焊制
5	扩孔钻头	Φ850	个	1	钻孔	现场焊制
6	导向器	Φ311	个	4	保证钻孔垂直度	现场焊制
7	导向器	Φ600	个	3	保证钻孔垂直度	现场焊制
8	导向器	Φ850	个	3	保证钻孔垂直度	现场焊制
9	经纬仪	DJ2	台	2	垂直度控制	
10	水准仪	DS3	台	1	标高控制	
11	潜水泵	QY30	台	1	供水	
12	发电机	250kW	台	1	备用发电	整个施工期间
13	汽车吊	16t	台	1	设备安装	井管防腐
14	电焊机	BX-500	台	3	焊制钻头	

表 6-10　人员组织

序号	工种	每班人员	班组数	合计
1	管理人员	4	2	8
2	机长	1	1	1
3	班长	1	2	2
4	钻工	6	2	12
5	其他			3
合计				26

第7章 固体充填采煤关键装备选型与配套

7.1 固体充填采煤设备的配套与选型

7.1.1 固体充填采煤设备的选型原则

固体充填采煤工作面设备的正确选型配套,是充分发挥其生产效能,达到安全高效开采的前提,是工作面生产的关键技术之一。综合机械化固体充填采煤工作面的"四机"是指采煤机、充填采煤液压支架、工作面刮板输送机、多孔底卸式输送机,是综合机械化固体充填采煤工作面的主要设备。其设计选型的基本原则有以下四条。

(1)能满足工作面生产能力的需要。主要包括两个方面:一是采煤机生产能力与工作面生产任务要求相适应;二是充填能力要求与采煤能力相适应。

(2)设备的主要技术参数相互匹配。各设备的技术性能是成套设备技术性能的基础,只有各设备的主要技术参数相互匹配时,它们的技术性能才可能很好地发挥。所以要合理处理"单机"和成套设备性能参数的匹配关系,要从配套的角度来选型,而不是孤立地追求单一机械设备的先进性能、无论生产能力、自动化程度和可靠性等,都应该考虑相互匹配的要求,以确保综采设备最高的生产能力和最经济的资金投入。

(3)设备结构性能相互匹配。工作面刮板输送机的结构形式及附件必须能与采煤机的结构相匹配;刮板输送机的中部槽与充填采煤液压支架的推移千斤顶连接装置的间距和连接结构相互匹配;采煤机的采高范围与支架最大和最小结构尺寸相适应,采煤机截深与支架推移步距相适应。

(4)工作面设备能实现采煤与充填并行。综合机械化固体充填采煤工作面与普通综采面相比,充填工作面在完成采煤的同时,还需在架后对采后的空间进行充填。由于充填与采煤在时间、空间上会相互影响,故在设备的设计与选型方面应考虑此部分的原因,以减少两者之间的相互影响。

7.1.2 固体充填采煤设备的性能要求

1. 采煤机的性能要求

(1)能适应煤层地质条件,其主要参数(如采高、截深、功率、牵引方式等)的选取要合理,并有较大的适用范围。

(2)应满足工作面开采生产能力的要求,生产能力大于工作面设计生产能力。

(3)技术性能良好、工作可靠,具有较完善的各种保护功能,便于使用和维护。

(4)选型应与矿井设计生产能力相适应。

(5)设备类型的选择应与企业的技术经济条件相适应。

2. 工作面刮板输送机的性能要求

（1）输送能力应大于采煤机的最大生产能力，一般取 1.2 倍。

（2）根据刮板链的质量情况确定链条数目，结合煤质硬度选择链子结构形式。

（3）优先选用双电机双机头驱动方式。

（4）优先选用短机头和短机尾。

（5）满足与采煤机的配合要求，如在机头机尾安装张紧、防滑装置，靠煤壁一侧设铲煤板，靠采空区一侧附设电缆槽等。

3. 充填采煤液压支架性能要求

充填采煤液压支架设计应考虑：支护强度与工作面矿压相适应；支架结构与煤层赋存条件相适应；支护断面与通风要求相适应；推移连接装置与采煤机、刮板输送机、后部多孔底卸式输送机、压实机构等设备相匹配。必须满足以下五项性能要求。

（1）充填采煤液压支架必须具备合理的调高范围。与普通综采相类似，充填采煤液压支架需尽量适应煤层厚度的变化，以提高煤炭采出率，因此充填采煤液压支架必须具备合理的高度、调高范围和伸缩比。

（2）充填采煤液压支架为充填机构提供足够的工作空间。设计的充填采煤液压支架后部要安装多孔底卸式输送机，为保证多孔底卸式输送机能够正常工作和检修，充填采煤液压支架后部必须提供可供多孔底卸式输送机与充填材料压实工作时所需要的空间；矸石的充填高度直接影响充填质量，因此，充填采煤液压支架的后顶梁应足够高，即多孔底卸式输送机悬挂高度尽应可能增大。

（3）充填采煤液压支架必须在结构和功能上与多孔底卸式输送机形成配套。充填采煤液压支架的后顶梁要与多孔底卸式输送机用单挂链连接，为了方便管理和检修，支架后顶梁必须可调整高度；按照采煤与充填工艺的设计要求，必须在支架后顶梁下部设计滑道，使多孔底卸式输送机能够在伸缩机构的作用下在支架后顶梁下部滑动，滑道长度应不小于采煤机的一个截深。

（4）需要设计压实机构将充填材料压实。由于矸石在松散状态下的可压缩量较大，为了保证充填效果，以减少顶板来压时的下沉量，充填采煤液压支架上需要设计一个机构能将矸石压实并充满采空区，尤其是后顶梁与多孔底卸式输送机之间的空间必须尽量充满。

（5）充填采煤液压支架后顶梁必须有足够的强度。由于充填采煤液压支架比普通液压支架增加了后顶梁结构，支架的控顶范围增大，顶板对支架特别是对支架后顶梁的压力比较大，后顶梁下还需要悬挂多孔底卸式输送机。如果支架后顶梁强度不够，会造成顶梁上部顶板提前下沉量过大，对充填质量造成直接影响。

4. 多孔底卸式输送机性能要求

（1）满足工作面正常生产时对充填材料的运输量。

（2）设计落料量大且均匀的卸料孔形状及合理间距。卸料孔的形状及其间距设计要充分考虑充填材料塌落角、充填高度、充填材料输送量，在满足上述条件的情况下，尽可能加大卸料孔间距,以减少孔的数量,简化操作工序与降低工人的劳动强度。

(3) 多孔底卸式输送机各部件应连接可靠,重量轻。由于多孔底卸式输送机要悬挂在充填采煤液压支架的后顶梁上工作,相对于安设在底板上工作的刮板输送机稳定性差。因此,多孔底卸式输送机各部件的连接必须安全可靠,且容易维修;重量应尽量减轻,以降低支架后顶梁的载荷和便于工人的安装。

(4) 多孔底卸式输送机应有足够的弯曲度。充填材料堆积到一定高度以后,多孔底卸式输送机有一个逐渐被抬高的过程,因此在垂直方向上也要有一定的弯曲度。此外,多孔底卸式输送机的结构要考虑正常回采生产工艺(随采煤机移架)的要求,在水平方向上也应具有一定的弯曲度。

(5) 多孔底卸式输送机运行的可靠性要高。由于多孔底卸式输送机悬挂在支架后顶梁下的空间内工作,其工作环境比在工作面上要差,故容易出现机电事故,由于空间小故其维修难度大。因此,设备运行的可靠性要高。

5. 固体充填材料垂直输送系统性能要求

固体充填采煤技术发展至今,已形成两种基本的投料输送系统,分别是固体充填材料垂直投放系统与连续输送系统。无论对于何种系统,都需要遵循以下的性能要求进行设计:

(1) 设计合理的投料管直径,并选择尺寸合理、性能可靠的耐磨管。

(2) 满足工作面生产能力要求,实际输送能力大于工作面充填材料需求速度。

(3) 性能良好,可靠性高,各种保护功能完善。

(4) 需要满足不同物料的投放要求。

(5) 投料系统类型的选择应适应企业的技术经济条件。

7.2　充填采煤液压支架与压实机构

7.2.1　充填采煤液压支架架型确定

充填采煤液压支架架型可分为两类,即六柱式支撑支架和四柱式支撑支架。两种架型各有优缺点,六柱式充填采煤液压支架适用于地质条件相对简单且需要高支护阻力的情况,四柱式充填采煤液压支架适用于地质条件相对复杂且对支护阻力要求不高的情况,因此需要根据具体的采矿地质条件确定合适的架型。两种架型优缺点见表 7-1。

表 7-1　充填采煤液压支架不同架型优缺点

架型	优点	缺点
六柱式	支护强度高,有利于控制顶板的初始下沉	结构相对复杂,主要适用于地质条件简单的煤层
四柱式	结构简单,工作状态和适应性较好	支护强度相对较低

7.2.2　充填采煤液压支架参数设计

1. 支架高度与调高范围选择

支架最大支撑高度 H_{max},最小支撑高度 H_{min} 应该能尽量适应充填采煤区域煤层的厚度变化。

2. 支架的伸缩比

支架伸缩比 K_s 反映支架对煤层厚度变化的适应能力,计算公式见式(7-1)。

$$K_s = \frac{H_{\max}}{H_{\min}} \tag{7-1}$$

3. 支架间距的选择

支架间距宽度选择为 $1.4 \sim 1.7$m。

4. 移架速度确定

支架移架速度 V_z 可按式(7-2)估算。

$$V_z = \frac{Q_b A}{k_x \sum Q_i} \tag{7-2}$$

式中: Q_b 为泵站流量, L/min; A 为支架中心距,m; $\sum Q_i$ 为1架支架全部立柱和千斤顶同时动作所需的液体容积; k_x 为泄露损失系数,1.05。

为保证高产高效工作面采煤机连续割煤,整个工作面的移架速度不应小于采煤机连续割一刀煤的平均割煤速度。即要求满足式(7-3)。

$$V_z \geqslant K_x V_c \tag{7-3}$$

式中: K_x 为采支速度比; V_c 为平均割煤速度。

如果移架速度达不到要求,需要加大泵站流量,或减少每班进尺量,即降低采煤机运行速度。

5. 工作阻力

充填采煤液压支架工作阻力计算方法包括:

1) 根据垮落带高度岩重计算支架支护强度

利用等价采高理论,煤层的等价采高计算公式见式(7-4):

$$H' = M(1 - \varphi) \tag{7-4}$$

式中: φ 为充实率; M 为最大采高。垮落带高度 H_k 计算见式(7-5):

$$H_k = \frac{H'}{k_c - 1} \tag{7-5}$$

式中: k_c 为垮落岩层的碎胀系数,与覆岩岩性、采高和埋深有关,一般取 $1.1 \sim 1.5$。

支架所需支护强度 q_2 见式(7-6):

$$q_2 = \gamma_{im} H_k \tag{7-6}$$

式中: γ_{im} 一般取 2.5MPa/100m。根据式(7-6)计算得到支护强度 q_2 ,然后按照控顶范围及架间距,即可计算支架最大工作阻力。

2) 根据开采扰动引起覆岩破坏圈计算支架工作阻力

Detached Roof Block Method 计算法为目前国际公认的最准确的工作阻力计算方

法,其计算原理为:根据采高计算顶板受开采扰动造成破断的岩层范围,计算范围内悬顶岩梁对支架形成的垂直载荷和最大力矩,其影响范围有可能高于或者低于基本顶高度,与传统计算基本顶岩梁回转失稳形成载荷有所不同,然后由力矩平衡原理,即可计算支架的工作阻力,如图 7-1 所示。

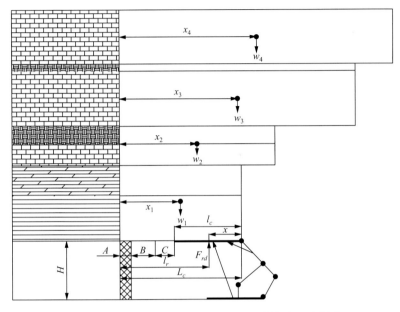

图 7-1　Detached Roof Block Method 计算原理示意图

根据最大扰动范围,得到影响范围内的岩层基本参数。然后计算扰动范围内悬顶岩梁对支架形成的垂直载荷和最大力矩,基本计算过程见式(7-7)至式(7-11)。

$$L_{bi} = t_i \sqrt{\frac{T_i}{3q_i}} \tag{7-7}$$

$$L_c = A + B + C + l_c \tag{7-8}$$

$$F_{rd} = (D_F) \frac{\sum_{i=1}^{k} W_i x_i}{l_r} \tag{7-9}$$

$$W_i = L_{bi} S t_i \gamma_i \tag{7-10}$$

$$x_i = \frac{L_{bi}}{2} \tag{7-11}$$

式中:D_F 为安全系数,取值 1.10~1.25,主要考虑截深,取 1.1;k 为受扰动岩层数;L_{bi} 为第 i 层岩层悬臂梁长度;q_i 为岩层自重形成单位载荷;S 为支架架间距;t_i 为第 i 层岩层厚度;T_i 为岩层最大抗拉强度,x_i 为岩层重心至煤壁距离;W_i 为第 i 层岩层岩重;γ_i 为岩层密度;L_c 为最大挖顶距;l_c 为支架顶梁长度;l_r 为支护重心至煤壁长度;F_{rd} 为工作阻力;A 为采煤机截深;$B+C$ 为端面距。

由于岩层中的层理结构影响,其数值等于岩层实验室测试数据乘以一个缩减系数,缩减系数见表 7-2。

表 7-2　岩层抗拉强度缩减系数

岩性	缩减系数
煤和黏土	0.20
页岩或泥岩	0.25~0.30
砂岩、粉砂岩、石灰岩、砂岩夹层	0.30~0.50
块状砂岩	0.50~0.80

根据表 7-2 和式(7-7)至式(7-11)，结合架间距，即可计算各岩层的载荷与力矩，从而计算出支架的工作阻力。

3）支架工作阻力实测对比分析法

支架工作阻力实测对比分析法计算原理为：通过分析影响支架工作阻力的主要影响因素如采高、工作面长度、基岩厚度、埋深等，类比近似采矿地质条件下开采时支架的选型，最终确定该矿充填采煤液压支架的架型。充填采煤与垮落法采煤实测参数对比应用实例见表 7-3。

表 7-3　不同矿区充填采煤与垮落法采煤参数对比

矿区	采煤方法	支架型号	采高/m	埋深/m	工作面长度/m	工作阻力/kN
济三矿	充填法	ZZC10000/20/40	3.5	650	80	8200
	垮落法	ZY4000/10/23	3.5	650	120	2960
翟镇矿	充填法	ZC5200/14.5/30	2.86	425	92	4991
	垮落法	ZY2400/14/30	3.2	440	115	2543
五沟矿	充填法	ZC14100/20/38	3.6	368	100	8000
	垮落法	ZZ4400/17/35	3.5	380	150	3800
花园矿	充填法	ZZC9600/16/32	2.5	650	100	8000
	垮落法	ZY4800/16.5/37	2.5	680	150	4500

通过充填法采煤与垮落法采煤支架工作阻力实测对比分析可知，两种采煤方法下支架工作阻力实测比值为：

$$K = \frac{F_{充}}{F_{垮}} \tag{7-12}$$

式中：$F_{垮}$ 为实测垮落法支架工作阻力；$F_{充}$ 为实测充填法支架工作阻力。

统计不同矿区充填法与垮落法实测工作阻力，计算出 K 值取值范围为 1.5~3.0。对于某矿充填采区支架的选型根据概况临近采区垮落法开采时 $F_{垮}$ 的值，通过实测对比分析法中 K 取值大小，可以估算支架工作阻力为 $F_{充}=(1.5\sim3.0)F_{垮}$。

7.2.3　充填采煤液压支架结构设计

1. 六柱支撑式充填采煤液压支架架型结构

六柱支撑式充填采煤液压支架原理如图 7-2 所示。

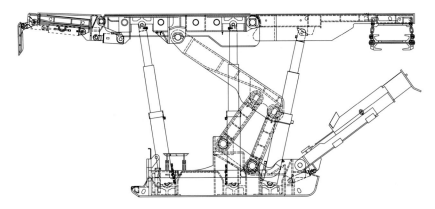

图 7-2　六柱支撑式充填采煤液压支架结构

六柱支撑式充填采煤液压支架主要由顶梁、立柱、底座、四连杆机构、后顶梁、多孔底卸式输送机、压实机构等构成。后顶梁由两根斜立柱支撑,以增加支架后顶梁的支护强度和稳定性。

六柱支撑式充填采煤液压支架的结构特点如下:

(1) 支架采用前后顶梁、Y 形正四连杆六柱支撑式,采用 Y 形上连杆,上部两处与前顶梁铰接,提高了支架的抗扭能力,在 Y 形上连杆中间留有观察口,以便于观察后部的充填程度。

(2) 支架前顶梁采用整体前顶梁,结构简单,可靠性好。端部载荷大,前端支撑能力强。可设置全长侧护板,提高顶板覆盖率,改善支护效果,减少架间漏矸。

(3) 前顶梁前端带伸缩梁,采煤机割煤后,伸缩梁伸出,对裸露顶板起到临时支护作用。

(4) 护帮铰接在伸缩梁前端,有利于对煤壁片帮的控制,该防片帮梁采用四连杆形式。

(5) 前顶梁采用单侧活动侧护板。

(6) 推移机构采用整体长推杆倒装推移千斤顶机构。

(7) 后顶梁采用两根立柱支撑,以提高支架后顶梁的支护能力。

(8) 后顶梁前端单侧带有侧护板,可有效防止矸石落入工作空间。

(9) 后顶梁内设计有拉移充填输送机的机构。

(10)后顶梁下部设置有滑道,能使多孔底卸式输送机在支架后顶梁下部滑动。

(11) 压实机构采用两级伸缩结构,增加压实机构的伸缩比,减小支架整体尺寸,压实头仿照铲斗机构设计,压实机构可拆卸。

(12) 脚踏板采用机械调高机构,能使操作者处于最佳工作位置。

(13) 支架全部动作采用本架操作。

六柱支撑式充填采煤液压支架经过几代产品改进与长期的现场实践,其架型已基本确定,但是在具体参数的设计上,应该依照矿井的地质条件,合理地计算相关参数。例如,表 7-4 是我国某矿使用的六柱支撑式充填液压支架的基本参数。

表7-4　六柱支撑式充填采煤液压支架基本技术参数表

项目	参数	项目	参数
支架型号	ZZC10000/20/40	前顶梁立柱(4根)	双伸缩
支架中心距	1500mm	后顶梁立柱(2根)	双伸缩
支架高度	2000~4000mm	推移千斤顶(1根)	倒装
支架宽度	1430~1600mm	护帮千斤顶(1根)	普通
支架推移步距	600mm	伸缩梁千斤顶(2根)	普通
支架初撑力	8272kN	前顶梁侧推千斤顶(2根)	普通
支架工作阻力	10000 kN	后顶梁侧推千斤顶(1根)	普通
支护强度	0.8MPa	后刮板伸缩千斤顶(1根)	普通
对底板比压	1.8MPa	一级压实千斤顶(2根)	普通
泵站压力	31.5MPa	二级压实千斤顶(2根)	普通
操作方式	本架操作	摆梁千斤顶(2根)	普通
抬底千斤顶(1根)	普通		

2. 四柱支撑式充填采煤液压支架结构设计

四柱支撑式充填采煤液压支架与六柱支撑式充填采煤液压支架主体结构相似,主要不同点在于取消了后立柱,改用后部千斤顶支承后顶梁(图7-3)。

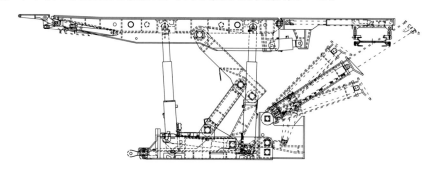

图7-3　四柱支撑式充填采煤液压支架结构

四柱式充填液压支架结构特点如下:

(1) 支架采用整体顶梁、Y形正四连杆四柱支撑式。

(2) 整体顶梁,加防片帮。

(3) 顶梁采用一侧活动侧护板,一侧焊死,面向煤壁右侧活。

(4) 推移机构采用整体长推杆倒装推移千斤顶机构。

(5) 顶梁后部设计铰接后顶梁,采用两根千斤顶,端部载荷不小于15t。

(6) 后顶梁无侧护板,无伸缩梁。

(7) 后顶梁内设计有拉移多孔底卸式输送机的机构。

(8) 后部压实机采用铰接的方式与底座相连。设计压实机构满足多孔底卸式输送机拉回状态时,后部空间能被推满;压实机收回后不干涉多孔底卸式输送机卸料。

(9) 压实机构仿照铲斗机构设计,可拆卸。

（10）压实机构后部设计挡煤板。

四柱式支撑式充填采煤液压支架参数优化设计方法与六柱式相同,在此不做赘述。表 7-5 为某矿使用的四柱支撑式充填采煤液压支架主要性能参数。

表 7-5　四柱支撑式充填采煤液压支架基本技术参数

项目	参数	项目	参数
支架型号	ZZC7000/20/40	前顶梁立柱(4 根)	双伸缩
支架中心距	1500mm	后顶梁立柱(无)	—
支架高度	2000~4000mm	推移千斤顶(1 根)	倒装
支架宽度	1420~1590mm	护帮千斤顶(1 根)	普通
支架推移步距	600mm	伸缩梁千斤顶(2 根)	普通
支架初撑力	5708kN	前顶梁侧推千斤顶(2 根)	普通
支架工作阻力	7000 kN	后顶梁侧推千斤顶(1 根)	普通
支护强度	0.725MPa	后刮板伸缩千斤顶(1 根)	普通
对底板比压	1.8MPa	一级压实千斤顶(2 根)	普通
泵站压力	31.5MPa	二级压实千斤顶(2 根)	普通
操作方式	本架操作	摆梁千斤顶(2 根)	普通
抬底千斤顶(1 根)	普通		

7.2.4　固体充填采煤压实机构结构优化设计

为了保证充填效果,在充填材料通过充填采煤输送机卸入采空区之后,需要进一步对充填材料进行压实,完成此步骤的结构称之为压实机构。现场实践表明,充填材料经过压实结构反复捣捶后,具有一定的致密度和抗变形能力,有效地控制了顶板的下沉量,阻止了顶板的下沉断裂,从而达到控制地表沉陷的目的。因此,压实机构是充填采煤液压支架的一个关键机构,一定程度上影响着充填采煤的效果。

压实机构在设计上必须达到两个要求:①压实机必须具备足够的推压强度,使充填材料达到试验测定的密实度标准;②需具备足够的行程和旋转角,保证压实范围达到工艺设计要求。

压实机由两个水平压实油缸、两个调高油缸、两个立柱组成,如图 7-4 所示。两个水平压实油缸位于压实机的上部,其后座用铰链方式安装在两个立柱上端,该立柱用螺栓固定在液压支架底座上。水平压实油缸缸体外径中前部通过两个可以活动的连接环连起,连接环中部由一个调高油缸支撑。两水平压实油缸伸出端装有一块压实板,板面与缸体垂直。两立柱间用槽钢连接,形成一整体。斜支撑分别与立柱上部及液压支架底板连接。以上部件相互连接,形成一个整体机构。经分析设计得到的压实机结构原理图如图 7-4 所示。

根据压实机结构特征及设计的目的,下面以某矿为例,说明压实系统具有以下功能。

（1）水平压实油缸:两水平压实油缸($\Phi168/140$)在调高油缸($\Phi168/140$)的高低调节下,以后座铰链轴为中心旋转,旋转角度为 ±23°。水平压实油缸固定缸体长为 2.0m,行程 1.1m,加上压实板的宽度及油缸连接部分,总长度为 3.2m。两水平压实油缸通过伸缩带动前部的压实板对活动范围内的采空区充填矸石粉煤灰进行推压压实,其推压压实力可达 1262kN,保证矸石粉煤灰充填密实度。

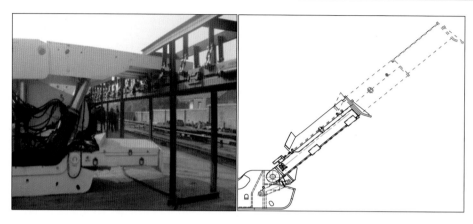

图 7-4　压实机结构图

（2）调高油缸：调高油缸（Φ168/140）起到两个作用：一是对上部两水平油缸起到支撑作用，同时在推压过程中对水平压实油缸起到定位作用；二是对水平油缸的活动范围进行调节（调高油缸缸体 0.8m，行程为 0.4m），并保证两个水平压实油缸在压实过程中处于同一水平面上。

（3）压实板：压实板（1400mm×300mm）由钢板制成，在水平压实油缸的推力下压实板单位面积的压强达到 2.5MPa。

（4）立柱：后部两立柱与液压支架底座连成整体，还要承受推压时的反作用力，不使压实机受反作用力而发生变形、破坏。两立柱间的中心距为 452mm。

7.3　多孔底卸式输送机

7.3.1　多孔底卸式输送机结构原理

多孔底卸式输送机是基于工作面刮板输送机的基本结构研制而成，其基本结构同普通刮板输送机类似，但多孔底卸式输送机是悬挂在充填采煤液压支架下运输矸石等固体充填材料的设备，由于其用途不同于普通刮板输送机，因此，其结构及设计也有明显差异。它不仅在设备底部均匀地布置了卸料孔用于将充填材料卸载至下方的采空区内，而且在溜槽之间的连接方式等结构方面发生变化，在提高设备可靠性基础上，改善了设备的耐磨性。

多孔底卸式输送机在普通刮板输送机溜槽中板上设置卸料孔，为了控制卸料孔的卸料量，在卸料孔下方安置有液压插板，在液压油缸的控制下，可以实现对卸料孔的自动开启与关闭；为增加刮板输送机的可调节范围，对溜槽两头进行改造，使溜槽连接方式由插接式改为哑铃销连接方式，不仅增加了连接强度，还增加了刮板输送机在垂直、水平方向的可弯曲程度。多孔底卸式输送机实物如图 7-5、图 7-6 所示。

多孔底卸式输送机的机身部分是用链环悬挂在充填采煤液压支架的后顶梁上，在水平和垂直方向可以适应一定的角度变化。机头和机尾部分重量较大，且一般位于巷道内，在实际生产中，使用特制的升降平台进行支撑。多孔底卸式输送机机头机尾与升降平台的配合如图 7-7 所示。

图 7-5　多孔底卸式输送机实物

图 7-6　多孔底卸式输送机卸料口

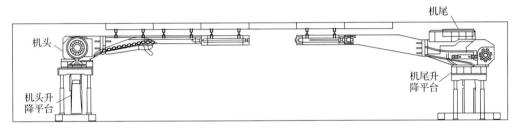

图 7-7　多孔底卸式输送机与升降平台配合示意

7.3.2　多孔底卸式输送机卸料孔结构与尺寸优化

1. 卸料孔形状结构

多孔底卸式输送机卸料孔的形状设计可以有很多的选择,如圆形或方形。但在同面积卸料孔的条件下,使卸料孔下方充填材料的堆积体积最大(也即落料效果最好)是确定卸料孔形状的依据。

设计以圆形和正方形卸料孔为例,分析卸料孔形状的优化选择问题。假设卸料孔的面积为 S ,卸料孔下方充填材料的堆积体积形状如图 7-8、图 7-9 所示。

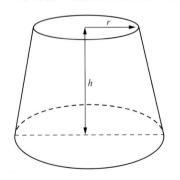

图 7-8　圆形卸料孔形成的堆积形状

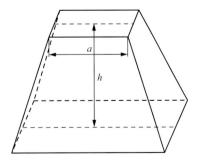

图 7-9　方形卸料孔形成的堆积形状

设悬挂在充填采煤液压支架后部后顶梁下的多孔底卸式输送机距底板的距离为 h ,

充填材料的自然安息角为φ,则此时圆台形和棱台形的底面积分别见式(7-13)、式(7-14)。

$$S_y = \pi h^2 \cot^2 \varphi + S + 2\sqrt{\pi S} h \cot \varphi \tag{7-13}$$

$$S_f = 4h^2 \cot^2 \varphi + S + 4\sqrt{S} h \cot \varphi \tag{7-14}$$

其中二者体积见式(7-15)。

$$\begin{cases} V_y = \dfrac{1}{3}\pi \tan\varphi \left[\left(\cot\varphi h + \sqrt{\dfrac{S}{\pi}} \right)^3 - \left(\dfrac{S}{\pi} \right)^{\frac{3}{2}} \right] \\ V_f = \dfrac{1}{6} \tan\varphi \left[(2\cot\varphi h + \sqrt{S})^3 - S^{\frac{3}{2}} \right] \end{cases} \tag{7-15}$$

由于两者的高度相等,棱台的体积要大于圆台的体积,即$V_y > V_f$,所以选择正方形孔比较合理。

2. 多孔底卸式输送机卸料孔间距优化设计

由理论分析及以往现场试验可知:如果卸料孔孔径尺寸过小,则无法保证充填材料顺利充填至采空区,影响充填效率;孔径过大,会降低多孔底卸式输送机的结构强度,影响多孔底卸式输送机的使用寿命,造成一定的安全隐患;如果卸料孔的孔间距过密降低多孔底卸式输送机的结构强度,孔间距过大,则无法充满整个采空区,达不到充填要求。分析得出卸料孔形状尺寸及其间距如此设计比较合理,即卸料孔的形状为长方形;长度为400~500mm;宽度为300~400mm。卸料孔间距为1.5~3m,工作面下方的孔应尽量靠近机头。该尺寸的卸料孔有助于提高充填材料的充填质量,同时有利于充分发挥充填系统各设备的性能,提高充填效率。

3. 其他参数

为了保证卸料孔插板可以实现随时打开和关闭的功能,在近煤壁单侧布置推拉千斤顶,推拉力为98/48kN。另外为了实现多孔底卸式输送机可以悬挂在支架后顶梁下方,且尽量缩短多孔底卸式输送机与支架后顶梁的垂直距离,采用单组1个圆环链及上下各一个U形环悬挂,连接方式为螺栓连接。

7.3.3 多孔底卸式输送机形式与参数

1. 结构形式

多孔底卸式输送机结构形式分为边双链和中双链两种,不同形式的多孔底卸式输送机中部槽结构如图7-10所示。

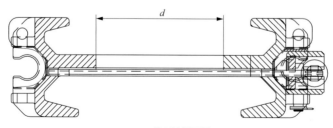

(a) 边双链剖面图

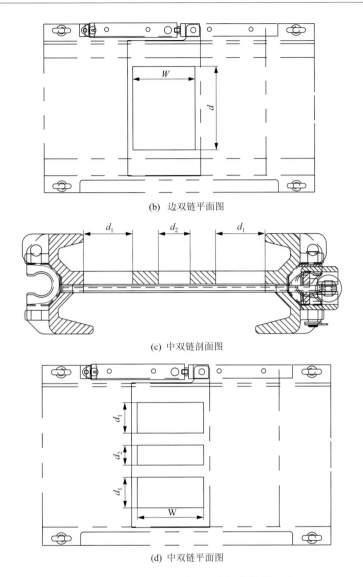

(b) 边双链平面图

(c) 中双链剖面图

(d) 中双链平面图

图 7-10　多孔底卸式输送机中部槽结构示意

多孔底卸式输送机形式不同,中部槽结构就不同,主要表现为卸料口形式不同。边双链卸料口为一个大口,尺寸为 345mm×400mm;中双链卸料口为三个小口,尺寸为 345mm×155mm、345mm×100mm、345mm×155mm。

不同形式的多孔底卸式输送机各有优缺点,边双链的输送机卸料口尺寸较大,对充填材料粒径适应性较好,但是边双链中部槽磨损严重,使用寿命较短;中双链的输送机卸料口尺寸较小,对充填材料粒径适应性较差,但是使用过程中中部槽磨损程度明显降低,使用寿命较长。因此需要根据应用地点具体情况选择合适形式的多孔底卸式输送机。

2. 主要参数

以某矿为例,多孔底卸式输送机的设计结合满足该矿充填工作面正常生产时对充填材料运输量的能力要求，在经过调研及充分的论证后，提出 SGBC764/250 型边双链和 SGZC764/250 型中双链多孔底卸式输送机两种技术方案，主要技术参数见表 7-6、表 7-7。

表 7-6　SGBC764/250 型边双链多孔底卸式输送机技术参数

名称	参数	名称	参数
配套长度	65m	槽间连接形式	2000kN 哑铃连接
输送能力	500t/h	圆环链规格	2-Φ26mm×92mm C 级
刮板链速	1.09m/s	中部槽规格	1500mm×730mm(内宽)×325mm
链条中心距	500mm	卸料口尺寸	345mm×450mm
装机功率/电压	250kW/3300V	卸料口机构	插板厚 20mm，行程 360mm
减速器结构	两级行星垂直布置	悬挂机构	圆环链+U 形环螺栓连接
电机型号	YBSD-250/125-4/8Y	紧链方式	闸盘+伸缩机尾紧链
动力部连接形式	机头减速器垂直布置	伸缩机尾行程	300mm

表 7-7　SGZC764/250 型中双链多孔底卸式输送机技术参数

名称	参数	名称	参数
配套长度	65m	槽间连接形式	2000kN 哑铃连接
输送能力	500t/h	圆环链规格	2-Φ30mm×108mm，C 级，破断负荷≥1130kN
刮板链速	1.09m/s	中部槽规格	1500mm×730mm(内宽)×305mm
链条中心距	500mm	卸料口尺寸	345mm×(155+100+155)mm
装机功率/电压	250kW/3300V	卸料口机构	插板厚 20mm，行程 360mm
减速器结构	两级行星垂直布置	悬挂机构	圆环链+U 形环螺栓连接
电机型号	YBSD-250/125-4/8Y	紧链方式	闸盘+伸缩机尾紧链
动力部连接形式	机头减速器垂直布置	伸缩机尾行程	300mm

结合大量工程实践，以及实际充填采煤条件，经过对比分析最终选择 SGBC764/250 型边双链多孔底卸式输送机技术方案。

7.3.4　机头机尾升降平台

升降平台是矸石从自移式充填材料转载输送机到多孔底卸式输送机的过渡装置，其结构原理图如图 7-11 所示。

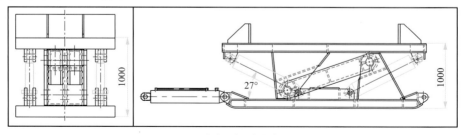

(a) 升降平台最低状态

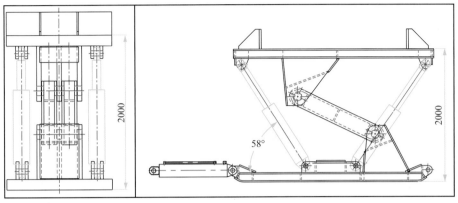

(b) 升降平台最高状态

图 7-11　升降平台结构图

机头升降平台通过牵引千斤顶和链条连接至运煤转载机上,通过油缸收缩实现前移。机尾升降平台通过牵引千斤顶连接至矸石转载输送机上,通过油缸收缩实现前移。升降平台前移步距与支架推移步距相同,均为 800mm。

7.4　固体充填材料转载输送机

7.4.1　固体充填材料转载输送机结构原理

固体充填材料转载输送机由两部分组成,一部分是具有升降、伸缩功能的转载输送机,另一部分是能够实现液压缸迈步自移功能的底架总成。转载输送机铰接在底架总成上。可调自移机尾装置也有两部分组成,一部分是可调架体,另一部分也是能够实现液压缸迈步自移功能的底架总成。充填采煤转载输送机和可调自移机尾装置共用一套液压系统,操纵台固定在充填采煤转载输送机上。

1. 自移式固体充填材料转载输送机的结构形式设计

转载输送机是一条小型伸缩式带式输送机,从结构上分成三部分,承载段、中间架和伸缩卸载段,其结构如图 7-12 所示。

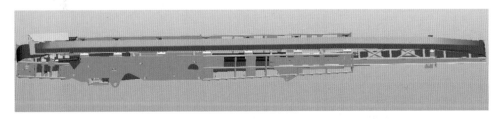

图 7-12　转载输送机结构设计

为简化结构,该转载输送机选用电动滚筒驱动,驱动滚筒布置在转载皮带的承载段端头,为方便调整受料点高度,将承载段与整条皮带铰接,通过液压缸能够自动调整角度。伸缩卸载段能够在中间架中的轨道中自动伸缩,伸缩行程 2000mm。中间架前后端都设计有铰接耳座,后端铰接耳座通过销轴与底架总成铰接,前端耳座通过升降液压缸与低价总成铰接,实现皮带的升降动作。

1)皮带长度设计

根据设计要求,转载皮带卸料端要求达到的最大高度为不低于 3.5m,粒度为小于 100mm 的矸石向上转载时不发生滚动的最大角度为 18°,同时满足伸缩 2000mm 的伸缩和储带要求等。综合以上条件,可确定转载皮带两改向滚筒的中心距为 11 700～13 700mm。

2)皮带带宽和带速设计

根据工作面生产能力及充填能力的需求,结合前部矸石运输带式输送机的运输能力为 500t/h,确定自移式固体充填材料转载输送机皮带的带宽为 800mm、带速 2.5m/s。

3)皮带伸缩结构设计

为提高效率,减少自移式固体充填材料转载输送机整机移动次数,在固体充填采煤工作面设备向前推移时,自移式固体充填材料转载输送机采用自身的伸缩机构来保证与工作面的同步推进。为实现卸载端的自由伸缩,在卸载滚筒伸、缩的同时,张紧滚筒同步缩、伸动作,保证皮带时刻处于张紧状态。具体措施是采用两个液压油缸串联,确保两活塞腔有效面积相等的条件下,实现两油缸同步动作。皮带伸缩结构如图 7-13 所示。

图 7-13　皮带伸缩结构设计

2. 转载输送机底架总成结构设计

底架总成是整台设备的底座,具备液压缸迈步自移功能,从结构上分可包括架体、抬升机构、推移液压缸和轨道等组成,底架总成结构如图 7-14 所示。

图 7-14　底架总成结构图

架体设计为箱形结构,稳定性好。架体前端设计有牵引耳座,自移时可以牵引后部充填运输机机尾架的升降平台移动。抬升机构共四件,布置在架体的两端,每端各两件,有升降油缸和铰接在升降油缸底部的滚轮组组成,滚轮组可在轨道上滚动。为更好地适应巷道底板的起伏,轨道设计为多根十字铰接。为使滚轮更好的定位,轨道断面设计为采用钢板焊接而成的倒"V"形结构,如图 7-15 所示。根据结构特点,确定迈步自移参数为:抬起机构行程 300mm,单步自移行程 1000mm。

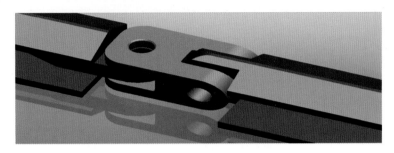

图 7-15　十字铰接结构示意图

3. 可调自移机尾装置结构设计

可调自移机尾装置有两部分组成,一部分是可调架体,另一部分也是能够实现液压缸迈步自移功能的底架总成,可调自移机尾装置结构如图 7-16 所示。

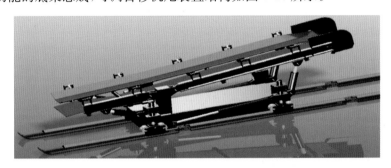

图 7-16　可调自移机尾装置结构图

可调架体固定在底架总成上,分为前部调节架和后部调节架,前后调节架都铰接在同一个支腿上,前部调节架调节机尾卸载滚筒的高度位置,后调节架调节机尾与带式输送机的搭接过渡状态,使皮带不至于出现悬空飘带现象。底架总成采用箱型结构,迈步自移机构结构和原理与充填采煤转载输送机迈步自移相同,单步自移行程 1000mm。

4. 液压系统设计

液压系统是根据本机动作功能要求,设计的一套开式回路系统,动力源依靠综采工作面乳化液泵站提供,工作介质为乳化液,系统压力为 31.5MPa。

7.4.2　固体充填材料转载输送机形式与参数

根据以上设计,自移式固体充填材料转载输送机由转载输送机和能够实现液压缸迈步自移功能的底架总成构成。转载输送机铰接在底架总成上。其整体结构如图 7-17 所示,基本参数见表 7-8。

图 7-17　自移式固体充填材料转载输送机结构示意图

表 7-8　GSZZ-800/15 型固体充填采煤转载输送机基本参数

	项目	参数		项目	参数
转载输送机技术参数	电滚筒功率	15kW		名称	双向带式输送机
	电滚筒直径	ϕ500mm		型号	SSJ800/2×75 SX
	皮带宽度	800mm	配套带式输送机参数	前部调节架调整角度	9°
	带速	2.5m/s		后部可调角度	9°
	输送量	500t/h		迈步自移行程	1000mm
	高度调整范围	2.2~4.1m		最大外形尺寸	6.5m×1.48m×1.86m
	最大外形尺寸	14m×1.48m×2.2m		重量	4.73t
	重量	13.5t			
	接地比压	0.05	适用条件	巷道高度范围	3.0~4.5m
	迈步自移行程	1000mm		巷道宽度范围	≥2.5m

7.5　固体充填采煤装备配套设计方法

固体充填采煤装备配套的主要目的是结合充填工作面的实际情况,选择技术可靠、参数优化、经济合理的设备进行配套,使得设备在工作面采煤、充填、支护和运输等环境得到最佳匹配效果,实现工作面的生产能力最大化和安全生产。装备配套的重点是工作面的"四机"——采煤机、刮板输送机、充填采煤液压支架和多孔底卸式输送机之间的相互配合。

7.5.1　固体充填采煤"四机"能力配套

同一个系统中设备之间都存在一定的能力上相互影响的关系,能力匹配是设备配套工作的重要环节。固体充填工作面的生产能力取决于采煤机的破煤能力和多孔底卸式输送机运输充填材料的能力,工作面充填能力要在采煤机破煤能力的 1.5 倍以上。工作面刮板输送机和液压支架等其他设备的生产能力都要大于采煤机破煤能力,并考虑 20% 的富余量。固体充填采煤工作面的生产能力配套可以按照下列步骤进行。

（1）定工作面所需的小时生产能力。根据目前固体充填采煤工作面的生产水平，面长一般为 80～150m，日进尺一般为 1.2～5.4m，根据具体情况计算工作面需要的小时生产能力。

（2）核算采煤机可实现的生产能力。根据采煤机的具体参数和工作面的参数以及煤层物理参数，核算采煤机的生产能力。

（3）核算刮板输送机可实现的生产能力。根据刮板输送机的具体参数和煤层的物理参数，核算刮板输送机的生产能力。

（4）匹配采煤机与刮板输送机的生产能力。考虑工作面倾角、割煤不均衡系数以及其他富裕系数，匹配二者生产能力。

（5）确定工作面充填能力。根据确定的采充质量比和工作面的出煤能力确定工作面的充填能力，过程中需要考虑一定的富裕系数。

（6）确定多孔底卸式输送机的生产能力。通过工作面充填能力考虑一定的赋予系数和不均衡系数确定多孔底卸式输送机的生产能力。

7.5.2 固体充填采煤"四机"结构配套

固体充填采煤"四机"结构配套是指设备之间相互连接尺寸与空间关系的配套，主要包括：

（1）刮板输送机与支架的相互关联尺寸，如推移机构与刮板机的连接销轴、销孔大小、连接方式等。

（2）刮板输送机与转载机的相对位置尺寸。

（3）刮板输送机与过渡支架的相对位置。

（4）刮板输送机与支架顶梁或前探梁的相对位置及空间尺寸。

（5）支架顶梁的端面距。

（6）过渡支架与端头支架的相对位置及端头支架与转载机的相对位置。

（7）端头支架与其他设备的相对位置。

（8）采煤机与输送机及支架间的相对静止或运动位置关系。

（9）采煤机滚筒尽量保证割透煤壁，同时采煤机在两端头位置时不能影响其他设备的运行。

（10）支架后部多孔底卸式输送机与支架后顶梁下部滑道连接处的相互配合。

（11）推移步距与支架后顶梁下部滑道长度之间的相互配合。

（12）支架后部多孔底卸式输送机机头机尾与升降平台相互配合。

（13）机头机尾升降平台与两端头设备的相互配合。

（14）运料顺槽内充填材料转载机与支架后部多孔底卸式输送机之间的配合。

（15）支架前部采煤机、刮板输送机与运料巷内充填材料转载机尺寸空隙之间的相互配合。

以上相互位置关系以及设备结构尺寸配套关系必须考虑周全，否则将影响生产工作的顺利进行。

7.5.3　固体充填采煤"四机"配套流程

　　固体充填采煤"四机"配套主要包括能力配套和结构配套两个方面,配套流程如图 7-18所示。

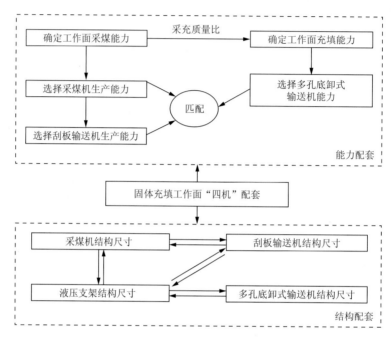

图 7-18　固体充填采煤"四机"配套流程图

第8章　固体充填采煤工程设计方法

8.1　建(构)筑物下固体密实充填采煤工程设计方法

据全国煤矿不完全统计表明,目前我国"三下"压煤量高达137.9亿t,其中建(构)筑物下压煤约为87.6亿t,约占压煤总量的60%,涉及压煤村庄多达2030个,并且伴随着城镇化建设的不断发展,"三下"压煤储量还将会进一步的增加。与此同时,煤矿在开采煤炭资源过程中,会排放大量的矸石等废弃物。据有关资料表明,我国历年累计堆放的矸石约55亿t,全国较大规模的矸石山有1600座,并且随着煤炭资源的开采,矸石的堆积量,每年还以4.0亿~6.0亿t的速度增加,矸石的大量排放给人类生存环境带来了巨大危害。在目前建筑物下压煤问题突出、采矿诱发的地质环境灾害严重的背景下,发展高资源采出率、环境友好的绿色采矿技术,将是我国科学采矿和绿色采矿发展的趋势,也是解决上述资源与环境矛盾的主要途径。

8.1.1　建(构)筑物采动损害等级与设防标准

进行建(构)筑物下安全采煤的关键是控制地表移动变形,保证建筑物的安全,而采动区建筑物损坏评定指标对建筑物下采煤尤为重要。我国颁布的《建筑物、水体、铁路及主要井巷煤柱留设与压煤开采规程》中,在总结我国建筑下采煤经验基础上,给出了长度或变形缝区段小于20m砖石结构房屋采动损害等级与采动地表变形值之间的关系见表8-1。

表 8-1　砖混结构建筑物损害等级

损坏等级	建筑物损坏程度	地表变形值			损坏分类	结构处理
		水平变形/ (mm/m)	曲率/ (mm/m²)	倾斜/ (mm/m)		
Ⅰ	自然间砖墙上出现宽度1~2mm的裂缝	≤2.0	≤0.2	≤3.0	极轻微损坏	不修
	自然间砖墙上出现宽度小于4mm的裂缝;多条裂缝总宽度小于10mm				轻微损坏	简单维修
Ⅱ	自然间砖墙上出现宽度小于15mm的裂缝,多条裂缝总宽度小于30mm;钢筋混凝土梁、柱上裂缝长度小于1/3截面高度;梁端抽出小于20mm;砖柱上出现水平裂缝,缝长大于1/2截面边长;门窗略有歪斜	≤4.0	≤0.4	≤6.0	轻度损坏	小修
Ⅲ	自然间砖墙上出现宽度小于30mm的裂缝,多条裂缝总宽度小于50mm;钢筋混凝土梁、柱上裂缝长度小于1/2截面高度;梁端抽出小于50mm;砖柱上出现小于5mm的水平错动,门窗严重变形	≤6.0	≤0.6	≤10.0	中度损坏	中修

损坏等级	建筑物损坏程度	地表变形值			损坏分类	结构处理
		水平变形/（mm/m）	曲率/（mm/m²）	倾斜/（mm/m）		
	自然间砖墙上出现宽度大于30mm的裂缝，多条裂缝总宽度大于50mm；梁端抽出小于60mm；砖柱上出现小于25mm的水平错动				严重损坏	大修
Ⅳ	自然间砖墙上出现严重交叉裂缝、上下贯通裂缝，以及墙体严重外鼓、歪斜；钢筋混凝土梁、柱裂缝沿截面贯通；梁端抽出大于60mm；砖柱出现大于25mm的水平错动；有倒塌的危险	>6.0	>0.6	>10.0	极度严重损坏	拆建

注：建筑物的损坏等级按自然间为评判对象，根据各自然间的损坏情况分别进行。

采动区内工业构筑物的采动影响程度可参考表 8-2 进行评估。

表 8-2 工业构筑物的地表（地基）允许和极限变形值

构筑物及其特征		允许变形值			极限变形值		
		ε/（mm/m）	i/（mm/m）	R/km	ε/（mm/m）	i/（mm/m）	R/km
地下蓄水池和沉淀池	钢筋混凝土	70/L					
	砖（有钢筋混凝土衬套）	40/L					
塔形构筑物	在钢筋混凝土基础上长度小于30mm的筒仓式构架		7.0			12.0	
	在混凝土和毛石混凝土基础上的水塔	3.0	8.0		5.0	12.0	
	煤仓		8.0				
	砖和钢筋混凝土烟囱，高度为（m）：20		10.0				
	40		7.0				
	50		6.0				
	60		5.0			14.0	
	70		4.5			10.0	
	100		4.0			10.0	
	电视塔和无线电转播塔，高度（m）：≤50					7.0	
	>50					5.0	
	钢井架		6.0				
变电所	40万V室内变电所 有同步补偿器				6.0		
	无同步补偿器				8.0		
	露天变电所 11万～40万V				7.0	11.0	
	10万V				10.0	14.0	

续表

构筑物及其特征		允许变形值			极限变形值		
		ε/ (mm/m)	i/ (mm/m)	R/ km	ε/ (mm/m)	i/ (mm/m)	R/ km
浅仓	钢筋混凝土装载仓				6.0		3.0
	钢制装载仓				9.0		2.0
工业用炉	多排焦炉	100/L	4.0	10.0			
坝和堤	砖和混凝土的				2.5		12.0
	有溢水设施的土坝和堤	6.0			9.0		
	无溢水设施的土坝和堤	4.0					
索道	牵引站				4.0		
	有单独基础的支座				4.0		
	在整体钢筋混凝土基础上的支座				7.0		12.0

虽然《建筑物、水体、铁路及主要井巷煤柱留设与压煤开采规程》中规定了砖混结构及工业构建物破坏等级和地表变形的对应关系,但由于具体建筑物抗变形能力的差异性,在实际工程应用过程中,往往采动区内的建(构)筑物实际损害程度与评估结果有一定差别。在工程设计过程中,应根据建(构)筑物的实际抗变形能力合理确定其抗采动变形的设防标准。对于采动区一些旧的、质量较差的房屋,应将抗变形设防标准适当提高;对于多层、中高层及高层建筑物,其基础埋深增大,建筑物高度增加,建筑物的长度一般也要大于20m,其抗采动变形能力影响因素较为复杂,需根据其地基变形允许值具体设计其抗变形指标。在许多地区,还要考虑到潜水位、季节性排水以及居民的心理承受能力,通常也将地表下沉值 W 纳入设防指标。

8.1.2　建(构)筑物下固体密实充填采煤设计方法及流程

多年来,学者们围绕着建(构)筑物下采煤技术途径开展了大量的研究。结合国外研究成果,建筑物下采煤技术途径主要分为两类:一是对地面建筑物采取结构保护措施,提高建筑物的抗变形能力,保护地面建筑物;二是采用合理的井下采矿措施,控制岩层移动和地表变形程度,保护地面建筑物。地面建筑物结构保护措施通常仅在采矿措施不足以保护地面建筑的情况下才结合使用;井下采矿技术措施是以控制岩层移动和地表变形为研究对象,从根源上控制地表移动变形程度、保护建筑物安全。

1. 一般流程

建筑物下固体充填采煤地表沉陷控制设计与工程实施一般流程如图 8-1 所示。

(1) 根据采动区地表建筑物的类型、构造,确定建(构)物的设防指标 W_m、i_m、ε_m、k_m,以及抗变形不利方向 φ。

(2) 以建筑物的安全设防指标为基础,采用地表移动变形极值计算公式,反演固体密

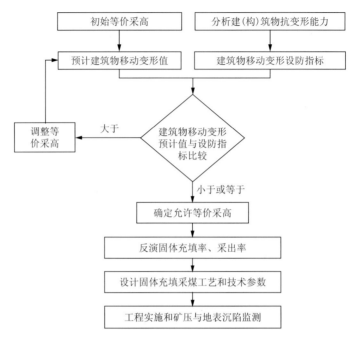

图 8-1　建筑物下固体充填采煤地表沉陷控制设计与实施流程图

实充填采煤的安全等价采高，则固体密实充填设计的等价采高 Me 可按式(8-1)求取，

$$\text{Me} \leqslant \min\left(\frac{W_\mathrm{m}}{q\cos\alpha}, \frac{i_\mathrm{m}r}{q\cos\alpha}, \frac{k_\mathrm{m}r^2}{1.52q\cos\alpha}, \frac{\varepsilon_\mathrm{m}r}{1.52bq\cos\alpha}\right) \tag{8-1}$$

（3）根据反演出来的等价采高，求取相应的充实率，从而设计相应的固体充填采煤工艺和技术参数。根据等价采高原理求取固体密实充填采煤充实率 η 表达式为

$$\eta = 1 - \frac{\text{Me}}{M} \geqslant 1 - \frac{\min\left(\dfrac{W_\mathrm{m}}{q\cos\alpha}, \dfrac{i_\mathrm{m}r}{q\cos\alpha}, \dfrac{k_\mathrm{m}r^2}{1.52q\cos\alpha}, \dfrac{\varepsilon_\mathrm{m}r}{1.52bq\cos\alpha}\right)}{M} \tag{8-2}$$

该方法优点是设计方便、快捷；缺点是如果建筑物不在固体充填采煤工作面上方地表移动变形极值的位置，设计出来的结果偏于保守。

2. 优化设计过程

当建筑物不在工作面上方时，如果按地表移动变形极值进行设计，压实率设计将过于保守，需要重新优化设计。设计的过程如下：

（1）根据采动区地表建筑物的类型、构造，确定建筑物的设防指标 W_m、i_m、ε_m、k_m，以及抗变形不利方向 φ。

（2）根据地质采矿条件与工作面设计参数，确定基于等价采高的概率积分法沉陷预计模型参数。

（3）给定预计模型一个初始充填设计值，然后不断调整充填采煤等价采高，直到给定方向移动变形预计值略小于设防指标，此时反演出来的等价采高为安全等价采高。

（4）根据反演出来的等价采高，求取相应的充实率，从而设计相应的固体充填采煤工艺和技术参数。

该方法的优点是设计可靠、安全;缺点是设计过程较为繁琐。

当建筑物下固体充填时,并非所有的方案都需要采用密实充填,只要设计的方案最终地表移动变形不超过设计建筑物的临界变形设防标准即可。事实当建筑物的抗变形能力强、建筑物不在工作面正上方时或者采深比较大、采高比较小时,非密实充填即可满足建筑物的安全设防指标。对于非密实充填,固体充实率的设计可以按照建筑物下固体充填采煤地表沉陷控制设计流程图,类似压实率设计思路进行设计。

8.2　铁路下充填采煤工程设计方法

由于铁路是一种特殊结构的建筑物,铁路下采煤具有自身的特点:

(1) 铁路是延伸性建筑物,相互之间联系密切,如果某一区段出了故障必然会影响全线正常通车。

(2) 铁路可以在不中断线路营运条件下,用起道、拨道,调整轨缝等一系列维修方法最大限度地消除线路的移动和变形。只要残余变形不超过有关规定值,线路就能保证列车安全运行。

(3) 线路出现突然的、局部的陷落,对列车运行危害极大。因为这种突然的陷落,既难以预测又不能在列车通过之前消除。

(4) 铁路是在承受列车的动荷载作用下工作的,列车速度快、重量大、线路受力复杂。同时,线路暴露于大气中,不断受到温度和光照等自然条件的影响,加之铁路下采煤的影响,线路的移动和变形较为复杂。

8.2.1　铁路下采煤地表变形控制与维修治理对策

铁路下采煤时有两种技术措施可供选择:井下开采措施和地面线路维修措施。根据具体情况可单独采用其中一种或者两种联合使用。

1. 井下开采措施

铁路下采煤时井下开采措施的目的,是减小地表下沉值和防止极敏感的铁路地表突然下沉。

1) 减小地表下沉值

地表下沉值的大小决定线路在竖直方向上的移动和变形的大小,减小地表下沉是减少线路危害的重要途径。

充填采煤是减小地表下沉最有效的开采方法。其充填采空区的效果,取决于充填方法、充填率、充填材料及顶板岩石性质等因素。

条带式开采,特别是条带加充填,对减小地表下沉是有效的,但采出率低。

总之,减小地表下沉值的开采措施,或者成本太高,或者采出率太低,必须在进行综合经济技术对比以后,认为这些措施是可行的、合理的,才能最后确定。

2) 防止地表突然下沉

在缓倾斜和厚煤层浅部开采时,应尽量采用倾斜分层采煤法,并适当减小第一、第二分层的开采厚度。这样可以抑制覆岩冒落带高度的发展,从而降低地表突然下沉的危险性。

开采急倾斜煤层时,应采用水平分层采煤法,不要使用沿倾斜方向一次暴露较大空间的落垛式或倒台阶式采煤法。这样可以阻止上山方向煤层与岩体的抽冒和地表突然下沉。

煤层顶板坚硬,不易冒落时,应采用人工放顶,防止因空顶面积过大而突然垮落。特别是在铁路通过的煤层露头下方的工作面有此类坚硬顶板时,必须强制放顶。

老采空区、废巷和岩溶等是铁路下采煤的隐患。需调查它们是否已被充填满,并应防止井下采煤时把其中的积水流空而造成地表突然陷落。

加快工作面的推进速度会使地表下沉速度增大,因此不宜采用。

3）合理布置采区

如果条件允许的话,应尽量将采空区布置在线路的正下方,人为地使线路位于下沉盆地的主断面上,并与工作面推进方向平行,这时线路横向移动量最小。

在铁路下方不要留设孤立的残存煤柱,尤其是在浅部开采时更应注意,以便使线路平缓下沉。

采用协调开采方法可以减小采动过程中地表和线路的变形。为了达到此目的,两个工作面的错开距离要适当,以便使其中一个煤层开采引起的地表压缩与另一个煤层开采引起的地表拉伸相抵消。协调开采虽然可以最终减小地表变形,但使地表下沉速度增大,最终下沉值不会减小。所以,在开采影响只限于线路本身而没有其他建筑物时,要全面考虑协调开采的利弊。在铁路桥梁、隧道等对变形比较敏感的建筑物下采煤时,采用协调开采方法是一种较为有力的措施。

采用分层间歇开采可以明显降低地表下沉速度,因此也可作为减少采动过程中变形的措施之一。

2. 地面线路的保护措施

地面维修措施是利用铁路下采煤的特点,随时消除地下开采对线路的不利影响,以保证行车安全。在进行铁路下采煤时,应首先考虑地面维修措施,然后再考虑井下开采措施。

1）路基的维护

路基的维护主要是加高和加宽路基。为了使新旧路基能密切吻合,在加宽路基时,应将原路基边坡挖成台阶并分层填土,压实。

2）起道、顺坡

线路下沉后除应加高路基以外,还应及时起垫铁路上部建筑,以恢复原始标高。起道是铁路下沉治理的最主要维修工作,当线路下沉累积到一定数值时,应及时进行起道,使轨面恢复到原有的标高;或根据线路具体情况,将部分轨面抬高进行顺坡,灵活调整线路的纵断面坡度,使其不超出铁路限制坡度。

3）拨道

随着线路的横向移动,不断将线路的钢轨和轨枕一起拨到原来平面位置,使线路恢复到原先的方向状态。拨道是消除线路横向水平移动的常用方法。

4）串轨

由于线路纵向移动主要反映在轨缝的变化上,因此可以用调整轨缝即串轨的方法来消除有害影响。在每次串轨时,要将预计的拉伸区内的轨缝调小,压缩区内的轨缝调大,以适应地表移动的影响,延长维修周期。

8.2.2 铁路下固体密实充填采煤设计流程

根据现行的《建筑物、水体、铁路及主要井巷煤柱留设与压煤开采规程》的有关规定(第 63、64 条),除自营铁路外,在事先征得铁路主管部门同意后,在一定条件下可以对铁路下压煤进行试采。铁路下采煤时应根据铁路的保护等级、地质及开采技术条件,采取相应的开采技术措施和铁路维修措施。

固体密实充填采煤既能很好的控制地表移动变形,又能消除开采活动产生的矸石和固体废弃物,符合绿色开采理念。铁路下固体密实充填采煤既能提高采煤率,又能保证铁路运行安全。

铁路下固体充填采煤设计时,针对不同的铁路等级、地质采矿条件、铁路与采空区相对位置关系等,采煤设计差异性较大。其大致设计流程如图 8-2 所示。

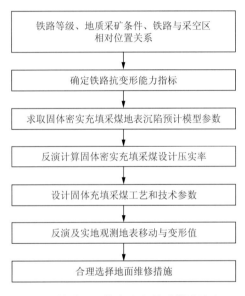

图 8-2 铁路下固体密实充填采煤设计流程

1. 铁路的抗变形能力分析

根据铁路的等级、客货运量、在铁路网中的作用,运行列车最大轴重、运行速度等分析铁路的抗变形能力,确定其抗变形能力指标为 W_m、i_m、ε_m、k_m,以及抗变形较弱的方向 φ。

2. 确定固体密实充填参数

根据目前综采固体充填技术水平,固体充填率可以达到 100%(无空顶距即 $\Delta=0$),此时地表沉陷的控制效果主要取决于固体充填体的压实率,压实率越大,固体充填体的压缩量越小,沉陷控制效果越好,反之则越差。

根据铁路和工作面的相对位置关系,求取固体密实充填采煤地表沉陷预计模型参数;给概率积分法模型一个初始充填设计值,然后不断调整充填固体的压实率,直到给定方向移动变形预计值略小于设防指标,此时即为设计充填体的压实率 ρ。根据设计充填体的压实率,选择合适充填工艺。

3. 反演及实地观测地表移动与变形值

根据求出的固体密实充填参数,利用概率积分法反演出地表移动与变形。结合数值模拟预计随着工作面的开采过程,铁路处地表动态移动变形值。工程实施中应布设两条专门的观测线,一条设立在钢轨上的轨道观测线和另一条与钢轨平行设置在路基面上的路基观测线,监测铁路移动变形值。

4. 合理选择地面维修措施

根据反演的地表移动变形值及实际地表观测站监测数据,选择合理的地面维修措施,确保铁路的安全运行。

(1)路基加宽量较大时,要在开采前将路基一次性加高到需要的高度。在加高路基时,由于一般使用矸石、黄土等松散材料,在铁路上部建筑及列车的荷载作用下,这些材料可能产生一定的回缩量。所以加高量要稍大于线路下沉量 h,使回缩后的路基达到要求的标高。

(2)起道次数与一次起道量之间应有适当关系。起道过于频繁,不仅增加维修工作量,而且每次起道后不可能将道床捣固密实,致使线路经常处于不稳固状态。不过一次起道量也不宜太大,否则不仅需要采取相应的监护措施,而且因一次起道量过大而需较长时间线路才能稳定。

(3)由于线路横向移动具有大范围、渐变的特点,可以在采动期间暂时不将线路拨到原始位置,而只对失格处所及时处理,使线路在平面上保持圆滑,不出现硬弯。待地表稳定后,重新设计合理的平面位置,并据此进行整修。

(4)在调整轨缝时,只要不插入短轨头,一般放行列车不必限速。实际上,线路的变形部是某一段拉伸而另一段压缩。所以总的纵向移动量的代数和为零,除非情况紧急,一般不必插入短轨头或锯断钢轨。

铁路下固体密实充填采煤,其地面铁路破坏程度与井下固体充填体的密实程度密切相关。过度的追求固体充填的密实程度,虽可获得更可靠的安全性,但是随着固体密实程度的增加,将会增加充填技术和管理难度,造成充填矸石消耗量大和人力、物力的浪费,特别是对固体矸石量供应相对较少的矿区,将会造成矸石供应紧张的局面。在具体矿区应结合铁路地面维修措施,合理选择充填采煤工艺和技术参数,既能满足通过地面维修措施满足铁路安全需求,又不追求过高的安全系数而造成人力物力的浪费。

8.3 含水层下固体密实充填采煤工程设计方法

8.3.1 固体密实充填采煤导水裂隙带高度分析

进行水体下采煤,要研究开采引起的覆岩破坏规律,预计覆岩破坏的范围和高度,进而决定采取措施,以达到安全采出水体下压煤的目的。从对水体下采煤的要求出发,将采空区上覆岩层按破坏程度划分为垮落带、断裂带和弯曲下沉带(简称"上三带")。垮落带和断裂带都是透水的,所以通常把它们合称为"导水裂缝带"。

通过大量数值模拟与现场实测资料得出,固体密实充填采煤导水裂缝带的高度主要与煤层采厚、煤层倾角、充填体压实率、充填体充填率以及覆岩岩层结构等因素相关。

(1) 煤层采厚对导水裂隙带高度影响:固体充填采煤覆岩破坏主要集中在每次开采的开切眼和停采的线侧,覆岩破坏高度随煤层采厚增大而增加,相对于垮落法开采破坏范围较小,导水裂缝带形状呈两边对称的"厂"结构,不同于垮落法开采所形成的明显"马鞍"形结构。

(2) 煤层倾角对导水裂隙带高度的影响:导水裂隙带高度的经验公式按照煤层倾角 $0°\sim54°$ 和 $54°\sim90°$ 分为两大类,然后再以煤层厚度与覆岩岩性进一步划分。

(3) 充填体压实率对导水裂隙带高度影响:当充填体强度较高,压实率为 $0\sim0.1$ 时,导水裂隙带高度上升幅度较小,即充填采煤控制裂隙发育效果不明显,但是充填体强度越高,其控制覆岩破坏效果越显著,经济效益越大;当充填体压实率为 $0.1\sim0.3$ 时,导水裂隙带高度发育较快,上升幅度大,即充填体强度在此区间由小变大时,能较好的抑制裂隙发育,控制覆岩破坏,在此区间提高充填体的压实率即能显著控制覆岩破坏,又能减少经济等各方面的投入;当压实率大于 0.3 时,裂隙带高度逐步变大,但变化较为平缓。

(4) 充填体充填率对导水裂隙带高度影响:随着充填率的增加,导水裂隙带高度有明显降低的趋势,充填率-导水裂隙带高度变化曲线近似为一直线,呈单调递减状态且变化幅度基本是均匀的。这种情况下的充填采煤可类比于薄煤层的垮落法开采,随着充填率的增加,煤层厚度逐渐减小,裂隙带高度呈线性下降,因此,充填率是影响导水裂隙带高度的重要因素。考虑到充填率越高经济等各方面投入越大,在实际工程应用中,要根据具体工程需要确定所需的充填率。

(5) 覆岩岩层结构对导水裂隙带高度影响:当顶板岩性较硬时,岩层表现为脆性,抵抗弯曲变形能力弱,当其受采动影响断裂后,裂隙发育较快且不易闭合,从而导致其覆岩破坏高度大;反之,当顶板岩层为软岩时,其往往表现为塑性,受采动影响即弯曲下沉并坐落于充填体上,岩层裂隙发育不充分且断裂后裂隙随岩石压实而能逐渐闭合,其覆岩破坏高度较小。

8.3.2　水体下固体密实充填采煤设计方法及流程

水体下固体密实充填采煤的关键是控制覆岩破坏高度,使导水裂缝带高度不触及水体,达到既保护水体资源,又能安全解放下覆煤炭资源。在既定地质采矿条件下,覆岩破坏高度主要与采高相关,合理的设计采高即可控制覆岩破坏高度。水体下固体充填采煤没有必要总实施密实充填,这是因为部分充填和密实充填覆岩破坏控制机理一样,通过充入的固体充填体来占据一定采掘遗留空间,相当于减小了煤层采高,进而达到控制覆岩破坏高度。只不过是密实充填的等价采高减小的幅度要大于部分充填,因而密实充填覆岩破坏效果控制要优于部分充填。而水体下采煤的关键是控制覆岩破坏高度不触及水体即可,因此只要合理的设计充填采煤的充填率、压实率即可实现控制等价采高,进而理论上可保证覆岩破坏高度不超过设计值。而过度的追求固体充填的密实程度,虽可获得更可靠的安全性,但是随着固体密实程度的增加,将会增加充填技术和管理难度,造成充填矸石消耗量大和人力、物力的浪费,特别是对固体矸石量供应相对较少的矿区,将会造成矸石供应紧张的局面。在具体矿区水体下固体充填采煤防水煤岩柱尺寸设计时,要综合考虑矿区自身的条件,应通过合理设计固体充填采煤工作面的采空区充填率、压实率,控制导水裂隙带发育高度和满足要求的保护带厚度,既要满足水体下保护性开采的安全需要,又不要追求过高的安全系数而造成人力物力的浪费。

因此结合垮落开采水体下采煤设计方法,提出了水体下固体充填采煤设计思路,具体如图 8-3 所示。

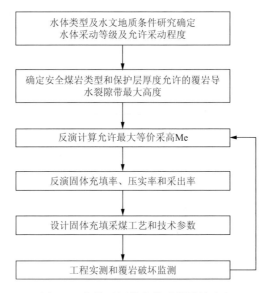

图 8-3　水体下固体充填采煤设计流程

1. 固体密实充填采煤覆岩破坏带高度预测

水体下(含水层下)压煤开采能否安全、高效的实施关键在于对其开采过程中覆岩破坏高度的发育情况,能否进行正确的预测。

目前,对于覆岩破坏高度的预测方法主要针对于垮落法开采,对于固体充填采煤研究较少。由前面的分析可知,采空区充填体有效厚度决定了充填采煤后的覆岩破坏和移动程度。基于此理论,提出了等价采高的概念,并根据充填采煤岩层移动机理分析和模拟及实测研究结果分别获取覆岩破坏规律。

固体密实充填采煤和垮落法开采覆岩破坏形态类似,覆岩破坏(垮落带、断裂带)高度的计算可以基于等价采高原理,利用垮落法开采经验公式进行计算,见表 8-3。事实上由于固体充填等价采高为覆岩有效移动的极限空间,且部分等价采高是缓慢释放的,因此利用《建筑物、水体、铁路及主要井巷煤柱留设与压煤开采规程》中覆岩破坏经验计算公式具有较好的安全性。

表 8-3　厚煤层分层垮落法开采导水裂缝带计算公式

岩性	计算公式之一/m	计算公式之二/m
坚硬	$H_导 = \dfrac{100\sum M}{1.2\sum M + 2.0} \pm 8.9$	$H_导 = 30\sqrt{\sum M} + 10$
中硬	$H_导 = \dfrac{100\sum M}{1.6\sum M + 3.6} \pm 5.6$	$H_导 = 20\sqrt{\sum M} + 10$
软弱	$H_导 = \dfrac{100\sum M}{3.1\sum M + 5.0} \pm 4.0$	$H_导 = 10\sqrt{\sum M} + 10$
极软弱	$H_导 = \dfrac{100\sum M}{5.0\sum M + 8.0} \pm 3.0$	—

对于固体密实充填采煤,不具备"垮落带"发育条件,固体密实充填采煤有效地控制了顶板的垮落,仅发育一定高度的"断裂带"。由相似材料模拟可知,和垮落法开采相比,固体密实充填采煤覆岩"导水裂缝带"主要为"断裂带",且覆岩破坏裂隙主要分布在采空区边界上方覆岩,采空区中部覆岩由于在原岩应力恢复过程中离层和裂隙发生闭合裂隙带发育不明显,导水裂缝带高度表现为明显的四周高中间低的现象。固体密实充填采煤弯曲带覆岩碎胀很小(可以忽略不计),覆岩停止断裂的原因主要为破裂岩体存在碎胀性,因此从体积守恒角度考虑,固体密实充填采煤覆岩"导水裂缝带"高度可按式(8-3)计算:

$$W + \sum_{i=1}^{n} m_i(k_i - 1) \geqslant \text{Me} \tag{8-3}$$

式中:W 为地表最大下沉值,地表观测站实测获取;m_i 为从顶板向上第 i 层岩层厚度,其值可从地层柱状图获取;k_i 为从顶板向上第 i 层破裂岩层残余碎胀系数,其值可根据压缩实验获取;Me 为固体密实充填等价采高,基于等价采高原理获得。

在实际应用时,从顶板岩层开始逐层向上代入式(8-3),当式(8-3)刚好成立时,此时覆岩高度即为固体密实充填采煤覆岩破坏高度。

2. 固体充填采煤煤岩柱保护层厚度确定方法

水体下采煤时,留设的保护层位于导水裂隙带与上覆含水层(体)之间,其目的是能够阻隔上覆含水层(体)通过导水裂隙带向工作面充水或通过保护层其渗入工作面的水量有限,以增大安全煤岩柱的安全系数,不影响正常的生产。它可以是各种岩层和煤系地层。要想达到这个目的,保护层必须满足两个原则:①具有适当的厚度;②具有一定的隔水能力。

在实际开采过程中,上覆含水层中的水渗透到采空区需经过两个阶段:第一阶段是含水层中的水经保护层向导水裂隙带上部小裂隙范围内渗透,由于保护层隔水性及裂隙带顶界面裂缝发育较弱,在这一范围水体运动很缓慢。第二阶段是水体从裂隙带上部向采空区运动,由于下部裂隙良好的导水性和较大的渗透性,在这一范围内水体运动相当迅速。由此可知,在留设的煤岩柱中起主要隔水作用的是保护岩层,水体经防水煤岩柱向采空区的渗流可简化为水体经保护岩层向采空区的流动,从而根据水体通过保护层的渗流量来决定保护层的厚度,为此需对水体渗流过程进行分析。

水体经保护层流向采空区的运动方式与其所处的位置有关,在采空区两侧,水体沿垂直于煤层走向方向运动而在两端则呈半辐射状运动。其运动示意图如图 8-4 所示。

图 8-4　水体向采空区运动平面示意图

根据上述运动特点,可将水体经保护层向采空区的渗透过程简化为沿走向无变化的二维承压稳定渗流问题,并建立相应的数学模型:

$$K_1 \frac{\partial^2 H}{\partial x^2} + K_2 \frac{\partial^2 H}{\partial z^2} = 0 \tag{8-4}$$

式中:H 为水头,m;K_1 为保护层水平方向渗透系数;K_2 为保护层垂直方向渗透系数。

由式(8-4)可计算出水体经保护层流向采空区的渗流量并与矿井实际排水量相比较,进一步合理确定留设厚度。

由上述分析可知,保护层留设厚度的大小与岩层的渗透性有很大关系,岩层的隔水性强,即使很小的厚度也能满足要求;反之,岩层具有良好的导水性,即使留设再大的厚度也不能满足工程需要。目前,在实际工程应用中,垮落法开采保护层厚度主要依据松散含水层底部隔水岩层厚度的大小,由《建筑物、水体、铁路及主要井巷煤柱留设与压煤开采规程》中的经验公式确定,见表 8-4 和表 8-5,经矿区开采实践检验是能够满足工程要求的。

表 8-4　防水安全煤岩柱保护层厚度 H_b

覆岩岩性	松散层底部黏性土层厚度大于累计厚度	松散层底部黏性土层厚度小于累计厚度	松散层底部无黏性土层	松散层全厚小于累计采厚
坚硬	4A	5A	6A	7A
中硬	3A	4A	5A	6A
软弱	2A	3A	4A	5A
极软弱	2A	2A	3A	4A

表 8-5　防砂安全煤岩柱保护层厚度 H_b

覆岩岩性	松散层底部黏性土层或若含水层厚度大于累计煤层厚度	松散层全厚大于累计煤层厚度
坚硬	4A	2A
中硬	3A	2A
软弱	2A	2A
极软弱	2A	2A

注:$A = \dfrac{\sum M}{n}$;$\sum M$ 为累计采厚;n 为分层层数。

对于固体充填采煤来说,由于充填体对覆岩的支撑作用,其裂隙发育较为平缓,裂隙带顶界面一定范围内的裂缝较细微且随着开采的进行有逐渐闭合的趋势,实际也可以将其化为保护层的范围内,这样就在一定程度上增加了保护层厚度,减少了水体的渗流量。因此,与垮落法开采相比较,在顶板岩层相同下沉空间下,固体充填采煤选取等量的保护层厚度,其上覆含水层(体)通过煤岩柱渗入采空区的水量少,即隔水效果要好。

综上所述,在固体充填采煤过程中,保护层厚度 H_b 取与垮落法开采相同值是能够满足工程要求的,且其隔水效果更好。

3. 固体充填采煤防水煤岩柱高度的设计

固体充填采煤防水煤岩柱高度与垮落法开采相同,主要包括两部分:预计导水裂隙带高度及适当保护层厚度。若煤系地层无松散层覆盖或采深较小时,应考虑地表裂缝的深度;若松散层为强(中)含水层且直接与基岩接触,而基岩风化带也含水时,应考虑基岩风化带深度。其基本示意图如图 8-5 所示。

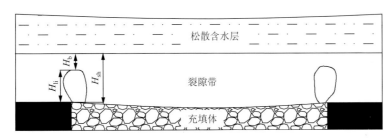

图 8-5　固体充填采煤防水煤岩柱

固体充填采煤防水煤岩柱计算公式为

$$H_{sh} = H_{li} + H_b + (H_{dl} \text{ 或 } H_{fc}) \tag{8-5}$$

式中: H_{li} 为导水裂隙带最大高度,m; H_b 为保护层厚度,m; H_{dl} 为地表裂缝深度,m(根据经验选定); H_{fc} 为基岩风化带厚度,m(根据勘探资料确定)。

经分析得出,式(8-5)中,导水裂隙带最大高度值 H_{li} 通过回归计算公式及等价采高方法进行计算,并结合已有的实测资料综合确定,保护层厚度 H_b 选取与垮落法开采相同地质条件下的保护层厚度值。

由于充填体的支撑作用,固体充填采煤中覆岩破坏形式以裂隙为主且主要分布在开切眼和停采线两侧。充填采煤导水裂隙带最大高度值 H_{li} 较垮落法开采最大高度值 H_{lj} 有着明显减小,减小幅度一般在 50% 以上。即在相同开采条件下,防水煤岩柱尺寸 H_{sh} 可减少 $\Delta = H_{lj} - H_{li}$。这就是固体充填采煤能够缩小防水煤柱尺寸、提高回采上限、解决水体下压煤问题的重要原因。

综上所述,水体下固体充填采煤提高回采上限可增加的可采储量为

$$\phi = \frac{\Delta}{\sin\alpha} \cdot m \cdot b \cdot \gamma \tag{8-6}$$

式中: Δ 为缩小煤岩柱的垂直高度,m; α 为煤层倾角,(°); m 为煤层厚度,m; γ 为煤的容重,kg/m³; b 为充填工作面走向长度,m。

4. 水体下固体充填采煤充实率、压实率设计方法

对具体矿区运用固体充填采煤方法进行水体下采煤提高回采上限时,对防水煤岩柱尺寸的设计要考虑到各自矿区不同的水文地质条件及工作面布设状况。当矿区岩层结构中煤层顶板与含水层(水体)之间的岩层厚度较大或工作面下山方向部分区域内覆岩存在足够厚度的隔水基岩层,如图 8-6 所示。

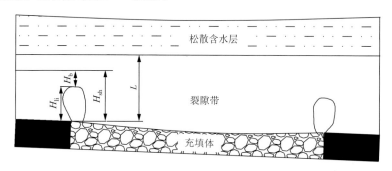

图 8-6　厚基岩固体充填采煤防水煤岩柱

这种情况下可允许导水裂隙带发育到一定的高度范围 H_1 而波及不到含水层(水体)。此时,若进行全部充填则使得保护层厚度留设过大,不仅浪费了大量的人力、物力,同时也消耗掉大量的矸石充填体,特别是对一些矸石储量较少的矿区,本身不足以对整个工作面进行全部固体充填采煤。对此,我们可以考虑减少充填体的充实率或增大压实率,进行部分充填采煤,这就需要我们合理的确定部分充填开采时的充实率或压实率。

根据防水煤岩柱计算公式可得:

$$H_{li} \leqslant H_1 \leqslant L - H_b \tag{8-7}$$

式中:L 为煤层顶板到含水层底界之间的距离,m;H_{li} 为全部充填导水裂隙带高度,m;H_b 为保护层厚度,m。

综上所述,在具体矿区水体下固体充填采煤防水煤岩柱尺寸设计时,要综合考虑矿区自身的条件,进而合理确定充填采煤的充实率和压实率,这样虽然裂隙带发育高度增大但不会波及含水层,能够进行安全开采,同时既减少了充填体的消耗量,提高了工作效率;又节约了成本。

从经济方面考虑,全部充填采煤相对于常规开采需增加充填设备、充填采煤工程、人工管理等费用,折合到其增加的可采储量中,吨煤需多增加成本 A。而当采用部分充填采煤时,充填体的充实率减小或压实率增大,实际上是减少了充填的工作量,这样可大大提高开采效率,增加采出量,即相当于减少了开采工程及人工管理等方面的费用,增加了采煤量,这使得固体充填采煤的成本得到很大程度上的降低。此时,吨煤增加成本减少 $A-B$,在煤炭采出率不变的情况下,其经济效益十分显著。

第四篇

工程实践

第9章 建(构)筑物下固体密实充填采煤

9.1 平煤十二矿固体充填采煤

9.1.1 矿井概况与地质采矿条件

1. 矿井概况

平煤十二矿位于河南省平顶山市境内,1958 年建矿,主采煤层为己$_{15}$煤层、己$_{16-17}$煤层。至 2005 年,经过技术改造,产量达到 140 万 t/a。设计开采的区域主要为高皇保护煤柱块段和工业广场保护煤柱西北角部分,初步设计生产能力为 60 万 t/a,其井上下对照图如图 9-1 所示。开采区域地质概况如下。

图 9-1 充填开采区域井上下对照

1) 高皇保护煤柱块段

高皇保护煤柱位于工业广场保护煤柱南面,东临己三采区两条下山,南临己四采区,西临己六采区轨道下山和斜井,地面为东高皇村,北边为十二矿工业广场,南边为何庄煤矿工业广场,东部为蜜蜂王村,西边没有建筑物。煤层赋存稳定,该区段赋存己$_{15}$煤层、己$_{16-17}$煤层,己$_{15}$厚度平均 3.3m,己$_{16-17}$煤层平均厚度 1.5m,倾角 8°左右,区段煤层圈定储量 99.4 万 t,其中己$_{15}$煤层储量 73.2 万 t,己$_{16-17}$煤层储量 26.2 万 t,该区段受东面位置分叉的 F2 断层影响,F2 断层落差 0～30m,其中一段将该区段煤层分开。

2) 工业广场保护煤柱块段

该区段煤柱东临己七采区运输上山,南临斜井,北临己七采区己$_{15}$-17020 采面,西临己六采区己$_{15-17}$-16023 采面,地面为老上徐村,东为新上徐村及十二矿工业广场,南部为矸石电厂、东高皇村及十二矿路。该区段己$_{15}$煤层、己$_{16-17}$煤层合层,己$_{15-17}$厚度平均 6.2m,倾角 8°左右,区段煤层圈定储量 64.5 万 t,F2 断层从该区段中部穿过。

2. 充填开采区域煤层顶底板情况

设计首先开采为高皇保护煤柱块段己$_{15}$煤层,煤容重为 1.4t/m³,自然发火期 3～6 个月,煤尘具有爆炸危险性,无煤与瓦斯突出危险。煤层倾角 8°,厚度 1.8～3.5m,平均厚 3.3m,其综合柱状如图 9-2 所示。

3. 首采工作面储量情况

设计 13080 充填采煤工作面长度 100m,采高 3.3m,推进长度 350m,可采储量为 12.4 万 t。

9.1.2　建(构)筑物设防指标确定

充填采煤区域上方主要有东高皇村、十二矿工业广场、矸石电厂、上徐村、何庄工业广场等建筑物,同时也存在十二矿公路、井架等构筑物。在煤柱回收过程中,势必会对这些建(构)筑物造成采动影响,为保障建(构)筑物的安全使用,必须严格控制开采对建构筑物的损害程度。

考虑到充填采煤区域采区上方的建筑物大多为居民住宅,房屋建筑质量较差,远达不到《建筑物、水体、铁路及主要井巷煤柱留设与压煤开采规程》中规定的建筑物抗变形能力,因此必须将规程中的标准适当降低,以确保建(构)筑物的安全使用,减轻工农矛盾。在综合分析充填采煤采区上方建筑物质量、类型、年限的基础上,同时参考十二矿以往建筑物下开采的经验,设定本区建筑物产生 I 级破坏时的拉伸变形临界值为 1.5mm/m,压缩变形临界值为 2.0mm/m;同时考虑到下沉值过大容易导致排水不畅,设定下沉限值为 600mm。

9.1.3　固体充填采煤系统与装备

固体充填采煤系统主要包括工作面运输系统、运料系统、运矸系统和通风系统,以及

岩性名称	岩性描述	岩厚/m	柱状图	结构名称
表土层	黏土及黏土夹砾石	133		
砂岩层	浅灰色,细、中砂岩,局部含方解石脉	29		主关键层
泥岩层	灰色,主要为砂质泥岩,中间夹四2煤	42.3		
泥岩、砂岩互层	以砂质泥岩为主,含有细砂岩夹层	63.48		
泥岩、砂岩互层	以细砂岩为主,中间含一层泥岩	33.72		亚关键层
泥岩层	深灰色,致密含紫斑	17.36		
砂岩层	灰色,含细粒、中粒及粉砂岩	36.77		亚关键层
己$_{15}$煤层		3.3		
泥岩层	深灰色,致密含紫斑	2.5		

图 9-2 工作面煤层综合柱状图

固体充填材料垂直输送系统等,工作面主要装备包括采煤机、刮板输送机、转载输送机、充填采煤液压支架、多孔底卸式输送机等。

1. 固体充填采煤工作面系统布置

平煤十二矿东高皇保护煤柱(三采区)和工广保护煤柱西北角(六采区),以下简称为充填采煤采区。根据充填采煤采区形状和周围保护煤柱的边界线,在两个采区规划布置十个充填采煤工作面。其分布情况如图 9-3 所示。

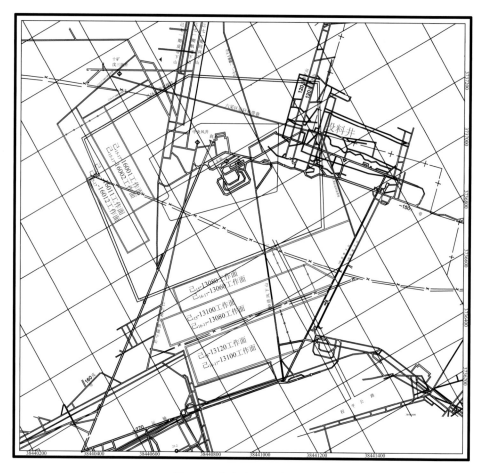

图 9-3　试验采区巷道布置

设计开采工作面参数以及回采顺序编号见表 9-1。

表 9-1　试验采区充填采煤工作面基本参数

规划采面名称	回采顺序	可采走向/m	面长/m	采高/m	储量/万 t
己$_{15}$-13080	1(首采)	350	100	3.3	12.4
己$_{16-17}$-13080	4	430	80	1.5	6.70
己$_{15}$-13100	2	610	100	3.3	26.3
己$_{16-17}$-13100	5	590	80	1.5	9.20
己$_{15}$-13120	3	410	155	3.3	27.4
己$_{16-17}$-13120	6	390	135	1.5	10.3
己$_{15-17}$-16011	8	530	100	3.3	22.9
己$_{15-17}$-16012	10	510	800	2.7	14.4
己$_{15-17}$-16001	7	390	100	3.3	16.8
己$_{15-17}$-16002	9	370	80	2.7	10.4
合计					156.8

设计首采面为 13080 充填采煤工作面,其面长 100m,推进长度 350m,设计可采储量为 12.4 万 t。根据矿井实际情况和地质采矿条件,将首采工作面的设计生产能力确定为 60 万 t/a。

运输系统主要包括矸石运输、运煤、运料系统,如图 9-4 所示;通风系统如图 9-5 所示。

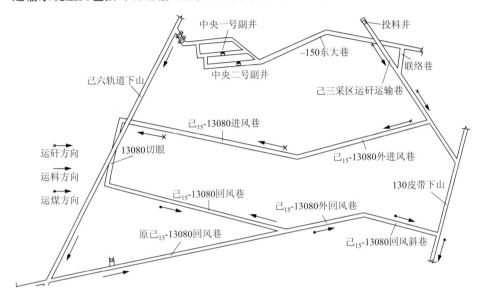

图 9-4　13080 充填采煤工作面运输系统布置

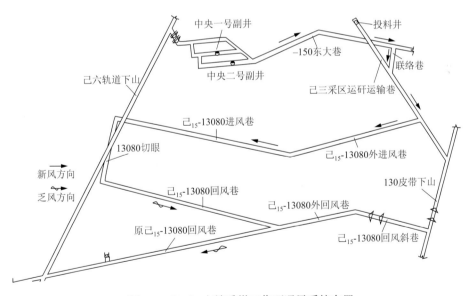

图 9-5　13080 充填采煤工作面通风系统布置

(1) 运煤系统。13080 工作面→13080 回风巷→13080 外回风巷→130 皮带下山→主斜井→地面。

(2) 矸石运输系统。地面东矸石山粉碎车间→投料井→己三运矸运输巷→13080 外进风巷→13080 进风巷→工作面。

（3）运料系统。地面→－150 大巷→己六轨道下山→原 13080 回风巷→13080 回风巷→用料地点。

（4）通风系统。①新风：地面→中央副井→－150 东大巷→运矸联络巷→己三运矸运输巷→13080 外进风巷→13080 进风巷→工作面。②污风：工作面→13080 回风巷→原13080 回风巷→己六轨道下山→己六回风巷→－270 回风绕道→南风井。

2. 充填材料地面运输及垂直投料输送系统

1）矸石投料输送系统结构

为了高效、快捷的将地面的充填材料运输至井下，设计了垂直投料输送系统，其主要设备包括投料管、缓冲装置、满仓报警监控装置、储料仓清堵装置、控制装置等，系统主要结构如图 9-6 所示。

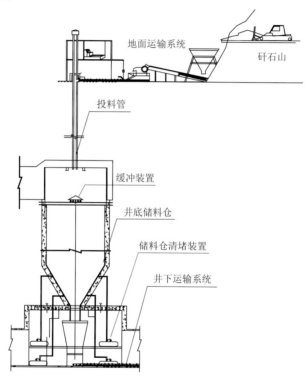

图 9-6　大垂深矸石投料输送系统结构

2）充填材料地面运输系统

基于简单、高效、低故障率的原则和对运输系统的性能要求，设计地面运输系统工艺流程如图 9-7 所示，其工艺流程具体为：以推土机及装载机将矸石推入卸料漏斗，经转载机送入破碎机，破碎后的矸石经带式输送机，输送至投料井口内，整个运料系统由地面投料控制室控制，系统原理如图 9-8 所示。

图 9-7　地面运输系统工艺流程

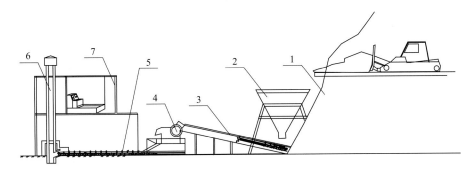

图 9-8　地面运输系统原理

1-矸石山；2-卸料漏斗；3-转载机；4-破碎机；5-带式输送机；6-投料井；7-控制室

3）垂直投料输送系统投料工艺

矸石由地面运输系统进入投料井口，通过投料井直接从地面投到井底，经缓冲器缓冲后进入储料仓。充填矸石是否能顺利地从井口投放到井底带式输送机上，投料系统是否能经受住充填矸石的冲击力及磨损是需要解决的重要问题。

据现场情况及其总体设计要求，其工艺流程如图 9-9 所示。

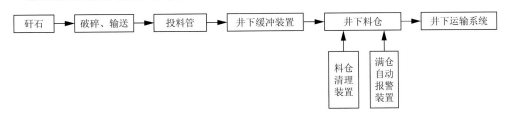

图 9-9　投料系统工艺流程设计

3. 矸石密实充填采煤工作面关键设备

1）综合机械化固体充填采煤液压支架

根据平煤十二矿具体采矿条件，通过理论数值计算和其他矿区支架应用效果类比，最终选用 ZZC8800/20/38 六柱支撑式液压支架，其结构如图 9-10 所示，支架实物如图 9-11 所示。该支架的主要技术参数见表 9-2。

表 9-2　ZZC8800/20/38 型矸石充填液压支架主要技术参数

参数名称	参数值
支架高度/mm	2000～3000
支架初撑力($P=31.5$MPa)/kN	7215
支架宽度/mm	1420～1590
支架工作阻力($P=38.5$MPa)/kN	8800
支架中心距/mm	1500
支护强度(摩擦系数 $f=0.2$)/MPa	0.60～0.77
底板前端比压(摩擦系数 $f=0.2$)/MPa	0.150～1.414

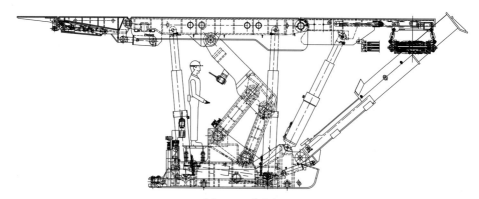

(a) 支架3.3m工作状态

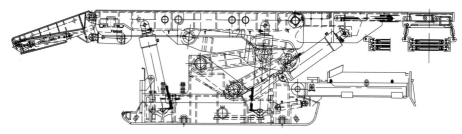

(b) 支架2.0m工作状态

图 9-10　支架结构原理

图 9-11　六柱支撑式液压支架实拍图

2）多孔底卸式输送机

根据充填矸石的运量要求和充填采煤支架的配套要求，采用的多孔底卸式输送机型号为 SGZC764/250，具体技术参数见表 9-3。

表 9-3　SGZC764/250 型输送机技术参数

名称	参数	名称	参数
型号	SGZC764/250	紧链型式	闸盘紧链
输送量	500t/h	刮板链型式	中双链
刮板链速	1.16m/s	圆环链规格	$\Phi26mm\times92mm$

续表

名称	参数	名称	参数
电动机型号	YBSD-200/100-4/8Y	链间距	500mm
额定功率	200kW	槽规格	1500mm×724mm×260mm
额定电压	1140V	卸料孔尺寸	长×宽=345mm×240mm(双排)

3) 其他配套设备

工作面其他配套设备选型情况见表 9-4。

表 9-4 工作面其他配套设备选型清单

设备名称	设备型号	主要技术参数
采煤机	MG-300/700-WD	采高范围:2.0～3.8m;总功率:700kW;滚筒直径:2.0m;截深:630mm
刮板输送机	SGZ-764/500	电机功率:2×250kW;中部槽规格(长×宽×高):1500mm×764mm×500mm;链速:1.13m/s;输送量:500t/h
转载机	SZZ-764/200	电机功率:200kW;中部槽规格(长×宽×高):1500mm×764mm×609mm;输送量:500t/h
充填矸石转载机	DZL-80/50	电机功率:50kW;带宽:800mm;输送量:550t/h
运煤带式运输机	SPJ-1000	电机功率:75kW×2;带宽:1000mm;输送量:544t/h
运料带式运输机	SPJ-1000	电机功率:75kW×2;带宽:1000mm;输送量:544t/h
乳化液泵站	GRB400/31.5	电机功率:250kW;公称流量:400L/min;公称压力:31.5MPa;配套规格:两泵两箱(两套)

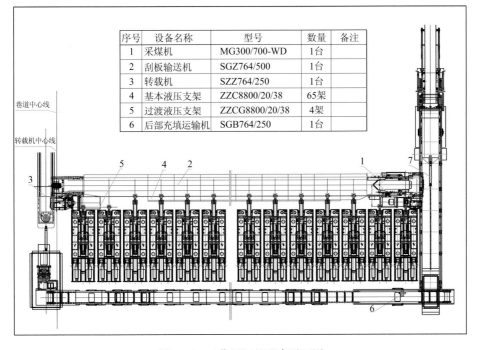

序号	设备名称	型号	数量	备注
1	采煤机	MG300/700-WD	1台	
2	刮板输送机	SGZ764/500	1台	
3	转载机	SZZ764/250	1台	
4	基本液压支架	ZZC8800/20/38	65架	
5	过渡液压支架	ZZCG8800/20/38	4架	
6	后部充填运输机	SGB764/250	1台	

巷道中心线

转载机中心线

图 9-12 工作面四机配套平面图

平煤十二矿充填采煤工作面四机配套平面图如图 9-12 所示。

9.1.4　固体充填采煤地表沉陷分析

1. 地表移动和变形预测分析

1) 地表移动预计参数确定和等价采高设计

采用基于等价采高的概率积分法针对设计的村庄下密实矸石充填采煤方案进行地表沉陷预计,地表沉陷预计参数的选取参考平顶山矿区薄煤层长壁垮落法开采的地表移动参数,综合分析确定本区密实矸石充填采煤地表沉陷预测参数见表 9-5。

表 9-5　充填采煤地表沉陷预测一览表

参数	下沉系数/重复采动	水平移动系数	主要影响角正切	主要影响传播角	拐点偏移距
预测值	0.75/0.8	0.34	1.8	$\theta = 90° - 0.6\alpha$	0

根据前述建筑物下密实固体充填采煤等价采高设计方法和设计的设防指标(地表允许变形值),并结合本充填采煤采区地质采矿条件,反演分析确定:本区村庄群下固体充填采煤的己$_{15}$煤层等价采高控制在 600mm 以内、己$_{16-17}$煤层等价采高控制在 310mm 以内、己$_{16-17}$煤层等价采高控制在 500mm 以内。

为安全起见,设计各煤层充填采煤工作面等价采高及相关参数为:①己$_{15}$煤层工作面等价采高控制在 580mm 以内;②己$_{16-17}$煤层工作面等价采高控制在 310mm 以内;③己$_{15-17}$煤层等价采高控制在 490mm 以内;④设计矸石充填体初始压实率应达到 85%;⑤设计充填前顶底板移近量应不超过 100mm;⑥设计充填工作面充填体欠接顶量为 0。

2) 首采工作面开采地表移动和变形预测分析

按照预定的计算方案,采用基于等价采高的概率积分法(预计方向为南北方向,此方向平行于建筑物长轴方向)计算了首采面己$_{15}$-13080 开采后的地表移动与变形情况。表 9-6 为己$_{15}$-13080 工作面开采后采区范围内地表移动与变形极值,其中曲率变形较小,小于 $0.01mm/m^2$,表中未列出。图 9-13 至图 9-19 为预计的地表移动和变形等值线图。

表 9-6　首采面己$_{15}$-13080 开采后采区内地表移动与变形极值

地表移动变形指标	下沉/mm	水平移动/mm		水平变形/(mm/m)		倾斜变形/(mm/m)	
		南北方向	东西方向	南北方向	东西方向	南北方向	东西方向
预计值	173	73	59	−1.7/0.8	−0.9/0.5	1.5	1.2

注:以中心点建坐标系,表中数值一正一负以"/"分开,表示坐标两侧不同值,余同

由表 9-6 可看出,首采面己$_{15}$-13080 开采后,预计区域内最终的最大下沉 173mm,位于首采面上方。东高皇和庆庄都受到一定程度的采动影响,村庄内最大下沉 173mm,东高皇东部、庆庄西部承受东西向拉伸变形 0.5mm/m、倾斜变形 1.2mm/m;东高皇北部、庆庄南部承受南北向拉伸变形 0.8mm/m、倾斜变形 1.5mm/m;东高皇和庆庄中部承受南北向压缩变形 1.7mm/m。需要特别说明的是,由于密实矸石充填采煤岩层移动过程的缓沉作用机理,上述最大变形值为经过长时间自然压实地表移动彻底稳定后的最终变形值。

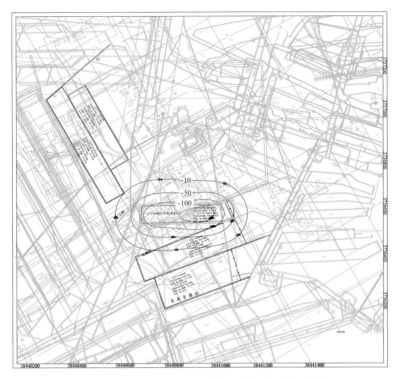

图 9-13　首采面 13080 开采后地表下沉等值线图

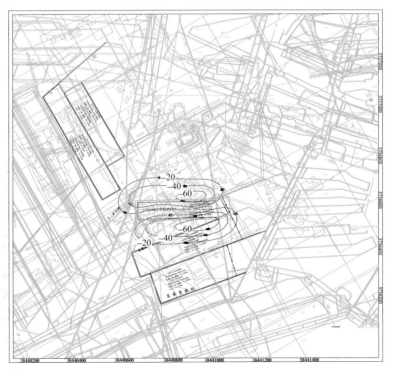

图 9-14　首采面 13080 开采后南北方向地表水平移动等值线图

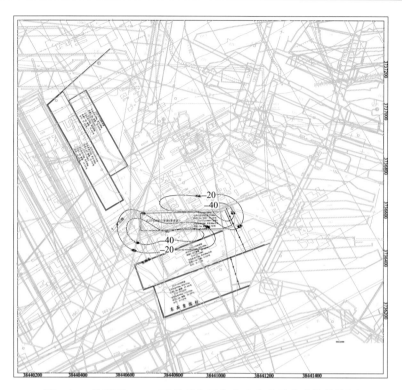

图 9-15　首采面 13080 开采后东西方向地表水平移动等值线图

图 9-16　首采面 13080 开采后南北方向地表水平变形等值线图

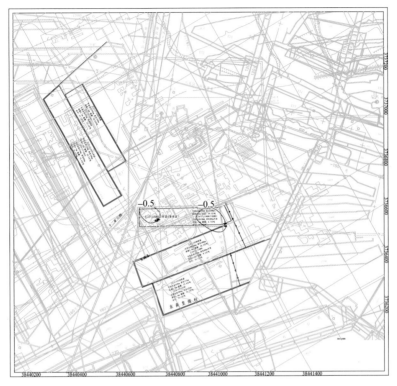

图 9-17　首采面 13080 开采后东西方向地表水平变形等值线图

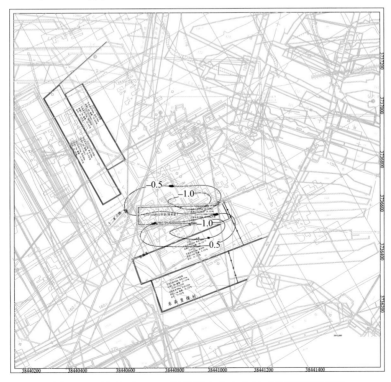

图 9-18　首采面 13080 开采后南北方向地表倾斜等值线图

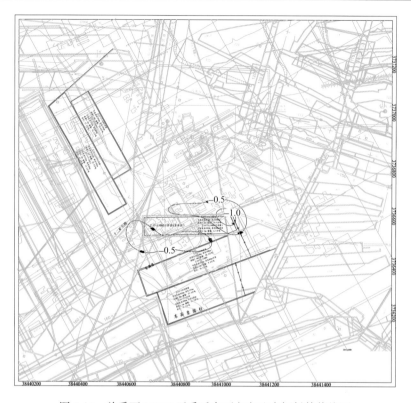

图 9-19　首采面 13080 开采后东西方向地表倾斜等值线图

上述计算结果表明,已$_{15}$-13080 矸石充填工作面开采后,当充填体被充分压实后的最终地表最大下沉值仅为 173mm,其他各种移动变形最终的最大值也远低于一般建筑物破坏的临界变形值,表明该充填采煤工作面对上方村庄影响轻微,建筑物只会受到轻微的 I 级采动损害影响,不会出现明显的裂缝破坏。

3) 充填采煤采区全部工作面充填采煤地表移动和变形预测分析

采用基于等价采高的概率积分法(预计方向为南北方向,此方向平行于建筑物长轴方向)计算了全部矸石充填工作面开采后的地表移动与变形。表 9-7 为充填采煤采区域全部矸石充填工作面开采后的地表移动与变形极值,其中曲率变形较小,小于 $0.01mm/m^2$,表中未列出。图 9-20 至图 9-26 为预计的地表移动和变形等值线图。

表 9-7　全部矸石充填工作面开采后地表移动与变形极值

地表移动变形指标	下沉/mm	水平移动/mm		水平变形/(mm/m)		倾斜变形/(mm/m)	
		南北方向	东西方向	南北方向	东西方向	南北方向	东西方向
预计值	550	238	191	−1.9/1.7	−1.9/1.5	2.9	2.9

按该方案各工作面全部开采后,受影响的建构筑物包括:东高皇、庆庄、老上徐、新上徐、矸石电厂、蜜蜂王庄等。

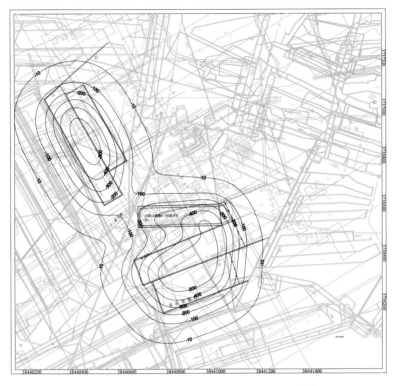

图 9-20　充填采煤工作面全部开采后地表下沉等值线图

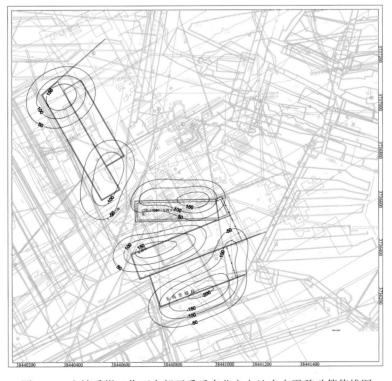

图 9-21　充填采煤工作面全部开采后南北方向地表水平移动等值线图

图 9-22　充填采煤工作面全部开采后东西方向地表水平移动等值线图

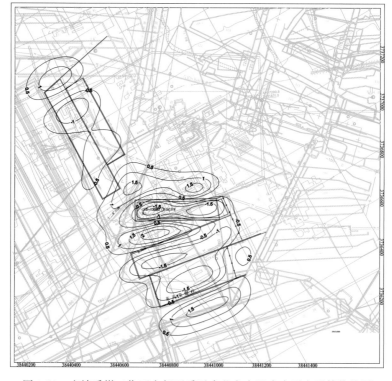

图 9-23　充填采煤工作面全部开采后南北方向地表水平变形等值线图

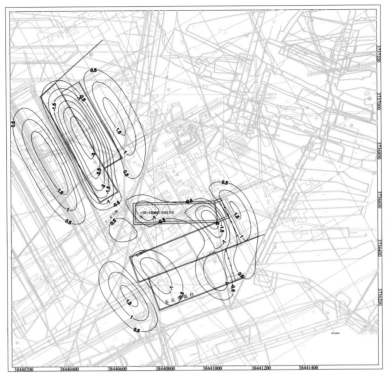

图 9-24 充填采煤工作面全部开采后东西方向地表水平变形等值线图

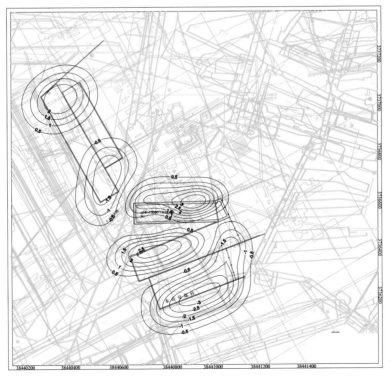

图 9-25 充填采煤工作面全部开采后南北方向地表倾斜等值线图

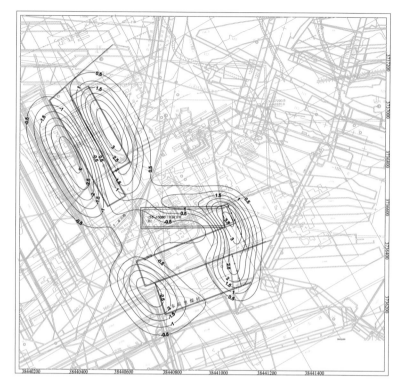

图 9-26　充填采煤工作面全部开采东西方向地表倾斜等值线图

根据计算结果，将受影响区域内的建筑物的影响程度归纳入表 9-8。

表 9-8　开采沉陷对区域内建筑物的影响程度

项目	下沉/mm	水平变形		倾斜变形		水平移动	
		南北方向/(mm/m)	东西方向/(mm/m)	南北方向/(mm/m)	东西方向/(mm/m)	南北方向/mm	东西方向/mm
老上徐	320	−0.6/0.6	−1.8/1.0	0.7	1.8	60	140
新上徐	18	0	0.6	0	0.4	0	35
东高皇	550	−1.9/1.2	−1.2/0.7	3.0	1.7	115	120
庆庄	320	−1.9/1.0	−1.0/0.8	3.0	2.0	115	100
蜜蜂王	200	−0.8/0.8	−0.6/0.6	1.5	1.7	105	100
矸石电厂	210	−0.1/0.4	−1.4/0.4	1.0	1.2	60	70

从表 9-8 可看出，设计规划的充填采煤工作面全部开采后，采区内建筑物所承受地表变形均不超过设防的建筑物临界变形值标准，表明该区域充填采煤对上方村庄影响轻微，建筑物只会受到轻微的 I 级采动损害影响，不会出现明显的裂缝破坏。

2. 岩层移动与地表沉陷实测结果

1)岩层移动窥视监测方案设计

采用 JL-IDOI（A）智能钻孔电视成像仪,对测点钻孔进行全景摄像和拍摄,观测记录工作面上覆岩层变形和移动信息。为监测 13080 工作面顶板受开采影响的变形情况,在 13080 回风巷和进风巷内,向巷道顶板打造倾斜观测钻孔,两个顺槽内的观测孔位置对称布置,第一对观测钻孔布置在距离切眼 20m 位置处,第二对观测钻孔布置在距离切眼 60m 位置处。观测钻孔倾斜打入基本顶内(距离煤层约为 20m),倾角 15°,当工作面推进距离钻孔一定距离时,可以提前观测到采空区上方岩层裂隙发育情况。钻孔布置方式如图 9-27 所示,钻孔经过的岩层性质见表 9-9。

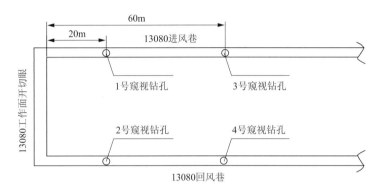

图 9-27 窥视钻孔布置

表 9-9 窥视钻孔经过的岩层

序号	岩层	厚度/m	岩性描述
1	细、中粒砂岩	17.2	灰白色,节理发育,其中充填有黄铁矿
2	砂质泥岩	10.8	灰黑色中上部夹条带状细砂岩及泥岩,含白云母片及植物化石,底部泥岩水平层理
3	己$_{15}$煤层	3.3	1/3 焦煤,赋存稳定

2)地表移动观测方案

结合地面村庄街道布局,在首采面上方地表布置了一条长 1025m 的地表移动观测线,布设控制点 3 个,分别为 R1、R2、R3,布设在工业广场院内,测点 36 个,沿村庄内南北向主干道布置。控制点间距 50m,各测点间距平均为 25m。各测点位置和编号如图 9-28所示。

地表移动观测站按三等水准测量精度要求定期施测。

3)岩层移动窥视实测分析

当工作面推进距 1♯、2♯ 钻孔时,对 1♯、2♯ 钻孔裂隙发育状况进行了观测,拍摄结果如图 9-29、图 9-30 所示。

由窥视图像可知,岩层移动变形过程中没有出现明显的离层,说明岩层呈现整体下沉

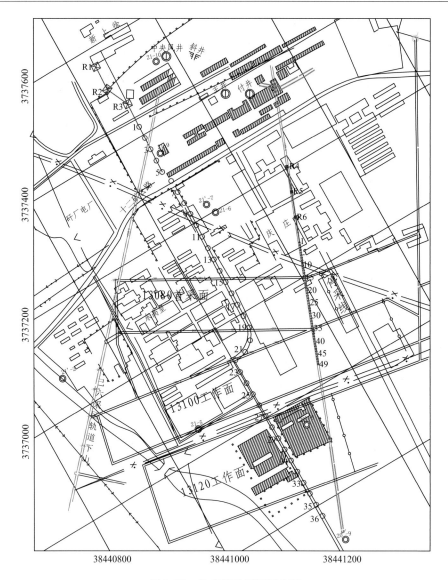

图 9-28　地表移动观测线布置

趋势,在沿岩层垂直向上方向上,距离开采煤层较近的岩层出现破裂及裂隙发育,随着工作面继续推进,裂隙不断向上扩张,但破裂岩层仍保持其层位特征,并没有出现岩层的垮落性破坏,说明固体充填采煤后,顶板未出现"垮落带"。

4)地表建筑物变形观测实测分析

充填采煤后,井下实测充填区域采空区顶板下沉量平均为 260mm,小于设计等价采高的 580mm,表明密实矸石充填采空区的密实度满足了设计要求。

根据地表移动观测站的精密水准观测结果,充填采煤后实测地表最大下沉量仅为 208mm,地面道路、建筑物没有观察到裂缝变化。实测地表下沉较低的根本原因在于以下两点。

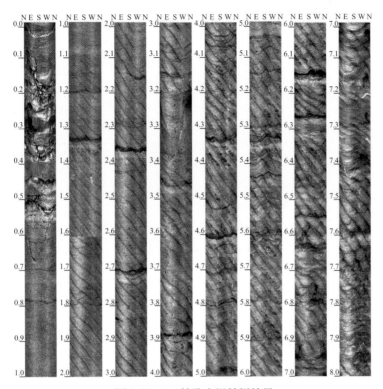

图 9-29　1#钻孔窥视拍摄结果

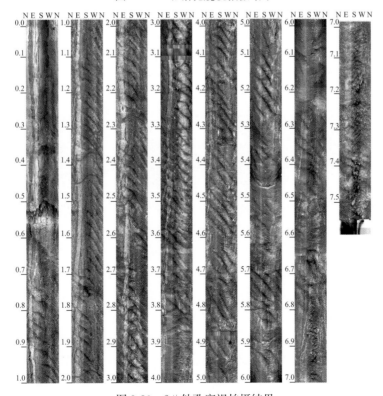

图 9-30　2#钻孔窥视拍摄结果

（1）密实固体充填岩层和地表移动过程较慢，具有显著的减沉、缓沉效果；预计最大下沉值为充填体完全压密、岩层移动彻底稳定后的最终值；

（2）开采煤层上覆岩层中有多个厚度较大的砂岩结构关键层，稳定性好，并进一步提高了上覆岩层和地表的减沉、缓沉效果。

表 9-10、图 9-31、图 9-32 为全采区充填采煤后地表移动预计与实测对比情况。

表 9-10　充填采煤后地表移动预计与实测对比情况

比较项目	全部垮落法 开采预计（充分采动后）	密实矸石充填采煤预计（充分采动后）		
		必要充填体 充实率 79.1%	设计充填体 充实率 82.4%	实测充填体 充实率 92.2%
采高（等价）/mm	3300	690	580	260
最大下沉量/mm	2410	500	360	208
最大水平变形/（mm/m）	4.43	0.92	0.66	0.42
建筑物破坏等级	Ⅲ级，积水	Ⅰ级（轻微）	Ⅰ级（极轻微）	Ⅰ级（极轻微）

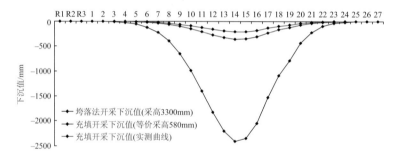

图 9-31　充填采煤后地表移动预计与实测对比情况

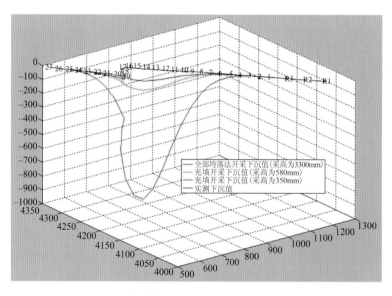

图 9-32　充填采煤后地表移动预计与实测对比情况

9.2 淮北杨庄矿固体充填采煤

9.2.1 矿井概况与地质采矿条件

1. 矿井概况

淮北矿业(集团)有限责任公司杨庄煤矿地处淮北市烈山区境内,井田上方有铁路、河流,且存在密集的城区和村庄的建(构)筑物,"三下"压煤问题极其严重,据统计,杨庄煤矿"三下"压煤量就达 2083 万 t,已经严重影响了杨庄煤矿的生产接替,缩短了杨庄煤矿的服务年限,解放"三下"对杨庄矿乃至淮北地区的和谐发展、解决区域劳动就业问题、促进区域经济发展等都具有重要的意义。

2. 试验采区概况

在对固体密实充填采煤工艺以及沉陷控制效果广泛调研的基础上,淮北矿业集团公司及杨庄煤矿决定实施Ⅲ64采区建筑群下固体充填采煤的技术研究。Ⅲ64 采区其对应地表区域位于淮北市濉溪县,濉溪县第三小学至南环城路南侧的砖坯场中间,压煤面积约为 0.7km², 预计采动后影响面积(含压煤区)可达 1.1km²。

1) 煤层赋存条件

Ⅲ644 工作面开采煤层为 6♯煤,煤厚平均 2.7m,倾角平均 18°,煤层结构简单,局部受构造影响,有变薄现象,埋深为 360～515m。

2) 煤层顶底板条件

工作面直接顶为泥岩,厚度平均 1.4m,基本顶为中粒砂岩,厚度平均为 12.0m。顶底板条件见表 9-11。

表 9-11 煤层顶底板情况

类别	岩石名称	厚度、平均厚度/m	岩性描述
基本顶	中粒砂岩	9.6～19.5/12.0	灰白色中粒砂岩,滚圆度好、水平层理发育
直接顶	泥岩	0.8～2.0/1.4	深灰-黑色泥岩,层理发育
直接底	泥岩	1.0～3.0/2.0	黑-深灰色,薄层状、水平发育
基本底	中粒砂岩	1.2～6.7/3.0	灰白色构造、分选性好、层理发育、性硬

3) 地表建筑物分布

Ⅲ644 工作面相应地面影响区内不仅有铁路和附属的建(构)筑物,而且有濉溪县第三小学、濉溪县中学、濉溪县县城关派出所、安徽口子酒业二公司、城中邮政所及大片密集的居民住宅区等建筑物,多为砖石或砖混结构,建筑质量较差。口子酒厂、古口酒厂为影响区内的主要大型企业,酒厂内建(构)筑物结构类型多样,有烟囱、输酒或输暖管线、储酒罐等,且厂房长度较长,部分甚至达到了 100m 以上,且未设置变形缝,抗变形能力较差。在试采区西侧濉河以西的濉溪县城内有两条小巷—石板路,属于安徽省文物保护单位,两侧房屋质量较为陈旧,质量较差,抗变形能力极低。井上下对照图如图 9-33 所示。

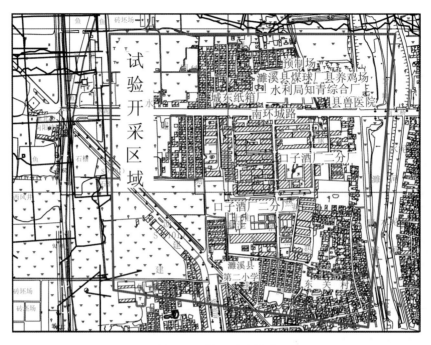

图 9-33　井上下对照图

4）水文、瓦斯等条件

Ⅲ644 工作面正常涌水量为 5～10m³/h，最大涌水量为 15m³/h。瓦斯绝对涌出量 5m³/min，相对瓦斯涌出量 5.19m³/t。煤尘具有爆炸危险性，爆炸指数 19.92%。煤的自燃倾向性为Ⅱ类。

9.2.2　建（构）筑物设防指标确定

Ⅲ64 采区地质构造较为复杂，主要以褶曲和岩浆岩侵入为主，断层以及古河床冲刷影响次之。采区煤柱煤岩层产状变化较大，总体形态为一向斜构造。

根据勘探时期所获水文地质资料，上覆岩层可划分为 6 个含水层和 2 个隔水层。含水层自上而下分别为：第四系孔隙含水组、上石盒子组裂隙含水组、下石盒子组 5 煤裂隙含水组、山西组 6 煤裂隙含水组、太原组岩溶裂隙含水组和奥灰岩溶裂隙含水组；隔水层自上而下分别为：第四系底部隔水层和 6 煤底板隔水层。预计本区域开采煤系地层最大涌水量为 430t/h。因灰岩富水性不清，考虑太灰突水量可达 200t/h，因此回采过程中排水能力应不小于 630t/h。

地下开采后将对建筑物造成开采损害，为了保证建筑物的安全使用，必须设定一定的设防标准。根据《建筑物、水体、铁路及主要井巷煤柱留设与压煤开采规程》第 27 条对砖混结构建筑物损坏等级规定，虽然规程中规定了砖混结构破坏等级和地表变形的对应关系，但在实际应用过程中，由于房屋质量往往较规程规定的要差，必须将抗变形标准适当提高。如兖州矿区的资料表明，当地表变形达到 0.7～1.5mm/m 时，居民住宅即会发生裂缝。考虑到Ⅲ64 采区上方建筑物密集、建筑质量参差不齐，权属关系复杂等特征，设定建筑物产生Ⅱ级破坏的临界值为：拉伸变形 1.5mm/m，压缩变形 2.0mm/m；同时考虑到下沉值过大容易导影响区内排水不畅和地表雨季积水,设定最大下沉限值不得超过 350mm。

9.2.3　固体充填采煤系统与装备

充填采煤工作面走向长 340m,倾斜宽 110m,可采储量 14 万 t,南部为未掘区,北部为Ⅲ 642 工作面(未采),东部为 NⅡ624 工作面(已采),西部为未采区,工作面布置如图 9-34 所示。

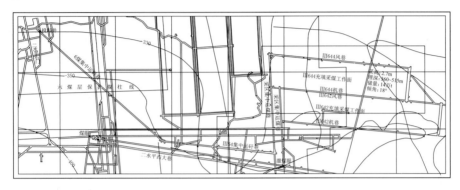

图 9-34　充填采煤工作面系统布置

(1) 运煤系统。Ⅲ644 工作面(SGZ800/800 运输机)→Ⅲ644 机巷(SZZ-830/315 桥式转载机、SDJ-150 带式输送机)→Ⅲ64 集中运煤巷→-320 岩石集运巷→主井→地面。

(2) 运矸系统。地面投料井→六煤运矸巷→Ⅲ64 集中运矸巷→Ⅲ644 风巷→Ⅲ644 工作面(充填采煤输送机)。

(3) 通风系统。工作面进风路线:地面→新副井→二水平石门→二水平西大巷→Ⅲ64 轨道下山→Ⅲ64 一阶段石门→Ⅲ644 集中运煤巷→Ⅲ644 机巷→Ⅲ644 工作面。工作面回风路线:Ⅲ644 工作面→Ⅲ644 风巷→Ⅲ64 回风下山→西部总回风巷→新风井→地面。

(4) 运料系统。风巷运料:地面料场→新副井→二水平西大巷→Ⅲ644 集中运矸巷→Ⅲ 644 风巷。机巷运料:地面料场→新副井→二水平西大巷→Ⅲ64 采区轨道上山→Ⅲ644 一阶段石门→Ⅲ644 集中运煤巷→Ⅲ644 机巷。充填采煤工作面配套设备及参数见表 9-12。

表 9-12　充填采煤工作面配套设备

序号	类型	名称	型号	技术参数
1	采煤设备	采煤机	MG400/920-QWD	截深:630mm
2				采高范围:2~4m
		运煤刮板输送机	SGZ800/800	运输能力:1500t/h
3		充填采煤液压支架	ZC10000/20/40	支护强度:0.82~0.9MPa
4		充填采煤输送机	SGZ764/315	运输能力:1500t/h
5	充填设备	矸石与粉煤灰转载机	DZJ800/10	运输能力:1800t/h; 长度:60m
6		乳化液泵	BRW400/31.5 型 2 台 BRW315/31.5 型 1 台	

(5) 垂直投料系统。杨庄矿垂直投料系统主要包括投料管、缓冲装置、储料仓清理装置和满仓报警装置。

根据年产量 60 万 t/a 的要求,填充矸石需求量为 90 万 t/a。考虑一定的富裕系数,设计运输能力不小于 400t/h,并考虑到在钻孔施工的过程中存在一定的偏差,确定采用 Φ486mm 耐磨钢管作为下料管。缓冲装置主要由双减震拱形梁、弹性缓冲器、抗冲击耐磨合金体、组合式减震器、缓冲式导向器等结构组成,当固体物料通过投料管自由下落至储料仓上口时,安装在其上口的缓冲装置的抗冲击耐磨合金体结构与固体物料发生对撞,并且由此改变了固体物料的运输方向,同时,对撞产生的动能被缓冲装置的其他设备逐级吸收,最终实现其缓冲作用。根据该矿充填工作面生产能力要求,最终确定储料仓的直径为 6m,高度为 40m,储料仓结构如图 9-35 所示。

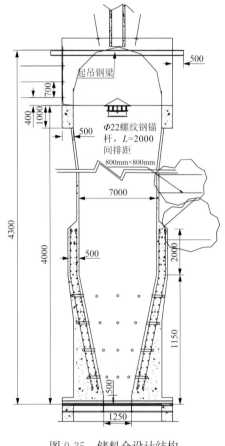

图 9-35   储料仓设计结构

单位:mm

杨庄矿充填采煤工作面设备配套平面图布置如图 9-36 所示。

9.2.4   固体充填采煤地表沉陷分析

1. 地表沉陷预计

1) Ⅲ64 采区矸石充填采煤地表沉陷预测方案

图 9-37 为试采区地表建筑物分布示意图。图中 1# 至 19# 分别为口子酒厂内建筑物。

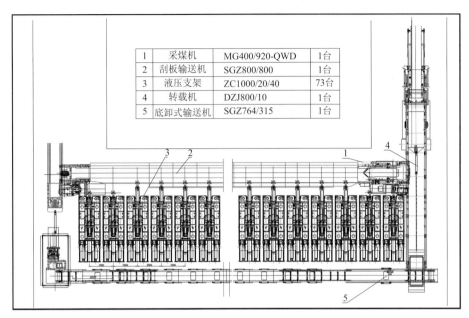

1	采煤机	MG400/920-QWD	1台
2	刮板输送机	SGZ800/800	1台
3	液压支架	ZC1000/20/40	73台
4	转载机	DZJ800/10	1台
5	底卸式输送机	SGZ764/315	1台

图 9-36　充填采煤工作面设备配套平面图

图 9-37　地面建筑物示意

预计方案一:仅充填采煤Ⅲ644工作面和Ⅲ644改造工作面,充实率为70%。

　　预计方案二:开采Ⅲ644工作面和Ⅲ644改造工作面,其他区域布置110m工作面,留设20m煤柱,跳采,充实率为70%。

　　预计方案三:开采Ⅲ644工作面和Ⅲ644改造工作面,其他区域布置70m工作面,留设60m煤柱,跳采,充实率为70%。

　　各预计方案对应的开采工作面井上下对照图如图9-38至图9-40所示。

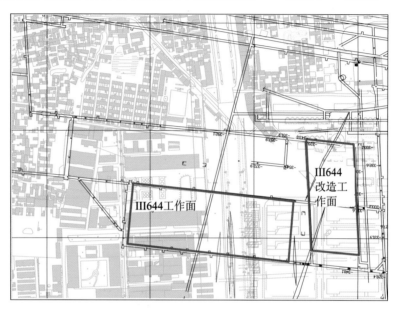

图 9-38　预计方案一工作面布置图

图 9-39　预计方案二工作面布置图

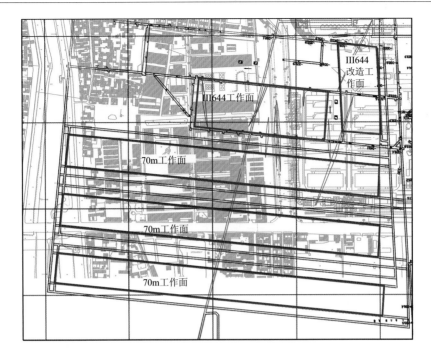

图 9-40　预计方案三工作面布置图

2) Ⅲ64 采区矸石充填采煤预计参数

结合目前已获得的Ⅲ644 工作面开采地表移动实测资料,在本次开采沉陷预计过程中地表沉陷预计参数选取见表 9-13。

表 9-13　地表沉陷预计参数选取

参数	下沉系数	水平移动系数	主要影响角正切	主要影响传播角	拐点偏移距
数值	0.8	0.3	1.5	$\theta=90°-0.15\alpha$	0

2. 地表沉陷预测结果

1) 计算方案一预计结果

分析计算结果(表 9-14)可以看出:采用方案一进行矸石充填采煤后,Ⅲ64 采区上方地表下沉最大值为 224mm,位于 3644 工作面停采线上方口子酒厂工业园区内;南北方向最大水平拉伸变形为 0.5mm/m,位于 1♯建筑物东侧围墙处,东西方向最大水平拉伸变形为 0.5mm/m,位于口子酒厂工业园区东侧;南北方向最大水平压缩变形为 1.2mm/m,位于 7♯建筑物东侧围墙处,东西方向最大水平压缩变形为 1.0mm/m,位于口子酒厂工业园区内(在建);南北方向最大倾斜变形为 1.2mm/m,位于口子酒厂工业园区(在建),东西方向最大倾斜变形为 1.1mm/m,位于口子酒厂工业园区(在建)。预计部分平面尺寸较大的建筑物墙体将出现少量因压缩变形和负曲率引起的挤压性损害,建筑物拉伸变形损害不明显,总体上建筑物的损害程度将可控制在Ⅰ级损害范围内。

表 9-14　采用方案一开采后Ⅲ64区地表移动与变形极值

地表移动变形指标	下沉/mm	水平移动/mm		水平变形/(mm/m)		倾斜变形/(mm/m)	
		南北方向	东西方向	南北方向	东西方向	南北方向	东西方向
预计值	224	86	76	0.5/−1.2	0.5/−1.0	1.2	1.1

2）计算方案二预计结果

分析计算结果（表 9-15）可以看出：采用方案二进行矸石充填采煤后，Ⅲ64 采区上方地表下沉最大值为 498mm，位于 1♯ 建筑物南部口子酒厂外公路上；南北方向最大水平拉伸变形为 1.2mm/m，位于口子酒厂南门向南 300m 建筑群处，东西方向最大水平拉伸变形为 1.3mm/m，位于口子酒厂工业园区南部的南环城路上；南北方向最大水平压缩变形为 0.8mm/m，位于口子酒厂向南 150m 处，东西方向最大水平压缩变形为 1.0mm/m，位于口子酒厂工业园区内；南北方向最大倾斜变形为 2.5mm/m，东西方向最大倾斜变形为 1.9mm/m。预计部分平面尺寸较大的建筑物墙体将出现少量因压缩变形和负曲率引起的挤压性损害，部分建筑物将出现少量的拉伸变形损害，总体上建筑物的损害程度将可控制在Ⅰ级损害范围内。

表 9-15　方案二开采后 Ⅲ64 区地表移动与变形极值

地表移动变形指标	下沉/mm	水平移动/mm		水平变形/(mm/m)		倾斜变形/(mm/m)	
		南北方向	东西方向	南北方向	东西方向	南北方向	东西方向
预计值	498	166	135	1.2/−1.3	0.8/−1.0	2.5	1.9

3）计算方案三预计结果

分析计算结果（表 9-16）可以看出：采用方案三进行矸石充填采煤后，Ⅲ64 采区上方地表下沉最大值为 339mm，位于口子酒厂南部的南环城路上；南北方向最大水平拉伸变形为 0.9mm/m，位于口子酒厂向南 300m 建筑群内，东西方向最大水平拉伸变形为 0.9mm/m，位于口子酒厂工业园南部的南环城路上；南北方向最大水平压缩变形为 0.6mm/m，位于口子酒厂工业园区向南 150m 建筑群内，东西方向最大水平压缩变形为 1.0mm/m，位于口子酒厂工业园区内；南北方向最大倾斜变形为 1.7mm/m，东西方向最大倾斜变形为 1.2mm/m。预计部分平面尺寸较大的建筑物墙体将出现少量因压缩变形和负曲率引起的挤压性损害，部分建筑物将出现少量的拉伸变形损害，总体上建筑物的损害程度将可控制在Ⅰ级损害范围内（建筑物损害程度低于方案二）。

表 9-16　方案三开采后Ⅲ64区地表移动与变形极值

地表移动变形指标	下沉/mm	水平移动/mm		水平变形/(mm/m)		倾斜变形/(mm/m)	
		南北方向	东西方向	南北方向	东西方向	南北方向	东西方向
预计值	339	121	93	0.9/−0.9	0.6/−1.0	1.7	1.2

3. 岩层移动变形观测

1）观测方案设计

在Ⅲ644 工作面中部上方有二五二回风上山穿过，具备开展岩层移动观测工作条件。

为此在二五二回风上山巷道内设立了巷道岩层移动监测站,对Ⅲ644工作面充填采煤引起的上覆岩层移动变形进行监测。

观测线布设范围自二五二回风石门在二水平西大巷开口处向里230~520m。控制点布设在测线两侧各50m外,测线北侧布设3个、南侧2个,相邻控制点间距不超过50m。点位选择顶板岩石相对稳固、适于仪器的安置操作、通透性较好的位置,于巷道顶板钻眼埋设永久测点。

相邻观测点间距按20m布设,在巷道顶板、底板(或沿腰线)对应成对埋设永久测点共16对(32个)。测点点位选择在顶底板岩石相对稳定、适于测量设备的安置、通透性较好的位置,于巷道顶、底板钻眼埋设永久测点,具体布置图如图9-41所示。

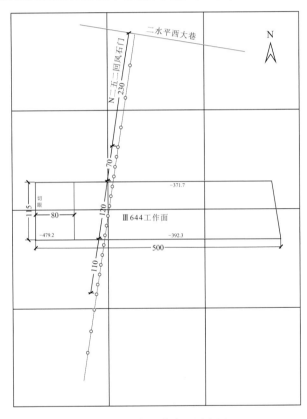

图9-41　岩层移动观测布置

2)实测分析

对二五二回风上山巷道的下沉值进行多次采集和分析,结果如图9-42所示。图中2013年4月16日工作面推进123m。

由图9-42可知:

(1)随着工作面的推进,二五二回风上山巷道逐渐缓慢下沉,工作面上方呈现出"V"形下沉,最大下沉值出现在工作面中间位置,达到16mm,两端下沉值较小,最大达到9mm。

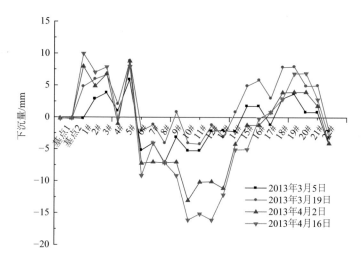

图 9-42　岩层移动监测结果

（2）在工作面机尾段推过监测线位置，最大下沉值只有 16mm，随着工作面完全推过二五二回风上山巷道，下沉值还将增大，但采空区充填体有效地支撑了上覆岩层。

3）"三带"观测分析

为了了解Ⅲ644 工作面充填采煤后"三带"发育特征，在二五二回风上山巷道内，斜向巷道底板打两个观测钻孔，分别标记为 1♯钻孔和 2♯钻孔。1♯钻孔终孔位置在煤层上方 2.5m 处，2♯钻孔终孔位置在煤层上方 40m 处。采用漏失法观测"三带"高度，观测显示，两个钻孔中灌入的水全部漏失，说明 1♯孔位置裂隙带发育高度达到了 2.5m；2♯孔水体漏失存在异常，通过对其邻近区域地质条件分析，认为 2♯孔水体漏失是由于原生裂隙或局部小断层导通而造成的。

4. 地表沉陷观测

为了监测杨庄煤矿Ⅲ644 工作面充填采煤引起的地表沉陷，根据上方地表实际情况，设计在Ⅲ644 工作面上方布设两条观测线和重要建筑物观测站，包括：沿口子酒厂二分厂内南北中心路布设的地表移动观测线，沿二分厂东侧小路至相阳路的地表移动观测线和由二分厂内多栋建筑物沉降观测点构成的建筑物观测站。设计的各观测线布置如图9-43 所示。

通过对杨庄煤矿Ⅲ644 充填采煤工作面上方地表下沉的多次观测，得到不同时期地表下沉值变化如图 9-44 所示。

由图 9-44 可知：

（1）当工作面推进 60m 时，地表下沉量很小，最大仅 3.10mm，出现在工作面对应地表中部位置；工作面推进 103m 时，地表最大下沉值为 4.88mm，位于工作面对应地表中部位置；当工作面推进至 123m 时，地表最大下沉值为 7.94mm，位置仍位于工作面对应地表中部位置。

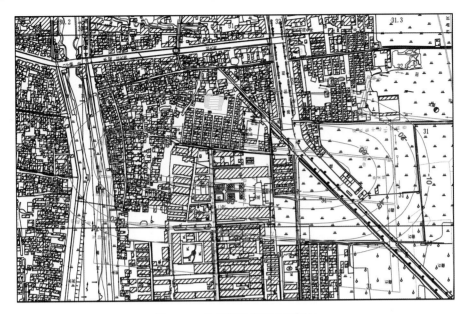

图 9-43　地表沉陷观测方案设计

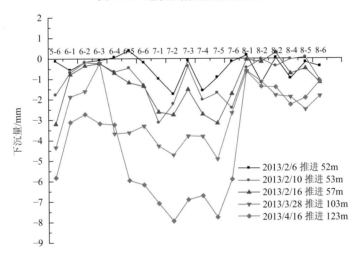

图 9-44　Ⅲ644 充填采煤工作面上方地表沉陷实测

（2）随着Ⅲ644 工作面的推进，其上方地表逐渐发生缓慢下沉，在工作面推进约123m 时，地表最大下沉值仅为 7.94mm。

9.3　阳泉东坪矿固体充填采煤

9.3.1　矿井概况与采矿地质条件

1. 矿井概况

东坪煤矿始建于 1957 年，现隶属于山西晋盂煤业有限公司管辖。该矿东北接南湾煤矿井田,东为上乌沙、下乌沙及路家村煤矿井田,南邻寨沟、南庄、北娄煤矿井田,西与上南庄、下南庄、小横沟、南关煤矿接壤。该矿位于盂县县城东南 3km 处东坪村,盂县—阳泉公路从矿区北界向东坪村穿过,距阳泉矿务局固庄煤矿铁路专用线盂县货站 21km。交通便利。

现有可采储量为 408.43 万 t,按年产 120 万 t,可采年限仅为 3～5 年。井田范围内村庄林立,村庄压煤量达 7354 万 t,可采煤量 6324.44 万 t。村庄下压煤成为制约煤矿可持续发展的主要瓶颈。

2. 煤层及顶底板情况

1）试采工作面煤层赋存情况

工作面煤层底板标高＋780～＋800m,地面标高＋960～＋967m,煤层厚度为 5.49～9.37m,平均煤厚为 6.82m。煤层为全采区发育全部可采之稳定煤层,煤层结构较复杂,含 1～3 层泥岩夹矸,煤呈黑色,半光亮型为主,少量光亮型和暗淡型。煤层总体呈单斜构造,煤层产状走向为东西向,向南倾伏,倾角为 0～15°。

2）顶底板情况

15601 工作面所采 15 号煤层基本顶为石灰岩,整体强度高,变属坚硬岩石;其底板为砂质泥岩,有一定强度,底鼓现象不严重,顶底板条件为Ⅰ～Ⅱ类。顶底板详细情况见表 9-17。

表 9-17 15601 工作面 15 号煤层顶底板特征

顶底板名称	岩石名称	厚度/m	特征
基本顶	石灰岩	13	含云母灰暗色矿物颗粒,含植物化石
直接顶	K2 石灰岩	9.75	深灰色裂隙发育,充填方解石脉,含丰富的蜓化石,中夹三层较稳定的砂质泥岩而将石灰岩分为四节,俗称"四节灰岩"
直接底	砂质泥岩	8	灰黑色,富含植物化石及菱铁矿结核

9.3.2 建(构)筑物设防指标的确定

试验区工作面位于井田东北角,处于工业广场以及家属区保护煤柱之下。试验工作面上方有煤矿调度室、选煤厂精煤仓、带式输送机走廊、主、副井等生产设施及棚户区的居民房。地表情况如图 9-45 至图 9-47 所示。

图 9-45 井口办公区　　　图 9-46 选煤厂水泵房　　　图 9-47 机修车间

试采面上方多栋砖混结构居民房,长度均超过 30m,整体抗变形能力弱。在开采过程中,可能会受到拉伸变形的影响而产生裂缝。而上方的选煤厂等建筑物整体结构强度较高,抗变形能力较强。

在调研东坪煤矿试验区上方建筑物类型、形式、结构的基础上,确定了地面建筑物的设防标准,地表最大下沉值不超过 300mm;水平拉伸变形不超过 1.5mm/m;倾斜变形不超过 3mm/m。

9.3.3 固体充填采煤系统与装备

1. 固体充填采煤系统

1) 工作面布置

设计充填采煤区域位于东坪煤矿家属楼和选煤厂南侧,首采面为 15601 固体充填采煤工作面,面长 80m,推进长度 80m。上方有简易砖混结构 11 排平房和 6 栋旧库房。工作面布置与地面建筑物对应情况如图 9-48 所示。

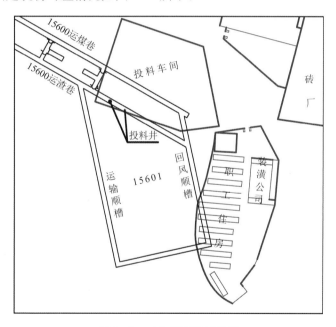

图 9-48　工作面布置示意图

2) 工作面生产系统布置

充填采煤工作面生产系统主要包括运煤系统、通风系统、运料系统和运矸系统。

(1) 运煤系统。15601 工作面→15601 运输顺槽→15600 运渣巷→运输大巷→井底煤仓→主斜井→地面。

(2) 通风系统。主、副斜井→井底车场→运输大巷→15600 运渣巷→15601 运输顺槽→15601 工作面→15601 回风顺槽→回风大巷→回风联络巷→贾村回风斜井→地面。

(3) 运料系统。副斜井→井底车场→运输大巷→15600 运渣巷→15601 运输顺槽→15601 工作面。

（4）运矸石统。地面投料站→投料井→15600 运渣巷→15601 回风顺槽→15601 工作面。

2. 固体充填采煤投料系统

1）固体充填材料地面运输系统

（1）地面运输系统及工艺。地面运输系统示意如图 9-49 所示，其工艺流程具体为：利用汽车运输方式将洗煤厂洗选出的矸石运至矸石堆积场（位于室外投料斗附近），然后装载机将洗选矸石装入给室外投料斗，经带式输送机送入破碎机。在井下进行充填时，破碎后的矸石经带式输送机，投入到地面储料厂房内的投料井口，进行井下充填；不充填时，将破碎后的矸石暂时储存在厂房空地内，充填材料地面运输工艺如图 9-50 所示。

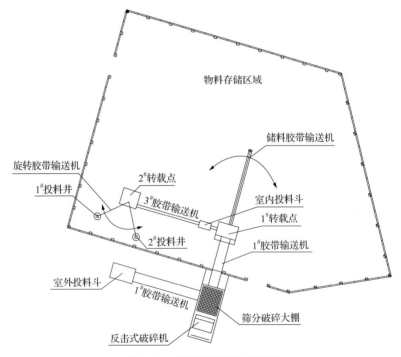

图 9-49　地面运输系统原理图

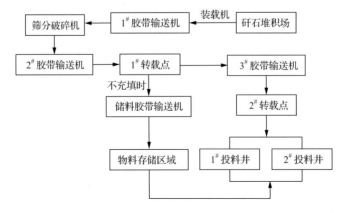

图 9-50　充填材料地面运输工艺

（2）地面运输系统主要设备。地面运输主要系统设备一览表见表 9-18。

表 9-18　地面运输系统设备一览表

序号	名称	型号	数量	主要参数
1	颚式破碎机	PEW760×1100	1	进料粒度≤620mm，出料粒度≤200mm，处理能力≥350t/h，功率 130kW，重量 24t
2	反击式破碎机	PFW1316Ⅱ	1	进料粒度≤600mm，出料粒度≤50mm，破碎能力≥350t/h，功率 200kW
3	带式输送机		2	运输能力 450t/h，带宽 1000mm，带速 2.0m/s
4	储料胶带输送机		1	运输能力 450t/h，带宽 1000mm，带速 2.0m/s，长度 30m，提升高度 9m
5	装载机	徐工 LW300F	3	额定载荷 3.0t，铲斗容量 1.8m³，卸载高度 2892mm，额定功率 92kW·h

2）固体充填材料垂直投放输送系统

东坪煤矿采用两套垂直投料输送系统，一套正常使用，一套备用，所用设备和功能完全相同。固体充填材料经过地面运输系统破碎之后，再通过垂直投料输送系统到达井下。每套垂直投料输送系统主要包括投料监控室、投料井、直投缓冲器等。投料井是从地面向井下开凿的竖井，井深 152.25m，其内安装有耐磨管，耐磨管内径为 Φ500mm，外径为 Φ608mm。耐磨管和井壁之间进行注浆充填。垂直投料输送系统基本结构如图 9-51 所示。

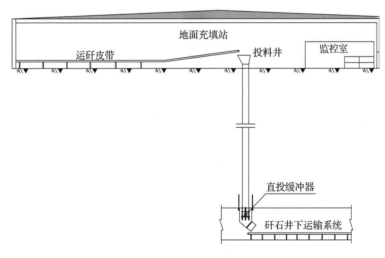

图 9-51　垂直投料输送系统基本结构

3. 固体充填采煤关键设备

1）固体充填采煤液压支架

根据矿井的顶底板等条件，最终选用 ZC6400/20/40 型六柱支撑式充填液压支架，支护强度达到 0.79MPa，支架采用"Y"形正四连杆结构，顶梁采用铰接前梁结构，后顶梁采用带滑槽的高强度箱体焊接结构,后顶梁在后顶梁立柱的作用下可以支撑工作面后部空间的顶板,后顶梁采用两根立柱支撑,顶梁支护能力强,可有效控制充填前的顶板下沉量。该支架基本结构如图9-52所示。

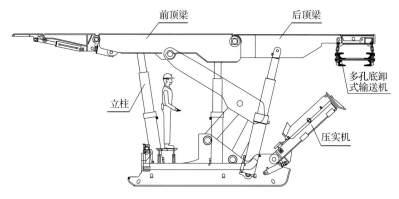

图 9-52　充填液压支架基本结构

2) 工作面其他设备选型

工作面主要设备见表9-19。

表 9-19　工作面主要设备选型

序号	设备名称	规格型号	单位	数量	安装地点
1	采煤机	MG200/530-WD	台	1	工作面
2	刮板输送机	SGZ-764/400	台	1	工作面
3	转载机	SZZ-764/160	台	1	运输顺槽
4	泵站	BRW-400/31.5	套	2	运输顺槽
5	喷雾泵站	BPW-250/5.5	套	2	运输顺槽
6	带式转载机	DZQ80/45/15	台	1	回风巷
7	充填输送机	SGBC-764/250	台	1	工作面
8	移动变电站	KBSGZY-1000/6/1.2	台	1	移变硐室
9	移动变电站	KBSGZY-1000/6/1.2	台	1	移变硐室

充填采煤工作面主要设备配套布置平面图如图9-53所示。

9.3.4　固体充填采煤地表沉陷分析

1. 预计参数的选取及预计结果

在本次开采沉陷预计过程中,参照阳泉矿区根据实测资料及统计分析成果,选取本区充填采煤沉陷预测参数(表9-20)。

表 9-20　预计参数的选取

参数	下沉系数	水平移动系数	主要影响角正切	主要影响传播角	拐点偏移距
取值	0.7	0.22	2.1	$90° - 0.6\alpha$	$0.04H$

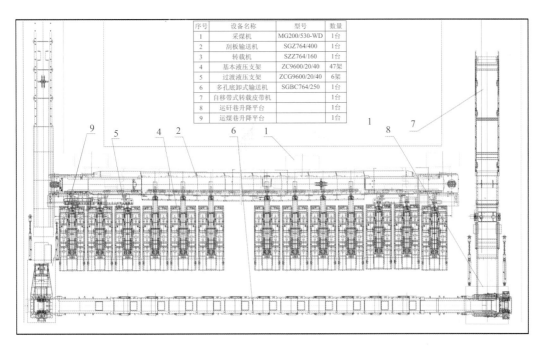

序号	设备名称	型号	数量
1	采煤机	MG200/530-WD	1台
2	刮板输送机	SGZ764/400	1台
3	转载机	SZZ764/160	1台
4	基本液压支架	ZC9600/20/40	47架
5	过渡液压支架	ZCG9600/20/40	6架
6	多孔底卸式输送机	SGBC764/250	1台
7	自移带式转载皮带机		1台
8	运矸巷升降平台		1台
9	运煤巷升降平台		1台

图 9-53　工作面主要设备布置平面图

　　根据设计的开采方案,采用基于等价采高的概率积分法预计理论,针对 15601 工作面进行地表沉陷预计,图 9-54 至图 9-60 为地表移动变形极值图,预计结果统计见表 9-21。

表 9-21　充填试采面开采后地表移动与变形极值

地表移动变形指标	下沉/mm	水平移动/mm		水平变形/(mm/m)		倾斜变形/(mm/m)		曲率/(mm/m²)	
		南北方向	东西方向	南北方向	东西方向	南北方向	东西方向	南北方向	东西方向
预计值	117	33	40	−1/0.5	−1.2/0.6	−1.4/1.4	−1.5/1.5	−0.04/0.02	−0.04/0.02

图 9-54　地表下沉等值线

图 9-55　走向方向水平移动等值线

图 9-56　倾向方向水平移动等值线

图 9-57　走向方向水平变形等值线

图 9-58　倾向方向水平变形等值线

图 9-59　走向方向倾斜变形等值线

图 9-60　倾向方向倾斜变形等值线

从预计结果可以看出:地表最大下沉量为 117mm;最大水平拉伸变形为 0.6mm/m,

最大水平压缩变形值为 1.2mm/m,地表倾斜最大值为 1.5mm/m,最大曲率变形为 0.04mm/m²;地表移动变形对地面建筑物的损害影响均在Ⅰ级损害以内,不会影响地面居民住宅建筑物的正常使用。

2. 固体充填采煤地表沉陷监测

1)地表移动观测站主要监测内容

地表移动观测和建筑物监测内容如下:

15601 固体充填工作面开采过程中,地表移动变形监测,高程采用三等水准进行测量,平面位移采用高精度测量机器人进行测量;

地表建筑物基础沉降、倾斜变形监测,在东侧职工宿舍中选择有代表性的两排房屋上设立建筑物变形监测点,采用静力水准测量仪实时监测建筑物变形情况。

2)观测站的布设位置及长度

根据地表移动观测站设计原则,在充填试验区上方布设三条地表移动观测线,分别为走向观测线一条、倾向观测线两条。走向观测线沿路布设由东坪矿工业广场东南角外围的路口起,至工作面中央,点名为 Z01-Z18,长度约为 412m;一条倾向观测线布设在工作面上方投料井广场内,点名为 T01-T06,长度约为 96m,另一条倾向观测线沿着工作面南侧的小路布设,点名为 Q01~Q13,长度约为 260m。同时,在 15601 充填面东侧职工宿舍中第 3、第 4 排房屋上各布设了 4 个建筑物变形监测点,其观测站布置如图 9-61 所示。分别在第 3、第 4 排建筑物上布设建筑物沉降监测点,点分别为 J01~J08 共 8 个监测点。具体观测线控制点、工作测点布设如图 9-62 所示。

图 9-61　观测线布设

图 9-62　建筑物沉降监测点布设

3)建筑物监测点设计

为研究充填工作面采动过程中上方地表建筑物变形情况,在设立地表观测站的基础上仍需在建筑物上布设特殊的观测点,并利用静力水准仪对该系列监测点采取高精度连续监测,从而获取其移动变形量。监测支架及仪器安装示意图如图 9-63 和图 9-64 所示。

图 9-63　静力水准仪

图 9-64　静力水准仪控制箱

3. 固体充填采煤地表下沉实测

截止到 2013 年 10 月,对 15601 工作面对应地表移动变形进行了 3 次测量,由于工作面推进距离较短,且顶板条件较好,实测地表下沉最大值仅为 2mm,预计最大下沉值为充填体完全压实、岩层移动彻底稳定后的最终值。

9.4　济宁花园煤矿固体充填采煤

9.4.1　矿井概况与地质采矿条件

1. 矿井概况

花园煤矿隶属于济宁能源发展集团有限公司,位于山东省济宁市金乡县境内,东北距济宁市区约 48km,矿井建在金乡县西郊,地面交通发达,矿井设计生产能力为 45 万 t/a,原设计服务年限 40.5 年。

花园煤矿井田是济宁市金乡县金乡煤田的一部分,北起 F2 断层,南至凫山断层,西到煤层露头及 FD11 断层,东至 F22 断层,井田东西长约 6.7km,南北宽约 4.5km,井田面积约 28.06km²。井田范围内村庄、城镇、河流等星罗棋布,全井田均被地表各类建(构)筑物所压覆。井田内区域地势平坦,为黄土冲积平原,海拔标高为 35.90~38.40m,一般为 37m 左右。

花园井田含煤地层为二叠系下统山西组和石炭系上统太原组,共含煤 19 层,煤层平均总厚 9.46m,含煤系数为 4.0%。其中可采与局部可采煤层共 3 层(3 煤、15 煤、16 煤),可采煤层的平均总厚 4.15m,可采含煤系数 1.76%。其中 3 煤厚度大、分布广、埋藏浅、储量大,是目前的主要开采对象;15 煤、16 煤为局部可采煤层。可采煤层均为城市及周边地区下压煤。

矿井主要开采二叠系下统山西组 3 号中厚煤层,井田内平均厚 2.50m,煤层倾角 5°~18°。该区域不仅地表存在大量的建(构)筑物,且新生界地层厚度大、基岩薄、煤层埋藏深,因此煤炭开采难度大。2006 年至今花园煤矿在一采区进行了建筑群下条带开采获得了成功,并取得了大量宝贵的实践经验;但面积采出率仅为 30% 左右,煤炭资源损失巨大。2009 年,中国矿业大学与花园煤矿合作进行建筑物下固体充填采煤技术的试验,首选试验区域为一采区。

2. 地质采矿条件

1) 充填采煤区域概况

一采区除了东南角区域以外的其他区域已于 2010 年回采完毕,因此,充填采煤区域选为一采区的东南角区域(以下简称一采区南部)。位于工业广场的东北部,一采区带式输送机下山以东,紧靠煤层冲刷变薄带,井田边界保护煤柱以西,北部为 FD2 断层,南部为 FD39 断层。东西长约 140m,南北长约 350m,面积约 0.06km²。地层总体为单斜构造,走向东东南,倾向北北东,地层倾角 7°~19°,平均 12°。该区域煤炭资源工业储量约 20 万 t,可采储量 16 万 t,均为村庄下压煤。

该区域上方地形平坦,为黄土冲积平原,海拔标高 36.62~37.90m,平均 36.70m,相对高差小,总的趋势为西高东低。区内地表潜水位位于地表下 1.50m 处。地面有金马河从西向东在区域中部穿过,建筑物主要为县城郊区居民住房,分布在区域北部及西南部,房屋以一层及二层平房为主,砖砼结构,存在少量的土坯房。

2) 煤层情况及开采煤层顶底板情况

区域开采煤层为二叠系山西组 3 煤,平均厚度 2.50m,埋深 500~650m,倾角 7°~19°,平均 12°。煤层主要特征为:黑色,块状及粉末状,以亮煤为主,偶夹暗煤条带,条带状及块状结构,金刚光泽,为光亮型煤;煤层结构较简单,局部地段发育一层夹矸。煤层主要指标见表 9-22。

表 9-22　煤层主要指标

煤层名称	水分(Mad)	灰分(Ad)	挥发分(Vdaf)	全硫(Stad)/%	真相对密度/TRD
3 煤	0.45	9.89	31.62	0.82	1.37

煤层顶板为中细砂岩,厚度约 44m,顶板砂岩富水性较弱,局部存在厚度约 0.4m 的泥岩伪顶。煤层直接底板为泥岩及炭质泥岩,厚度 3.85m,老底为粉砂岩,厚度 6.8m。下距三灰约 50m,三灰富水性中等,为 3 煤开采时的重要充水含水层。

区域内存在两条断层 F12-1、F12-2,区域北部为 FD2 断层,西部为 FD1 断层,南部靠近 FD39 断层,断层具体情况见表 9-23。

表 9-23　充填采煤区域主要断层情况

断层名称	性质	产状			备注
		倾向/(°)	倾角/(°)	落差/m	
FD1	正断层	64~84	55~65	0~6	呈西北—东南走向,倾向北东
FD2	正断层	170~175	55~65	0~5	呈近东西走向,倾向南
FD39	正断层	340~355	55~65	>39	呈近东西走向,倾向北
F12-1	正断层	151~172	45~65	0~6	呈东北—西南走向,倾向东南
F12-2	正断层	164~175	45~65	0~10	呈近东西走向,倾向南

9.4.2　建(构)筑物设防指标确定

一采区充填区域对应地表主要为村庄房屋、公路及河流等建(构)筑物,试采区上部及周边地表村庄有小邱庄、大邱庄和花园村等县城郊区村庄,金马河及金马河绿化带在试采区中部穿过。初步统计压煤村庄户数总计约为 200 户,人口约 1000 人。

农村主房一般坐北朝南,由村道隔开形成棋盘式布局,一般为平房,个别住户为两层楼房;各户墙体相接。一般 3 户一排,三排再形成一个单元,受地形地物影响各单元户数不一,其结构为砖木结构或砖混结构,砖墙承重,砖石基础,房屋布局、建筑结构、建筑时间不一,总体看抗采动变形能力一般。对应地表仅有两幢正在建设的框架结构楼房;开采区域东北部有一家彩瓦厂,为一层砖混建筑,有一定的抵抗地表变形能力。

在试采区周围,还有一些冷库、金乡粮食局、山东省金乡卫生学校、工业广场变电站等建(构)筑物,将有可能受到采动波及影响。

金马河宽为 20～40m,河两岸为宽约 60m 的堤坝,河流在丰水期水量较大,枯水期水量小或干涸,堤坝为自然土堤。

地面主要建筑物与试采区相对位置关系如图 9-65 所示。试采区上方的城市及周边地区建筑物、金马河现状如图 9-66、图 9-67 所示。

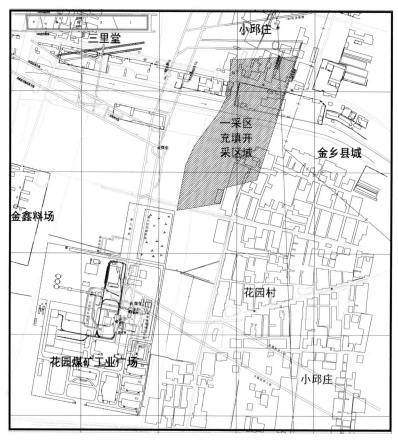

图 9-65　一采区充填区域井上下对照

图 9-66　城市周边建筑物

图 9-67　金马河及附近建筑物

依据《建筑物、水体、铁路及主要井巷煤柱留设与压煤开采规程》,区内大部分为Ⅲ级保护的砖瓦结构平房,没有Ⅰ级、Ⅱ级保护的建(构)筑物(如高层住宅楼、煤气管道等)。

根据充填区域地面村庄建筑物和当地高潜水位情况,一采区南部地面建(构)筑物的设防标准的设防标准是:试采区充填采煤后对地面村庄等建(构)筑物区域的采动影响控制在Ⅰ级采动影响范围内,建筑物区域地表最大下沉量控制在 250mm 以内,地表最大水平变形控制在 1.0mm/m 以内。

9.4.3　固体充填采煤系统与装备

1. 工作面布置

根据试采区地质采矿条件,鉴于 1312 工作面回采巷道已掘进完成(为原设计的条带开采工作面),且 1312 轨道顺槽与充填采煤区域的边界距离为 100m;设计一采区南部充填区域布置两个充填采煤工作面,即面长 34m 的 1312 工作面和面长 100m 的 1316 工作面。充填工作面布置如图 9-68 所示,工作面基本参数见表 9-24。

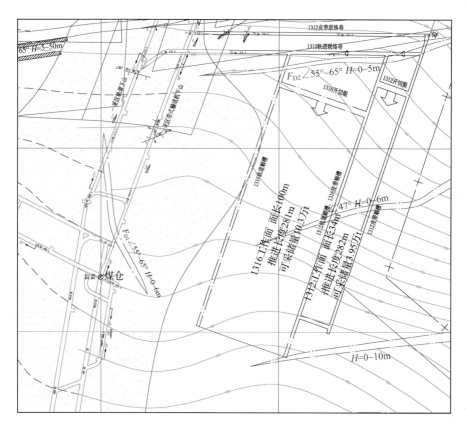

图 9-68　一采区南部充填工作面布置

表 9-24　一采区南部充填工作面煤基本参数

工作面名称	工作面宽度/m	采高/m	容重/(t/m³)	煤层倾角/(°)	推进长度/m	可采煤量/万 t
1312 工作面	34	2.5	1.37	17	282	3.95
1316 工作面	100	2.5	1.37	7	281	9.62

2. 工作面生产系统布置

充填采煤工作面生产系统主要包括运煤系统、运料系统、通风系统和运矸系统。

1) 1312 工作面生产系统布置

1312 工作面的生产系统布置如图 9-69 所示。

（1）运煤系统：1312 工作面→1312 运输巷→1312 运输联络巷→一采区东运输下山→一采区煤仓→500 水平运输大巷→主井井底煤仓→地面。

（2）运料系统：副井→−500 水平井底车场→−500 水平轨道大巷→一采区东轨道下山→1312 轨道顺槽联络巷→1312 轨道顺槽→1312 工作面。

（3）通风系统。新风路线：副井→轨道大巷→一采区轨道下山→1312 轨道顺槽联络巷→1312 轨道顺槽→1312 工作面。

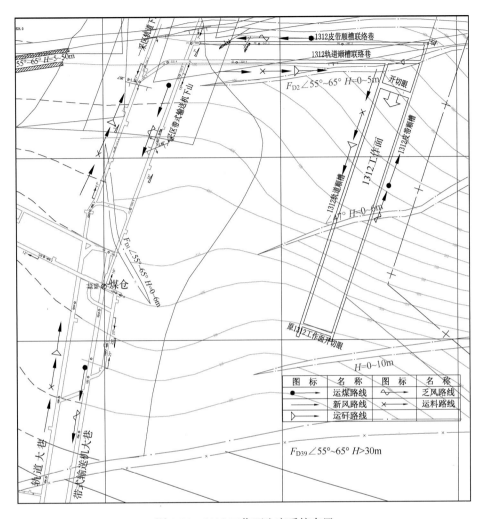

图 9-69　1312 工作面生产系统布置

乏风路线：1312 工作面→1312 运输巷→1312 运输联络巷→一采区带式输送机下山→带式输送机大巷→主井→地面。

(4) 运矸系统。地面→副井/主井→－500 水平轨道大巷→一采区东轨道下山→1312 平矸仓→1312 轨道顺槽联络巷→1312 轨道顺槽→1312 工作面。

2) 1316 工作面生产系统布置

(1) 运煤系统。1316 工作面→1316 运输巷→1312 运输联络巷→一采区带式输送机下山→带式输送机大巷→井底煤仓→主井→地面。

(2) 运料系统。副井→轨道大巷→一采区轨道下山→1312 轨道顺槽联络巷→1316 轨道顺槽→1316 工作面。

(3) 通风系统。新风路线：副井→轨道大巷→一采区轨道下山→1312 轨道顺槽联络巷→1316 轨道顺槽→1316 工作面。乏风路线：1316 工作面→1316 运输巷→1312 运输联络巷→一采区带式输送机下山→带式输送机大巷→主井→地面。

（4）运矸系统。地面→副井/主井→轨道大巷→一采区轨道下山→1312 轨道顺槽联络巷→1316 轨道顺槽→1316 工作面。

1316 工作面生产系统如图 9-70 所示。

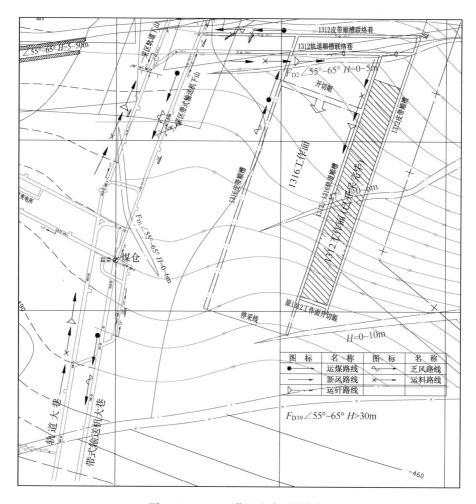

图 9-70　1316 工作面生产系统布置

3. 固体充填材料井上下连续高效输送系统

花园煤矿固体充填材料主要来源于地面矸石山的矸石以及井下掘进矸石,地面矸石需要经过筛分破碎之后运输至井下,因此,固体充填材料井上下连续高效输送系统主要包括充填材料地面运输系统、主井下料提煤双向输送系统、井下运煤与运料双向运输系统,实现固体充填材料向充填采煤工作面高效连续供应。

1）充填材料地面输送系统

（1）地面运输系统布置。

地面运输系统布置如图 9-71 所示,地面运输系统的破碎功能通过颚式、反击式破碎机二级破碎系统或者厢体锤式破碎系统实现;地面运输系统的转载功能通过主井矸石运输皮带栈桥系统实现。

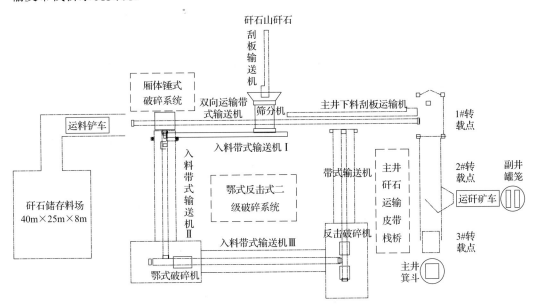

图 9-71　地面运输系统原理示意

厢体锤式破碎系统包括入料带式输送机、分叉溜槽及锤式破碎机组成,如图 9-72 所示。

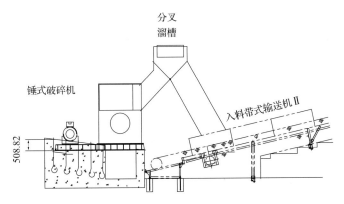

图 9-72　厢体锤式破碎系统示意

颚式、反击式破碎机二级破碎系统包括三部入料带式输送机、颚式破碎机以及反击式破碎机组成。矸石带式输送机栈桥系统包括 1♯、2♯ 及 3♯ 三个转载点,1♯ 转载点的功能是实现破碎矸石向矸石带式输送机栈桥的转载,1♯ 转载点中设置装料斗。2♯ 转载点的功能是实现向运矸矿车装载矸石以及矸石流的正常转载,2♯ 转载点中设置分矸器及转载缓冲仓,当需要向副井下矸时,分矸器工作,矸石流进入转载缓冲仓,然后给料至运矸矿车,由副井罐笼运至井下;当需要向主井下矸时,分矸器停止工作,矸石继续沿主井矸石带式输送机栈桥进入 3♯ 转载点。3♯ 转载点的功能是实现向主井箕斗定量加载,3♯ 转载点中设置转载缓冲仓,矸石转载带式输送机以及装载缓冲仓,矸石流首先进入转载缓冲仓,然后经转载带式输送机进入装载缓冲仓,最后定量加载至箕斗,由主井箕斗运输至井下。主井矸石带式输送机栈桥系统如图 9-73 所示。

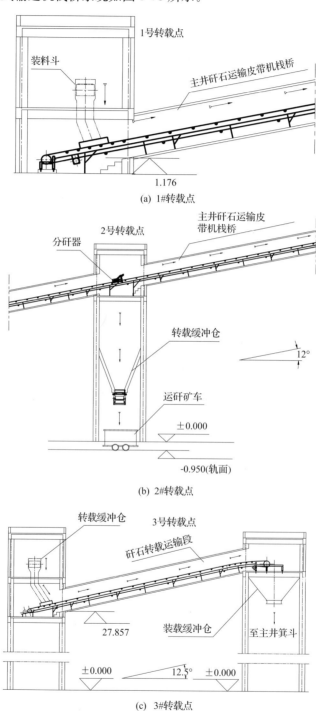

(a) 1#转载点

(b) 2#转载点

(c) 3#转载点

图 9-73　主井矸石带式输送机栈桥系统

（2）地面运输工艺流程。

矸石地面运输工艺包括破碎和转载两方面,矸石破碎系统的工作流程分为两部分,一是向主井下料时工艺流程,另一个是向地面储料场存储时工艺流程。

向主井下料时工艺流程:矸石通过铲车给料至筛分机,筛下小粒径矸石由双向带式输送机运至主井运矸带式输送机,筛上大粒径矸石滚落至筛前带式输送机,由带式输送机运至机头,再经颚式、反击式破碎机二级破碎系统或者厢体锤式破碎系统破碎。

颚式、反击式破碎机二级破碎系统破碎工艺:大粒径矸石通过筛前带式输送机运至机头,经分叉溜槽进入入料带式输送机运至颚式破碎机进行一级破碎,然后由入料带式输送机运至反击式破碎机进行二级破碎,破碎后的矸石进入双向带式输送机运至主井运矸带式输送机。

厢体锤式破碎系统工艺:大粒径矸石通过筛前带式输送机运至机头,经分叉溜槽进入厢体锤式破碎机进行破碎,破碎后的矸石落到破碎机下的双向带式输送机运至主井运矸带式输送机。

向地面储料场存储时工艺流程:其流程与向主井下矸石时的破碎流程一致,改变双向带式输送机的运输方向,破碎后的矸石则被运送至地面储料场进行储存。

破碎后的矸石进入装载运输流程,可通过主井箕斗或者副井罐笼两个途径运输至井下,其途径分别如下:

主井箕斗运输路线:主井运矸带式输送机运输→分矸器→主井装载缓冲仓→带式给料机→转载带式输送机→定量装载至主井箕斗→井下;

副井罐笼运输路线:主井运矸带式输送机运输→分矸器→转载缓冲仓→带式给料机→矿车→副井罐笼→井下。

地面破碎系统及转载系统原理如图 9-74 所示。

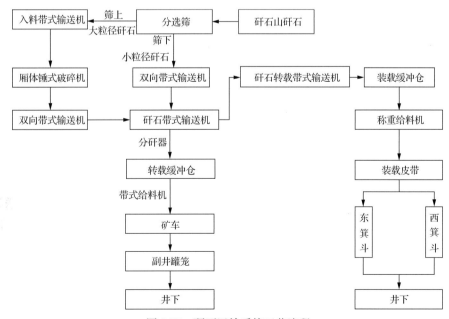

图 9-74　矸石运输系统工艺流程

（3）地面运输系统设备。

地面运输系统中的关键设备包括分级筛、颚式破碎机、反击式破碎机等。其具体参数见表 9-25。

表 9-25　地面关键设备参数

序号	设备名称	设备型号	参数
1	振动筛	YK1854	入料粒度不大于 600mm，出料粒度不大于 50mm，处理量 300t/h，功率 22kW，电压 660V
2	刮板运输机	SGB620/40T	运量 300t/h，功率 55kW，电压 660V
3	耙装机	PC60	运量 150t/h，功率 30kW，电压 660V
4	颚式破碎机	PE1060	入料粒度不大于 600mm，出料粒度不大于 100mm，处理量 300t/h，功率 110kW，电压 660V
5	反击破碎机	PF1214	入料粒度不大于 100mm，出料粒度不大于 50mm，处理量 300t/h，功率 132kW，电压 660V
6	双向运输带式输送机		带宽 800mm，运量 300t/h，功率 22kW，电压 660V
7	厢体锤式破碎机	PC1000	入料粒度不大于 600mm，出料粒度不大于 100mm，处理量 150t/h，功率 75kW，电压 660V
8	定量称重给料机	GLD3300/11/S	入料最大粒度不大于 50mm，电压 660V，功率 11kW，给料能力：600～300t/h，调速方式：手动调速

2）主井提煤下料双向输送系统

主井提煤下料双向输送系统主要包括井口矸石定量装载装置和主井装卸载装置两部分。

矸石定量装载系统主要由装载缓冲仓、定量称重给料机、矸石装载带式输送机与矸石装载翻板溜槽组成；定量称重给料机安装在装载缓冲仓下，矸石装载带式输送机安装在称重给料机下，矸石装载分叉溜槽安装在矸石装载输送机机头，出口接主井井架内套架。主井需要下矸石时，开启矸石装载输送机，开启称重给料机，称重给料机将 6t 矸石装载到带式输送机上，箕斗到位后，开启装载带式输送机向箕斗装料，在箕斗到位前装载分叉溜槽打到相应的位置。如图 9-75 所示。

为了实现箕斗在井上卸载煤炭、井下卸载矸石，原来的 6t 单绳提煤箕斗需由扇形闸门曲轨卸载改为外动力扇形闸门卸载，通过对现有的箕斗进行改造，满足了箕斗外动力卸载要求。通过安装箕斗外动力开闭装置实现箕斗闸门的开启与关闭。安装箕斗外动力开闭装置时：在井上，对主井内套架及罐道进行了改造，安装了主井上井口开闭装置；在井下，在不对井壁进行破坏的前提下通过采用新技术，施工了主井井底卸载硐室，对井底罐道进行改造，安装了井底开闭装置。如图 9-76 所示。

3）井下运煤与运料双向运输系统

为了将矸石顺利运送至充填工作面，需要在巷道内安装一条专用运矸带式输送机，根据现场情况，安装带式输送机需要对巷道进行改造，局部进行挑顶或卧底，巷道改造工程

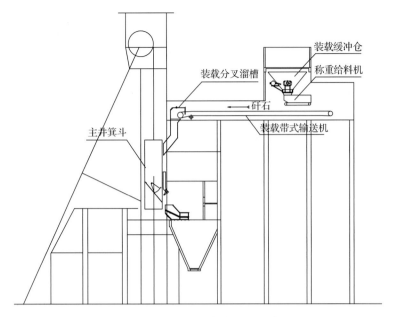

图 9-75　矸石定量装载装置示意

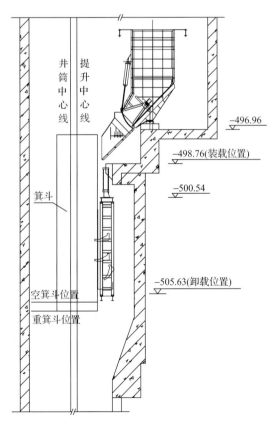

图 9-76　主井装卸载装置

量大,并且占用巷道时间较长,因此决定对现有的运煤带式输送机进行改造,使其实现双向运输功能,在带式输送机上带式运煤的同时,在下皮带进行矸石的运输。

为实现以上功能,对 H 支架进行了技术改造,改造后的井下双向运输带式输送机具有以下技术优势:

(1) 减少了一部吊挂带式输送机的投用。

(2) 避免了对巷道进行改造,节约了改造费用。

(3) 底皮带运矸改造简单,占用时间较短,且不需要专业安装队伍,节约了安装费用。

(4) 增加了带式输送机的运输能力,实现了一机两用的功能。

改造后的井下双向运输带式输送机如图 9-77 所示。

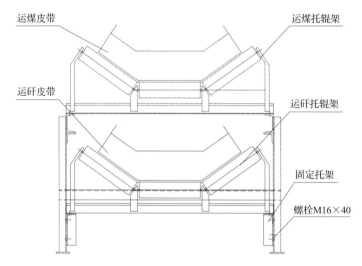

图 9-77　井下双向运输带式输送机

井下双向运输系统布置如图 9-78 所示。

运煤路线:1316 工作面→1316 运输巷带式输送机→1312 运输联络巷→一采区运输下山双向运输带式输送机→一采区煤仓→集中运输大巷双向运输带式输送机→煤仓。

运矸路线:主井→主井清理斜巷带式运输→集中运输大巷双向运输带式输送机→溜矸孔→运矸巷刮板输送机→一采区运输下山双向运输带式输送机→1312 运矸联络巷带式运输→溜矸孔→1312 轨道联络巷带式运输→1312 轨道巷带式运输→1316 工作面多孔底卸式输送机→1316 采空区。服务于一采区 1316 充填采煤工作面的双向运输系统流程如图 9-79 所示。

由图 9-79 可知,在一采区运输下山及集中运输大巷中优化布置了双向运输系统。双向运输带式输送机井下实拍如图 9-80 所示。

4) 固体充填采煤关键设备

a. 反四连杆双通道六柱支撑式固体充填采煤液压支架

采用反四连杆双通道六柱支撑式充填采煤液压支架,其结构图如图 9-81 所示。

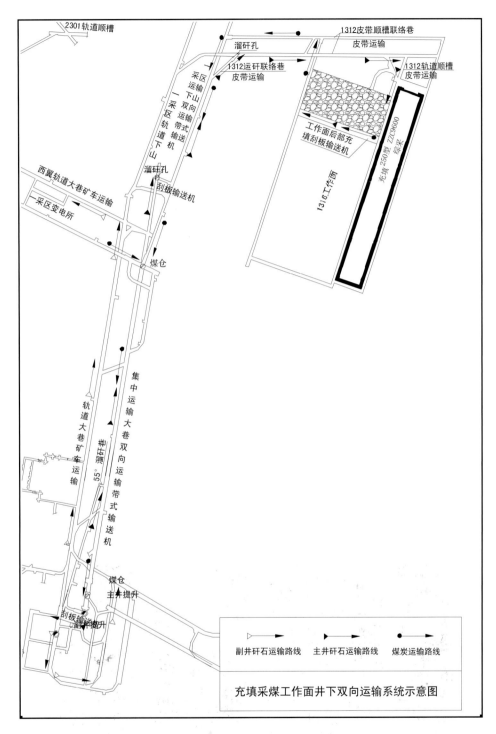

图 9-78　井下双向运输系统

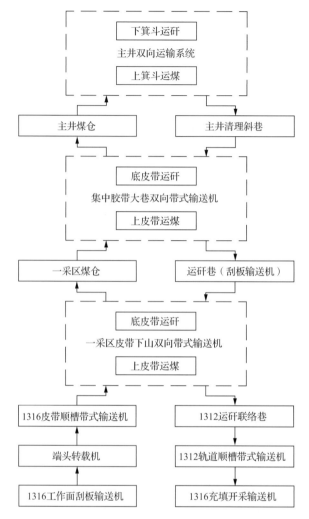

图 9-79　一采区 1316 充填采煤工作面双向运输系统

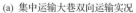

(a) 集中运输大巷双向运输实况　　　　(b) 一采区运输下山双向运输示意实况

图 9-80　双向运输带式输送机井下工况

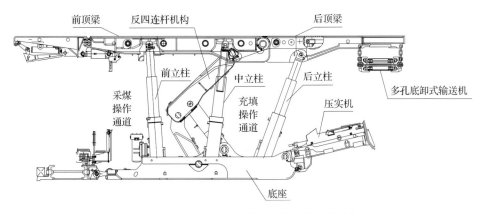

图 9-81 反四连杆双通道六柱支撑式充填支架

反四连杆六柱支撑式充填采煤液压支架主要由顶梁、立柱、底座、反四连杆机构、后顶梁、压实机等构成。后顶梁由两根斜立柱支撑,以增加支架后顶梁的支护强度和稳定性。在支架的前顶梁掩护下有采煤操作通道,采煤、移架、推溜等操作均在该通道内进行;在支架后顶梁的掩护下有充填操作通道,由于采用反四连杆结构,进行充填作业时操作人员可以直接在反四连杆机构的后部进行操作,可以直观的观察充填情况,并且极大地减少了前部采煤与后部充填操作之间的相互影响。支架型号为 ZZC9600/16/32,其主要技术参数见表 9-26。

表 9-26 反四连杆双通道六柱支撑式充填采煤液压支架主要技术参数

项目	参数	项目	参数
支撑高度/mm	1600~3200	支护强度/MPa	0.80
中心距/mm	1500	初撑力/kN	8322
支架宽度/mm	1430~1600	对底板比压/MPa	1.9
推移步距/mm	630	压实力/kN	1545
工作阻力/kN	9600	压实角度/(°)	0~50

悬挂的多孔底卸式输送机用于充填材料的运输及定点定量卸载,与充填采煤液压支架配合使用,实现工作面的整体充填。压实机安装在支架底座上,对多孔底卸式输送机卸下的充填材料进行压实。

b. 其他配套设备

根据采煤设备与充填设备的配套原则,结合工作面生产能力的要求,对工作面采煤设备与辅助设备进行详细配套见表 9-27。

表 9-27 其他设备参数指标

序号	设备名称	型号	主要技术参数
1	多孔底卸式输送机	SGBC764/250	电机功率:250kW;工作电压:1140V; 卸料孔尺寸:长×宽=345mm×460mm;
2	乳化液泵站	BRW250/31.5	电机功率:160kW;工作电压:660/1140V; 额定压力:31.5MPa;配套规格:三泵两箱

序号	设备名称	型号	主要技术参数
3	刮板输送机	SGZ764/160	电机功率:160kW;输送量:800t/h; 链速:1.1m/s;刮板链形式:双中心链
4	移动变电站	KBSGZY-800/6/1.2 KBSGZY-500/6/1.2	一次电压:6kV;二次电压为:1.14kV(0.69kV)
5	组合开关	QJZ-1600/1140(660)-6	供电变压器功率:800kVA
6	喷雾泵站	BPW-315/6.3	公称压力:6.3MPa;公称流量:315L/min

济宁花园煤矿充填采煤工作面设备配套结果如图 9-82 所示。

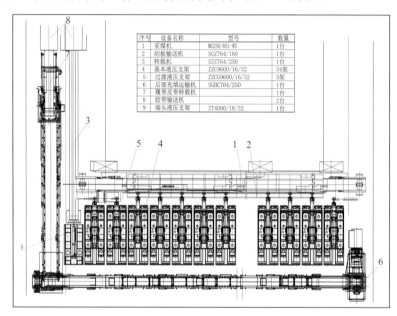

序号	设备名称	型号	数量
1	采煤机	MG250/601-WD	1台
2	刮板输送机	SGZ764/160	1台
3	转载机	SZZ764/250	1台
4	基本液压支架	ZZC9600/16/32	34架
5	过渡液压支架	ZZCG9600/16/32	3架
6	后部充填运输机	SGBC764/250	1台
7	履带皮带转载机		1台
8	胶带输送机		2台
9	端头液压支架	ZT4000/18/32	1台

图 9-82　充填采煤工作面设备配套平面图

9.4.4　固体充填采煤地表沉陷分析

1. 一采区南部固体充填采煤沉陷预计分析

1) 充填采煤地表沉陷预计参数确定

根据金乡煤田大量的地表移动观测站实测研究成果分析,金乡煤田地表沉陷基本符合概率积分法模型,应用概率积分法进行地表沉陷预计的精度完全能够达到工程要求精度。因此,本区域采用基于等价采高的概率积分法对试采区充填采煤沉陷问题进行了地表沉陷预计。

在采用基于等价采高的概率积分法进行充填采煤沉陷预计时,沉陷预计参数可取为矿区薄煤层长壁垮落法开采时的相应参数。在本次开采沉陷预计过程中,参照由实测资料统计分析的开采沉陷预计参数,并结合花园煤矿一采区地表移动观测站的初步分析资料,综合分析确定本区充填采煤预测参数见表 9-28。

表 9-28　一采区充填采煤沉陷预测参数

下沉系数	水平移动系数	主要影响角正切	主要影响传播角	拐点偏移距
0.93	0.30	1.6	$\theta=90°-0.5\alpha$	$0.02H$

固体充填采煤系统能够保证充填体和顶板充分接触,即充填欠接顶量 Δ 为 0;按照实验室矸石压缩试验,同时考虑到充填过程中压实设备对矸石的初次压实作用,选取矸石充填体剩余压缩率 η 为 15%;根据花园煤矿普通综采工作面实测结果,同时考虑到充填采煤的实际情况,选取充填前顶底板移近量 δ 为 100mm。

一采区南部固体充填采煤区域 3 煤采高为 2.50m,计算出相应的等价采高为 460mm。

2)一采区南部充填采煤沉陷预计结果

采用概率积分法计算了试采区充填采煤后的地表移动与变形。充填采煤后的地表移动与变形极值见表 9-29,地面主要建筑群范围内的地表移动与变形极值见表 9-30,其中曲率变形较小,远小于 0.01mm/m²,表中未列出。试采区充填采煤后的各种地表移动与变形等值线图如图 9-83 至图 9-89 所示,其中曲率变形较小,未绘制等值线图。

表 9-29　一采区南部充填采煤地表移动与变形极值

地表移动 变形参数	下沉 /mm	水平移动/mm		水平变形/(mm/m)		倾斜变形/(mm/m)	
		南北方向	东西方向	南北方向	东西方向	南北方向	东西方向
预计值	163	−58/77	−80/56	−0.7/0.4	−0.7/0.4	−0.6/0.6	−0.7/0.6

表 9-30　一采区南部充填采煤村庄建筑区内地表移动与变形极值

名称	下沉/mm	水平移动/mm		水平变形/(mm/m)		倾斜变形/(mm/m)	
		南北方向	东西方向	南北方向	东西方向	南北方向	东西方向
小侯庄	110	−58	−30/45	−0.3/0.3	−0.4/0.1	−0.6	−0.3/0.5
大侯庄	150	77	−30/56	−0.5/0.2	−0.6/0.2	0.6	−0.2/0.6
花园村	70	68	20	0.3	−0.2	0.6	0.2
冷库	145	−53	−60/55	−0.5	−0.5/0.2	−0.6	−0.5/0.6
金乡粮食局	30	−16	25	0	0.1	−0.2	0.3
金乡卫生学校	60	0	50	−0.2	0.3	0	0.5
工业广场变电站	50	40	−40	0.2	0.1	0.4	−0.3

由计算结果可以看出:一采区南部区域充填采煤后,上方地表的最大下沉值为 163mm;地表拉伸变形最大值为 0.4mm/m,地表压缩变形最大值为 0.7mm/m,地表倾斜最大值为 0.7mm/m。所有村庄建筑群的地表下沉值均小于 250mm 设防标准;各村庄地表最大变形值均远小于一般砖混结构平房的临界变形值,对各类建筑物的采动损害影响均在 Ⅰ 级范围内,不会影响地面各类建(构)筑物的正常使用。

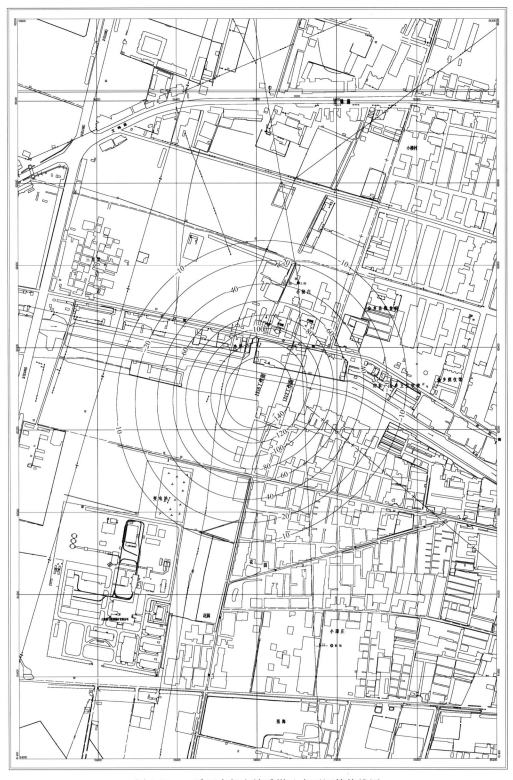

图 9-83 一采区南部充填采煤地表下沉等值线图

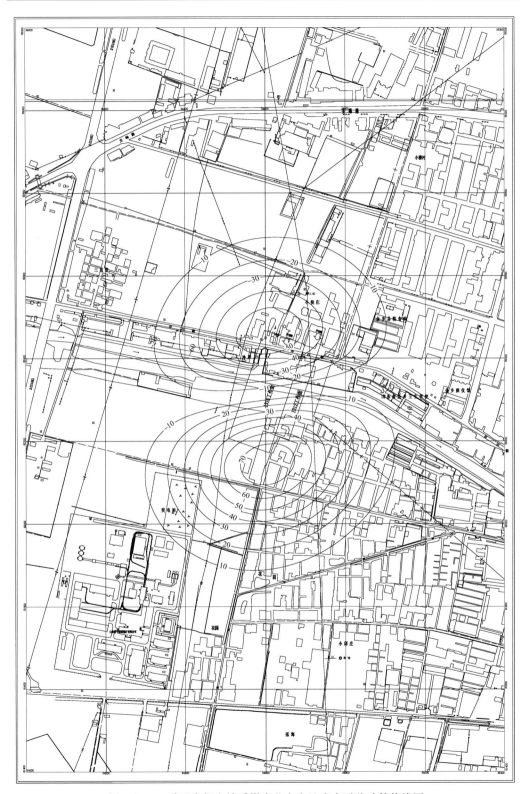

图 9-84　一采区南部充填采煤南北方向地表水平移动等值线图

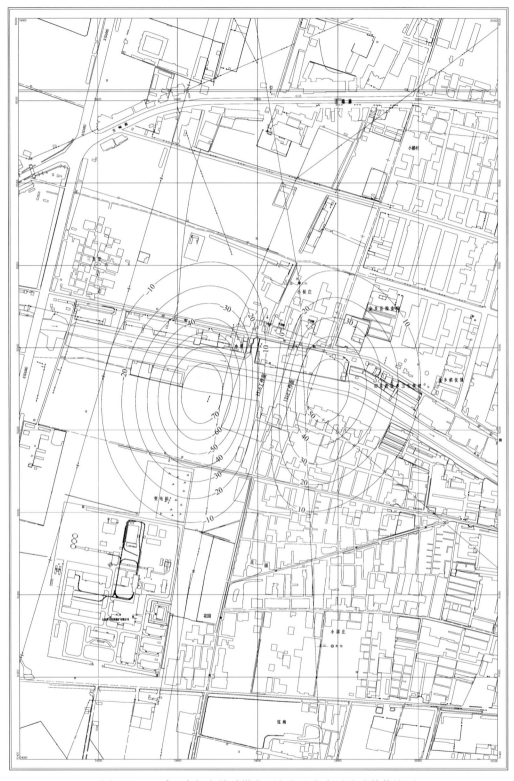

图 9-85　一采区南部充填采煤东西方向地表水平移动等值线图

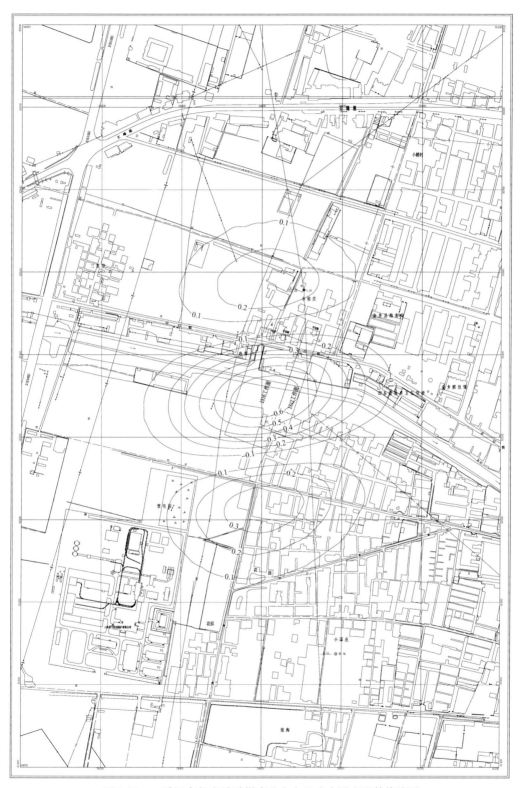

图 9-86 一采区南部充填采煤南北方向地表水平变形等值线图

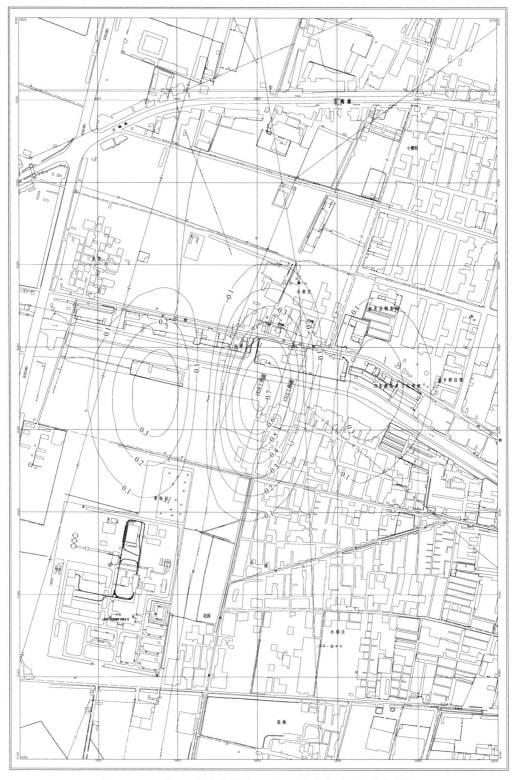

图 9-87 一采区南部充填采煤东西方向地表水平变形等值线图

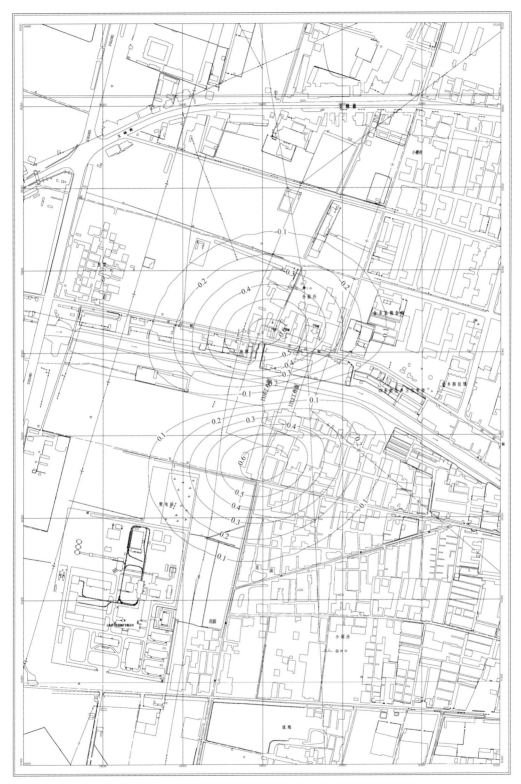

图 9-88　一采区南部充填采煤南北方向地表倾斜等值线图

图 9-89　一采区南部充填采煤东西方向地表倾斜等值线图

2. 一采区南部固体充填采煤沉陷实测分析

1）测点布置方式

为了获得一采区充填采煤地表移动规律以及实施建筑物变形监测数据,在充填采煤区域上方地表共布设观测线 4 条,分别为 A、B、C、D 测线,在观测中期又增设了 E 测线。整个观测站有控制点 6 个,分别为 A1、A2、C13、C14、D1、D5。

A 测线沿工作面位于工作面南端,垂直于工作面推进方向布置,总长约 900m,有工作测点 29 个为 A2～A31;

B 测线位于工作面北端,垂直于工作面推进方向布置,总长约 1000m,有工作测点 40 个为 B1～B40;

C 测线沿工作面东侧的公路布设,总长约 415m,有工作测点 12 个为 C1～C12;

D 测线位于工作面的南端,平行于工作面推进方向布置,总长约 260m,有工作测点 6 个为 D2～D4、D6～D8。各观测线及测点位置和编号如图 9-90 所示。

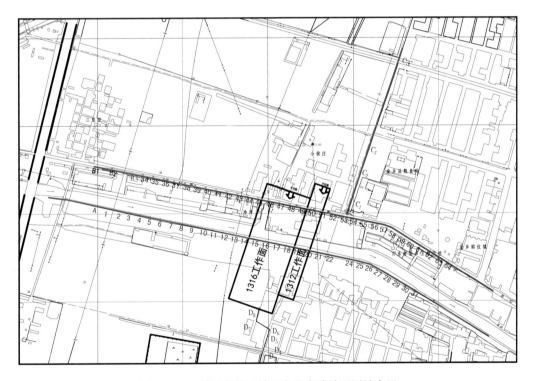

图 9-90　一采区充填区域上方地表移动观测站布置

2）一采区南部地表变形实测数据

自 2011 年 4 月 15 日起至 2012 年 7 月 15 日共进行了 22 次的沉降观测。每次观测时间和对应工作面推进距离及推进速度见表 9-31。

表 9-31　各期观测时间和对应工作面推进情况

观测期数	1	2	3	4	5
观测日期	2011.4.15	2011.4.22	2011.5.5	2011.5.22	2011.6.12
推进距离/m	0(1312)	5	13	50	87
推进速度/(m/d)	0	0.7	1.4	2.1	1.8
观测期数	6	7	8	9	10
观测日期	2011.7.2	2011.7.30	2011.8.10	2011.9.9	2011.10.11
推进距离/m	123	145	156	204	261
推进速度/(m/d)	1.8	0.8	1.1	1.6	1.8
观测期数	11	12	13	14	15
观测日期	2011.11.2	2011.12.28	2012.1.12	2012.2.10	2012.3.1
推进距离/m	272(1312完)	39(1316)	46	71	99
推进速度/(m/d)	0	1.4	0.5	0.9	1.5
观测期数	16	17	18	19	20
观测日期	3.20	4.5	4.21	5.10	5.25
推进距离/m	121	131	141	152	163
推进速度/(m/d)	1.2	0.7	0.7	0.6	0.7
观测期数	21	22			
观测日期	2012.6.27	2012.7.15			
推进距离/m	183	195			
推进速度/(m/d)	0.7	0.6			

3) 地表变形监测结果分析

a. A 观测线的数据处理及分析

图 9-91 为 A 测线实测地表下沉曲线。从图中各期下沉曲线对比看出，A 观测线上的点在 1～16 期期间内下沉均不明显，直到 17 期后（2012.4.5）才出现明显的下沉。从 22 期下沉曲线可看出，实测最大下沉量为 103mm（A25 点，距 1312 工作面东侧边界 88m）。根据下沉观测数据，计算出地表最大倾斜变形为 1.0mm/m（出现在 A7～A8 点之间，距离 1316 工作面西侧边界 204m），最大曲率变形为 0.03mm/m^2（A7 点附近）。

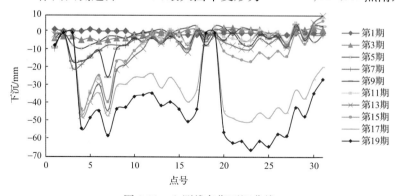

图 9-91　A 测线各期下沉曲线

b. B 观测线的数据处理及分析

图 9-92 为 B 测线实测地表下沉曲线。从图中各期下沉曲线对比看出，A 观测线上的点在 1～10 期期间内下沉均不明显，直到 11 期后(2011.11.2)才出现明显的下沉。从 22 期下沉曲线可看出，实测最大下沉量为 101mm(B27 点,1312 工作面上方)。根据下沉观测数据，计算出地表最大倾斜变形为 0.64mm/m(出现在 B40～B41 点,距 1312 工作面东侧边界 310m)，最大曲率变形为 0.03mm/m² (B40 点附近)。

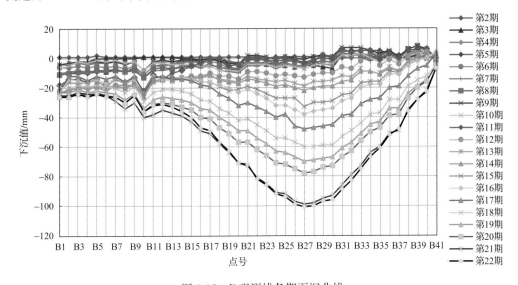

图 9-92　B 观测线各期下沉曲线

c. C 观测线的数据处理及分析

图 9-93 为 C 测线实测地表下沉曲线。从图中可看出，实测最大下沉量为 85mm(C1 点)。根据下沉观测结果，计算出地表最大倾斜变形为 1.2mm/m(出现在 C6～C7 点)，最大曲率变形为 0.02mm/m² (C6 点附近)。

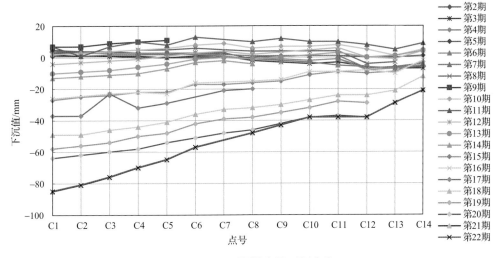

图 9-93　C 观测线各期下沉曲线

d. D观测线的数据处理及分析

图9-94为D测线实测地表下沉曲线。从图中可看出,实测最大下沉量为78mm(D11点)。

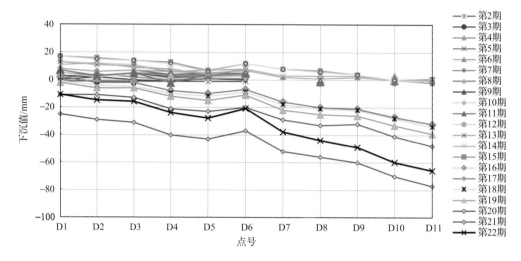

图9-94　D观测线各期倾斜曲线

e. 最大下沉点下沉速度分析

图9-95记录的是B观测线最大下沉点B27的下沉动态和下沉速度曲线。

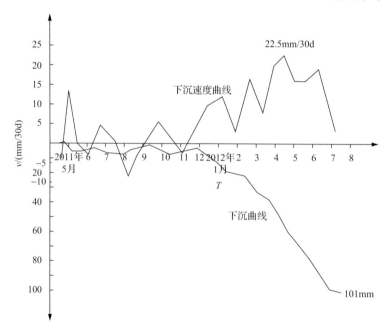

图9-95　最大下沉点(B27)的下沉速度及下沉曲线

由图中下沉曲线可知:

(1) 该点自12期后(2011.12.28)才有明显下沉,此时1312工作面已开采完,1316工作面推进约36m。

（2）由于各期下沉量均较小，所以下沉速度也很小。实测地表最大下沉速度为22.5mm/30d，出现在 2012.4.13，此时 1312 工作面开采完毕，1316 工作面推进约 135m。

（3）从地表点下沉动态过程来看，地表移动仍将继续缓慢下沉；根据下沉速度发展趋势来看，该点目前的实测下沉值已接近该条件下的最大下沉值。

按地表移动过程阶段的划分标准来评价：1312、1316 固体充填采煤工作面上方地表整个移动过程始终处于初始的缓慢下沉阶段（下沉速度＜50mm/30d），无地表移动过程活跃阶段。

9.5　开滦唐山矿固体充填采煤

9.5.1　矿井概况与地质采矿条件

1. 矿井概况

唐山矿业分公司是开滦集团公司所属的大型生产矿井之一，始建于 1878 年，是中国最早采用西方先进工业技术开凿、使用机械开采的大型矿井，素有"中国第一佳矿"之称，享有"中国北方工业摇篮"的盛誉。目前年生产能力 400 万 t，井田面积 37.28km²，煤系地层为石炭二叠纪地层，总厚度 508m，主可采层为 5♯、8♯、9♯ 和 12♯ 煤层，平均总厚度 18.81m。截至 2008 年年底，矿井地质储量 36 568.3 万 t，其中可采储量 13 035.5 万 t，约占矿井地质储量的 35.6%。

随着矿井开采的不断进行，可采储量日趋枯竭。另外矿井地处市中心，建(构)筑物下压煤问题十分突出，建筑物及村庄下压煤 17 117.3 万 t，其中仅铁三区、铁四区（包括老生产区）城镇下就压煤 4920 万 t，已严重制约着矿井的生存与可持续发展，因而，研究解决"建下"压煤开采问题，对于延长矿井寿命和保证矿井可持续发展具有重要的意义。

2. 地质采矿条件

1）地质概况

固体充填采煤技术试验开采煤层为 8♯ 煤层，首采区为铁三采区，该区位于唐山矿业分公司新老风井保护煤柱以东，其范围北至唐山市南新道保护煤柱，东至Ⅳ号断层奥灰防水煤柱，西至老生产区十二水平老采空区边界，南至新老风井保护煤柱和东翼已采区。采区走向长约 1750m，倾向长约 1150m，采区面积约 2km²。采区上限标高为 −450m，下限标高为 −780m；地面标高为 +15～+20m，平均 +17.5m。

2）煤层及顶底板情况

首采面所采 8♯ 煤层属复杂结构煤层，煤层平均倾角 8.5°，煤的容重 1.49t/m³，煤层平均厚度 3.77m，煤层埋深为 720.0～731.0m。8♯ 煤自然发火期为 10～12 个月，煤尘具有爆炸危险性，瓦斯绝对涌出量为 3.626m³/min，预计最大涌水量 0.5m³/min。煤层内含有 1～2 层夹石，厚度 0.1～0.2m，主要为炭质泥岩、泥岩，其顶底板情况见表 9-32。

表 9-32　首采工作面顶底板情况

类别	分项	主要岩石	厚度/m	岩性描述
顶板	基本顶	灰白色中砂岩	4.5	成分以石英、长石为主,硅质到硅泥质胶结,局部风化砂岩
	直接顶	灰白色粉砂岩-灰白色细砂岩	0~3.0	成分以石英、长石为主,硅质胶结。含植物根化石
	伪顶	深灰色碳质泥岩	0~0.5	泥质成分,碳质成分高
底板	直接底	深灰色粉砂岩	1.5	泥质胶结,含云母碎屑和植物根化石
	老底	灰白色细砂岩	15.2	成分以石英、风化长石为主,硅泥质胶结,坚硬

3）首采区域地表建筑情况

铁三区地表地处市区,建筑物众多,地下管线复杂。地面建筑物包括老火车站,唐山机车车辆厂以及密集的商业区、厂房和居民区;地下管路包括供水、供暖、供电、路南区的污水管路等。据不完全统计,地面企事业单位多达 800 多家。地面建筑物分布如图 9-96所示。

图 9-96　唐山矿地面建筑物分布

9.5.2　建(构)筑物设防指标确定

我国原煤炭工业局[2000]第 81 号文颁布的《建筑物、水体、铁路及主要井巷煤柱留设与压煤开采规程》第 27 条对砖混结构建筑物损坏等级做了规定。虽然规程中规定了砖混结构破坏等级和地表变形的对应关系,但在实际应用过程中,由于房屋质量往往较规程规定的要差,必须将抗变形标准适当提高。例如,兖州矿区的资料表明,当地表变形达到 0.7~1.5mm/m 时,居民住宅即会发生裂缝。考虑到铁三区上方建筑物密集、建筑质量参差不齐,权属关系复杂等特征,设定建筑物产生Ⅱ级破坏时的压缩变形-2.0mm/m,拉伸变形为1.5mm/m;同时考虑到下沉值过大容易导致城市内排水不畅,设定下沉限值为 500mm。

9.5.3　煤流矸石井下分选系统布置

煤流矸石井下分选系统由 6 条巷道、7 个硐室、1 个矸石仓、3 个溜煤眼和 13 个交叉点等工程组成。

1. 井下煤矸分选方法的选择

一般情况下,井下煤矸分选技术的选择不但与井下实际条件相关,更与井下分选煤炭的煤质密切相关,唐山矿业分公司煤质筛分总样化验结果见表 9-33,煤炭筛分试验报告见表 9-34,80～0.5mm 级入选原煤浮沉组成见表 9-35,大于 50mm 级入选原煤浮沉校正见表 9-36。

表 9-33　筛分总样化验结果

煤样	水分(Mad)/%	灰分(Ad)/%	挥发分(Vdal)/%	全硫(St)/%	发热量(Q_{grd})/(MJ/kg)
毛煤	0.95	43.65	23.45	0.41	18.09

由表 9-33 可知:该毛煤灰分属高灰分、低硫、中等挥发分煤。

表 9-34　煤炭筛分试验报告表

粒级/mm	产物名称	产率			质量			Q_{grd}/(MJ/kg)
		重量/kg	占全样/%	筛上累计/%	Mad/%	Ad/%	St,d/%	
>100	煤	76.3	1.49	—	0.73	16.47	0.45	29.07
	夹矸煤	41.19	0.80	—	0.63	40.48	0.27	16.52
	矸石	221.25	4.31	—	1.20	85.49	0.69	1.53
	硫铁矿	—	—	—	—	—	—	—
	小计	338.74	6.60	6.60	1.02	64.47	0.59	9.56
100～50	煤	173.28	3.38	—	0.78	18.51	0.49	28.25
	夹矸煤	29.39	0.57	—	0.66	50.28	0.25	14.26
手选	矸石	215.69	4.21	—	1.10	84.34	0.42	1.99
	硫铁矿	—	—	—	—	—	—	—
	小计	418.36	8.16	14.76	0.94	54.68	0.43	13.73
>50		757.10	14.76	14.76	0.98	59.06	0.50	11.86
50～25	煤	1926.92	37.58	52.34	0.99	47.63	0.32	12.84
25～13	煤	900.75	17.57	69.91	0.74	42.02	0.39	18.45
13～6	煤	568.09	11.08	80.99	0.75	34.97	0.42	21.60
6～3	煤	449.93	8.77	89.76	0.78	30.14	0.43	23.65
3～0.5	煤	341.28	6.66	96.42	0.81	25.87	0.44	25.36
0.5～0	煤	183.40	3.58	100	1.44	24.06	0.46	25.18
50～0		4370.37	85.24	—	0.89	40.49	0.38	17.80
毛煤总计		5127.47	100		0.90	43.63	0.40	17.09
原煤总计(除去大于50mm矸石和硫铁矿)		4690.53	91.48		0.88	39.56	0.38	18.52

注:最大粒度 350mm×330mm×250mm;全水分 5.08%

　　从表 9-34 中可以看出:大于 50mm 的块煤灰分高达 59.06%,毛煤含矸率 14% 以上。从毛煤筛分试验报告可以看出,随着毛煤粒度的增大,其灰分也越来越高,说明在开采中混入的矸石较多;随着粒度降低,灰分降低,说明煤质较软;同时,大于 50mm 的块煤中矸石含量达到 57.72%,这就证明井下块煤排矸是必要的,而且块煤排矸可以带来以上两方面的好处:一可以相对提高矿井的运输(提升)能力;二降低含矸率,提高煤炭质量,同时,亦可以进一步研究降低有效入洗下限问题,以便于大幅度发挥井下排矸能力,进而更好地提高井下排矸所带来的效益。

　　表 9-34 中 0.5mm 级灰分低于其他各粒级灰分,说明矸石不易泥化,将会降低煤泥水处理难度,对洗选系统有利。

　　根据唐山矿业分公司实际状况,此次改造进入分选排矸系统的毛煤确定为 20%。

表 9-35　80～0.5mm 级入选原煤浮沉组成

密度级 /(kg/L)	产率/%	灰分/%	浮物累计		沉物累计		分选密度±0.1含量	
			产率/%	灰分/%	产率/%	灰分/%	分选密度	±0.1含量
<1.30	15.42	5.18	15.42	5.175	100.00	36.47	—	—
1.30～1.40	24.51	10.62	39.93	8.52	84.59	42.17	1.40	33.33
1.40～1.50	8.82	17.52	48.75	10.15	60.08	55.04	1.50	14.27
1.50～1.60	5.45	25.71	54.20	11.71	51.25	61.50	1.60	11.25
1.60～1.70	5.80	33.61	60.00	13.83	45.80	65.76	1.70	9.03
1.70～1.80	3.23	41.70	63.23	15.25	40.00	70.42	—	—
>1.80	36.77	72.94	100.000	36.47	36.78	72.94	—	—
合计	100.00	36.47	—	—	—	—	—	—

　　分析表 9-35,主导密度级为 1.30～1.40kg/L 级,产率占 24.51%;次主导密度级为小于 1.3kg/L 级,产率占 15.42%;二者合计占 39.93%,浮物灰分仅为 8.52%,说明该密度级别为分选重点密度级。当理论分选密度为为 1.5kg/L 时,原煤倾向于较易选,且浮物灰分在 10% 左右;当理论分选密度为为 1.6kg/L 或 1.7kg/L 时,原煤倾向于易选且浮物灰分在 11.25% 以下。

表 9-36　>50mm 级入选原煤浮沉校正表

密度级/(kg/L)	产率/%	灰分/%	浮物		沉物		±0.1含量	
			产率/%	灰分/%	产率/%	灰分/%	密度/%	产率/%
<1.3	5.87	5.18	5.87	5.18	100.00	59.06	1.3	15.19
1.3～1.4	9.33	10.62	15.19	8.52	94.13	62.42	1.4	12.69
1.4～1.5	3.36	17.52	18.55	10.15	84.81	68.12	1.5	5.43
1.5～1.6	2.07	25.71	20.63	11.71	81.45	70.20	1.6	4.28
1.6～1.7	2.21	33.61	22.84	13.83	79.37	71.36	1.7	3.44
1.7～1.8	1.23	41.70	24.06	15.25	77.16	72.44	1.8	16.42
>1.8	75.94	72.94	100.00	59.06	75.94	72.94		
合计	100.00	59.06						

分析表 9-36,主导密度级为大于 1.8kg/L 级,产率占 75.94％,浮物灰分为 59.06％,说明该密度级别为分选重点密度级。当精煤灰分为 32.38％时,理论分选密度约为 1.8kg/L,±0.1 含量约为 16.42％,属中等可选煤。

由检测结果可知,开采煤层为中等可选煤,采用动筛跳汰机选煤技术工艺较为合适。

2. 煤流矸石井下分选系统与工艺

煤流矸石井下分选系统由 6 条巷道、7 个硐室、1 个矸石仓、3 个溜煤眼和 13 个交叉点等工程组成,井下煤矸分选巷道(硐室)系统设置于风井 11 水平,运煤带式输送机可布置在 502 煤仓与 5020 煤仓的新建联络巷内,向东北开拓矸石巷道,与新建矸石仓贯通,将分选排矸系统布置在矸石巷道中,巷道布置及煤泥水系统,其布置方式如图 9-97 所示。

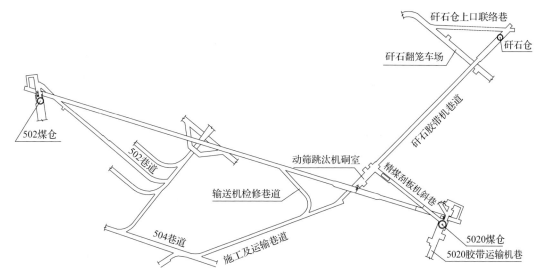

图 9-97　唐山矿井下煤矸分选巷道(硐室)系统布置

针对井下巷道(硐室)的布置特征,设计井下煤流矸石分选工艺为:502 煤井毛煤通过除铁器和溜槽篦子除杂和大块煤后进入齿辊式滚盘筛分级,筛下物进入缓冲仓,筛上物通过溜槽篦子除块后,通过带式输送机进入排矸车间,同样,5020 煤井毛煤(包括铁三矿原煤)通过除铁器和溜槽篦子除杂和大块煤后进入齿辊式滚盘筛分级,筛下物进入缓冲仓,筛上物通过溜槽篦子除块后,通过带式输送机也进入排矸车间,然后通过动筛跳汰机分选,产生低灰分原煤和矸石两种产品,块矸石破碎后通过带式输送机运至矸石缓冲仓,最后进入到采空区充填系统(充填采空区)。低灰分块原煤破碎后通过带式输送机运回 5020 煤仓,煤泥水通过泵打入高频筛,筛上物与低灰分块原煤一起通过带式输送机运回 5020 煤仓,筛下水经泵抽到 12 巷道原有煤泥水仓。井下水作为分选排矸系统用水进行补水。

井下煤矸分选系统主要包括跳汰排矸系统和煤泥水系统两部分,相应的煤流矸石井下分选工艺包括跳汰排矸工艺和煤泥水处理工艺。整体工艺过程是:井下原煤通过分级筛,筛上物(+50mm 以上)进入入料带式输送机,筛下物进入末煤带式输送机,进入入料带式输送机的筛上物经过机械动筛跳汰机分选后,矸石进入矸石带式输送机后运输至工作面,块煤进入末煤带式输送机;机械动筛跳汰机的煤泥水通过渣浆泵传输送至高频筛,对煤泥水进行脱水处理,筛上物再进入末煤带式输送机,剩余水进入沉淀池沉淀后,煤泥由人工清理至末煤带式输送机,沉淀后的水再进入清水池后输送至机械动筛跳汰机循环使用。其整体工艺流程如图9-98所示。

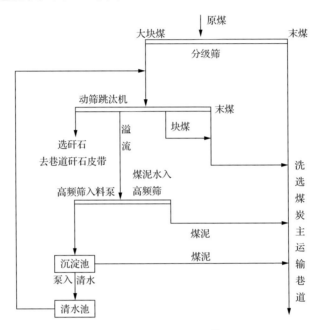

图9-98　煤流矸石井下分选整体工艺流程

　　(1)跳汰排矸工艺流程。跳汰排矸系统包括斜笆子、摆轴筛、刮板筛分输送机、大块输送带、带式除铁器、破碎机、跳汰机、脱水链斗机、循环水箱、循环水泵、精煤输送带、矸石带式输送机等设备。井下毛煤经除铁处理后由输送带输送到一斜笆井下毛煤经除铁处理后由输送带输送到一斜笆分输送机。从一斜笆子漏下的小块物料经摆轴筛筛选后,稍大的块体送至刮板筛分输送机,而碎煤落入末煤仓。刮板筛分输送机上运输的块煤经再次筛选后,粒度在25~150mm的块状物料传输至跳汰机,而小的碎块经刮板筛分输送机回程刮板运至末煤仓。

　　(2)煤泥水处理工艺流程。跳汰排矸系统运行几天之后,缓冲水箱内的碎煤和煤泥含量逐渐增加,需要启动煤泥水系统。首先启动高频筛,再启动高频筛入料泵,将缓冲水箱底部的碎煤同煤泥水排往高频筛,高频筛将颗粒较大的物料振动至精煤输送带,余下的悬浊液从高频筛漏至沉淀池。隔一段时间后,沉淀池下层的煤泥浓度将增加,此时启动水泵将上层清水泵至清水池供循环使用,而池底煤泥由人工清理至末煤带式输送机。

　　3. 煤流矸石井下分选主要设备选型

　　煤流矸石井下分选主要设备包括煤矸分选跳汰机、分级筛、破碎机、高频筛和渣浆泵等。

　　1)动筛跳汰机类型确定

　　根据唐山矿煤质特征,采用动筛跳汰方式进行井下煤矸分选,其中动筛跳汰机是核心设备,该设备具有用水量小(仅为传统湿法选煤的 1/10)、工艺系统简单等优点。根据动筛驱动方式的不同,动筛跳汰机分为液压式动筛跳汰机和机械式动筛跳汰机两种,前者以液压作为动力源,需要配备液压系统,后者则利用机械传动作为动力源,系统相对简单,辅助装置相对减少。结合唐山矿实际情况,确定选用机械式驱动的动筛跳汰机。

2) 煤流矸石井下分选能力确定

矸石年产量计算公式:

$$Q_g = A \times \mu \tag{9-1}$$

式中:A 为原煤设计生产能力,万 t/h;Q_g 为矸石年产量,万 t/a;μ 为含矸率,%。

根据唐山矿业分公司矿井设计生产能力为 410 万 t/a,唐山矿原煤含矸率为 20%,计算得到井下煤流矸石分选规模为 82 万 t/a。

煤流矸石分选能力计算公式:

$$Q_h = Q_g/(D \cdot T_d) \tag{9-2}$$

式中:Q_h 为处理矸石量,t/h;D 为年工作天数;T_d 为每日工作时间,h。

按照年工作 330 天,每天工作 16h 计算,唐山矿井下煤流矸石分选能力为 155.3t/h。

井下煤流矸石分选能力应考虑一定的富裕系数,其煤流矸石分选能力计算公式:

$$Q_f = Q_h \times f \tag{9-3}$$

式中:f 为富裕系数,取 1.8;Q_f 为富裕系数条件下处理矸石量,t/h。

计算得到实际分选能力应不小于 279.5t/h。

3) 跳汰机数量确定

跳汰机的台数通常用单位面积负荷定额计算法确定,其计算步骤如下:

首先计算所需的跳汰面积,即

$$F = \frac{kQ}{q} \tag{9-4}$$

式中:F 为所需跳汰面积,m²;k 为物料不均衡系数;Q 为入料量,t/a;q 为单位面积负荷定额,t/(m²·h)。

由单位面积处理能力 $q = 14 \sim 16t/(m^2 \cdot h)$,取 $q = 15t/(m^2 \cdot h)$,$k=1.15$,$Q=310t/h$。

跳汰机单位面积处理能力详见表 9-37。

表 9-37　跳汰机单位面积处理能力

分选作业名称	单位面积处理能力/[t/(m²·h)]			
	极易选煤	易选煤	中等可选煤	难选煤
不分级入选	16~18	15~17	13~15	11~13
块煤分选	18~20	16~18	14~16	12~14
末煤分选	14~16	13~15	10~12	9~10
再选	9~10			

所以跳汰机面积:

$$F = \frac{kQ}{q} = \frac{1.15 \times 310}{15} = 21.43 \tag{9-5}$$

所需跳汰机台数为

$$n = \frac{F}{F'} \tag{9-6}$$

式中：n 为所需机器台数，台；F' 为选用跳汰机有效面积，m^2。

根据《中国选矿设备手册》，按照分选能力要求，选用跳汰机有效面积约为 $35m^2$，所需跳汰机的台数为 0.61，取 1 台。

4）煤流矸石井下分选主要设备型号及参数

动筛跳汰机、分级筛和高频筛是分选排矸工程的必选设备，矸石破碎机主要作用是将矸石破碎至粒径 50mm 以下，防止大块矸石堵塞缓冲仓，同时降低充填系统破碎处理量。根据计算分析，确定煤流矸石井下分选主要设备型号及参数见表 9-38。

表 9-38　煤流矸石井下分选主要设备型号及参数

序号	设备名称	主要技术参数	台数	备注
1	动筛跳汰机	WD2000 型，$Q=220\sim280t/h$，入料粒度 $50\sim300mm$	1	国产
2	齿辊式滚盘筛	GPS5010，$Q=500\sim600t/h$，透筛粒度 50mm	2	国产
3	煤泥高频筛	QZK1533，$\delta=0.3mm$	1	国产
4	矸石破碎机	2PLF70150，$Q=150\sim200t/h$，出料粒度 $50\sim300mm$	1	国产

9.5.4　固体充填采煤系统与装备

固体充填采煤系统主要包括运煤系统、运料系统、充填材料运输系统、通风系统等，主要装备包括采煤机、充填采煤液压支架、刮板输送机、多孔底卸式输送机、转载机等。

1. 固体充填采煤系统

1）煤层群系统联合布置组合开采方案

在确保煤层回采后不会对地面建筑物产生显著破坏的前提下，为了提高采区采出率，并最大限度地减少巷道掘进量，确定采用煤层群巷道联合布置组合开采方案。

煤层群巷道联合布置方式为：8 煤层与 9 煤层采区巷道联合布置；12-1 与 9 煤层采区巷道联合布置；12-2 煤层与 12-1 煤层采区巷道联合布置。组合开采具体方案为：8 煤层条带开采＋8 煤层试采工作面固体充填采煤；9 煤层固体充填采煤；12-1 煤层条带固体充填采煤；12-2 煤层条带固体充填采煤。在 8 煤层中选择一个固体充填采煤工作面（T_3281N）试采，其他工作面仍然按原来条带开采方案布置。

a. 8 煤层采区联合系统巷道布置

8 煤层沿顶板布置两条边眼（T_3280 甲边眼、T_3280 乙边眼），用于进风、运煤、运料，其中一条边眼（T_3280 甲边眼）后期保留作为 9 煤层专用回风巷；8 煤层的专用回风巷为布置在 9 煤层的一条边眼（T_3290 乙边眼）。通过布置岩石回风绕道连接煤层各工作面风道和专用回风巷，构成回风系统。在东Ⅰ号断层两侧采区之间沿煤层顶板布置两条巷道作为东Ⅰ号断层两侧采区的联络中间巷道，这两条巷道按条带开采的工作面宽度布置，后期作为工作面开采，具体巷道布置如图 9-99 所示，各工作面基本参数见表 9-39。

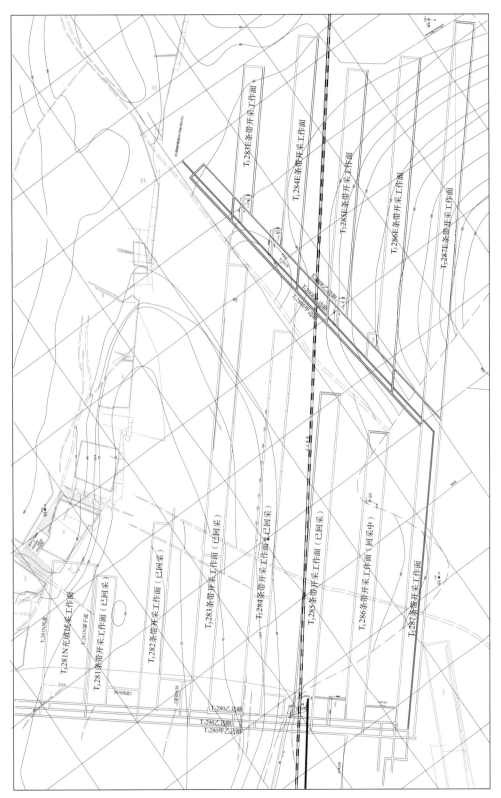

图9-99　煤层充填+条带开采巷道布置

表 9-39　8 煤层充填采面基本参数统计

工作面名称	煤厚/m	面长/m	推进长度/m	工作面倾角/(°)	推进方向倾角/(°)	可采出煤量/万 t	备注
T₃281N	3.7	120	345	18.4	6.6	22.82	充填采煤
T₃281	3.7	50	315	4.4	1.8	8.68	
T₃282	3.7	50	470	8.0	1.2	12.96	
T₃283	3.7	50	1170	2.3	1.8	32.25	
T₃284	3.7	50	1000	4.0	0.3	27.57	
T₃285	3.7	50	850	3.0	0.4	23.43	
T₃286	3.7	50	770	11.3	2.1	21.23	
T₃181	3.7	50	800	2.8	0.7	22.05	条带开采
T₃181E	3.7	50	1100	5.7	4.1	30.32	
T₃286E	3.7	50	800	1.1	4.3	22.05	
T₃285E	3.7	50	600	1.3	2.4	16.54	
T₃284E	3.7	50	570	9.6	0.3	15.71	
T₃283E	3.7	50	320	8.6	5.4	8.82	
T₃181N	3.7	50	920	4.6	3.7	25.36	
合计						289.79	

b. 9 煤层采区联合系统巷道布置

9 煤层沿板布置两条边眼(T₃290 甲边眼、T₃290 乙边眼),用于进风、运煤、运料,9 煤层专用回风巷为原来布置在 8 煤层的一条边眼(T₃280 甲边眼)。通过布置岩石回风绕道连接各工作面风道和专用回风巷,构成回风系统。在东 I 号断层两侧采区之间沿煤层顶板分别布置两条巷道作为东 I 号断层两侧采区的联络中间巷道,T₃190 运料道和 T₃190 运煤道,具体巷道布置如图 9-100 所示,各工作面基本参数见表 9-40。

表 9-40　煤层充填采面基本参数统计

工作面名称	煤厚/m	面长/m	推进长度/m	工作面倾角/(°)	推进方向倾角/(°)	可采出煤量/万 t	备注
T₃291	6	115	560	14.6	2.1	57.57	
T₃292	6	110	1080	11.8	2.1	106.21	
T₃293	6	110	1385	1.0	3.7	136.20	
T₃294	6	90	1290	8.2	1.8	103.79	9 煤层全部采用综合机械化固体充填采煤法开采
T₃295	6	110	1200	2.6	0.2	118.01	
T₃296	6	110	990	16.2	2.3	97.36	
T₃297	6	110	890	15.2	1.9	87.52	
T₃191	6	110	800	14.3	0.9	78.67	
T₃192	6	110	770	5.2	0.7	75.72	
T₃191E	6	110	730	18.9	4.7	71.79	

续表

工作面名称	煤厚/m	面长/m	推进长度/m	工作面倾角/(°)	推进方向倾角/(°)	可采出煤量/万 t	备注
T₃192E	6	140	890	9.3	4.5	111.39	
T₃193E	6	115	1050	9.8	5.4	107.95	9 煤层全部采
T₃194E	6	110	140	1.0	0.7	13.77	用综合机械
T₃195N	6	110	340	1.0	0.5	33.44	化固体充填
T₃196N	6	110	545	12.8	0.5	53.60	采煤法开采
T₃197N	6	110	620	2.6	2.7	60.97	
合计						1313.96	

c. 12-1 煤层采区系统巷道布置

12-1 煤层沿顶板布置两条边眼(T₃22-1 甲边眼、T₃22-1 乙边眼),用于进风、运煤、运料;利用 9 煤层一条边眼(T₃290 乙边眼)作为专用回风巷,各工作面风道通过布置岩石回风绕道分别与专用回风巷连通,构成回风系统;东Ⅰ号断层以西采区的下部与 12 水平大巷通过煤巷连通,用于进风和运料;中部通过煤巷与 8 号井 12 水平车场出车线大巷连通,用于进风和运料;在东Ⅰ号断层两侧采区之间 12-1 煤层沿煤层顶板分别布置两条巷道(T₃12-1 甲边眼、T₃12-1 乙边眼)作为东Ⅰ号断层两侧采区的联络中间巷道,具体巷道布置如图 9-101 所示,工作面基本参数见表 9-41。

表 9-41　12-1 煤层充填采面基本参数统计

工作面名称	煤厚/m	面长/m	推进长度/m	工作面倾角/(°)	推进方向倾角/(°)	可采出煤量/万 t	备注
T₃221-1	2.4	90	480	6.7	1.0	15.45	
T₃222-1	2.4	90	980	11.1	2.9	31.54	
T₃223-1	2.4	90	1520	4.5	1.9	48.92	
T₃224-1	2.4	90	1340	4.7	1.1	43.13	12-1 煤层采
T₃225-1	2.4	90	1040	6.7	1.4	33.47	用条带充填
T₃226-1	2.4	90	890	6.5	1.6	28.64	采煤法开采,
T₃227-1	2.4	90	700	8.1	1.0	22.53	充填工作面
T₃224-1E	2.4	90	190	1.2	7.5	6.11	长 90m,相邻
T₃225-1E	2.4	90	510	1.1	4.5	16.41	工作面条带
T₃226-1E	2.4	90	690	5.6	1.7	22.21	宽 100m
T₃122-1	2.4	90	930	16.7	4.1	29.93	
T₃121-1	2.4	90	1690	15.3	10.9	54.39	
合计						352.73	

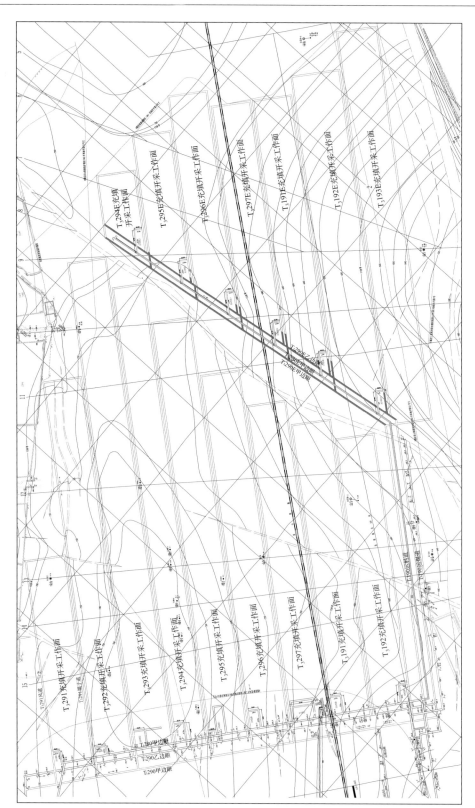

图9-100　煤层充填采煤巷道布置

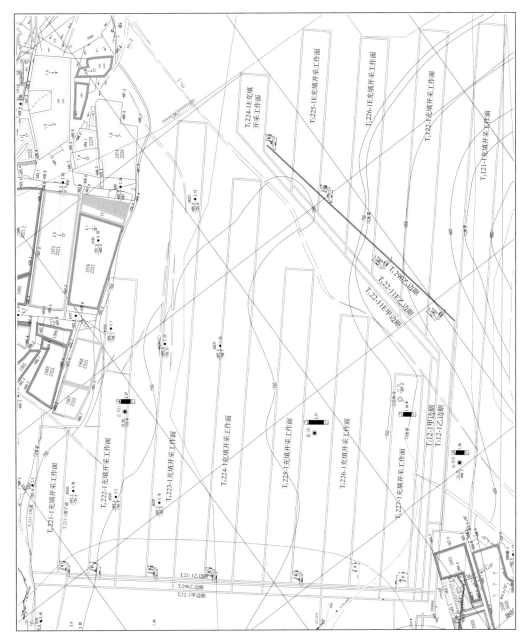

图 9-101　12-1 煤层充填采煤巷道布置

d. 12-2 煤层采区系统巷道布置

12-2 煤层沿顶板布置两条边眼($T_3$22-2 甲边眼、$T_3$22-2 乙边眼),用于进风、运煤、运料;利用 12-1 煤层一条边眼($T_3$22-1 乙边眼)作为专用回风巷,各工作面风道通过布置岩石回风绕道分别与专用回风巷连通,构成回风系统;东Ⅰ号断层以西采区的下部与 12 水平大巷通过煤巷连通,用于进风和运料;中部通过煤巷与 8 号井 12 水平车场出车线大巷连通,用于进风和运料;上部通过岩石斜巷与 12-1 煤层集中运煤巷连通,作为进风和运煤斜巷。在东Ⅰ号断层两侧采区之间 12-2 煤层沿煤层顶板分别布置两条巷道作为东Ⅰ号断层两侧采区的联络中间巷道,具体巷道布置如图 9-102 所示,工作面基本参数见表 9-42。

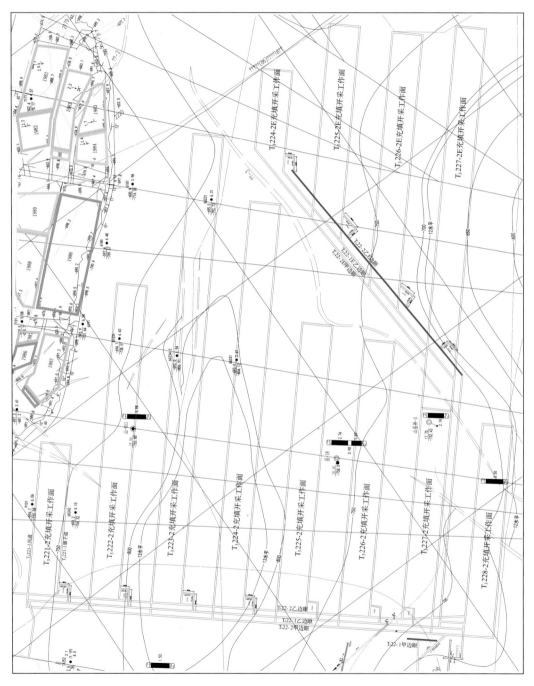

图 9-102　12-2 煤层充填采煤巷道布置

表 9-42 12-2 煤层充填采面基本参数统计

工作面名称	煤厚/m	面长/m	推进长度/m	工作面倾角/(°)	推进方向倾角/(°)	可采出煤量/万 t	备注
$T_3$221-2	4	90	400	6.3	1.0	21.46	
$T_3$222-2	4	90	900	4.1	4.4	48.28	
$T_3$223-2	4	90	1380	5.7	2.1	74.02	
$T_3$224-2	4	90	1180	11.2	3.8	63.30	12-2 煤层采用条带充填采煤法开采,充填工作面长 90m,相邻工作面条带宽 100m
$T_3$225-2	4	90	830	6.3	0.7	44.52	
$T_3$226-2	4	90	770	12.5	1.5	41.30	
$T_3$227-2	4	90	590	10.7	1.9	31.65	
$T_3$128-2	4	90	580	13.7	2.0	31.11	
$T_3$224-2E	4	90	245	8.6	3.5	13.14	
$T_3$225-2E	4	90	500	12.1	1.8	26.82	
$T_3$226-2E	4	90	700	12.5	0.4	37.55	
$T_3$227-2E	4	90	920	13.7	1.1	49.35	
合计						482.50	

2) 生产系统布置

充填采煤工作面生产系统主要包括运煤系统、运料系统、通风系统和运矸系统,以 $T_3$281N 充填工作面为例具体说明充填采煤的生产系统,如图 9-103 所示。

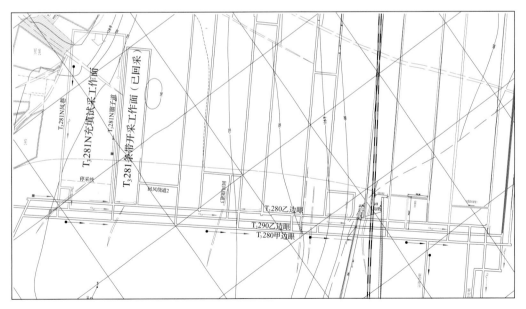

图 9-103 $T_3$281N 充填工作面系统布置

(1) 运煤系统。$T_3$281N 充填工作面→$T_3$281N 风巷→$T_3$280 甲边眼→8、9 煤层集中运煤巷→5021 煤仓→九号井→地面;

（2）充填材料运输系统。地面充填材料运输：充填采煤地面场地→投料井→矸石集中运输巷→溜矸眼→T_3280 乙边眼→T_3281N 溜子巷→T_3281N 充填工作面；井下掘进矸石运输：开拓矸石翻笼车场→矸石运输联络巷→5 煤层运输联巷→矸石运输联络巷→溜矸眼→T_3280 乙边眼→T_3281N 溜子巷→T_3281N 充填工作面；

（3）运料系统。八号井→508 大巷→T_3280 乙边眼→T_3281N 溜子巷→T_3281N 充填工作面；

（4）通风系统。新风：八号井→11、12 水平进风大巷→T_3280 乙边眼→T_3281N 溜子巷→T_3281N 充填工作面。污风：T_3281N 充填工作面→T_3281N 风巷→T_3290 乙边眼→504 总回风巷。

2. 大垂深矸石投料输送系统

1）大垂深矸石投料输送系统结构

大垂深矸石投料输送系统的主要设备包括地面控制室、投料管、缓冲器、储料仓等，系统结构如图 9-104 所示。同时为实现井下充填材料的实时供应，建设了配套的地面充填站，储矸量可达1.11 万 t，可满足工作面 3 天生产的需要。

综合考虑矿井的实际条件，以及年充填矸石需求量 180 万 t/a，最终确定投料井投料深度为650m，采用内径 486mm，外径 586mm，耐磨层厚度为 30mm 的三层金属耐磨管作为下料管，投料管重达 455t。由于地面充填站的建设，其储矸量达 1.11 万 t，可满足工作面三天生产的需要，因此投料井缓冲仓不需要过大的缓冲能力，且施工难度大，支承缓冲器的钢梁难以选择，最终确定储料仓的直径为 5m，高度为 25m。

2）大垂深垂直输送系统投料工艺

矸石由地面运输系统进入投料井口，通过投料井直接从地面投到井底，经缓冲器缓冲后进入储料仓。据现场情况及其总体设计要求，其工艺流程如图 9-105 所示。

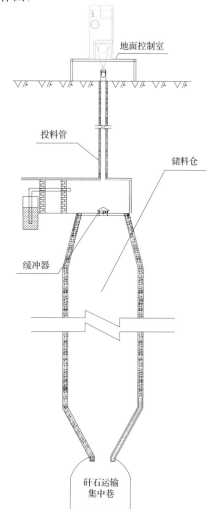

图 9-104　大垂深投料输送系统结构

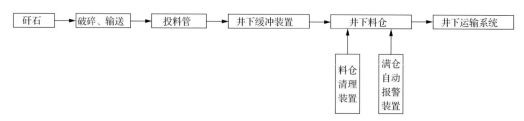

图 9-105　投料系统工艺流程

3) 大垂深垂直输送系统主要装备

大垂深输送系统主要装备包括投料管、缓冲装置和储料仓清理装置。其中投料管由三层金属耐磨管,内径 486mm,外径 586mm,其中耐磨层厚度为 30mm,缓冲装置主要由双减震拱形梁、弹性缓冲器、抗冲击耐磨合金体、组合式减震器、缓冲式导向器等结构组成,储料仓清理装置由若干空气炮组成。

9.5.5　固体充填采煤地表沉陷分析

采用基于概率积分法的等价采高计算方法(预计方向为南北方向),计算了首采工作面和 9 煤层采出后地表移动与变形极值,并绘制地表移动和变形等值线图,对固体充填采煤后采区范围内地表沉陷进行了分析。

1. 充填采煤地表沉陷预计

1) 首采面 T_3281N 充填采煤地表沉陷预计和影响分析

按照预定的计算方案(预计时兼顾考虑 5、8 煤层已采条带工作面的叠加影响),采用基于概率积分法的等价采高计算方法(预计方向为南北方向),计算了方案 1 开采后地表移动与变形。表 9-43 为首采面 T_3281N 充填采煤后铁三区范围内地表移动与变形极值,其中曲率变形较小,小于 $0.01mm/m^2$,表中未列出。图 9-106 至图 9-112 为预计的各种地表移动与变形等值线图,其中曲率变形较小,未绘制等值线图。

表 9-43　首采面 T_3281N 充填采煤后铁三区地表移动与变形极值

地表移动变形指标	下沉/mm	水平移动/mm		水平变形/(mm/m)		倾斜变形/(mm/m)	
		南北方向	东西方向	南北方向	东西方向	南北方向	东西方向
预计值	258	−121	−67	−0.87/0.46	−0.54/0.42	−0.78	−0.52

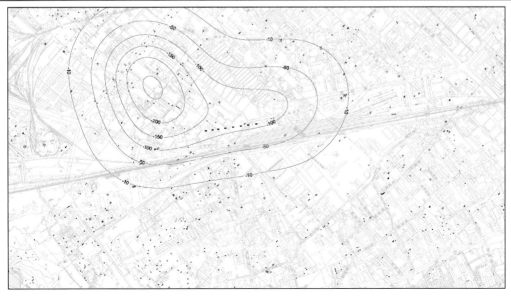

图 9-106　首采面 T_3281N 充填采煤后地表下沉等值线图

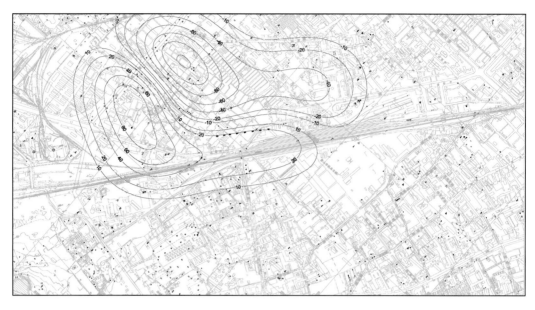

图 9-107　首采面 $T_3 281N$ 充填采煤后南北方向地表水平移动等值线图

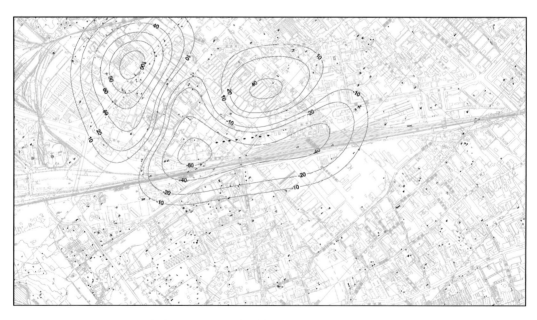

图 9-108　首采面 $T_3 281N$ 充填采煤后东西方向地表水平移动等值线图

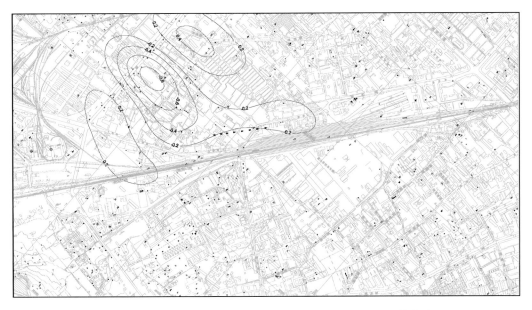

图 9-109　首采面 $T_3 281N$ 充填采煤后南北方向地表水平变形等值线图

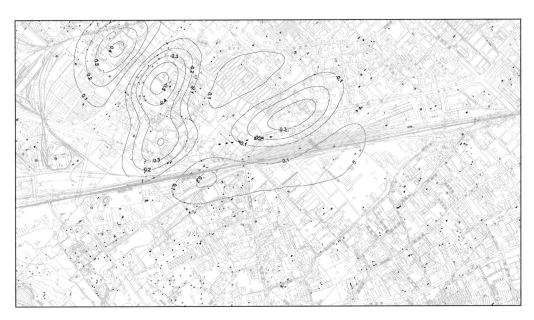

图 9-110　首采面 $T_3 281N$ 充填采煤后东西方向地表水平变形等值线图

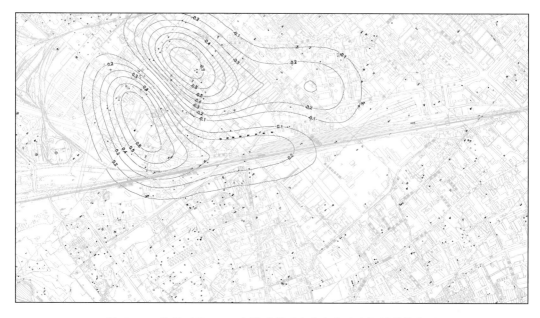

图 9-111　首采面 T_3281N 充填采煤后南北方向地表倾斜等值线图

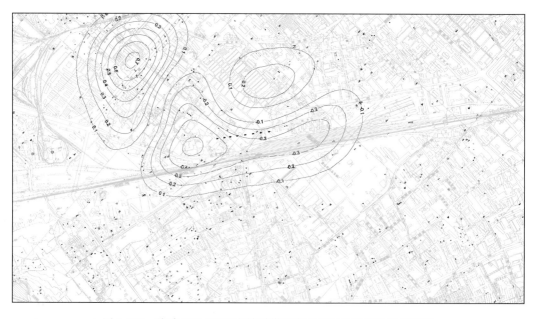

图 9-112　首采面 T_3281N 充填采煤后东西方向地表倾斜等值线图

　　分析图 9-106 至图 9-112 可知,首采面 T_3281N 充填采煤后,铁三区上方地表下沉极值为 258mm,位于大学路和风井路之间,建设南路东侧;南北方向的水平变形、倾斜变形和水平移动极值位于建设南路和风井路交叉口处,东西方向的水平变形、倾斜变形和水平移动极值位于风井路和大学路之间,建设南路西侧;其极值均小于前述的设防标准,因此认为首采面 T_3281N 充填采煤后不会造成铁三区上方建筑物产生 I 级以上的采动损害影响。

2) 9 煤层充填采煤后地表沉陷预计和影响分析

按照预定的计算方案(预计时兼顾考虑 5、8 煤层开采后的叠加影响),采用基于概率积分法的等价采高计算方法(预计方向为南北方向),计算了 9 煤层开采后地表移动与变形。表 9-44 为 9 煤层开采后铁三区范围内地表移动与变形极值,其中曲率变形较小,小于 0.01mm/m^2,表中未列出。图 9-113 至图 9-119 为预计的各种地表移动与变形等值线图,其中曲率变形较小,未绘制等值线图。

表 9-44　9 煤层充填采煤后铁三区地表移动与变形极值

地表移动变形指标	下沉 /mm	水平移动/mm		水平变形/(mm/m)		倾斜变形/(mm/m)	
		南北方向	东西方向	南北方向	东西方向	南北方向	东西方向
预计值	793	−245	−272	−1.6/0.9	−1.3/1.2	−1.8	1.8

分析图 9-113 至图 9-119 可知,9 煤层充填采煤后,铁三区上方地表下沉极值为 793mm,出现了两个下沉极值位置,分别位于大学路与京山铁路交接处和唐山市机车车辆场附近。各种地表移动与变形极值也分布在建设南路、京山铁路两侧、南厂路、创新路附近。分析表 9-44 中的极值数据可以看出,9 煤层充填采煤后,铁三区上方的水平变形极值仍小于设防标准,因此认为 9 煤层充填采煤后仍不会对铁三区上方建筑物造成 I 级以上的采动损害影响;但需要指出的是,9 煤层充填采煤后下沉极值已经超过设防标准的 500mm,有可能造成区域排水不畅,必须对原有的地面排水系统进行适当改造,以防止出现雨季排水不畅而导致的局部积水现象。

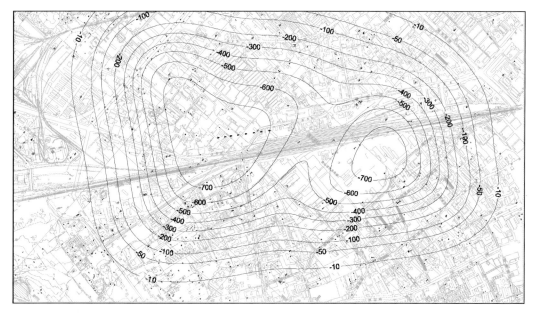

图 9-113　9 煤层充填采煤后地表下沉等值线图

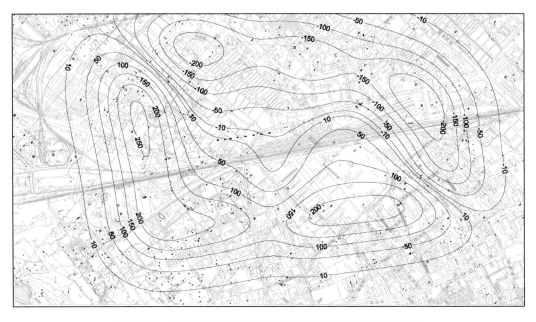

图 9-114　9 煤层充填采煤后南北方向地表水平移动等值线图

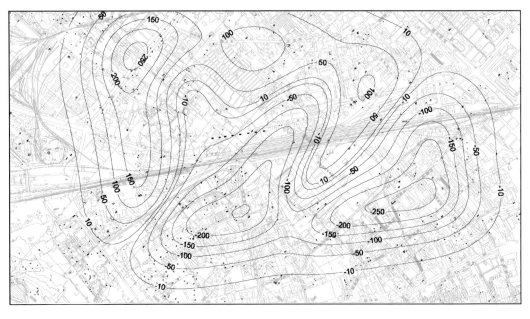

图 9-115　9 煤层充填采煤后东西方向地表水平移动等值线图

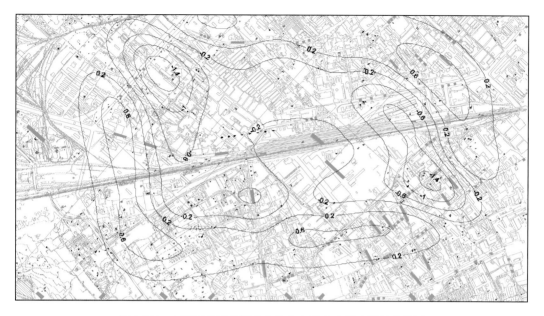

图 9-116　9 煤层充填采煤后南北方向地表水平变形等值线图

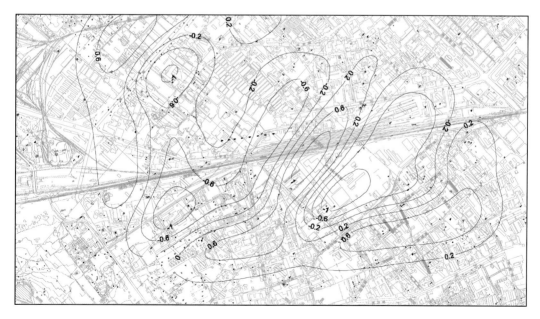

图 9-117　9 煤层充填采煤后东西方向地表水平变形等值线图

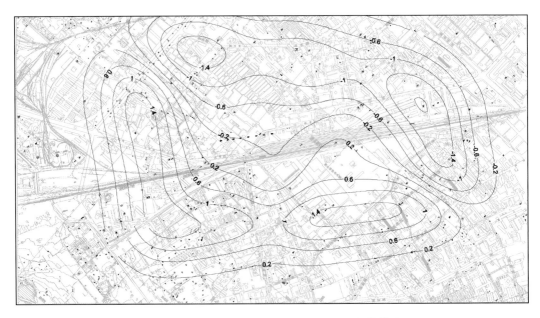

图 9-118　9 煤层充填采煤后南北方向地表倾斜等值线图

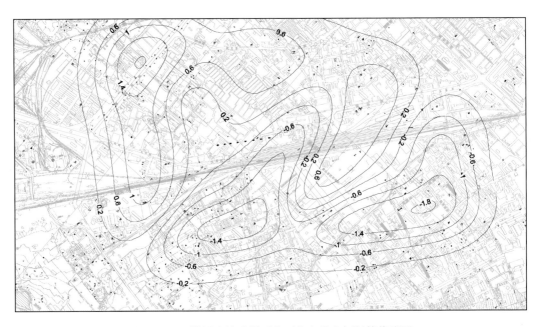

图 9-119　9 煤层充填采煤后东西方向地表倾斜等值线图

2. 充填采煤实测分析

1) 观测数据的整理计算

根据工作面开采过程中的地表移动变形监测数据,计算得到各测点的下沉值和下沉速度。计算公式如下。

m 次观测时 n 号点的累计下沉:

$$H_m = W_m + H_{m-1} \tag{9-7}$$

式中：H_m 为 n 点的累计下沉值 mm；W_n 为 m 次观测时的下沉值 mm；H_{m-1} 为 $m-1$ 次观测时累计下沉值 mm。n 号点的下沉速度 $V_n(\mathrm{mm/d})$：

$$V_n = \frac{W_m - W_{m-1}}{t} \tag{9-8}$$

式中：W_m、W_{m-1} 分别表示 m 次和 $m-1$ 次观测时 n 点的累计下沉值，mm；t 为两次观测的间隔天数，d。

2）地表下沉量实测分析

$\mathrm{T_3}281$ 工作面于 2012 年 5 月试运转，2013 年 7 月回采完毕。工作面地表移动变形观测始于 2012 年 10 月，截至 2013 年 9 月 25 日共进行了 10 次观测，测量精度符合《煤矿测量规程》要求，数据结果可靠。根据观测数据得到的三条测线上观测点的累积下沉值如图 9-120 至图 9-122 所示。

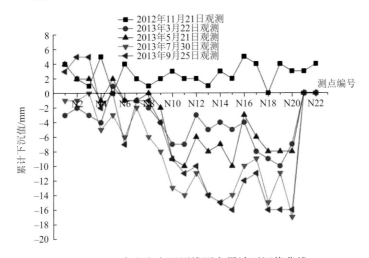

图 9-120　南北方向观测线测点累计下沉值曲线

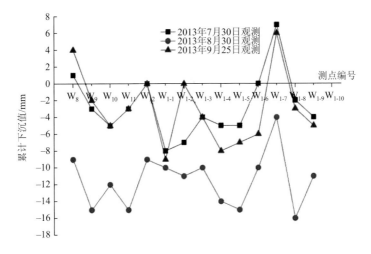

图 9-121　东西方向观测线测点累计下沉值曲线

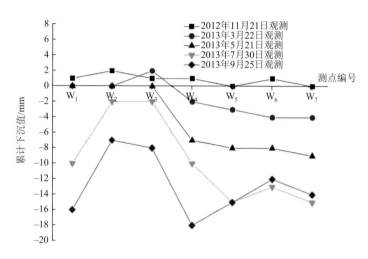

图 9-122 沿推进方向观测线测点累计下沉值曲线

由图 9-120 至图 9-122 可知,随着工作面的推进,T_3281 工作面逐渐缓慢下沉,地表最大下沉值为 18mm。对于南北观测线,背向工作面推进方向的测点的下沉值较面向推进方向测点的下沉值大,采动影响距离约为 120m,最大下沉点为 N20 点,对应的下沉值为 17mm;对于东西观测线,地表下沉剖面线呈现"W"形,最大下沉点位于工作面两侧,对应下沉值为 16mm;随着工作面的推进,推进方向测点逐渐均匀下沉。对于工作面上方的测点,下沉值相差不大,下沉剖面为平底状,最大值为 19mm。

3)地表下沉速度实测分析

观测线上测点的下沉速度,即测点在一定时间内的平均下沉值,下沉速度曲线图能够直观的反应一段时间内,地面下沉的剧烈程度,三条测线上观测点的下沉速度曲线,如图9-123 至图 9-125 所示。

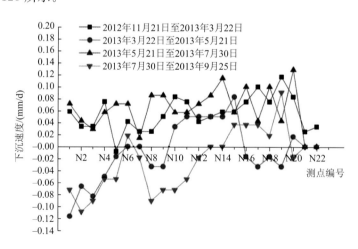

图 9-123 南北方向测线上观测点的下沉速度曲线

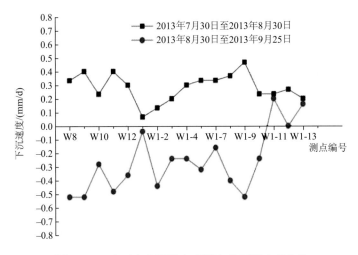

图 9-124　东西方向测线上观测点的下沉速度曲线

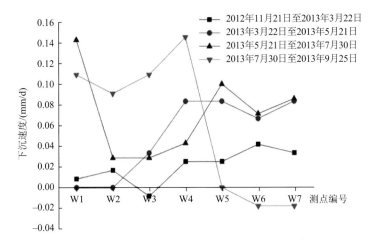

图 9-125　沿工作面推进方向观测点的下沉速度曲线

由图 9-123 至图 9-125 可知,南北和推进方向测点的下沉速度较小,最大为 0.145mm/d。另外,东西测线的测点下沉滞后,速度较其他两条测线测点大。三条测线各测点的下沉速度很小,且较为均匀。

综上所述,T₃281N 充填采煤工作面回采后,地表下沉值最大为 18mm,下沉系数仅为 0.0025%。目前,地表建筑物受采动影响很小,无明显裂缝,均能正常使用。这些都充分说明了矸石充填有效地控制了地表移动变形。

第10章 其他条件下固体密实充填采煤

10.1 五沟矿含水层下固体充填采煤

10.1.1 矿井概况与地质采矿条件

1. 矿井概况

皖北煤电集团五沟煤矿,主采煤层10煤层上方覆盖272.9m左右的厚松散含水层,特别是均厚20.7m的第四含水层直接覆盖在开采煤系露头之上,可对煤系地层直接进行渗透补给,为了防止透水事故的发生,开采的过程中留设了90m的防水煤岩柱,因此,导致的呆滞煤量高达3664.4万t,资源损失严重。如何提高含水层下开采上限,减少防水煤柱呆滞煤量,在保证安全的基础上使煤炭资源采出率最大化,对于矿井可持续发展有重要意义。

五沟矿提高上限开采区域地处淮北平原中部,区内地势非常平坦,起伏很小,地面标高为26.37~27.67m,平均27m。提高上限开采区域分为东翼和西翼两部分。提高上限开采区域东翼位于井田东北部,走向长度2.51km,倾向长度0.93km,区域面积为2.35km²。提高上限开采区域西翼位于井田西部,走向长度3.31km,倾向长度1.45km,区域面积为5.11km²。提高上限开采区域位置如图10-1所示。

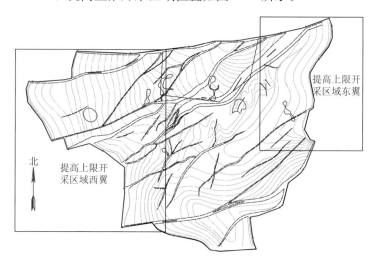

图10-1 提高上限开采区域示意图

2. 采矿地质条件

1) 煤层赋存情况

10煤层位于山西组中部,上方距离铝质泥岩层约为60m,下方距离太原组一灰约为

50m。煤层厚度为 0.54～12.51m,平均 3.94m,属于中厚煤层至厚煤层。煤层结构特征整体比较简单,一般为单层无夹石或存在一两层夹矸。煤层可采指数为 0.99,面积可采率 100%,变异系数 50%,属于较稳定煤层。

　　提高上限开采区域东翼 10 煤层底板标高为 −367.62～−235.06m,区域煤层底板标高整体呈现"东高西低"的趋势。煤层走向为北东向,倾角 8°左右。区域西北角标高最低,区内主要存在两个褶曲构造。东翼 10 煤层厚度为 0.93～7.50m,区域煤层厚度总体呈现"中部厚四周薄"的变化趋势。区域东部煤层厚最小,中部呈小山状突起,厚度达到最大值。除中部突起以外,其他区域厚度变化较小,趋势相对平缓,煤层厚度主要集中在3.5m 左右。东翼 10 煤层赋存分布如图 10-2 所示。

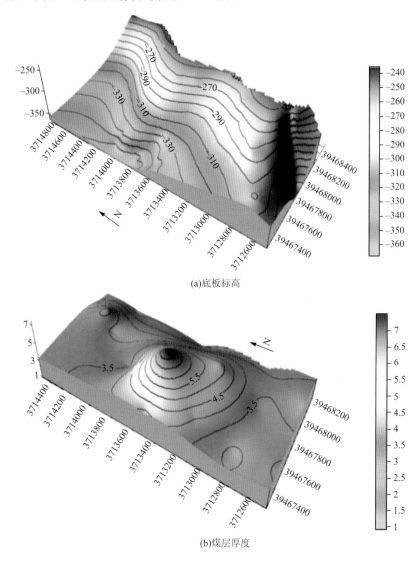

(a)底板标高

(b)煤层厚度

图 10-2　东翼 10 煤层赋存分布

　　提高上限开采区域西翼 10 煤层底板标高为 −660.53～−229.04m,标高相差较大。

区域煤层底板标高整体呈现"西高东低、南高北低"的趋势。煤层走向为北西向,倾角8°左右。区域东北部标高最低,为−460.00～−660.53m,东北角最低。区域西部边界处标高最高,达到−229.04m,区内主要存在一个背斜一个向斜,背斜的顶与向斜的槽均在区域中部。西翼10煤厚度为0.61～6.68m,变化较大,区域内存在很多山丘状突起与盆地状下凹,煤厚最小值位于区域西部一个下凹的底部,最大值位于区域东北部一个突起的顶部。区域南部煤厚变化相对较小,为3.5～5.0m,中北部变化也较小,为4.5～3.0m。西翼10煤层赋存分布如图10-3所示。

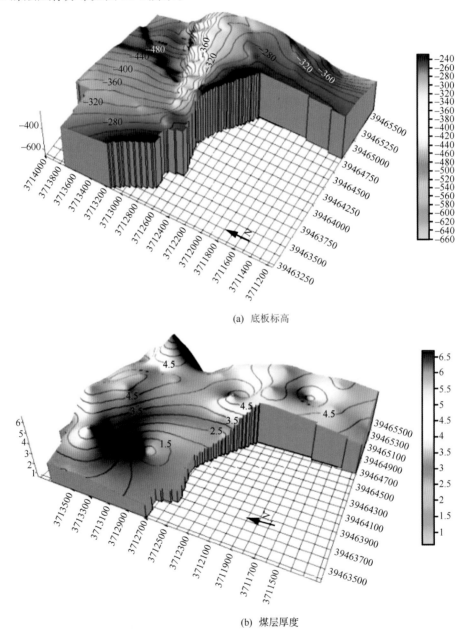

(a) 底板标高

(b) 煤层厚度

图 10-3　西翼 10 煤层赋存分布

2）煤层顶底板情况

10 煤层基本顶为粉、细砂岩,厚度约 5.8m;不存在直接顶,局部地段会出现伪顶,为少量薄层状泥岩,厚度为 0～2.3m。直接底为含碳泥岩,厚度约为 1m 左右;老底为粉细砂岩互层,呈条带状,厚度为 8.2m 左右。10 煤下约 25m 为 11 煤层位,10 煤层下距太原组一灰间距为 54.4～68.34m。10 煤综合柱状图如图 10-4 所示。

地层系统				综合柱状 1:300	层厚/m	倾角/(°)	岩石名称
系	统	组	段				
二	山				5.75	8	泥岩
					3.8	8	粉砂岩
					4.1	8	中细砂岩
					7	8	泥岩
					1.9	8	粉砂岩
					5.8	8	细砂岩
					2.3	8	泥岩（含砂质）
叠	西				3.5	12	10煤
					0～1.3	10	泥岩
					8.22	8	粉细砂岩
					5	8	泥岩
					0～1.11	11	煤
系	组				4.89	8	粉砂岩
					0.3	10	煤
					0.45	8	泥岩
					4	10	细砂岩
					2.26	8	粉砂岩

图 10-4　10 煤层岩层综合柱状

3）水文结构特征

区内富水性分析主要针对地表水和地下含水层,其中地下含水层进一步划分为新生界松散层孔隙含水层、二叠系煤系砂岩裂隙含水层（段）和石灰岩岩溶裂隙含水层（段）。新生界松散层厚度变化主要受下伏基岩古地形影响,大致呈现自北东向南西方向逐渐增厚的变化趋势。新生界松散层厚度为 262.36～287.05m,平均 272.90m,由于古地形起伏不大,因此松散层厚度变化也不大,松散层具体厚度变化如图 10-5 所示。按松散层岩性组合特征及其与区域水文地质剖面对比,自上而下可划分为四个含水层(组)和三个隔水层(组)。其中,新生界松散层底部含水体是五沟煤矿提高上限开采区域煤层开采的主要充水水源之一,新生界松散含水层尤其是下部的第四含水砂砾层(以下简称"四含")密切影响着矿井主采煤层的含水特性。

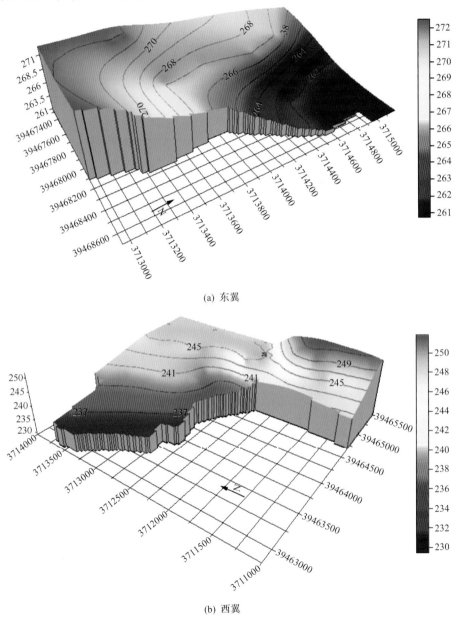

(a) 东翼

(b) 西翼

图 10-5　松散层厚度分布图

　　区内新生界松散层"四含"直接覆于煤系地层之上,平均埋深 273.40m。"四含"沉积厚度受古地形控制,厚度变化较大,平均 20.7m,厚度分布如图 10-6 所示。

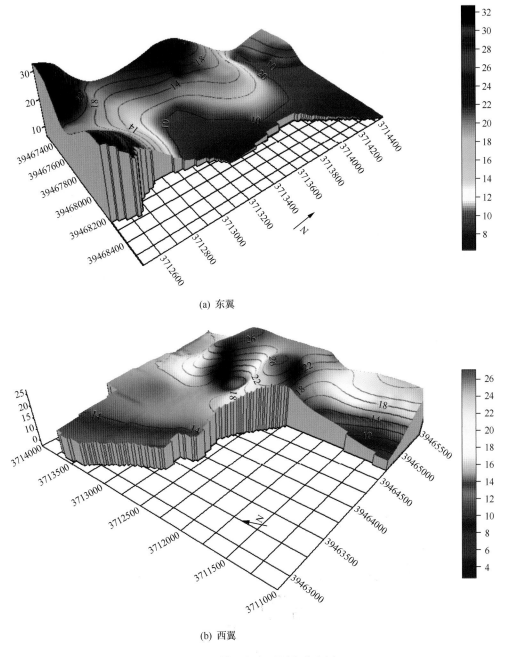

(a) 东翼

(b) 西翼

图 10-6　第四含水层厚度分布图

　　提高上限开采区域东翼"四含"厚度为 6.23~32.70m,厚度变化较大。区内"四含"沉积厚度总体呈现西南厚东北薄的趋势。区域西侧与南侧厚度较大,起伏也较大,为 18~32.7m;区域中部厚度较小,东北部厚度最小,并且比较平坦,厚度为 14~6.23m。区域富水性由北向南、由东向西逐渐增强。提高上限开采区域西翼"四含"厚度为 2.64～27.11m,厚度变化较大。区内"四含"沉积厚度总体呈现中东部厚另外三侧薄的趋势。区域西北部厚度变化小,基本维持在 14.00m 左右;区域南部厚度变化大,在 23.00～2.64m,西南角达到最小值;区域中东部厚度最大,在 14.00～27.11m。

根据地质资料可知:第四含水层岩性复杂,主要包括砾石、砂砾、黏土砾石、砂及黏土质砂等,中间夹有 0～4 层薄层状黏土夹砾石、黏土、砂质黏土、钙质黏土等。总体而言,第四含水层组成岩石岩性泥质含量较高,渗透性差,补给条件较差,一般富水性弱。第四含水层地下水依靠区域层间径流,同时由于直接覆盖在煤系地层之上,与煤系砂岩裂隙含水层通过风化裂隙带构成直接水力联系。开采煤层时太灰水严重威胁工作面回采安全,所需的防治水工程量大,是矿井安全生产的重要隐患之一。地质构造复杂程度为中等(Ⅱ类),断层及破碎带较发育。按照有关矿井水文地质条件类型划分的标准,本矿井为以裂隙含水层充水、顶板进水为主的矿床,水文地质条件为中等,即Ⅱ类二型。

4) 基岩地质特征

基岩厚度是关系到采动导水裂隙能否波及松散含水层的重要指标,因此掌握提高上限开采区域基岩厚度分布及变化规律是研究的关键。通过总结钻孔资料及其他地质资料,研究得到提高上限开采区域东翼与西翼的基岩厚度分布特征及变化规律。具体提高上限开采区域西翼基岩厚度分布特征如图 10-7 所示。

提高上限开采区域东翼基岩厚度为 0～125.52m,变化较大,并呈现"西厚东薄"的趋势:西侧基岩厚度较大,在 80.00～125.52m 的范围内变化;东侧基岩厚度小,部分区域厚度为 0,即煤层直接赋存于松散层之下。提高上限开采区域西翼基岩厚度变化为 0～207.59m,变化较大,呈现"东北厚西南薄"的趋势:东北部厚度较大,为 60.00～207.59m;东南部厚度为 40～100m,东北部与东南部呈两座山丘状,其他区域较为平坦,大部分区域厚度为 20～60m;区域内基岩厚度还存在一定程度的起伏。

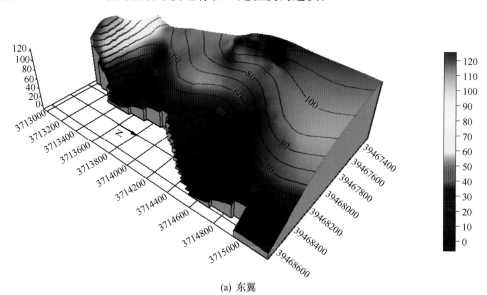

(a) 东翼

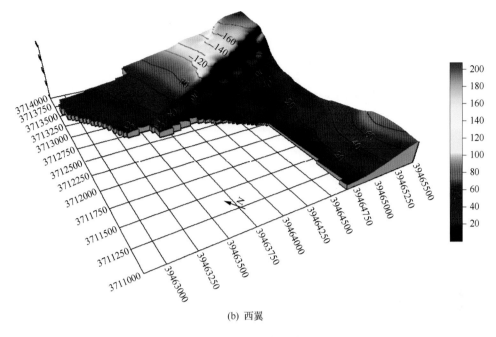

(b) 西翼

图 10-7　基岩厚度分布图

10.1.2　固体充填采煤充实率指标设计

1. 覆岩导水裂隙高度预计

数值模型以五沟煤矿提高上限开采区域的工程地质条件为背景,采用 FLAC3D 数值模拟软件建立矸石充填采煤模型(图 10-8),对其采动覆岩裂隙发育规律进行研究。模型中各煤岩层物理力学参数见表 10-1。模拟不同采高和不同充实率条件下覆岩导水裂隙带发育高度,并采用回归分析法得出裂隙带发育高度与采高及充实率之间的关系,在此基础上结合保护层厚度的指标进行反算,得出充实率控制指标与采高及隔水岩层厚度的关

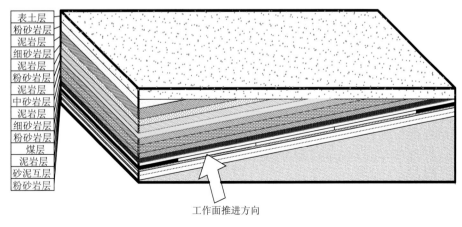

图 10-8　数值模拟计算模型

系。具体方案如下：

方案 I：固定采高 M 为 3m，充实率 η 分别设计为 0%、30%、50%、70%、85%，研究充实率对覆岩移动破坏特征的影响规律；

方案 II：固定充实率 η 为 85%，采高 M 分别设计为 2m、3m、4m、5m、6m，研究采高对覆岩移动破坏特征的影响规律。

表 10-1　模型中各煤岩层的物理力学参数

岩层	真厚度/m	体积模量/GPa	剪切模量/GPa	内聚力/MPa	抗拉强度/MPa	内摩擦角/(°)	密度/(kg/m³)
表土层	10	0.1	0.06	0.5	0	17	1800
粉砂岩层	9	1.87	1.12	2.0	1.0	30	2615
泥岩层	10	0.6	0.32	0.5	0.6	28	1600
细砂岩层	6	1.63	1.2	2.5	1.1	32	2200
泥岩层	7	0.6	0.32	0.5	0.6	28	1600
粉砂岩层	5	1.87	1.12	2.0	1.0	30	2615
泥岩层	6	0.6	0.32	0.5	0.6	28	1600
中砂岩层	8	1.6	1.14	2.2	1.0	31	2100
泥岩层	5	0.6	0.32	0.5	0.6	28	1600
细砂岩层	4	1.63	1.2	2.5	1.1	32	2200
粉砂岩层	3	1.87	1.12	2.0	1.0	30	2615
煤层	3	0.8	0.14	0.3	0.5	26	1400
泥岩层	2	0.6	0.32	0.5	0.6	28	1600
砂泥互层	8	0.63	0.5	1.0	0.5	29	2200
粉砂岩层	2	1.87	1.12	2.0	1.0	30	2615

数值模拟计算结果统计见表 10-2。

表 10-2　数值模拟计算结果统计

模型编号	采高/m	充实率/%	裂隙带发育高度/m
I 1	3	0	38.37
I 2	3	30	30.59
I 3	3	50	25.45
I 4	3	70	16.71
I 5	3	85	10.14
II 1	2	85	7.07
II 2	3	85	10.14
II 3	4	85	13.5
II 4	5	85	16.22
II 5	6	85	18.56

以数值模拟计算结果为基础，采用统计分析软件 SPSS，建立多项式任意逼近的回归模型，采用二次多项式逐步回归法，得出采高及充实率与矸石充填采煤裂隙带发育高度的关系式：

$$H_{li} = 31.96 + 2.72M - 34.555\eta \qquad (10\text{-}1)$$

式中：H_{li} 为导水裂隙带高度，m；M 为采高，m；η 为充实率。

回归结果分析见表 10-3、表 10-4。

表 10-3　模型 Ⅲ 模型估计分析

模型	调整 R^2	P 值	F 值
Ⅲ	0.981	0.000	237.823

由表 10-3 可知,该回归模型调整后的 R^2 为 0.981,说明模型整体的拟合度较高。P 值接近于零,模型的可信度高达 99%(在 1% 的水平上通过了检验),说明模型的可信度较高。

表 10-4　模型 Ⅲ 回归系数分析

参数	系数	P 值
(常量)	31.960	0.000
M	2.720	0.000
η	−34.555	0.000

由表 10-4 的 P 值可知,模型中三个系数的 P 值均小于 1%,在 1% 的水平下显著,系数的可信度达到了 99%,说明回归系数可信度很高。

2. 充实率指标设计

含水层下采煤留设防水煤岩柱不仅要预计导水裂隙带发育高度,还要考虑保护层厚度。根据《建筑物、水体、铁路及主要井巷煤柱留设与压煤开采规程》中对保护层厚度的相关规定,结合五沟煤矿提高上限开采区域实际煤层赋存条件,结合矸石充填采煤覆岩移动规律,设计保护层厚度为

$$H_b = 3(1-\eta)M \tag{10-2}$$

含水层下采煤允许最小基岩厚度为

$$H = H_b + H_{li} \tag{10-3}$$

结合式(10-1)、式(10-2)和式(10-3)可得,含水层下矸石充填采煤允许最小基岩厚度即本文所述隔水岩层厚度见式(10-4):

$$H = 31.96 + 2.72M - 3M\eta - 34.555\eta \tag{10-4}$$

对公式(10-4)进行计算,可以得出不同采高和基岩厚度条件下,允许的最小充实率控制指标见式(10-5):

$$\eta = \frac{31.96 + 5.72M - H}{3M + 34.555} \tag{10-5}$$

式中:η 为充实率;H 为隔水岩层厚度,m;M 为采高,m。

针对公式(10-5),根据实际意义,对充实率 η 做出如下限制:

$$\begin{cases} 0 \leqslant \eta \leqslant 1 \\ \text{如果计算结果 } \eta < 0,\text{认为 } \eta = 0 \\ \text{如果计算结果 } \eta > 1,\text{认为该条件下采用矸石充填不能满足要求} \end{cases}$$

对 η 的限制意义如下:

充实率 η 表示采空区的充实程度。当充实率 η 为 0 时,表示采空区不需要进行充填,即可采用垮落法管理顶板;当充实率 η 为 1 时,表示采空区需要进行百分百的充填。计算结果充实率 η 如果小于 0,也表示采空区不需要进行充填,故可视为充实率 $\eta=0$;计算结果充实率 η 如果大于 1,表示需要百分百以上的充填采空区,即采空区充实体最终的压实

高度大于采高,不符合实际情况,意味着采用矸石充填控制顶板不能达到控制覆岩裂隙的设计要求,无法进行含水层下安全开采。通过计算,得出提高上限开采区域东翼的充实率控制指标分布如图 10-9、图 10-10 所示。

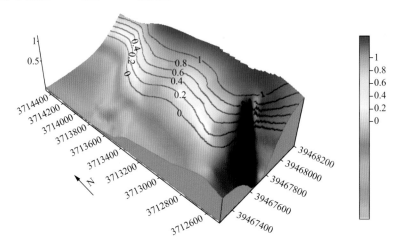

图 10-9　东翼充实率控制指标分布

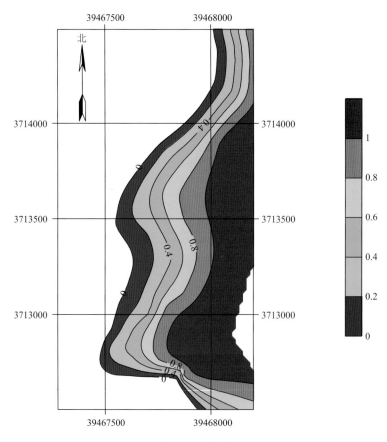

图 10-10　东翼充实率控制指标区域划分

　　由图 10-9、图 10-10 可知,提高上限开采区域东翼充实率控制指标总体呈现由西北向东南逐渐增大的趋势。西北区域充实率控制指标小于 0,表明该区域不需要进行充填,采用垮落法管理顶板即可实现安全开采。东南区域(图 10-10 中红色区域)充实率控制指标大于 1,表明该区域即使采用矸石充填采煤技术也无法实现安全开采,应留作防水煤柱。

　　通过计算,得出提高上限开采区域西翼的充实率控制指标分布如图 10-11、图 10-12 所示。

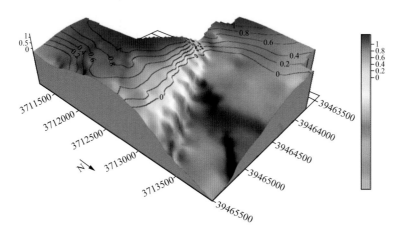

图 10-11　西翼充实率控制指标分布

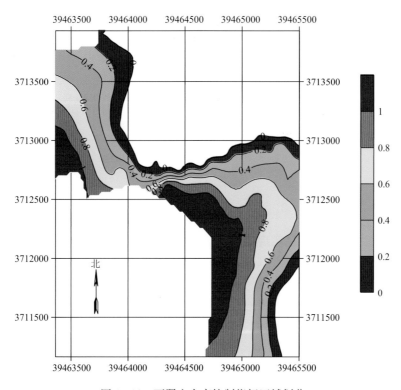

图 10-12　西翼充实率控制指标区域划分

由图 10-11、图 10-12 可知,提高上限开采区域西翼充实率控制指标总体呈现由东北向西南逐渐增大的趋势。东北区域充实率控制指标小于 0,表明东北区域不需要进行充填,采用垮落法管理顶板即可实现该区域的安全开采。西南区域(图 9-4 中红色区域)充实率控制指标大于 1,表明采用矸石充填采煤技术无法实现该区域的安全开采,应留作防水煤柱。

10.1.3 固体充填采煤系统与装备

1. 垂直投料系统设计

井下充填材料来自于本矿矸石山及洗选矸石,以及邻近矿井的洗选矸石。可选用的矸石运输方式有架设地面皮带走廊和汽运(需修路)两种:采用架设地面皮带走廊运输需架设 1200m 的皮带走廊,走廊要穿越农田及水渠,需要征用土地;采用汽运方式需要修建一条 800m 的公路,充填材料运输通过公路采用汽车运输。经分析比较选择东翼运输充填矸石全部采用汽车运输方式。充填材料采用汽车运输的方式运输至充填站,再通过投料井投放至井下,其地面运输系统布置如图 10-13 所示。

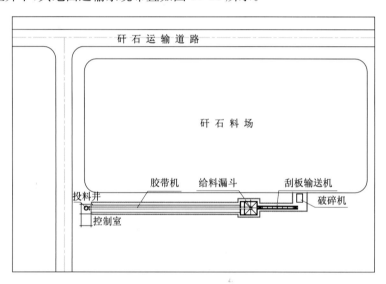

图 10-13 矸石地面运输系统布置

矸石垂直连续输送系统是实现地面充填材料连续高效输送至井下的运输系统,主要设备包括地面运输装置、缓冲装置、满仓报警装置、清仓装置、控制装置等。其工作基本流程:将地面矸石等固体充填材料经筛分、破碎等前期工序后运输至投料井口,物料被投放至投料井内经缓冲装置缓冲后进入储料仓,工作面充填时将其通过给料机放出,再经带式输送机运至工作面。其结构原理如图 10-14 所示。

投料井布置在矸石山东侧约 1200m,井下对应位置是 1013 已采工作面切眼东侧,东翼投料井地面标高为 +28m,井底标高为 -360m,井深约 388m,投料井布置方案如图 10-15 所示。

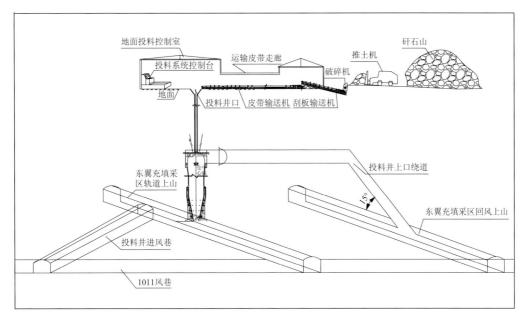

图 10-14　五沟煤矿矸石垂直连续输送系统结构原理

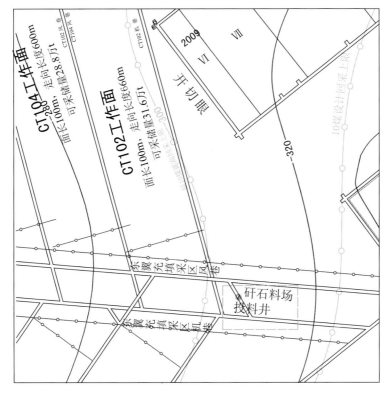

图 10-15　东翼投料井布置方案

2. 充填采煤系统优化布置

东翼充填集中机巷及东翼充填集中风巷分别开门于 1011 机巷中段、1011 风巷中段；东翼充填集中机巷跟 10 煤顶板施工至 CT101 机巷拨门位置后，调向施工 CT101 机巷，东翼充填集中风巷跟 10 煤顶板施工至 CT101 风巷拨门位置后调向施工 CT101 风巷，最后施工 CT101 切眼使工作面两巷贯通，形成 CT101 充填采煤工作面。东翼充填采煤区域共布置 7 个矸石充填采煤工作面，工作面详细参数见表 10-5，具体布置如图 10-16 所示。

表 10-5　东翼矸石充填工作面参数

工作面名称	面长/m	推进长度/m	储量/万 t	充实率控制指标/%
CT101（首采面）	100	626	30.0	0
CT102	100	660	31.6	40
CT103	100	803	33.0	80
CT104	100	660	28.8	70
CT105	100	490	16.7	85
CT106	100	540	22.2	60
CT107	100	490	20.3	80

由图 10-16 可知，CT101 工作面所处区域无需充填就可以实现安全开采。考虑到首采面需要在保证绝对安全的前提下进行，因此将 CT101 设计为首采面并采用充填采煤技术，旨在研究矸石充填采煤中的覆岩移动破坏规律等，研究的结论和积累的经验以期为后续工作面的充填采煤工作提供借鉴。

提高上限开采区域西翼被 F3 断层分为两部分，在原有巷道布置的基础上增加了两套生产系统，共布置矸石充填工作面 12 个。具体工作面布置如图 10-17 所示，工作面详细参数见表 10-6。

表 10-6　西翼矸石充填工作面参数

工作面名称	面长/m	推进长度/m	储量/万 t	充实率控制指标/%
CT108	100	337	16	60
CT109	100	473	23	70
CT1010	100	316	15	70
CT1011	100	463	22.5	70
CT1012	100	295	14	70
CT1013	100	459	22	85
CT1014	100	1089	52	80
CT1015	100	450	21.5	85

续表

工作面名称	面长/m	推进长度/m	储量/万 t	充实率控制指标/%
CT1016	100	1038	50	85
CT1017	100	772	40	70
CT1018	100	782	41	80
CT1019	100	800	42	85

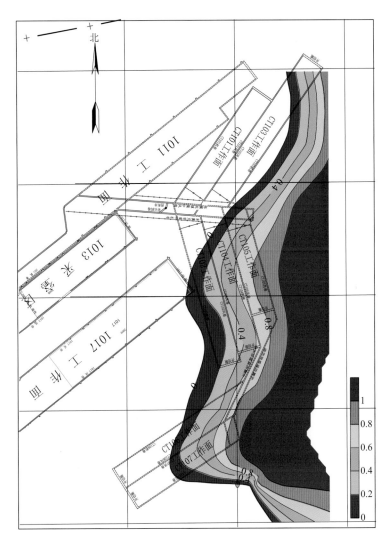

图 10-16　东翼矸石充填采煤巷道布置

CT101 充填采煤首采工作面设计采用"三八"工作制,二班生产一班检修。每班进 3 刀,充填 3 次,进刀方式为端部斜切进刀,循环进尺 0.6m,日进尺 3.6m,工作面年生产能力为 53 万 t/a。

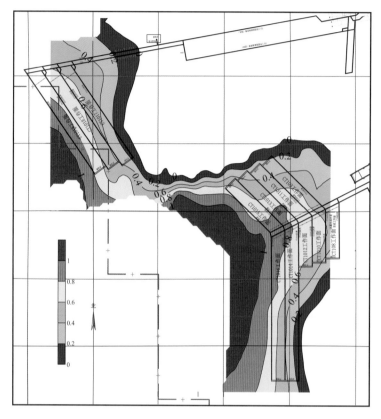

图 10-17　西翼矸石充填采煤巷道布置

3. 工作面主要装备

选用 ZZC14400/20/38 型充填采煤液压支架,其技术参数见表 10-7。

表 10-7　充填采煤液压支架主要技术参数

名称	参数	名称	参数
型号	ZZC14400/20/38	支架初撑力	11640kN ($P=31.5$MPa)
支架型式	六柱支撑式充填液压支架	支架工作阻力	14400kN ($P=38.9$MPa)
支架中心距	1750mm	支护强度	1.02MPa(平均)
支架高度	2000～3800mm	对底板比压	2.23MPa(平均)
支架宽度	1650～1850mm	泵站压力	31.5MPa
支架推移步距	600mm	支架重量	40t

选用 SGB764/250 多孔底卸式输送机,其技术参数见表 10-8。

表 10-8　多孔底卸式输送机技术参数

名称	参数	名称	参数
型号	SGBC764/250	额定电压	660V/1140V
设计长度	150m	紧链型式	闸盘紧链
出厂长度	150m	刮板链型式	边双链

续表

名称	参数	名称	参数
输送量	500t/h	圆环链规格	2-Φ26mm×92mm
刮板链速	1.09m/s	链间距	500mm
电动机型号	YBSD-250/125-4/8Y	槽规格	1500mm×700mm×350mm
额定功率	1×250kW	卸载方式	底卸

皖北五沟煤矿充填工作面设备配套示意图如图 10-18 所示。

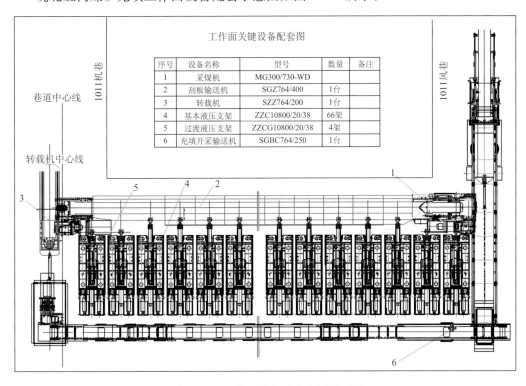

图 10-18　工作面设备配套布置平面图

10.1.4　固体充填采煤导水裂隙分析

采煤覆岩导水裂隙带发育高度的观测方法较多,如钻孔洗液法、钻孔水位测定法、地震探测法、钻孔电阻率法观测系统以及井下彩色电视观测系统等。根据本次观测的主要目的,综合考虑各方面实际情况,为保证观测结果的真实性和全面性,拟采用井上和井下两套观测系统。其中在地面采用钻孔洗液法,在井下使用钻孔电阻率法分别来测定垮落带高度和导水裂缝带高度。

为确定垮落带及导水裂隙带高度和形态,钻孔应分别沿煤层走向和倾向方向布置,形成由若干个钻孔组成的两条观测线。走向观测线上的观测钻孔应距开切眼 30～50m,距停采线 20～30m。倾向上采区回风巷两侧 10～20m 范围内。由于采用充填法开采导水裂隙带高度及范围较全陷法要小,因此,走观测线上的观测钻孔 ZK1 距开切眼 30m,ZK2

距开切眼 80m；ZK3 在工作面中央，倾向上 ZK4 距 CT101 机巷下山侧 15m，ZK5 距 CT101 风巷下山侧 10m；ZK6 距停采线 25m。初步设计的 6 个钻孔坐标见表 10-9。由于受地面实际条件制约，仅施工 5 个钻孔，具体钻孔布设如图 10-19 所示。

表 10-9 覆岩裂隙发育高度观测钻孔坐标

钻孔编号	X	Y	钻孔编号	X	Y
ZK1	3 714 601.631	39 460 917.786	ZK4	3 714 828.486	39 461 002.208
ZK2	3 714 651.660	39 460 949.454	ZK5	3 714 786.180	39 461 069.044
ZK3	3 714 801.744	39 461 044.456	ZK6	3 715 027.526	39 461 187.373

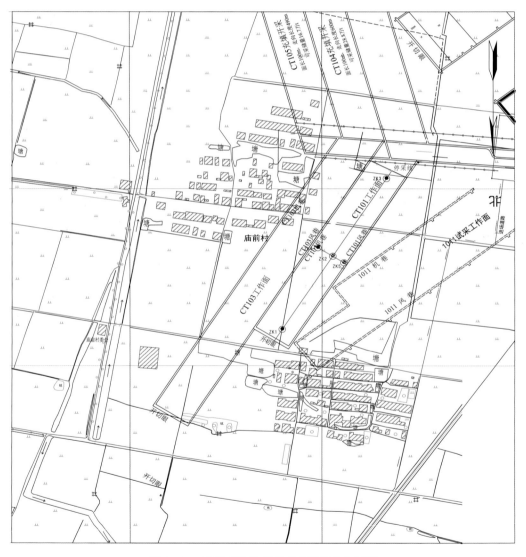

图 10-19 覆岩裂隙发育高度观测钻孔布置图

钻孔施工应在导水裂隙带发展到最高点时进行，一般在回采后 1 个月左右由地面打

钻。每次钻进过程中,在记录钻进时间及钻进深度同时应进行下列观测:

(1) 钻孔洗液漏失量的观测。观测方法为:用容积为 1m³、设有水位标尺的水箱或水池,每次钻进前后分别测定水箱或水池的水位高度,由前后两次的水位求得体积差,即得该钻程的漏失量,进而求得单位时间或单位进尺的冲洗液漏失量。

(2) 孔水位观测。在钻孔冲洗液正常循环的过程中和冲洗液完全漏失以前,对钻孔中的水位变化进行测定。

(3) 记录观测过程中的各种异常现象,如掉钻、卡钻、钻具震动、吸风及瓦斯涌出等。

(4) 定岩芯,判断岩层层位、岩性、产状,并描述岩芯破碎状态。

当钻进过程中出现冲洗液漏失量显著增加或钻孔中水位明显下降、岩芯有纵向裂缝以及钻孔有轻微吸风现象等情况时,即可判定钻头所在深度就是导水裂缝带的最高点。

使用井下钻孔电阻率法测试覆岩变形与破坏规律,其具体方法是:在工作面巷道中施工若干个钻孔,在钻孔和风(机)巷道中布置电极,采用并行电阻率法进行数据实时采集,根据钻孔电阻率成像和孔巷电法联合反演电阻率成像,来监测顶板覆岩破坏变化规律。为了直观地观察覆岩破坏沿工作面方向的整体形态,在 CT101 工作面机巷不同位置处布置电阻率法监测孔,以观测综合机械化固体充填采煤过程中覆岩的"两带"发育规律。针对工作面的实际情况,在机巷中具体位置布置钻窝施工监测钻孔 1 个。图 10-20 为监测钻孔布置平面和剖面图。

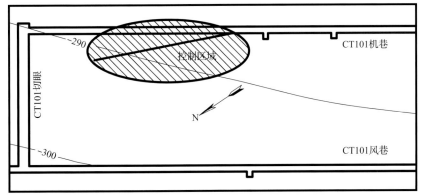

(a) 观测钻孔平面布置图

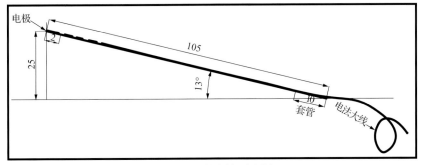

(b) 观测钻孔剖面布置图

图 10-20　电阻率法观测钻孔布置图

单位:m

钻孔沿 CT101 工作面机巷内侧煤壁布置,距离开采眼约 132m,方向与机巷走向成 10°,朝向工作面内,仰角为 13°,终孔孔径为 91mm;钻孔长度为 105m,自孔口至切眼方向,距离孔口平距 102m,离机巷平距为 19.4m,控制垂高:25+1m,电法监测范围可有效控制覆岩破坏范围的"马鞍"状特征。

开始采样时间:工作面回采之前采集 1 次,回采 20m 后采集第二次,回采 40m 后采集第三次。在回采工作面在监测钻孔正下方时,为监测灵敏阶段,回采工作面每推进 7~10m 采集一次数据。待工作面推进到孔口附近,预计钻孔最高点覆岩破坏基本稳定,监测工作结束。

ZK1 观测钻孔深度为 295.0m,终孔层位为 10 煤下底板。观测孔在钻进过程中对套管下部基岩段做了上下钻前后水位及冲洗液消耗量观测,松散层漏水严重部位也做了冲洗液消耗量观测,其观测结果见表 10-10。

表 10-10　ZK1 钻孔冲洗液消耗量

钻孔	孔深/m	漏失量/(m³/h)	水位/m
	250.98~266.85	0.85~1.24	28.43
	266.85~278.23	1.34~1.87	40.34
ZK1	278.23~280.45	2.18~2.66	35.86
	280.45~290.03	5.08~6.14	21.20
	290.03~294.67	3.32~4.67	24.48

ZK2 观测钻孔深度为 295.0m,终孔层位为 10 煤层底板岩层。在钻孔的钻进过程中进行了冲洗液消耗量和钻孔水位观测,其观测结果见表 10-11。

表 10-11　ZK2 钻孔冲洗液消耗量

钻孔	孔深/m	漏失量/(m³/h)	水位/m
	252.26~266.25	0.37~0.86	29.12
	266.25~277.54	0.78~1.32	41.08
ZK2	277.54~280.72	2.18~2.84	37.63
	280.72~291.31	5.32~6.12	48.64
	291.31~294.85	3.02~4.45	35.62

根据 ZK1 和 ZK2 钻孔过程中冲洗液消耗量及钻孔水位的观测结果,以及钻探地质揭露情况和掉钻、孔口吸风等现象,对充填采煤上覆岩层裂隙发育情况分析如下:

在 278~280m 的岩层位置,钻孔冲洗液消耗量为 2.18~2.84m³/h,此处相对于上一岩层,冲洗液消耗量增幅较大;钻孔岩芯采取率为 70% 左右,岩芯层状裂纹发育,但发育宽度较小。在 280~291m 的钻孔层位,冲洗液消耗量增加到 5.08~6.12 m³/h,增幅较大;岩芯采出率在 50% 以下,岩芯裂隙较发育,裂纹方向不一,宽度较小。当钻孔继续钻进到 291.3~294.8m 层位时,钻孔冲洗液消耗量略有减少,且采出岩芯主要为压实的矸石充填体。

从观测资料及上述分析可知:CT101 工作面实施矸石充填采煤后,上覆岩层移动变形较为缓和,裂隙发育高度较小,未出现岩体较为破碎的垮落带。因此,对充填采煤覆岩导水裂隙带发育高度的直观判定见表 10-12。

表 10-12 钻孔观测导水裂隙带高度

钻孔编号	ZK1	ZK2
裂隙带顶点/m	280.45~290.03	280.72~291.31
导水裂隙带高度/m	9.58	10.59
煤层采厚/m	3.5	3.5
裂采比/m	2.73	3.02

从表 10-12 中可以看出,矸石充填采煤覆岩裂隙发育高度极大地减弱,基本不存在类似于垮落法开采时形成的冒落带。根据相邻已开采工作面和相邻矿区实测,采用垮落法开采时裂高采厚比为 6.1~12.2,而充填采煤覆岩裂高采厚比仅为 3.0 左右。

根据工作面回采情况以及观测要求,采用井下钻孔电阻率法在 2011 年 12 月 6 日进行了初次探测,结果如图 10-21 所示。

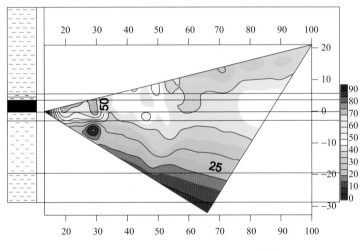

图 10-21 2011 年 12 月 6 日探测电阻率剖面图

根据图 10-21 可以看出:探测结果显示电阻率变化范围基本都在 $40\Omega m$ 以下,对照该区域的钻孔柱状图资料,测试的电阻率值应为岩体正常的电性反应;由于工作面回采位置距离探测覆盖区域较远,回采工作未能影响到探测区域的岩层变化,因此,两次探测电阻率变化不大;在探测钻孔起始位置电阻率值相对较大,主要是巷道煤壁外侧位置在矿上压力作用下较为破碎,导致电阻率值较大。

随着工作面的推进,在 2012 年 2 月 21 日,工作面推进距离约 20m 时进行了第二次观测,观测结果如图 10-22 所示。

根据图 10-22 的观测结果,此时工作面推进距离还位于监测场之外约 10m 的位置,岩层整体电阻率变化不大,基本处于稳定状态;在距离工作面约 30m 处电阻率增加值 $60\Omega m$。分析认为,该区域受到工作面超前应力的影响,岩层出现了一定程度的变形,导

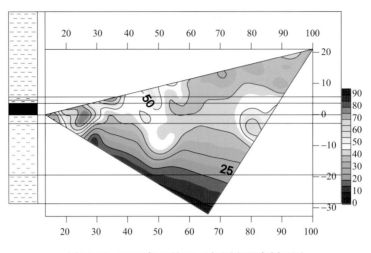

图 10-22　2012 年 2 月 21 日探测电阻率剖面图

致电阻率增大。

　　至 2012 年 3 月 2 日,工作面开采长度 20m,累计开采长度约 40m,初次推进至监测场覆盖区域内。电阻率观测结果如图 10-23 所示。

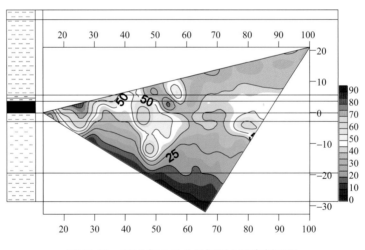

图 10-23　2012 年 3 月 2 日探测电阻率剖面图

　　根据图 10-23 观测结果,在开采工作面进入监测场内时,电阻率值未出现较大幅度变化,电阻率整体变化不明显;工作面顶板岩层监测电阻率值基本没有变化,在距其前方约 40m 的位置电阻率从 30Ωm 增至 60Ωm 左右,有小幅度的增大。分析认为,由于采空区采用矸石充填,能够很好地起到支撑顶板,减小顶板下沉破坏,顶板保持其完整性,未出现明显的裂隙发育迹象,因此,顶板岩层电阻率值变化较小。

　　随着工作面的继续推进,至 4 月 11 日累计开采长度为 120m,工作面开采位置已完全处于观测场内,根据观测要求,钻孔观测频率有所增加,其间观测结果如图 10-24 所示。

　　根据图 10-23 可以看出:在工作面完全推进至监测场内时,电阻率监测值整体变化幅

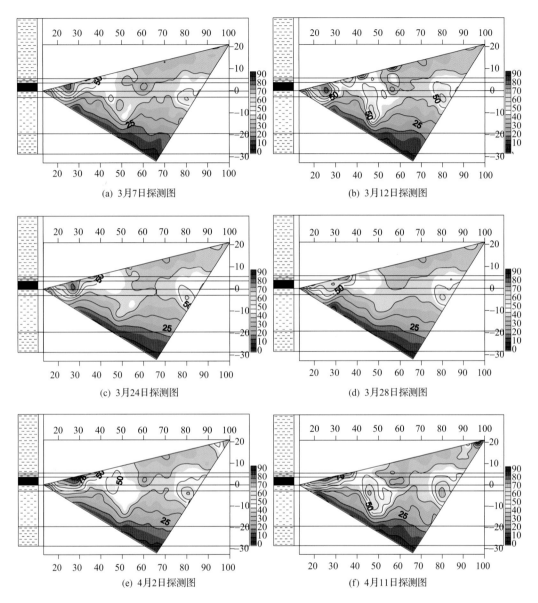

(a) 3月7日探测图　　　　　　　　　(b) 3月12日探测图

(c) 3月24日探测图　　　　　　　　　(d) 3月28日探测图

(e) 4月2日探测图　　　　　　　　　(f) 4月11日探测图

图 10-24　后期探测电阻率剖面图

度不大,基本都还处于岩体正常电性反应区域;在距离开切眼 $50\sim60$m 位置处,顶板岩层电阻率监测值不断增大,且范围不断扩展;在观测钻孔孔口附近,随着工作面的推进,电阻率监测值不断增大,影响范围逐渐向开切眼侧移近。分析认为:采空区采用矸石充填后,能较好地起到支撑顶板、控制岩层的下沉变形,覆岩未产生明显的裂隙发育,保持了整体的完整性。

　　五沟煤矿的含水层下压煤问题十分严重,压煤量占矿井工业储量的 29.1%,采用充填采煤技术可将开采上限提高至基岩强风化带底界,将防水煤岩柱高度由 90m 减小为15m,可使五沟煤矿能多采出煤炭 3200 万 t,可延长矿井服务年限 25 年。

10.2 兖州济三矿大型堤坝下固体充填采煤

10.2.1 矿井概况与地质采矿条件

1. 矿井概况

济三矿位于山东省济宁市任城区境内,隶属兖州煤业股份有限公司。井田东以孙氏店断层为界,西暂以 3 上煤层的 −1000m 等高线垂切至各煤层为界,北以 3910000 纬线与济宁二号煤矿相邻,南以 3900000 纬线与王楼普查区、第四勘探区分界,东南以 16 上煤层 −350m 等高线、C17-2 断层、C16-1 和 C15-2 号孔连线及孙氏店支断层与泗河煤矿分界,井田总面积 105.05km²。

含煤地层为石炭-二叠系山西组和太原组,平均总厚 276.85m。可采煤层有 3 上、3 下、6、10 下、12 下、15 上、16 上及 17 煤层共 8 层,平均总厚 10.46m,含煤系数为 3.78%。其中主要可采煤层为 3 上、3 下及 16 上、17 煤层,平均总厚 8.02m,占可采煤层总厚的 76.67%。又以 3 上、3 下煤层两层厚度较大,平均厚度达 6.11m,占可采煤层总厚的 58.4%,且埋藏浅,位于含煤地层顶部,是先期开采的主要对象。

济三矿设计能力 500 万 t/a,服务年限 81 年。分两个水平开采,第一水平(−518m)开采东区,第二水平(−880m,暂定)开采西区。

2. 采矿地质条件

63 下 04-1 矸石充填采煤工作面位于济三矿工业广场西北部,辛店村以东,南阳湖堤坝从工作面南部穿过,地表大部分为农田,工作面开采南阳湖堤坝和辛店村的保护煤柱。南阳湖分布于济三矿井田的西部及西南部,是附近地表水的聚集地。湖区面广水浅,一般常年积水,中部水深 2m 左右。洪水季节可达 4m 以上,最高洪水位为 +36.54m。井田内主要河流有京杭运河、泗河、幸福河等,它们以湖盆为中心,分别流入南阳湖。塌陷区积水可经泗河、幸福河流入南阳湖。南阳湖北大堤是南阳湖北侧的关键防洪工程,是湖北平原地区居民生命财产安全和工农业生产安全的重要保障。济三矿井田内的南阳湖堤坝高约 8m,堤坝顶宽约 5m,标高一般为 +39.4～+40m。该堤坝虽然也属于堆土重力型堤坝,但其迎水坡为料石混凝土砌筑的永久性防洪工程,坝顶铺设有柏油沥青公路;使得难以采用及时加高、加宽、加固处理措施来解决采煤沉陷问题。

充填采煤区域地面标高 +33.0～+33.3m,平均 33.14m,工作面标高 −639.0～−663.0m,平均 −650m。该区域东临 63 下 03 采空区,西临 63 下 05 工作面(未回采),北临 63 下 04 采空区,设计停采线向南距六采区辅助运巷 107.0m。如图 10-25 所示。

该区域煤岩层总体趋势呈现南高北低,单斜构造,局部伴生宽缓的波状起伏。共发育断层 10 条,落差大于 3.0m 的断层 2 条,最大落差 6.5m,断层在采区内延展长度 8.0～523.0m。根据井巷工程揭露情况,走向以南北向为主,延展长度一般较长,落差变化较小,以张性正断层为主。

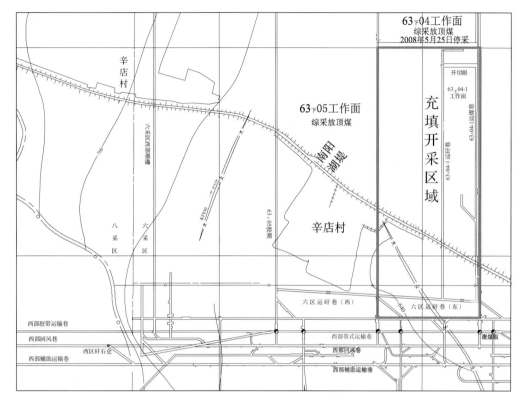

图 10-25 充填采煤区域示意图

充填采煤区域回采煤层为山西组煤 $3_下$ 煤层,结构较简单,属半暗-半亮型煤,层状构造,硬度系数 $f=1\sim2$,容重 1.36t/m³,煤层平均厚度 3.5m,倾角 0~8°,平均倾角 2.5°。煤层顶底板情况见表 10-13。

表 10-13 $3_下$ 煤层顶底板情况

名称	岩石名称	厚度/m	岩性特征
基本顶	中砂岩及细砂岩	32.5~49.75 41.63	灰白色成分以石英为主,长石次之,含少量暗色及绿色矿物,黏土质胶结含少量煤线及炭屑,$f=8\sim10$
直接顶	泥岩	0.0~1.02	褐灰色含较多植物根部化石,$f=2\sim3$
直接底	铝质泥岩	0.0~3.20	浅灰色,具滑感,含植物化石碎片,$f=2\sim3$
老底	细砂岩	2.7~8.43 5.85	浅灰-灰黑色,致密硬度,$f=6\sim8$

充填采煤区域为低瓦斯区域,地温正常区,煤尘有爆炸危险,爆炸指数为 41.15%,煤有自然发火倾向,自然发火期为 3~6 个月。

该工作面主要受 $3_下$ 煤层顶板砂岩水的影响,顶板砂岩含裂隙水,但不均匀,含水性一般,以静储量为主。预计最大涌水量约 100.0m³/h,正常涌水量为 30.0~50.0m³/h。

10.2.2　大型堤坝设防指标确定

南阳湖北大堤堤坝在济三矿矸石充填采煤区南部上方穿过,如图 10-26 所示。由于采煤沉陷影响,目前堤坝北侧为采煤塌陷常年积水区;而堤坝南侧为湖滩地,旱季通常无水,有村民种植庄稼,雨季积水。

图 10-26　矸石充填采煤区域地面建(构)筑物分布

根据《建筑物、水体、铁路及主要井巷煤柱留设与压煤开采规程》附录三工业构筑物、技术装置及暖卫工程管网地表(地基)的允许和极限变形值:

(1)砖和混凝土的堤坝极限变形值为 2.5mm/m;

(2)有溢水设施的土坝和堤允许变形值为 6.0mm/m,极限变形值为 9.0mm/m;

(3)无溢水设施的土坝和堤允许变形值为 4.0mm/m。

根据本矿区地表裂缝观测资料,本区域土体变形在达到 3.0～4.0mm/m 时,土体开始产生微小裂缝。考虑到该区域南阳湖堤坝为土坝并在迎水坡铺设有料石混凝土砌筑的硬化面层,在受到采动变形影响时容易在硬化面层及其与土坝接触面发生裂缝的特点,堤坝(地表)移动与变形控制的设防指标设计为:堤坝最大允许移动变形值:水平变形1.0mm/m,最大下沉值 250mm。

依据本区具体地质采矿条件,并参考兖州矿区薄煤层长壁垮落法开采的地表移动参数值,综合分析确定了本区矸石充填采煤时基于等价采高的概率积分法沉陷预测参数,见表 10-14。

表 10-14　沉陷预测参数表

参数	下沉系数	水平移动系数	主要影响角正切	主要影响传播角	拐点偏移距
数值	0.83	0.28	1.8	$90°-0.6\alpha$	采空侧$-0.05H$/煤柱侧0

由于本区地面的主要保护目标为南阳湖堤坝,而堤坝北侧地表主要为农田、鱼塘和积水塌陷区,不需要专门保护措施。而矸石充填工作面的推进方向为自北向南逐渐接近堤坝并穿过堤坝下方。因此,为达到节约矸石充填材料和确保堤坝安全的双重目的,对充填采煤工作面的等价采高和必要充实率进行了动态设计。根据本区地质采矿条件和堤坝保护的设防指标(堤坝允许变形值),依据基于固体充填等价采高的概率积分法预测模型,通过反演分析计算,绘制出了可确保堤坝安全的堤坝下充填采煤必要等价采高分布曲线(Me-D 曲线)和充填采煤工作面必要充实率分布曲线(φ-D 曲线)如图 10-27 所示。

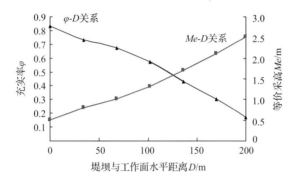

图 10-27　堤坝下采煤必要等价采高和充实率分布曲线

根据上述分析,当工作面自切眼推进到距堤坝 200m 时,采空区充实率满足 15%、等价采高不超过 2.6m 就可以保证堤坝安全;随着工作面接近堤坝采空区,必须逐渐提高充实率、逐步降低充填采煤等价采高以控制堤坝的采动影响程度在允许范围内。当工作面推进到堤坝下方时,则采空区充实率必须达到 83%、等价采高应不超过 0.6m。

为安全起见,同时考虑到本工作面为兖州矿区第一个机械化矸石充填采煤工作面,并且该充填工作面还担负着消耗井下掘进矸石、实现矸石不上井的任务;因此在设计和实施时均按保证堤坝安全设防指标来确定有关参数:设计 3下煤采高为 3.5m,设计矸石充填体充实率达到 85%,设计充填等价采高控制在 0.6m。

10.2.3　固体充填采煤系统与装备

1. 矸石井下高效制备及输送系统

充填材料考虑选用西区开拓掘进矸石,包括西辅、西回、西胶、七采运输巷、七采 3上横向运输巷、七采 3下横向运输巷等巷道以及−890 水仓、泵房、联络巷、变电所等硐室。

西区开拓掘进时,岩巷总工程量约 16 000m,矸石量约 39.7 万 m³。因此,西区掘进矸石产量能够满足 63下04-1、63下04-2 充填采煤工作面对矸石的需求,63下04-3 充填采煤面矸石需考虑其他区域掘进矸石,本设计仅考虑 63下04-1、63下04-2 充填采煤工作面矸石的输送。西区岩巷工程量及矸石量见表10-15。

表 10-15　西区岩巷工程量及矸石量表

序号	巷道名称	工程量/m	掘进断面/m²	矸石量/t	矸石体积/m³
1	西辅	2 000	19.51	97 550	62 432
2	西回	2 000	19.51	97 550	62 432
3	西胶	2 000	14.25	71 250	45 600
4	一890水仓、泵房	1 000	13.60	34 000	21 760
5	七采运输巷	2 000	14.25	71 250	45 600
6	七采3上横向运输巷	2 500	14.25	89 062	57 000
7	七采3下横向运输巷	2 500	14.25	89 062	57 000
8	联络巷、变电所等	2 000	14.25	71 250	45 600
合计		16 000		620 974	397 424

掘进矸石井下运输路线为:掘进矸石经过运矸带式输送机运输至矸石仓,矸石仓下口布置振动分级筛和矸石破碎机,经过筛分破碎的矸石再经过运矸带式输送机,到达工作面的自移式充填材料转载输送机,经过转载机进入工作面多孔底卸式输送机,再进行充填,其原理如图10-28所示。

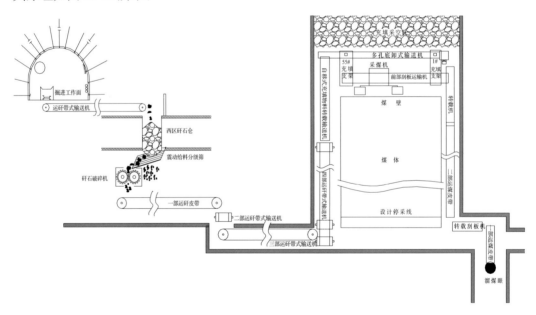

图 10-28　矸石充填工作面原理图

63下04-1充填采煤工作面矸石输送系统图如图10-29所示。西部辅助运输巷掘进工作面和七采边界辅运巷掘进工作面的矸石经西部辅助运输巷和运矸斜巷的带式输送机进入西区矸石仓,矸石仓下口有筛分机和破碎机,经过筛分和破碎后的矸石,经西部回风巷、63下05胶顺、六采区运矸巷及63下04-1运矸巷的四部矸石带式输送机到达63下04-1工作面。

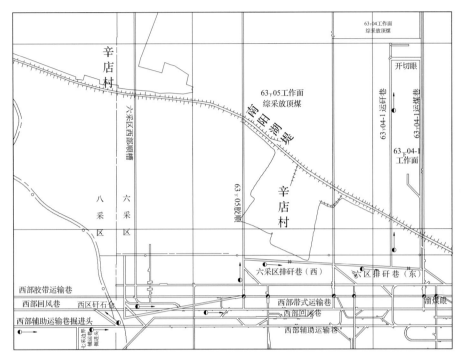

图 10-29　63下04-1 充填采煤工作面矸石输送系统图

　　矸石制备系统包括筛分机和破碎机，由矸石仓下口放出的矸石，经过筛分机时，小于 100mm 粒径的直接落到位于筛分机下部的带式输送机上由输送机运走，大于 100mm 粒径的则经过 2PLF90/150 分级式齿辊破碎机破碎，使其粒径达到小于 100mm 的标准，破碎后的矸石经由带式输送机运出。矸石制备系统布置如图 10-30 所示。

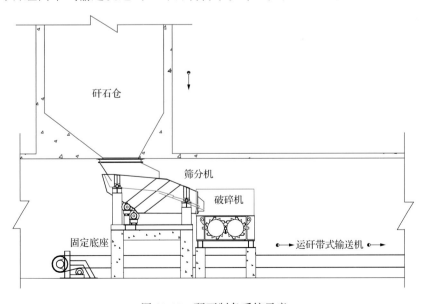

图 10-30　矸石制备系统示意

设计开采的 $63_{下}04$-1 工作面对应地表位于济三矿工业广场西北部,辛店村以东。井下位于六采区西南部,东临 $63_{下}03$ 工作面(已回采),西临 $63_{下}04$ 胶顺,北临 $63_{下}04$ 工作面采空区。

工作面开采南阳湖堤坝保护煤柱,设计停采线距六采辅运巷 107m。根据开采区域煤层赋存状况,并考虑充填与采煤作业的均衡性,设计 $63_{下}04$-1 工作面长为 80m,推进长度 518m,可采储量为 18.2 万 t。按照"以矸定产,采充并举"的原则,设计济三矿 $63_{下}04$-1 充填采煤工作面实际生产能力为 21 万 t/a。

2. 充填采煤工作面装备

选用 ZZC14400/20/38 型充填采煤液压支架,基本参数如表 10-16 所示,工作示意图如图 10-31 所示。

表 10-16　充填采煤液压支架主要技术参数

名称	参数	名称	参数
型号	ZZC10000/20/40	支架初撑力	8 272kN（P=31.5MPa）
支架型式	六柱支撑式充填液压支架	支架工作阻力	10 000kN（P=38.9MPa）
支架中心距	1500mm	支护强度	0.76MPa（平均）
支架高度	2000～3800mm	对底板比压	2.06MPa（平均）
支架宽度	1650～1850mm	泵站压力	31.5MPa
支架推移步距	600mm	支架重量	32t

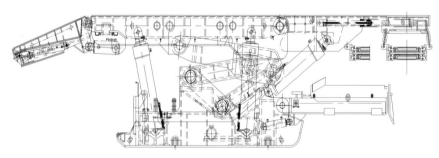

(a) 支架2.0m工作状态

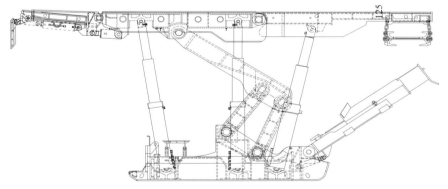

(b) 支架4.0m工作状态

图 10-31　充填采煤液压支架工作示意图

多孔底卸式输送机采用 SGBC764/250 型,其技术参数见表 10-17。

表 10-17　SGBC764/250 型输送机技术参数一览表

名称	参数	名称	参数
型号	SGBC764/250	紧链型式	闸盘紧链
输送量	500t/h	刮板链型式	边双链
刮板链速	1.09m/s	圆环链规格	Φ26mm×92mm
电动机型号	YBSD-250/125-4/8Y	链间距	500mm
额定功率	250kW	槽规格	1500mm×730mm×325mm
额定电压	1140V	卸料孔尺寸	长×宽=345mm×460mm

自移式充填材料转载输送机型号为 GSZZ-800/15,运输能力为 500t/h。结构原理如图 10-32 所示。

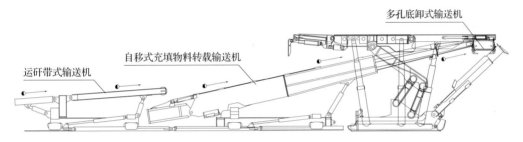

图 10-32　自移式充填材料转载输送机示意图

工作面其他配套设备选型情况见表 10-18。

表 10-18　工作面其他配套设备选型一览表

设备名称	设备型号	主要技术参数
采煤机	MG-300/700-WD	采高范围 2.0~4.0m;总功率 700kW;滚筒直径 2.0m;截深 630mm
刮板输送机	SGZ-764/200	电机功率 200kW;中部槽规格 1500mm×764mm×200mm;链速 1.15m/s;输送量 800t/h
转载机(刮板链)	SZZ-800/200	电机功率 200kW;中部槽规格 1500mm×800mm×609mm;输送量 1500t/h
轮式破碎机	PLM2000	电机功率 160kW;电压 1140V;进料口粒度长度不限 800mm×600mm;出料口粒度≤300mm;破碎能力 2000t/h
转载刮板运输机	SGZ960/400	功率 400kW;电压 1140V;链速 1.35m/s;总长度 12.5m;运输能力 1500t/h
一部运煤带式输送机	DTL100/100/2×200	电机功率 200kW×2;带宽 1000mm;输送量 1000t/h;总长度 550m
二部运煤带式输送机	DTL100/100/1×200	电机功率 200kW×1;带宽 1000mm;输送量 1000t/h;总长度 75m

设备名称	设备型号	主要技术参数
乳化液泵站	GRB-315/31.5	电机功率 200kW；公称流量 315L/min；公称压力 31.5MPa；配套规格两泵一箱

兖州济三矿充填采煤工作面设备配套平面图如图 10-33 所示。

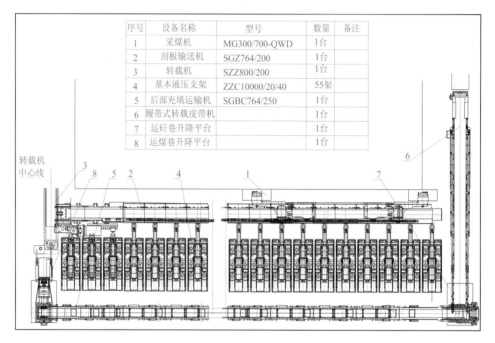

序号	设备名称	型号	数量	备注
1	采煤机	MG300/700-QWD	1台	
2	刮板输送机	SGZ764/200	1台	
3	转载机	SZZ800/200	1台	
4	基本液压支架	ZZC10000/20/40	55架	
5	后部充填运输机	SGBC764/250	1台	
6	履带式转载皮带机		1台	
7	运矸巷升降平台		1台	
8	运煤巷升降平台		1台	

图 10-33　工作面设备配套布置平面图

10.2.4　固体充填采煤地表沉陷分析

1. 地表沉陷预计分析

1) $63_{下}04$-1 工作面地表移动和变形预测分析

按照设计的开采顺序，首先回采 $63_{下}04$-1 工作面。采用基于等价采高的概率积分法计算 $63_{下}04$-1 工作面矸石充填采煤后的地表移动与变形。

首采面开采后的地表移动变形等值线如图 10-34 至图 10-40 所示。因曲率变形较小，未绘制其等值线图。根据等值线图得到 $63_{下}04$-1 工作面矸石充填采煤的地表移动与变形极值、$63_{下}04$-1 工作面矸石充填采煤后南阳湖堤坝的移动与变形极值分别见表 10-19、表 10-20。其中曲率变形较小，远小于 $0.01mm/m^2$，表中未列出。

表 10-19　$63_{下}04$-1 工作面矸石充填采煤后地表移动与变形极值

地表移动变形指标	下沉 /mm	水平移动/mm		水平变形/(mm/m)		倾斜变形/(mm/m)	
		南北方向	东西方向	南北方向	东西方向	南北方向	东西方向
取值	129	40/−40	56/−56	0.24/−0.24	0.58/−0.58	0.38/−0.38	0.51/−0.51

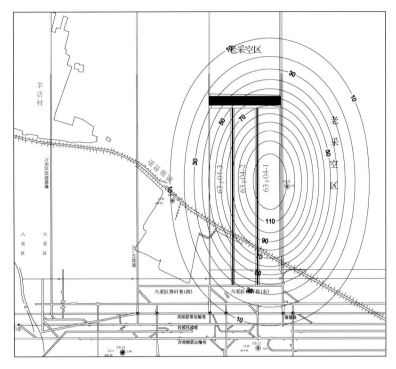

图 10-34　63下04-1 工作面矸石充填采煤后地表下沉等值线图

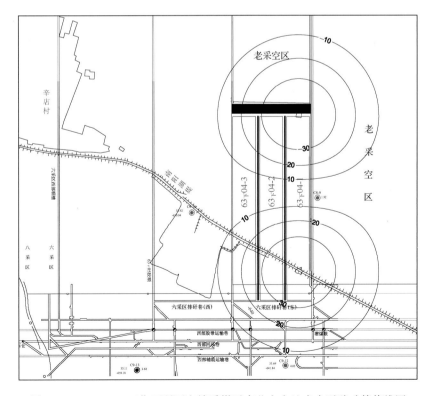

图 10-35　63下04-1 工作面矸石充填采煤后南北方向地表水平移动等值线图

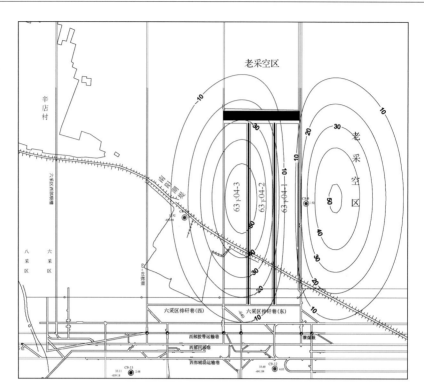

图 10-36　63$_{下}$04-1 工作面矸石充填采煤后东西方向地表水平移动等值线图

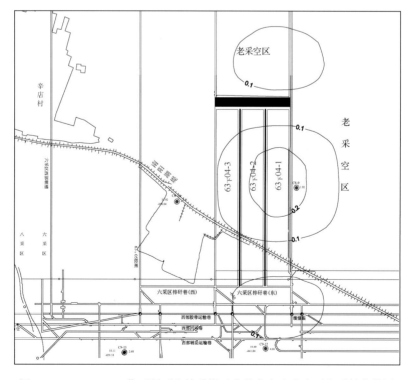

图 10-37　63$_{下}$04-1 工作面矸石充填采煤后南北方向地表水平变形等值线图

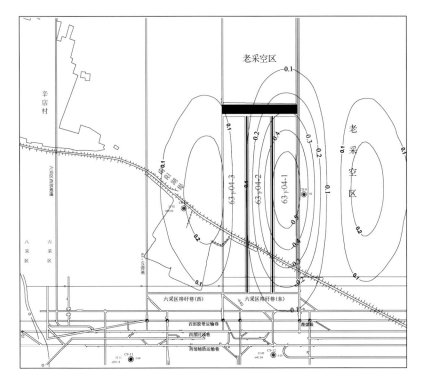

图 10-38　63下04-1 工作面矸石充填采煤后东西方向地表水平变形等值线图

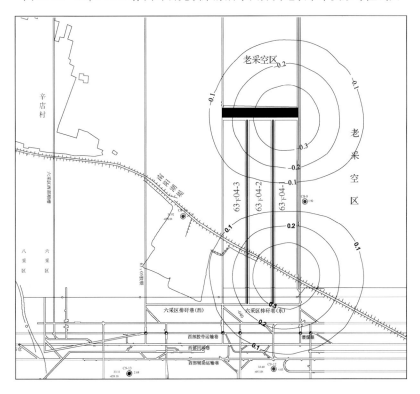

图 10-39　63下04-1 工作面矸石充填采煤后南北方向地表倾斜等值线图

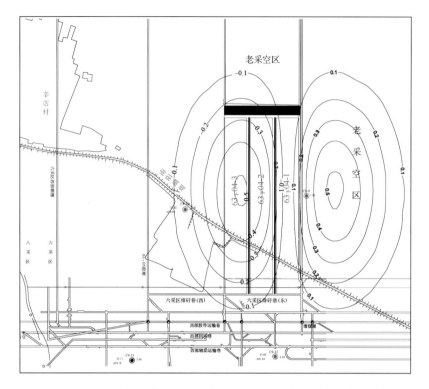

图 10-40 63下04-1 工作面矸石充填采煤后东西方向地表倾斜等值线图

表 10-20 63下04-1 工作面矸石充填采煤后南阳湖堤移动与变形极值

地表移动 变形指标	下沉 /mm	水平移动/mm		水平变形/(mm/m)		倾斜变形/(mm/m)	
		南北方向	东西方向	南北方向	东西方向	南北方向	东西方向
取值	80	31	44	0.10/−0.10	0.20/−0.34	0.36	0.42

分析计算结果可以看出:首采面充填采煤后地表的最大下沉值为 129mm,位于工作面正上方;地表水平变形最大值为 0.58mm/m,地表倾斜最大值为 0.51mm/m。预计南阳湖堤采动影响长度 672m,最大下沉 80mm,最大水平移动 44mm,最大水平变形 0.34mm/m,最大倾斜 0.36mm/m。根据兖州堤坝下采煤经验,坝基内部将不会产生明显裂缝,堤坝具有足够的强度和稳定性,对堤坝的影响较小。

2) 63下04 工作面开采地表移动和变形预测分析

按照设计的开采顺序,相继开采 63下04-1、63下04-2 和 63下04-3 工作面,三个工作面合称为 63下04 工作面。采用基于等价采高的概率积分法计算了 63下04 工作面全部充填采煤后的地表移动与变形。

充填采煤采区 63下04 工作面矸石充填采煤后的各种地表移动与变形等值线如图 10-41 至图 10-47 所示,其中曲率变形较小,未绘制等值线图。根据等值线图得到 63下04 工作面矸石充填采煤后地表移动与变形极值、63下04 工作面矸石充填采煤后南阳湖堤的移动与变形极值分别见表 10-21、表 10-22。其中曲率变形较小,远小于 0.01mm/m²,表中未列出。

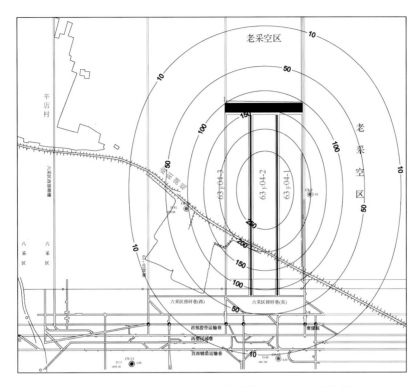

图 10-41 63下04 工作面矸石充填采煤后地表下沉等值线图

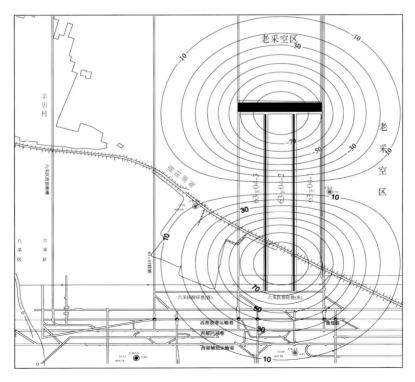

图 10-42 63下04 工作面矸石充填采煤后南北方向地表水平移动等值线图

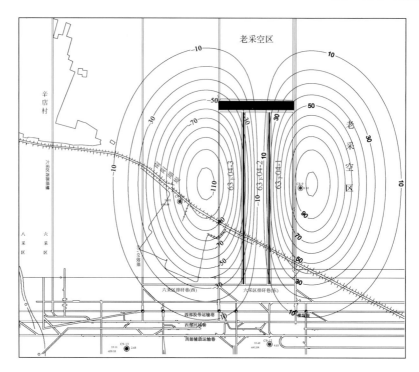

图 10-43　63下04 工作面矸石充填采煤后东西方向地表水平移动等值线图

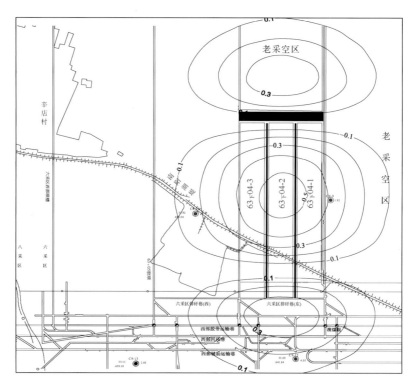

图 10-44　63下04 工作面矸石充填采煤后南北方向地表水平变形等值线图

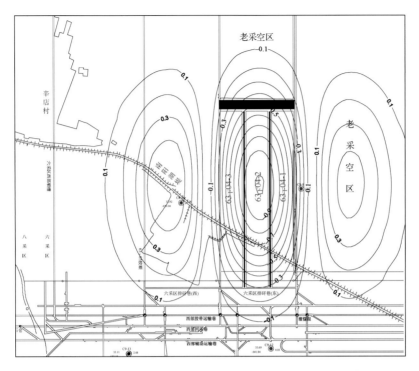

图 10-45　63下04 工作面矸石充填采煤后东西方向地表水平变形等值线图

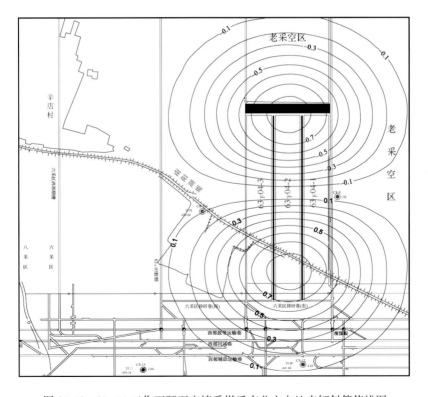

图 10-46　63下04 工作面矸石充填采煤后南北方向地表倾斜等值线图

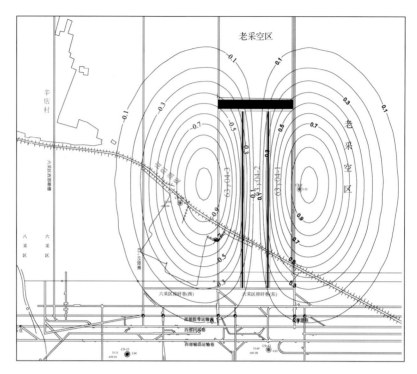

图 10-47　63下04 工作面矸石充填采煤后东西方向地表倾斜等值线图

表 10-21　63下04 工作面矸石充填采煤后地表移动与变形极值

下沉/mm	水平移动/mm		水平变形/(mm/m)		倾斜变形/(mm/m)	
	南北方向	东西方向	南北方向	东西方向	南北方向	东西方向
288	89/−89	102/−112	0.37/−0.54	0.49/−1.01	0.86/−0.86	1.03/−1.03

表 10-22　63下04 工作面矸石充填采煤后南阳湖堤移动与变形极值

下沉/mm	水平移动/mm		水平变形/(mm/m)		倾斜变形/(mm/m)	
	南北方向	东西方向	南北方向	东西方向	南北方向	东西方向
220	73	93	0.11/−0.32	0.43/−0.72	0.82	0.94

　　分析计算结果可以看出:63下04 工作面矸石充填采煤后地表的最大下沉值为 288mm,位于开采面正上方;地表水平变形最大值为 0.54mm/m,地表倾斜最大值为 1.03mm/m;均远小于一般砖混结构平房的设防标准,对上方农田中的零星建筑物不会产生 I 级以上的明显采动损害影响,不会影响地面各类建(构)筑物的正常使用。

　　预计南阳湖堤采动影响长度 891m,最大下沉 220mm,最大水平移动 93mm,最大水平变形 0.72mm/m,最大倾斜 0.94mm/m,满足本次设计的设防标准。根据兖州堤坝下采煤经验,坝基内部将不会产生裂缝,堤坝具有足够的强度和稳定性,对堤坝的影响较小。

　　2. 地表沉陷实测结果分析

　　结合本区域地面情况,充填采煤采区南部为南阳湖区,东北部为塌陷积水区,一般常年积水;东部和北部为老空区。为此,结合地形条件,设计在充填采煤区南部南阳湖堤坝顶部布设一条斜向地表移动观测线,在充填采煤采区中部沿农田间小路布设一条地表移动观测线,共布置 4 个固定点和 50 个观测点,固定点设置湖堤方向的东头。实际布设的地表移动观测线布置如图 10-48 所示。设计观测站各观测点的平面坐标采用 GPS-RTK 测量,高程采用精密三等水准测量。

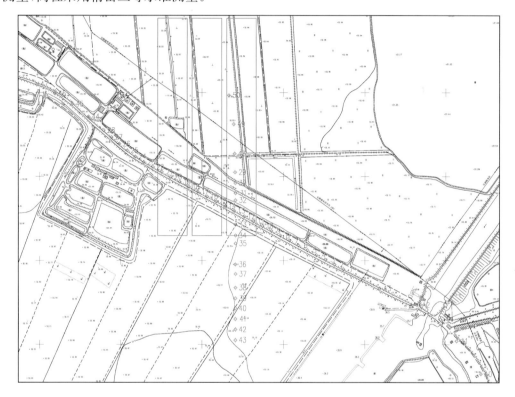

图 10-48　地表移动观测线布置图

因地表移动观测站距离济三矿工业广场较近,观测站平面起算点利用近井点 J2、J4、J5 施测了 E 级 GPS,作为观测站全面观测的平面起算点使用。高程采用二等水准点作为起算点施测了三等水准至固定点作为日常观测的高程起算点使用。

观测站于 2011 年 1 月 14 日开始对东部控制点进行平面静态 E 级 GPS 观测,并于 1 月 17 日完成了开采前的两次独立全面观测。随后于 6 月 22 日进行了一次全面观测,于 10 月 19 日进行了一次日常四等水准观测,观测数据见表 10-20、表 10-21。

目前,63$_F$04-1 充填采煤工作面回采已接近完毕,井下实测充填区域顶板下沉量最大为 340mm,远小于设计等价采高 600mm,表明采空区充实率满足设计要求。

根据地表移动观测站的精密水准观测结果,分析观测数据,地表测点变化量加大的测点主要是由于埋设处地基松软引起,实测地表移动尚未出现明显的规律性下沉,堤坝上的道路及附近零星建筑物没有观察到裂缝变化的迹象。没有实测到地表明显下沉的主要原因是:

(1) 充填采煤工作面是自北向南推进,而地表移动观测站设在开采工作面南部,观测站受到采动影响时间滞后；

（2）开采煤层埋深较大，上覆岩层中有多个厚度较大的砂岩结构关键层，稳定性好，并进一步提高了上覆岩层和地表的减沉、缓沉效果；

（3）充填采煤岩层和地表移动过程较慢，具有显著的减沉、缓沉效果；预计最大下沉值为充填体完全压密、岩层移动彻底稳定后的最终值。

10.3　内蒙古泰源矿铁路下固体充填采煤

10.3.1　矿井概况与地质采矿条件

1. 矿井概况

泰源煤矿位于内蒙古自治区桌子山煤田白云乌素矿区南端，行政区划隶属于鄂尔多斯市鄂托克旗棋盘井镇。泰源煤矿井田走向长度约 2500m，倾向长度约 2240m，为一不规则的多边形，井田面积约为 4.2km²。主要可采煤层为 8、10、16-1、16-2 四层煤，含煤总厚平均为 11.64m，含可采煤层总厚平均为 9.69m，含煤系数分别为 6.4%、5.35%，矿井保有煤炭总资源储量为 57.39Mt。主副井采用立井开拓，矿井设计生产能力为 0.60Mt/a。

井田构造为一西高东低的单斜构造，总体走向近南北，倾向东，具微波起伏状，地层倾角一般 3°～12°，靠近西来峰断层的地层倾角变大。井田内无岩浆岩侵入，地质构造属于简单型。井田内可采和大部可采煤层厚度变化较小，煤层结构简单—复杂，首采煤层为 8 煤。由于井田内全部资源均为建（构）筑物下压煤，大量煤炭资源压覆在东乌铁路下，因此，设计采用综合机械化固体充填采煤技术进行开采。

2. 地质采矿条件

1）煤层情况

试采煤层为 8 煤，位于二叠系山西组下部第一岩段的中部，煤层厚度 1.59～3.70m，平均 2.50m，为较稳定煤层，顶板岩性多为灰色砂泥岩及细、粉砂岩，其底板岩性为灰褐色黏土岩及黑色炭泥岩。煤层结构较简单。煤质变化较大，为中灰、高硫、中变质的气、肥、焦煤，炼焦性较好。

2）区域内构造情况

井田内主要存在一个断层，为西来峰逆断层，是煤田及井田分界断层。位于本区西部，走向近南北，倾向西，倾角 47°，断距较大（90～160m），长 60km，延伸到井田内约 620m。由于断层的逆冲作用，使煤层的产状在断层附近变陡，对开采有一定的影响。

3）水文地质条件

本区为低山丘陵高原地貌，东侧稍高，西侧略低，无常年地表径流。气候干燥，降水多集中在 7 月、8 月、9 月，形成集中补给、集中排泄。大气降水为本地区的地下水主要补给来源，但由于地面有一定坡度，有利于地表水排泄，只有很小部分渗入地下，故大气降水对地表水补给贫乏。矿井正常涌水量 75m³/h，最大涌水量 115m³/h。

10.3.2　铁路设防指标确定

1. 铁路设防标准确定的原则

1) 铁路分类及铁路下采煤特点

在我国煤矿区开采影响的铁路主要分为三种：铁路干线（国家Ⅰ、Ⅱ级铁路）、铁路支线（国家Ⅲ级铁路）和矿区（或厂区、林区等）专用线。

铁路干线是国家的交通命脉，列车行车速度快、车次多、线路技术标准高、线路间歇时间短，维修工作不易进行，因此在铁路干线下采煤是非常困难的。我国已在铁路干线下进行了试采。

铁路支线的技术标准和重要程度比专用线高，但与铁路干线相比，其重要程度较低、行车速度慢、车次少。铁路支线下采煤在我国已进行了多次试验，取得了丰富的经验。

矿区专用线服务对象是矿区本身，地下开采的影响只涉及矿区的利益，加之铁路行车速度侵、技术标准要求低，因此，矿区铁路专用线下采煤较易开展。目前，我国的铁路下采煤大多是在矿区专用线下开展的。

根据铁路的结构及应用性质，铁路下采煤具有以下特点：

（1）铁路是延伸性建筑物，相互之间为一整体，如果某一区段出现问题必然会影响全线正常通车，必须全盘考虑。

（2）铁路运输不能中断，必须保证采煤作业不会影响列车行车的安全。

（3）铁路突然的、局部的陷落，对列车运行危害极大，可能导致列车行车事故，必须加以防止。

（4）铁路的移动变形可通过及时维修加以消除。

2) 铁路下采煤的主要影响

a. 路基的变形

路基是线路的基础，它承受和传播着列车的动应力，团此路基必须保证足够的强度和稳定性。地下开采引起路基移动变形，从而导致线路的上部构筑物——道床、轨道等产生移动变形，造成线路行车事故。

地下开采的影响传播到路基，引起路基移动变形。当深厚比较大（>20）时，路基的移动是连续、渐变的，一般不会出现突然的、局部的下陷。只有地质采矿条件满足出现塌陷坑的条件，路基才有可能出现塌陷坑。

路基在下沉的同时，还将产生水平移动。垂直于线路方向的水平移动将改变线路的原有方向。沿线路方向的水平移动，将使路基受到拉伸和压缩变形。在拉伸区，路基的密实度降低，但在列车动荷载的作用下，路基在竖向上再压缩，使其在采动过程中始终保持足够的强度。在压缩区，路基的密实度将增大。由于路基土体有一定的空隙，能吸收一部分压缩变形，不会对路基造成影响。

与下沉一样，一般情况下路基的水平移动在时间和空间上是连续渐变的。

b. 线路上部构筑物的变形

铁路的上部建筑是指钢轨、轨枕、道床、联结部件、道岔、防爬设备等，其中钢轨是主要

部分。地下开采将引起线路产生如下变化:

(1) 线路坡度的变化。由于路基下沉的不均匀,使路基产生倾斜,从而导致线路原有坡度变化。线路坡度的增减将使列车运行阻力增减。《铁路技术管理规程》规定线路的最大允许坡度为:国家 I 级铁路,一般地段为 6‰,在困难地段为 12‰;国家 II 级铁路为 12‰;国家 III 级铁路为 15‰。上述各级铁路在双机牵引时最大坡度可为 20‰。

(2) 竖曲线半径的变化。线路倾斜的不均匀变化,会导致线路竖曲线半径的变化。地表移动的正曲率可使线路的凸竖曲线半径减小,使原有凹竖曲线半径增大,使长坡道变成凸竖曲线。地表移动的负曲率可使线路的凸竖曲线半径增大,使原有凹竖曲线半径减小,使长坡道变成凹竖曲线。《铁路工务安全规则》对线路纵断面的设计、曲线形式、曲率半径等作出了明确的规定。实际进行铁路下采矿时,由于地表曲率变化缓慢,只要及时采取措施,可以消除曲率的影响,保证行车的安全。

(3) 钢轨下沉差的影响。两条钢轨下沉不等,使两条钢轨出现下沉差,将改变两条钢轨原来的超高。当超高超过允许值或出现反超高时,对列车运行将产生极为不利的影响,甚至造成列车翻车事故。《铁路工务安全规则》规定:曲线超高度的最大限度不得超过 150mm。单线上、下行列车速度相差悬殊时不得超过 125mm,两轨面的实际超高度与设计超高度相比较,其差值不得超过 ±4mm。我国铁路的标准轨距为 1435mm,为使两轨超高变化量小于 4mm,垂直于线路方向的地表倾斜值应小于 2.8‰。

(4) 横向移动变形对线路的影响。线路的横向移动与线路相对于工作面的位置有关,当线路的方向与工作面推进方向平行或垂直,线路的移动方向总是指向采空区方向,线路的方向与回采工作面斜交,线路的横向移动将使线路呈 "S" 形,出现两个反向的曲线。

(5) 线路纵向移动变形的影响。线路的纵向移动变形主要表现为线路的爬行和轨缝的变化。线路的爬行量一般小于地表水平移动量,出现爬行的范围要大于地表移动的范围。线路爬行的方向、大小与地表水平移动的方向和大小有关,此外,还受线路的坡度、列车运行方向和线路锁定状况的影响。

轨缝的变化与地表水平变形有关,在地表拉伸区,轨缝增大。如果变形太大,使轨缝达到或超过线路的允许值,能将鱼尾板拉断或将螺栓切断。在地表压缩变形区,轨缝减小。如果压缩变形值太大,使轨缝挤死,出现瞎缝,接头和钢轨内会产生很大的应力,甚至出现 "涨轨" 现象,导致脱轨事故。《铁路工务安全规则》规定,线路上大轨缝(超过下列标准的轨缝为大轨缝:对 12.5m 钢轨,夏季为 8mm,冬季为 16mm;对于 25m 钢轨,夏季为 12mm,冬季为 17mm)不得超过 5%。在钢轨未达到最高轨温情况下,不允许有连续 3 个以上的瞎缝。

2. 充填采煤区域铁路规格及设防指标

泰源煤矿井田上方分布的建(构)筑物主要有东胜至乌海运煤专用铁路(以下简称东乌铁路)、8 条 110kV 高压输电线路、棋盘井至石嘴山的一级公路(G109 国道)、棋盘井西环路以及井田北部上方的鄂尔多斯金属冶炼有限责任公司下属的二公司、三公司、四分厂、厦门合资厂和九公司石料厂等设施,其中以东乌铁路较为重要。

东乌铁路是我国一次性投资建设、一次电气化里程最长的地方铁路,它东西走向位于包神铁路和包兰铁路之间,是两条干线之间的联络线,填补了陇海、宝中、包兰、包西之间南北长 670km、东西宽 300km 没有铁路的空白。东乌铁路东端自包神铁路南部的活蚕沟车站引出,向西经伊金霍洛旗、鄂托克旗,与包兰铁路海拉支线公乌素站接轨。线路全长约 315km。其中有 1060m 通过泰源煤矿开采区域的正上方。其对应位置如图 10-49 所示,该区域东乌铁路实拍如图 10-50 所示。

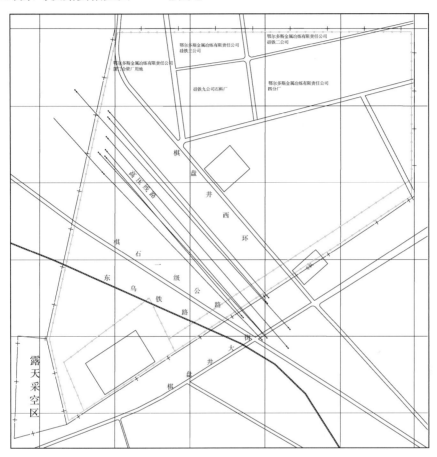

图 10-49　东乌铁路与井田位置对应图

图 10-50　东乌铁路实拍图

以东乌铁路的用途和通过量确定其属于国家Ⅲ级铁路,依据《建筑物、水体、铁路及主要井巷煤柱留设与压煤开采规程》《铁路技术管理规程》和《铁路工务安全规则》,并考虑一定的安全系数,确定其设防指标为:①地表最大下沉量控制在300mm以内;②地表最大水平变形控制在1.0mm/m以内;③地表最大倾斜变形控制在1.5mm/m以内;④地表最大曲率变形控制在0.1mm/m以内。

10.3.3　固体充填采煤系统与装备

1. 固体充填采煤工作面布置

8煤工作面布置如图10-51所示,各充填工作面接续和基本参数见表10-23。

8煤中共布置12个固体充填采煤工作面,除1812以外工作面长度均为150m,可采出煤炭资源1163.5万t。

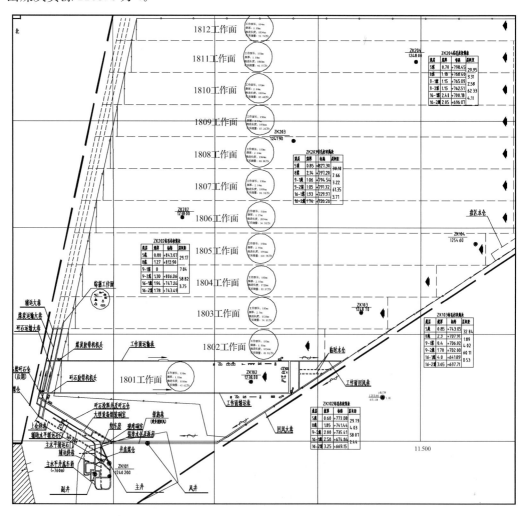

图10-51　8号煤开拓系统和工作面布置平面图

表 10-23　8 号煤层固体充填采煤工作面接续和参数表

开采顺序	工作面编号	工作面长/m	推进长度/m	平均采高/m	可采储量/万 t
1	1801	150	1116	2.70	63.3
2	1802	150	1254	2.70	71.1
3	1803	150	1526	2.70	86.5
4	1804	150	1728	2.70	98.0
5	1805	150	1930	2.70	109.4
6	1806	150	2034	2.70	115.3
7	1807	150	1999	2.70	113.3
8	1808	150	1964	2.70	111.3
9	1809	150	1930	2.70	109.4
10	1810	150	1895	2.70	107.5
11	1811	150	1860	2.70	105.5
12	1812	104	1854	2.70	72.9
合计					1163.5

2. 固体充填采煤工作面生产系统

固体充填采煤生产系统主要包括运煤系统、运料系统、通风系统及运矸系统,以首采面 1801 为例,固体充填采煤工作面生产系统布置如图 10-52 所示。

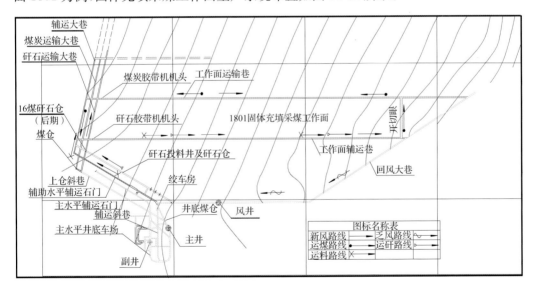

图 10-52　1801 工作面生产系统布置图

(1) 运煤系统:工作面由采煤机落煤→刮板输送机→转载机→破碎机→1801 运输巷→8 煤胶带大巷→8 煤辅运石门→764 溜子巷→胶带上仓巷→井底煤仓→主井→地面筛分车间→筒仓。

（2）运料系统:副井罐笼→副井车场→一水平上山→辅运石门→辅运大巷→1801运输顺槽→工作面。

（3）通风系统:新风:主井(副井)→二水平车场→一水平上山(胶带上仓巷)→辅运石门(充填大巷)→辅运大巷(胶带大巷)、(矸石充填巷)→1801运输顺槽(1801矸石充填顺槽)→回采工作面。乏风:1801工作面→1801工作面运煤顺槽→8煤、9煤回风大巷→风井→地面。

（4）运矸路线:地面选矸厂→矸石投料井→充填运输巷→充填运输大巷→1801矸石充填顺槽→矸石转载皮带→充填工作面。

3. 充填材料运输系统

泰源煤矿固体充填采煤工作面前期所采用矸石为地面选煤厂洗选矸石,后期考虑在矸石的基础上添加粉煤灰等固体废弃物进行充填。

地面的矸石等固体物料需要通过一定的处理和运输系统运输至井下充填采煤工作面,主要包括充填材料地面预处理及运输系统和固体充填材料投料输送系统两大部分。

1) 填物料地面预处理及运输系统

结合泰源煤矿充填材料的特性及充填材料需求,设计的充填材料地面预处理及运输系统布置如图10-53至图10-55所示,其尺寸见表10-24。

由地面预处理及运输系统的平剖面图可知,地面建(构)筑物主要包括破碎筛分机、破碎筛分机安装基坑、成品料储料场、洗选矸石堆积场地、矸石集料坑、皮带走廊、投料控制室等。

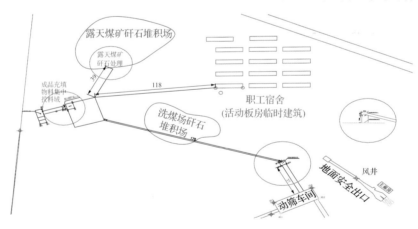

图10-53　充填材料地面预处理及运输系统平面布置图

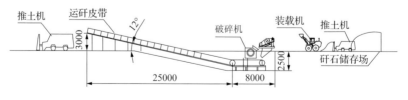

图10-54　露天煤矿矸石处理区域放大图

单位:mm

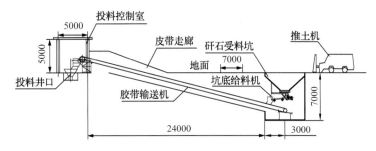

图 10-55　成品充填材料集中投料系统剖面图

单位：mm

（1）破碎筛分机安装基坑深 5.6m。破碎筛分机将粒径 100mm 以下的矸石直接给料至下方皮带上，粒径≥100mm 的矸石卸至破碎机经破碎后再给料到皮带上。

（2）为了防止阴雨、冻土天气对取料的不利影响，需要在地面预处理及运输系统中修建成品料储料场、洗选矸石堆积场地及皮带走廊。矸石堆积场地存储量应不小于矿井一天的投料量，也即不小于 3100t，据此，确定成品料储料场场地长宽为 50m×50m。洗选矸石堆积场用于成品料场储存不下的洗选矸石，场地长宽为 15m×15m，堆积场地上方搭建雨棚，棚高 4m。安装运输皮带的地方均需要搭建皮带走廊，皮带走廊尺寸宽高为 3m×3m。另外，矸石堆积场地及临时堆积场地需要安装排水沟等设施。

（3）外运矸石（露天煤矿矸石破碎后的矸石）以及动筛车间洗选矸石堆积于成品储料场的矸石，采用推土机推至矸石集料坑，通过振动给料机给至胶带输送机上，矸石集料坑尺寸长宽深为 7m×7m×3m，上方搭建雨棚，雨棚尺寸长宽高为 10m×10m×4m。

（4）投料控制室里面主要放置各类开关以及传感器终端设施，通过控制室可以实时监控物料通过量、井下料仓矸石量等情况。据此确定控制室的尺寸长宽高为 8m×6m×5m。

表 10-24　地面预处理及运输系统各构筑物尺寸

序号	地面构筑物	尺寸	
1	成品料储料场	长×宽	50m×50m
2	洗选矸石堆积场	长×宽	15m×15m
3	破碎筛分机安装基坑	长×宽×深	12m×6m×5.6m
4	运矸皮带走廊	宽×高	3m×3m
5	矸石受料坑雨棚	长×宽×高	10m×10m×4m
6	集料坑	长×宽×深	7m×7m×3m
7	投料控制室	长×宽×高	8m×6m×5m

2）地面预处理及运输系统工艺流程

矸石地面预处理及运输系统工艺流程如图 10-56 所示。

由图 10-56 可知，充填材料地面预处理及运输系统工艺流程如下：

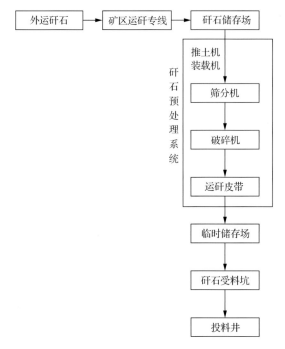

图 10-56　充填材料地面预处理及运输系统工艺流程

（1）外运矸石通过汽车运至投料井附近的露天煤矿矸石堆积场存储。

（2）露天煤矿矸石堆积场内大于 100mm 粒径的矸石通过装载机运至筛分机、破碎机进行筛分和破碎。

（3）破碎后的矸石经皮带运至成品料储料场。

（4）洗选矸石由动筛车间通过矸石卸载点的卸载口运至运矸皮带上，由运矸皮带运至成品料储料场。

（5）矸石堆积场内小于 100mm 的矸石以及成品料储料场的矸石经推土机运至矸石集料坑内。

（6）采用给料机将矸石集料坑内的矸石均匀地卸放到胶带输送机上，经胶带输送机运输至投料井上口进行投料。

3）地面预处理及运输系统设备

（1）设备选型原则。根据以上可知，矸石地面运输需要的设备主要有推土机、装载机、破碎机、筛分机、胶带输送机、皮带秤、振动给料机等。设备选型的原则如下：①系统设备的处理及输送能力应大于充填材料的最大需求。②由于设备安装在地面，应注意防雨、防风以及预防其他自然灾害。③胶带输送机在选型时要确定的参数主要包括输送能力、电机功率和架体强度，电机功率主要根据运输的倾角、带长及输送量的大小等条件确定，强度应按使用可能出现最恶劣工况和满载工况进行验算。④地面预处理及运输系统应实现整体联动控制，自动、手动开机，自动、手动关机，当后续工作出现故障时能够紧急制动。

（2）设备选型。矸石地面预处理及运输系统其他设备一览表见表 10-25。

表 10-25　地面预处理及运输系统设备一览表

序号	名称	型号	数量	主要参数
1	筛分机	2YK3070	1	筛孔尺寸 5~150mm；处理量为 150~600t/h；振动频率 850r/min；电机功率 18.5×2kW
2	破碎机	PF1316 反击破	1	进料粒度 0~350mm；出料粒度≤100mm；处理量 150~220t/h；200kW
3	胶带输送机	TD75	3	2 台胶带输送机，1 台 39m，1 台 178m，一台 35m
4	往复式给料机	K-3	1	带宽 800mm，运输能力 450t/h
5	皮带秤	ICS-14-4	1	$Q>450t/h$
6	排水泵	BQS10-15-2.2	2	设备精度：±0.25%，灵敏度：1.8±0.005mV/V，称量能力＜6000t/h

4）固体充填材料投料输送系统结构

a. 固体充填材料投料输送系统整体结构

（1）固体充填材料投料输送系统投料工艺。固体充填材料由地面运输系统进入投料井口，通过投料井直接从地面投到井底，经缓冲器缓冲后进入储料仓。固体充填材料是否能顺利地从井口投放到井底带式输送机上，投料系统是否能经受住固体充填材料的冲击力及磨损是需要解决的重要问题。

据现场情况及其总体设计要求，其工艺流程如图 10-57 所示。

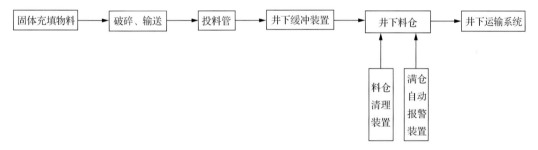

图 10-57　投料系统工艺流程设计

（2）固体充填材料投料输送系统结构。该种方法将地面固体充填材料经筛分、破碎等前期工序后运输至垂直投料输送系统井口，固体充填材料被投放至投料井内经缓冲装置缓冲后进入储料仓，并将其通过给料机放出。固体充填材料投料输送系统的主要设备包括投料管、缓冲装置、满仓报警监控装置、储料仓清堵装置、控制装置等。

b. 投料孔位置

投料孔位于工业广场北侧，投料井具体地理坐标为 $X=4\ 358\ 568.921$；$Y=409\ 864.200$，垂直投料系统投料深度为 393m，年通过固体物料（矸石、粉煤灰等）能力不小于 300 万 t。投料孔位置如图 10-58 所示。

c. 投料孔方案

（1）影响投料孔尺寸选择的因素。影响投料孔尺寸大小的影响因素主要包括充填材

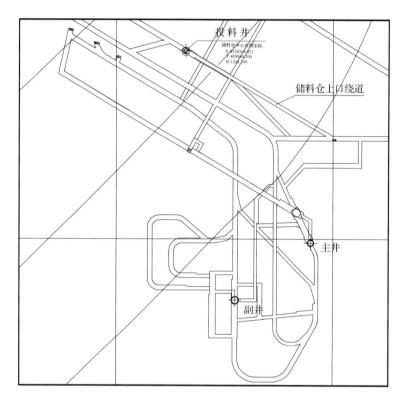

图 10-58 投料孔位置图

料粒径的最大值及投料流量,可根据投料流量及充填材料粒径的最大值设计合理的投料孔。

（2）投料流量计算。

① 平均投料流量。每年所需充填材料量决定平均投料流量,可以根据下式计算:

$$Q_1 = \frac{\alpha A}{330 \times t} \tag{10-6}$$

式中:Q_1 为平均投料流量,t/h;α 为充采比,取值 1.24;A 为煤炭年产量,60 万 t/a;t 为每天投料时间,16h。

代入相关数据得 $Q_1 = 140.9$ t/h。

② 瞬时投料流量。瞬时投料流量是投料井口所有带式输送机总输送能力之和或者井口给料设备的给料能力之和,根据泰源煤矿的实际投料条件,其输送能力为 450t/h。因此,计算投料孔时,投料流量 Q 应不小于 450t/h。

（3）物料下落截面积计算。

①充填材料初速度。固体充填材料经带式输送机投至井口,从水平运动最终变为垂直运动。忽略碰撞等过程中的能量损失,则机械能守恒:

$$\frac{1}{2}mv_b^2 + mgh = \frac{1}{2}mv_0^2 \tag{10-7}$$

式中,m 为充填材料质量,t;v_b 为带式输送机带速,2.0m/s;g 为重力加速度,10.0m/s²;h

为带式输送机到井口的垂直高度，0.5m；v_0 为充填材料至投料井口的初速度，m/s。

由式(10-7)得：

$$v_0 = \sqrt{2gh + v_b^2} \tag{10-8}$$

代入相关数据得 $v_0 = 3.74$m/s。

② 物料下落截面积。根据投料流量，可以计算出物料下落截面积：

$$\frac{3600\pi d_0^2 v_0 \rho}{4} = \gamma Q \tag{10-9}$$

$$d_0 = \frac{1}{30}\sqrt{\frac{\gamma Q}{\pi v_0 \rho}} \tag{10-10}$$

式中：d_0 为物料下落截面直径，m；v_0 为充填材料至投料井口的初速度，3.74m/s。ρ 为充填材料平均密度，1.612t/m³；γ 为投料流量不均衡系数，取值 1.2；Q 为投料流量，450t/h。

代入相关数据计算得出 $d_0 = 178$mm。

(4) 投料孔尺寸。根据泰源煤矿固体充填材料特性，其最大粒径小于 100mm。物料下落截面直径为 178mm，考虑一定的安全系数，确定投料孔直径为 500mm。

5) 井下巷道布置及储料仓

a. 井下巷道布置

井下储料仓上口绕道主要用作通风、运料及行人，根据泰源矿井下实际条件，巷道长度为 141m。井下储料仓上口绕道布置如图 10-59 所示。

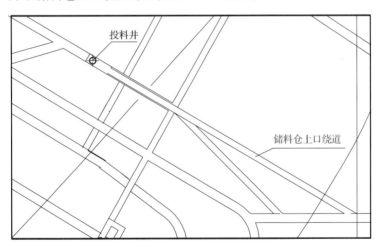

图 10-59　井下储料仓上口绕道布置图

b. 储料仓

(1) 储料仓结构。储料仓用于储存固体充填材料，以及在地面停止投料时，将起到对下落物料的一个缓冲储存作用，储料仓结构如图 10-60 所示。

(2) 储料仓参数。对于固体充填材料投料输送系统储料仓，其作用表现在一方面是存储一部分物料，起到过渡作用，以保证充填材料能连续地供给充填采煤工作面；另一方面是防止残留在投料管的部分物料堵塞投料管，保持投料管管道畅通。因此，储料仓的设计应同时满足正常生产的需要，还需满足停止投料时储存投料管物料的要求。

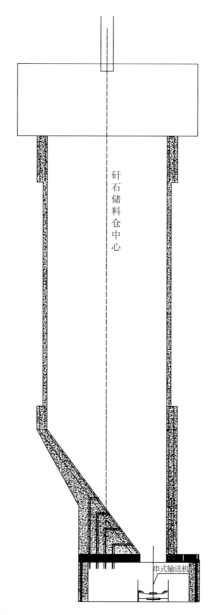

图 10-60　储料仓结构图

　　投料井口至储料仓上口高度为 393m,计算时考虑极限状态,即投料管内充满物料,此时需要停止供料,投料管内的物料仍然下落。因此,为防止堵管,储料仓的容积需大于投料管内的物料的体积。

　　结合充填采煤工作面的实际条件,确定储料仓的直径为 6m,高度为 27.5m,储料仓容量约为 663m³。

4．固体充填采煤设备

1）主要充填采煤设备的参数

主要的充填采煤设备包括综合机械化固体充填采煤液压支架、多孔底卸式输送机及自移式充填材料转载输送机。泰源煤矿采用 ZZC9600/16/32 型六柱支撑式固体充填采煤液压支架，SGBZ800/400 型多孔底卸式输送机及 GSZ1000/30 型自移式充填材料转载输送机，参数分别见表 10-26 至表 10-28。

表 10-26　ZZC9600/16/32 型六柱支撑式固体充填采煤液压支架参数表

序号	类别	参数	序号	类别	参数
1	支架型号	ZZC9600/16/32	6	支架初撑力	8322kN（$P=31.5$MPa）
2	支架中心距	1500mm	7	支架工作阻力	9600kN（$P=36.3$MPa）
3	支架高度	1600～3200mm	8	支护强度	0.8MPa
4	支架宽度	1430～1600mm	9	对底板比压	1.9MPa
5	支架推移步距	630mm	10	泵站压力	31.5MPa

表 10-27　SGBZ800/400 型多孔底卸式输送机技术参数表

序号	类别	参数	序号	类别	参数
1	型号	SGBC800/400	7	紧链形式	闸盘紧链
2	输送量	500t/h	8	刮板链形式	中双链
3	刮板链速	1.09m/s	9	圆环链规格	$\Phi26$mm×92mm
4	电动机型号	YBSD-250/125-4/8Y	10	链间距	500mm
5	额定功率	400kW	11	槽规格	1500mm×800mm×325mm
6	额定电压	1140V	12	卸料孔尺寸	长×宽=345mm×460mm

表 10-28　GSZ1000/30 型自移式充填材料转载输送机基本参数表

序号	类别	参数	序号	类别	参数
1	型号	GSZ1000/30	6	卸载高度	2000～3500mm
2	输送量	750t/h	7	卸载端伸缩量	2000mm
3	带宽	1000mm	8	升降油缸行程	400mm
4	带速	2.5m/s	9	行走油缸行程	1000mm
5	功率	30kW			

2）其他配套设备参数

充填采煤工作面其他配套设备有采煤机、刮板输送机、乳化液泵站、开关组以及控制、通信和照明系统等组成，其主要参数见表 10-29。

表 10-29　　其他设备参数指标

序号	设备名称	型号	主要技术参数
1	采煤机	MG300/701-WD	装机总功率为 701kW,供电电压 1140V,采高为 1.8~3.0m,截深 0.6m,额定牵引速度为 0~11.0m/min
2	乳化液泵站	BRW400/31.5	功率 250kW,电压为 660V。公称压力 31.5MPa;配套规格:三泵两箱
3	刮板输送机	SGZ—764/500	功率为 2×250kW,电压 1140V,输送能力 600t/h
4	组合开关	QJZ-1600/1140(660)-6	供电变压器功率:800kVA
5	喷雾泵站	BPW315/10	功率 90kW,电压为 660V

泰源煤矿充填采煤工作面设备配套平面图如图 10-61 所示。

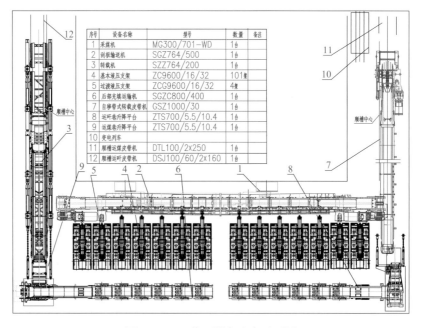

图 10-61　工作面设备配套平面图

10.3.4　固体充填采煤地表沉陷分析

1. 泰源煤矿固体充填采煤沉陷预计分析

1) 泰源煤矿充填采煤沉陷预计参数确定

在采用基于等价采高的概率积分法进行固体充填采煤沉陷预计时,沉陷预计参数可取为矿区薄煤层长壁垮落法开采时的相应参数。在本次开采沉陷预计过程中,根据实测资料统计分析的开采沉陷预计参数,并结合本区具体条件,选取各煤层矸石充填采煤后的地表移动预测参数为:下沉系数 0.75,水平移动系数 0.30,主要影响角正切 2.0,主要影响传播角 $\theta = 90° - 0.6\alpha$,拐点偏移距:0,等价采高:0.375m(充实率按照 85% 计算)。

2) 首采面固体充填采煤沉陷预计

按照预定的计算方案,采用概率积分法计算了 1801 工作面矸石充填采煤后的地表移动与变形。表 10-30 为 1801 工作面矸石充填采煤的地表移动与变形极值，表 10-31 为 1801 工作面充填采煤后对地面各主要建（构）筑物范围内的地表移动与变形极值，其中曲率变形较小，远小于 0.1mm/m，表中未列出。图 10-62 至图 10-68 为首采面开采后的各种地表移动与变形等值线图，其中曲率变形较小，未绘制等值线图。

表 10-30　1801 工作面开采后地表移动与变形极值

地表移动变形指标	下沉/mm	水平移动/mm		水平变形/(mm/m)		倾斜变形/(mm/m)	
		南北方向	东西方向	南北方向	东西方向	南北方向	东西方向
取值	171	72	49	−1.1	0.4	1.2	0.7

表 10-31　1801 工作面开采后主要建（构）筑物地表移动与变形极值

地表设施	最大下沉/mm	影响长度/m	水平变形/(mm/m)		倾斜变形/(mm/m)	
			南北方向	东西方向	南北方向	东西方向
东乌铁路	120	950	−0.8	0.2	1	0.5
高压输电线路	160	600	−1	0.3	1.2	0.7
棋石一级公路	170	1000	1.1	0.1	1.1	0.1
棋盘井西环路	未影响	未影响	未影响	未影响	未影响	未影响
鄂冶二公司	—	—	—	—	—	—
鄂冶三公司	—	—	—	—	—	—
鄂冶四分厂	—	—	—	—	—	—
鄂冶厦门合资厂	—	—	—	—	—	—
鄂冶九公司石料厂	—	—	—	—	—	—

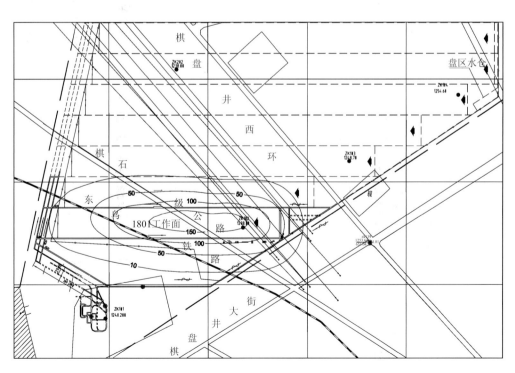

图 10-62　1801 工作面开采后地表下沉等值线

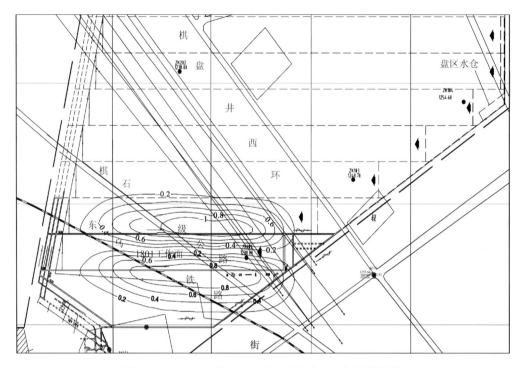

图 10-63 1801 工作面开采后南北方向地表倾斜等值线

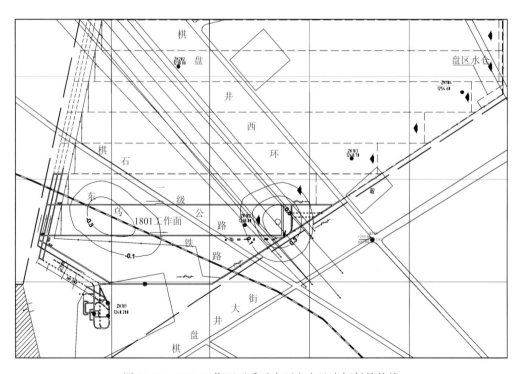

图 10-64 1801 工作面开采后东西方向地表倾斜等值线

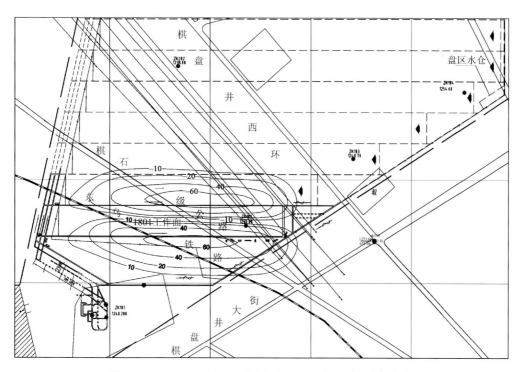

图 10-65　1801 工作面开采后南北方向地表水平移动等值线

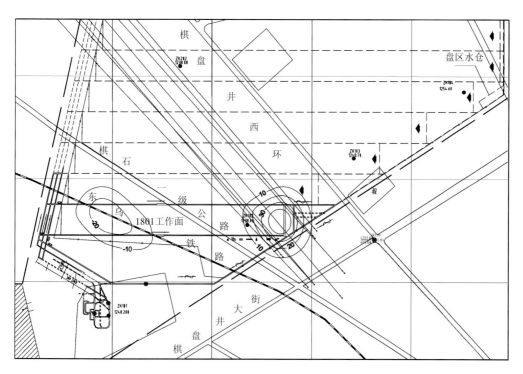

图 10-66　1801 工作面开采后东西方向地表水平移动等值线

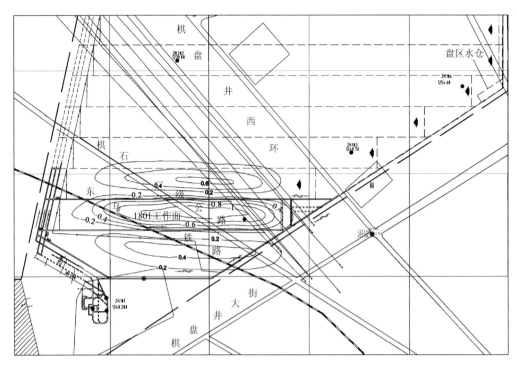

图 10-67　1801 工作面开采后南北方向地表水平变形等值线

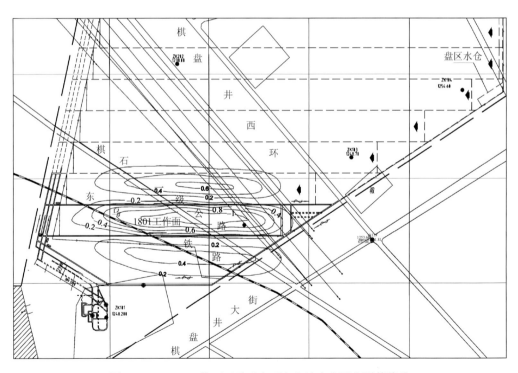

图 10-68　1801 工作面开采后东西方向地表水平变形等值线

分析计算结果可以看出,1801 工作面开采后,地表的最大下沉值为 171mm;地表最大拉伸变形值为 0.6mm/m、最大压缩变形值为 1.1mm/m,地表倾斜最大值为 1.2mm/m;均远小于一般砖混结构平房的设防标准,对上方零星建筑物不会产生 I 级以上的明显采动损害影响,不会影响地表各类建(构)筑物的正常使用。

1801 工作面开采后,地表沉陷对东乌铁路有轻微影响,影响铁路长度约 950m,影响路段最大下沉为 120mm,最大水平拉伸变形为 0.5mm/m,最大压缩变形为 0.8mm/m,最大倾斜变形为 1mm/m;未超出铁路的设防指标,不会对铁路的正常安全运行产生明显影响。

3) 8 煤固体充填采煤沉陷预计

采用概率积分法计算了 8 煤层全部充填采煤后的地表移动与变形。表 10-32 为 8 煤层全部开采的地表移动与变形极值,表 10-33 为 8 煤层全部开采后对地面各主要建(构)筑物范围内的地表移动与变形极值,其中曲率变形较小,远小于 0.1mm/m,表中未列出。图 10-69 至图 10-75 为 8 煤层全部开采后的各种地表移动与变形等值线图,其中曲率变形较小,未绘制等值线图。

表 10-32　8 煤层全部开采后地表移动与变形极值

地表移动	下沉	水平移动/mm		水平变形/(mm/m)		倾斜变形/(mm/m)	
变形指标	/mm	南北方向	东西方向	南北方向	东西方向	南北方向	东西方向
取值	293	85	80	−0.9	0.7	−1.4	0.6

表 10-33　8 煤层全部开采后主要建(构)筑物地表移动与变形极值

地表设施	最大下沉/mm	影响长度/m	水平变形/(mm/m)		倾斜变形/(mm/m)	
			南北方向	东西方向	南北方向	东西方向
东乌铁路	250	1200	−0.6	0.5	1.3	0.5
高压输电线路	280	1727	−0.5	−0.6	1.1	0.6
棋石一级公路	280	1326	−0.6	−0.6	1.3	0.6
棋盘井西环路	285	2210	0.3	−0.6	0.8	−0.6
鄂冶二公司	273	1130	−0.9	0	1.4	0.4
鄂冶三公司	278	385	−0.9	0	1.4	0
鄂冶四分厂	287	125	−0.8	0	1.1	0.6
鄂冶厦门合资厂	285	900	−0.5	−0.6	1.1	−0.6
鄂冶九公司石料厂	293	450	0	0	0	0

分析计算结果可以看出,8 煤层全部开采后,地表的最大下沉值为 295mm;地表最大拉伸变形值为 0.7mm/m、最大压缩变形值为 0.9mm/m,地表倾斜最大值为 1.4mm/m;均小于一般砖混结构平房的设防标准,对上方零星建筑物不会产生 I 级以上的明显采动损害影响,不会影响地面各类建(构)筑物的正常使用。

8 煤层全部充填采煤地表沉陷对东乌铁路有轻微影响,影响铁路长度约 1200m,影响路段最大下沉为 250mm,最大水平拉伸变形为 0.5mm/m,最大压缩变形值为 0.6mm/m,最大倾斜变形为 1.3mm/m;未超出铁路的设防指标,不会对铁路的正常安全运行产生明显影响。

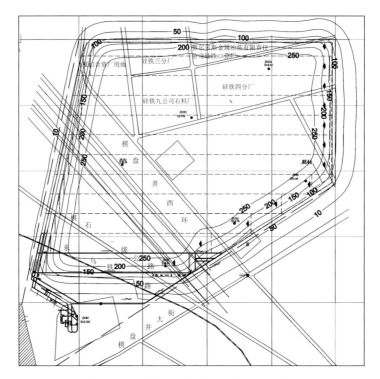

图 10-69　8 煤全部开采后地表下沉等值线

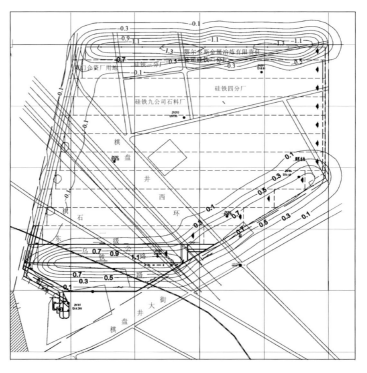

图 10-70　8 煤全部开采后南北方向地表倾斜等值线

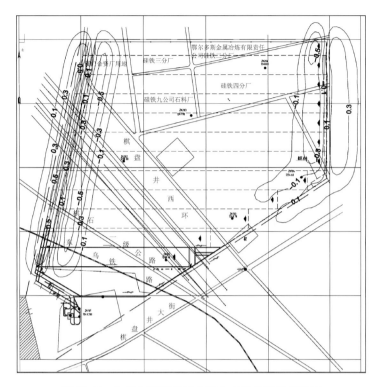

图 10-71　8 煤全部开采后东西方向地表倾斜等值线

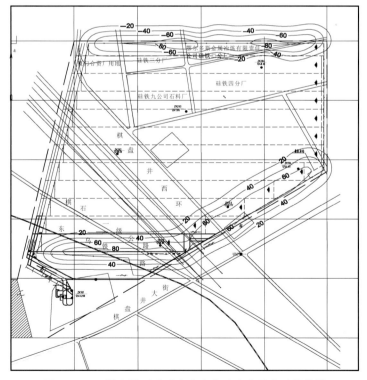

图 10-72　8 煤全部开采后南北方向地表水平移动等值线

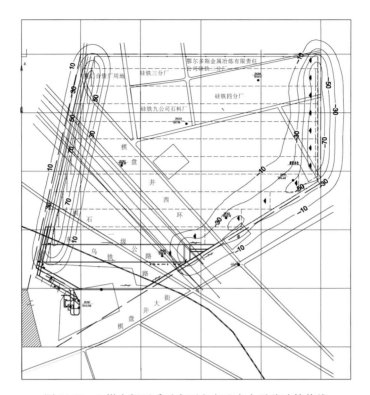

图 10-73　8煤全部开采后东西方向地表水平移动等值线

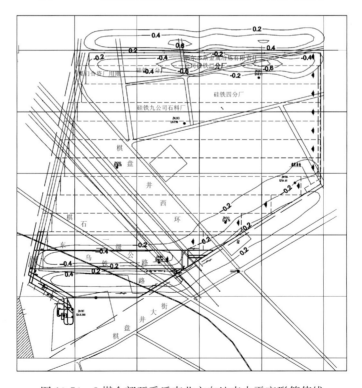

图 10-74　8煤全部开采后南北方向地表水平变形等值线

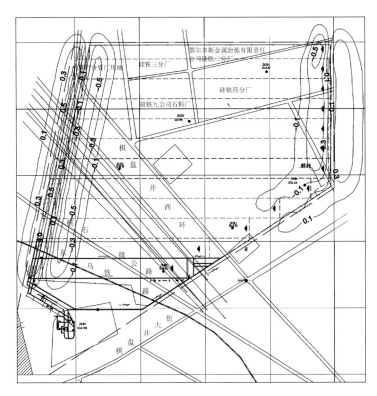

图 10-75　8 煤全部开采后东西方向地表水平变形等值线

2. 泰源煤矿固体充填采煤沉陷实测分析

1）测点布置

a. 地表移动观测线布设形式

根据 1801 矸石充填采煤工作面的地质采矿条件和地面公路、铁路及高压线塔的分布特点,初步设计地表移动观测方案如下:

（1）铁路专用观测线沿铁路布设,为了准确掌握 1801 工作面开采引起的地面、铁路及二者协同变形关系的规律,拟在钢轨上设立观测点并在钢轨观测点旁边建立地面观测点,定期监测二者沉降量。同时考虑到开采引起的铁路变形的特殊性,需在钢轨间定期监测轨缝宽度,发现问题及时上报处理,以免发生钢轨崩断引起列车脱轨等事故。并在观测线两端各建立两个控制点作为其他观测点的参考基准。

（2）由于区域地势平坦,通视条件好利于地表岩移观测,因此,拟计划布设三条（四区域）观测线,包括半条走向观测线,一条铁路专用观测线和一条公路专用观测线,其中半条走向观测线包括两区域,区域一为工作面上方观测线,区域二为切眼北侧高压线塔专用观测线。

（3）走向观测线自切眼地表附近佰运通运输公司至 1801 充填工作面（首采面）中央位置,由于地势平坦,通视条件好,因此,走向观测线可布设成直线状保证观测线位于走向主断面上方。同时拟在物流园附近设立走向观测线控制点,作为该观测线上观测点的参考基准。

（4）高压线塔观测点拟从走向观测线引出，考虑到高压线塔的特殊性，其倾斜变形是衡量高压线塔受开采损害影响的重要指标，拟在每个高压线塔的四个底墩处建立观测点，并定期监测这四个点的不均匀沉降量，进而求出高压线塔的倾斜变形。同时考虑到高压线塔与工作面的相对位置不同，在开采过程中高压线塔的变化形式不同，因此需在 1801 工作面正上方、北侧和南侧各选取 4 个高压线塔进行监测。

（5）公路专用观测线沿 G109 国道路面布设。观测线长度超过整个 1801 工作面开采影响范围，考虑到车流量大、车速较快等因素，拟将观测点布设在道路边缘，并在观测线两端各建立两个控制点作为其他观测点的参考基准，同时能够满足符合水准路线和符合导线的观测需求。

b. 观测线长度确定

由于 1801 充填工作面为泰源煤矿首采面，缺少相应的地表移动变形角值参数，根据泰源煤矿开采煤层覆岩条件，参考邻近的石嘴山矿区 2266 观测站所求得角值参数及《建筑物、水体、铁路及主要井巷煤柱留设与压煤开采规程》经验数据，综合分析确定 1801 首采面角值参数见表 10-34。

表 10-34　1801 首采面角值参数

参数	走向移动角	松散层移动角	走向移动角修正值	边界角	走向充分采动角	最大下沉角	平均采深	松散层厚度
数值	74°	45°	20°	71°	81°	90°	400m	20m

自一顺槽向工作面推进方向，以角值 $(\delta-\Delta\delta)$ 画线与基岩和松散层交界面相交，再从交点以 φ 角画线与地表相较于 E，E 点便是不受临区开采影响的边界点。在另一顺槽处，向工作面外侧以角值 $(\delta-\Delta\delta)$ 画线与基岩和松散层交接面相交，在从交点以 φ 角画线与地表相交于 F 点，在 EF 上设走向观测线。走向观测线长度计算公式为

$$EF = h\cot\varphi + (H_0-h)\cot(\delta-\Delta\delta) + 1 \tag{10-11}$$

式中：δ 为走向移动角；$\Delta\delta$ 为走向移动角修正值；H_0 为工作面平均采深；L 为工作面走向长度。

代入数据算得观测线长度：$EF=1412$ m

为满足对开采引起的铁路、公路、高压线塔变形规律研究需求，实际布设观测线共三条，其中公路、铁路两条观测线沿道路布设；而工作面走向方向上地势平坦，植被少，观测条件较好，拟将走向观测线布设在 1801 工作面正上方，在开切眼处地表零散布设高压线塔观测站。三条观测线长度见表 10-35，观测线位置示意图如图 10-76 所示。

表 10-35　观测线长度及观测点数

观测线名称	观测线长度/m	观测点数
走向观测线	1254	56
公路观测线	1866	53
铁路观测线	1977	67（含高压线塔 32 个）
合计	5097	176

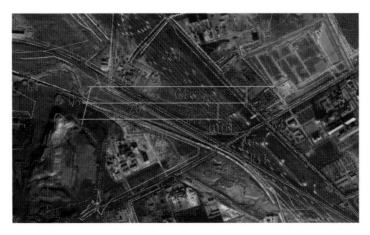

图 10-76　观测线位置示意图

2）实测结果分析

目前泰源煤矿首采面 1801 工作面推进约 80m，未监测到地表发生明显变形。

10.4　阳泉新元公司高速公路下固体充填采煤

10.4.1　矿井概况与地质采矿条件

1. 矿井及区域概况

山西新元煤炭有限责任公司（以下简称新元公司）地处山西省寿阳县境内，距太原市60km，距阳泉市 25km，毗邻石太铁路、太旧高速公路，地理位置优越，交通条件便利。该井田位于沁水煤田东北部，主采煤层为 3♯、9♯、15♯。矿井地质储量 13.89 亿 t，可采储量 5.06 亿 t。煤种主要为贫煤、贫瘦煤及无烟煤，属中低灰、特低硫、低磷、中高发热量的优质品种煤，可作为电煤、高炉喷吹煤及出口用煤等。矿井井型为 600 万 t/a。

充填试采区域为井田北部的南燕竹村和太旧高速公路压煤块段。地面南燕竹村为镇政府所在地，有常住人口约 3200 人，地表建筑面积约 60km²，地表建筑类型有砖混结构新型建筑和旧式窑洞建筑，砖混结构新房抗变形能力较强，而大部分旧窑洞和窑洞式平房年久失修、自然损坏严重，抗变形能力极差。

试验开采区域位于井田的北部，北至已回采完毕的 310304 工作面，南至西采区辅助回风巷，东至北区运输巷，西至 3415 副巷，长 2170m，宽 1260m，面积约 2.75km²。该区域地面标高 1050～1120m，煤层标高 600～710m，平均埋深约 430m；地表主要为第四系黄土覆盖区，有大面积农田和少量经济林木（苹果、核、梨、杨木、芦苇、苗圃等）分布，地表山梁、丘陵、陡坎和沟谷纵横交错分布。

2. 采矿地质条件

在充填采煤区域范围内地层由老到新依次为奥陶系峰峰组（O2f）；石炭系中统本溪

组(C2b);石炭系上统太原组(C3t);二叠系下统山西组(P1s);二叠系下统石盒子组(P1x);上统石盒子组(P2s);第四系(Q)黄土覆盖层。

可采煤层为 3♯、9♯ 和 15♯ 煤层,3♯ 煤层厚度 2.5m,9♯ 煤层厚度 3.0m,15♯ 煤层厚度约 4.5m;压覆的总资源量约为 4000 万 t。设计充填采煤 3 号煤层,该煤层赋存稳定,全区均可采,厚度为 1.00～3.07m,平均为 2.50m,3 号煤层可采储量约为 825 万 t,煤层内含 1～3 层夹石。

3 号煤层顶板水主要为砂岩裂隙水,具有突然来水性,局部有压力,无色略呈浑浊,但压力会随时间降低,无味,中性偏碱,一般在巷道顶部沿裂隙或者顶部锚杆、锚索孔呈线状或点状涌出,常呈淋头水状态出现。充水因素是 3♯ 煤顶板上部 K₈ 下和 K₈、K₁₂ 砂岩裂隙含水层,主要通过顶板裂缝或冒落产生的导水裂隙向回采工作面进水,出现形式以淋头水为主,局部会出现突然顶板涌水,涌水量短期一次性将达到 10～25m³/h。最大涌水量 60m³/h,正常涌水量 10～25m³/h。根据煤炭科学研究总院抚顺分院对 3 号煤瓦斯涌出量预测资料,预计采区瓦斯含量为 39.2mL/g;相对瓦斯涌出量为 11.29m³/t。在向斜构造发育和存在构造影响软煤的局部范围内瓦斯有突出危险性,3 号煤层煤尘有爆炸危险性,且局部有自燃倾向性,煤层顶底板情况具体见表 10-36。

表 10-36　3 号煤顶底板情况

类别	岩层名称	厚度/m	主要岩层性质
顶板	基本顶	中粒砂岩	$\dfrac{4.5～2.3}{3.4}$	灰白色,以石英为主,含暗色矿物,分选磨圆度好
	直接顶	砂质泥岩	$\dfrac{6.5～2.6}{4.55}$	灰黑色,节理发育,局部变相为砂岩
	伪顶	泥岩	$\dfrac{0.3～0.20}{0.25}$	灰黑色,含植物化石和炭质成分,易冒落
煤层		3 号煤	$\dfrac{1.0～3.07}{2.50}$	黑色,玻璃光泽,硬度 2～3,容重 1.42kg/m³,属于半亮、光亮型煤
底板	直接底	砂质泥岩	$\dfrac{2.48～1.82}{2.15}$	灰黑色,含大量植物根茎化石碎片
	基本底	中粒砂岩	$\dfrac{3.10～2.30}{2.70}$	灰白色,以石英为主,夹泥岩条带

10.4.2　高速公路设防指标确定

1. 地表变形对高速公路的危害

煤层开采后,上覆岩层移动自下而上发展到地表,地表变形主要表现为裂隙破坏和盆地下沉,两种变形都会对太旧高速公路产生破坏,造成安全事故。当地表下沉后,如图 10-77 所示,地表中间 A 点主要受压,B 点主要受拉应力,地表受力产生变形,进而影响到高速公路,从而呈现出各种变形形式。

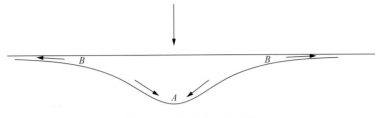

图 10-77   地表变形受力图

1）地表下沉对高速公路的影响

当地表发生下沉变形时,主要会在地表产生下沉盆地和塌陷坑。地表移动盆地的出现,破坏了地面公路的正常使用,当有些洼地常年积水,加上地表水位很高时,只要地表发生了沉降,便会很快形成水泊,严重影响交通;另外下沉盆地的出现,可致公路倾斜,使公路的坡度发生变化。当公路坡度的倾向与地表倾斜一致时,可增大公路的坡度,可能使公路超标,影响行车安全。当地表移动出现塌陷坑时,会使得地表公路发生极不规则的变形,破坏公路路基,对地表公路危害严重。因此,要设法避免地表盆地和塌陷坑的出现。

2）地表水平变形对高速公路的影响

当水平变形发展到地表时,不均匀的水平方向移动可改变线路的方向和圆曲线的半径,使行车安全出现隐患。当破坏变形较为严重时,可使公路桥梁、涵洞拉坏或压坏,导致交通中断,使涵洞排水不畅,在洪水时淹没公路;当地表水平移动使得高速公路路面受压时,可能使路面压坏,甚至使路面上鼓,导致行车不畅;当地表移动产生裂缝时,会严重破坏公路的路基,使得高速公路出现根本的破坏,对行车危害极大。

因此,在高速公路下采煤,最主要的是控制地表的下沉和水平移动,使得地表下沉和水平移动变形最小化。

2. 太旧高速公路概况

太旧高速公路从山西太原至旧关,全长 140.7km,路线所经地区为山西黄土高原与太行山脉两大地貌地带,横跨地势平缓的汾河河谷平原,穿越冲沟发育、切割严重的重丘区,进入山势陡峻、高低悬殊的山岭区,沿线地形极为复杂。

太旧高速公路在本试采区域长度约 3.0km,位于试采区域正上方,平行于白马河、省道榆-盂公路(216),其在整个井田上方可采范围内压煤量约 1.04Mt,充填采煤区域范围内可采储量共计 825 万 t,太旧高速公路在试采区域内压煤量约 43.6 万 t。公路位置与井田关系对应位置及保护煤柱如图 10-78 所示。因此采用充填采煤方法开采公路下压煤是目前较好的选择,既解决了高速公路下的压煤问题,又能保证地表高速公路的变形处于安全设防指标内,同时实现安全采煤,保障地面正常通行。

3. 高速公路设防标准

2005 年,山西交通厅提出了以下变形值的允许范围:

（1）水平变形值(ε)不大于±2mm/m。

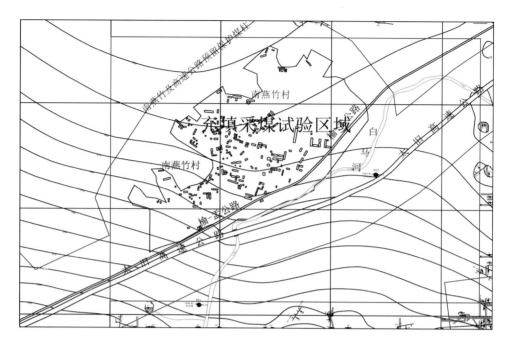

图 10-78　试采区域范围内高速公路保护煤柱

（2）倾斜（i）值不大于±3mm/m。

（3）曲率（k）值不大于±0.2mm/m²。

在国外根据有关研究，一般地表位移对于高等级公路限制在Ⅰ～Ⅱ级变形破坏以内，即允许的水平变形值在±2～4mm/m范围内；允许的倾斜变形值在±3～6mm/m范围内；对于一般公路应限制在Ⅲ级变形破坏以内，即允许的水平变形值不大于±6mm/m，允许的倾斜变形值不大于±10mm/m。

太旧高速公路路面结构均为沥青路面，表面层为4cm厚细粒式改性沥青混凝土，中面层为+6～8cm厚中粒式改性沥青混凝土，下面层为+8～10cm厚粗粒式沥青（或改性沥青）混凝土，整个面层的结构厚度保持在12～18cm。

为确保在沥青路面使用性能良好的状态下，延长路面使用年限，提高路面的使用价值，设防标准必须严格，确定公路安全设防指标值为：水平变形值 $\varepsilon \leqslant \pm 2.0$（mm/m）；倾斜值 $i \leqslant \pm 3.0$（mm/m）；曲率 $k \leqslant \pm 0.2$（mm/m²）。

10.4.3　固体充填采煤系统与装备

1. 固体充填采煤工作面布置

充填采煤区域共布置9个充填采煤工作面，可采出煤炭资源798.5万t，各充填采煤工作面参数见表10-37，工作面布置如图10-79所示。

表 10-37　充填采煤区域工作面参数

工作面名称	工作面长度/m	推进长度/m	工作面倾角/(°)	推进方向倾角/(°)	可采煤量/万 t
CT101	100	2122	2.9	1.2	75.3
CT102	120	2122	2.3	1.1	90.4
CT103	120	2122	2.4	0.7	90.4
CT104	120	2122	2.8	1.0	90.4
CT105	120	2122	4.3	1.3	90.4
CT106	120	2122	6.1	0.9	90.4
CT107	120	2122	5.6	1.1	90.4
CT108	120	2122	6.0	0.9	90.4
CT109	120	2122	6.2	0.9	90.4
合计					798.5

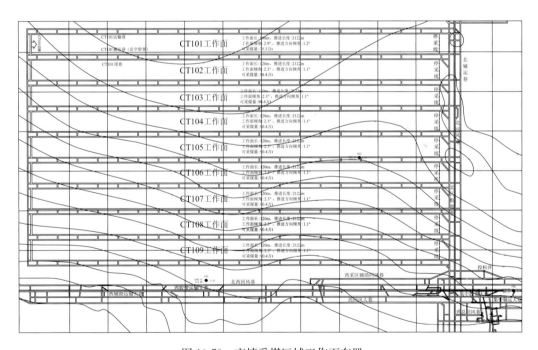

图 10-79　充填采煤区域工作面布置

2. 工作面生产系统

充填采煤工作面生产系统包括运煤、通风、运料及充填材料运输系统等，以设计 CT101 工作面为例，生产系统如图 10-80 所示。

（1）运煤系统。CT101 工作面→CT101 运输巷→北区运输巷→煤仓→集中运输大巷→主井。

（2）运料系统。副井→集中辅运大巷→北辅运巷→CT101辅运巷→CT101工作面。

（3）通风系统。① 新风路线：冀家坳进风立井、副斜井→集中辅运大巷→北辅运巷→CT101辅运巷主斜井→集中运输大巷→北区运输巷→CT101运输巷→CT101工作面；② 污风路线：CT101工作面→CT101尾巷→北回风巷→中央回风立井→地面。

（4）充填材料运输路线。①路线一：地面充填材料→投料井→储料仓→运矸联络巷→北辅运巷→CT101辅运巷→CT101工作面。②路线二：井下掘进矸石→矸石仓→运矸联络巷→北辅运巷→CT101辅运巷→CT101工作面。

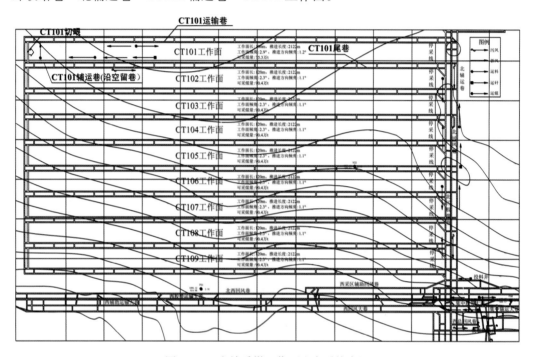

图 10-80　充填采煤工作面生产系统布置

3. 充填材料运输系统

固体充填采煤所采用充填材料为地面矸石、井下掘进矸石以及粉煤灰，根据所要运输的材料及要求，充填材料运输系统包括充填材料地面运输系统、投料系统及井下矸石不升井系统。

1）地面运输系统

地面运输系统主要将矸石进行预处理，并与粉煤灰一起运输至投料井口，矸石储料场的矸石由推土机和装载机推至刮板输送机，经转载机投入破碎机，破碎后的矸石进入带式输送机走廊，经带式输送机送至投料井；储存在粉煤灰罐中的粉煤灰由螺旋给料机卸出也运输至井口与矸石物料一起投放至井下，地面运输系统方案如图 10-81 所示，其工艺流程如图 10-82 所示。

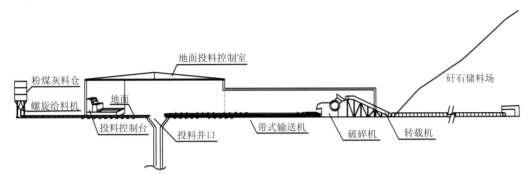

图 10-81　地面运输系统原理

图 10-82　地面运输工艺流程

2）投料输送系统

a. 投料井位置及参数

为最大限度地减少巷道工程量，可缩短充填材料的井下运输距离，投料井布置在充填采煤区域附近（对应地表为平坦地带），井下对应位置位于北东辅运巷北侧、北辅运巷东侧。具体位置如图 10-83 所示。投料井上口标高为 1172m，投料井下口标高为 648m，投料井深度 524m。根据充填材料粒径大小及通过能力，确定投料井内径设计为 500mm。

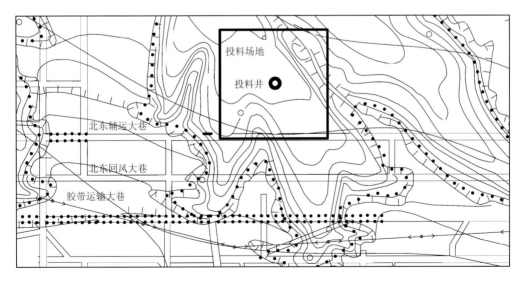

图 10-83　投料井布置位置示意

b. 井下巷道及硐室

储料仓为圆柱状结构，其中直径最大的位置为 6m，高度为 30m，最大容积约 848m³，最大储存量按照 80% 的最大容积计算,可储存充填材料 678m³。其巷道工程平面布置设计如图 10-84 所示。

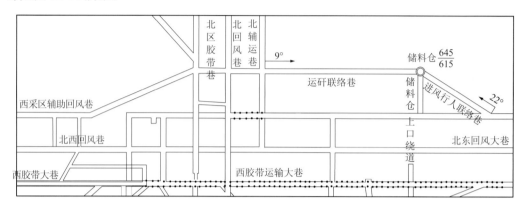

图 10-84　垂直投料输送系统储料仓及巷道布置

(1) 储料仓上口绕道设计。储料仓上口绕道主要作用是使储料仓上口形成通风风路,同时兼顾到检修时运料及行人。该巷道连接储料仓上口和北东辅运巷。巷道掘进的起点是北东辅运巷(底板标高为 640m),终点为储料仓上口(底板标高 645m),巷道沿煤层水平掘进,全长约 35m,全部为煤巷。

(2) 进风行人联络巷设计。进风行人联络巷负责储料仓下口的进风、行人及安装维修时的运料。该巷道连接储料仓下口和北东辅运巷。巷道掘进的起点是北东辅运巷(底板标高为 640m),终点为储料仓下口(底板标高 612m),巷道倾角 22°,全长约 70m,全部为岩巷。

(3) 运矸联络巷设计。运矸联络巷负责将储料仓下口放出的充填材料运输至充填采煤区域,同时实现储料仓下口的回风。巷道掘进的起点是北辅运巷(底板标高 640m),终点为储料仓下口(底板标高 612m),巷道倾角 9°,全长约 140m,全部为岩巷。

3) 井下矸石不升井系统

井下矸石不升井系统使整个矿井的掘进矸石不需要提升至地面,而直接进入充填材料运输系统用于工作面充填。由于掘进矸石的产出量不稳定、产出地点不断变动,因此,需要在适当的位置设置矸石仓,用于掘进矸石的临时存储。同时,由于掘进矸石粒径较大,不能直接用于充填,需要增加破碎设备对其进行破碎。

a. 矸石仓的位置及联络巷道布置

设计矸石仓位于储料仓附近,设计矸石仓下口卸料位置位于运矸联络巷内,其充填材料带式输送机与储料仓下口的充填材料带式输送机为同一条。综合考虑巷道的层位关系、矸石运输方式及减少工程量的目的,确定井下矸石不升井系统的具体布置如图 10-85 所示。

b. 主要系统

井下矸石不升井系统由矸石运输车场、矸石仓及运矸联络巷(与储料仓的运矸联络巷为同一条)组成。矸石运输车场与北东辅运巷相连,沿煤层掘进,为长度 120m 的煤巷,负责运输矸石及无轨胶轮车卸料到矸石仓后的调车,同时形成矸石仓上口的通风风路;矸石

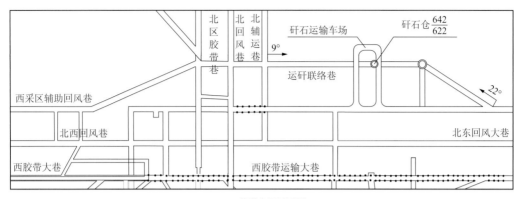

(a) 巷道布置平面图

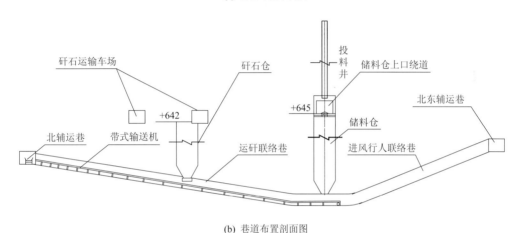

(b) 巷道布置剖面图

图 10-85　井下矸石不升井系统

仓的矸石放出后经筛分破碎后,由运矸联络巷的带式输送机运输至北运输巷。

矸石运输路线:掘进矸石→北东辅运巷→矸石运输车场→矸石仓→运矸联络巷→北运输巷→工作面运输巷→工作面。

矸石仓下口通风路线:进风立井、副斜井→集中辅运大巷→北东辅运巷→进风行人联络巷→运矸联络巷→北运输巷→工作面运输巷→工作面。

c. 矸石仓的容量设计

矸石仓可存储矸石量按完成一个生产班所需的充填材料用量计算,一个生产班所需的充填材料量体积为 $300m^3$,考虑一定的富余量,最终确定矸石仓的直径为 6m,高度为 20m,最大容积 $565m^3$。矸石仓最大储存量按照 80% 的最大容积计算,可储存矸石 $452m^3$,约 813t。

d. 关键设备

井下矸石不升井系统需要布置设备有:筛分机、破碎机、带式输送机等。其中,主要设备均布置在矸石仓下口的运矸联络巷内,用于矸石的筛分、破碎及运输。主要设备参数见表 10-38。

表 10-38　主要设备参数

序号	设备名称	型号	主要技术参数
1	矿用分级破碎机	2PLF90/150	齿辊直径 900mm;齿辊长度 1500mm;出料粒度小于 50mm;破碎能力 600~1000t/h
2	重型筛分机	WZT-1042	入料粒度小于 1000mm;处理能力 500m³/h;出料粒度小于 50mm
3	带式输送机	SSJ1200/3×250	额定电压 1.2kV;额定电流 160A;功率 250kW;带宽 1200mm

　　根据煤层情况及充填要求,选择采用 ZC10000/17/31 六柱支撑式充填采煤液压支架、SGBC764/250 型多孔底卸式输送机、DZY80/45/15 型自移式充填材料转载输送机等关键设备,其主要参数分别见表 10-39 至表 10-41。

表 10-39　ZZC9600/16/32 型六柱支撑式固体充填采煤液压支架参数表

序号	类别	参数	序号	类别	参数
1	支架型号	ZC10000/17/31	6	支架初撑力	8322kN ($P=31.5$MPa)
2	支架中心距	1500mm	7	支架工作阻力	10000kN($P=36.3$MPa)
3	支架高度	1700~3100mm	8	支护强度	0.87MPa
4	支架宽度	1430~1600mm	9	对底板比压	2.5MPa
5	支架推移步距	630mm	10	泵站压力	31.5MPa

表 10-40　SGBC764/250 型多孔底卸式输送机技术参数表

序号	类别	参数	序号	类别	参数
1	型号	SGBC764/250	7	紧链形式	闸盘紧链
2	输送量	500t/h	8	刮板链形式	边双链
3	刮板链速	1.09m/s	9	圆环链规格	Φ26mm×92mm
4	电动机型号	YBSD-250/125-4/8Y	10	链间距	500mm
5	额定功率	250kW	11	槽规格	1500mm×730mm×325mm
6	额定电压	1140V	12	卸料孔尺寸	长×宽=345mm×460mm

表 10-41　DZY80/45/15 型自移式充填材料转载输送机主要技术参数

序号	类别	参数	序号	类别	参数
1	型号	DZY80/45/15	6	滚筒直径	500mm
2	运输能力	450t/h	7	最大不可拆卸部件尺寸	3800mm×1200mm×650mm
3	电机功率	55kW	8	卸载高度	2.0~3.2m
4	带速	2.5m/s	9	可自主前后移动距离	8.0m
5	带宽	800mm			

　　其他设备配套型号及主要技术参数见表 10-42。

表 10-42　其他设备参数指标

序号	设备名称	型号	主要技术参数
1	乳化液泵站	BRW400/31.5	电机功率：160kW；工作电压：660/1140V；额定压力：31.5MPa；配套规格：两泵三箱。
2	采煤机	MG250/601-WD	技术参数：适应煤层倾角（°）：≤40；总功率：601kW；截割功率：2×250kW；牵引力：490kN
3	刮板输送机	SGZ764/320	输送量：750t/h；刮板链速：1.0m/s；中部槽规格：1500mm×724mm×300mm；链条规格：26×92-C；电机功率：2×160kW；刮板链形式：中双链
4	转载机	SZZ764/160	功率160kW；电压等级 660/1140V；长度45m；转载能力 1000t/h
5	破碎机	PCM1000	处理能力 1000t/h；最大入断面 700mm×700mm；出口粒度≤300mm；电动机功率 110kW
6	移动变电站	KBSGZY-800/6/1.2	一次电压：6kV；二次电压为：1.14kV（0.69kV）
7	组合开关	QJZ-1600/1140(660)-6	供电变压器功率：800kVA
8	喷雾泵站	BPW315/6.3	公称压力：6.3MPa；公称流量：315L/min

10.4.4　固体充填采煤地表沉陷分析

1. 参数选取

采用基于等价采高的概率积分法进行预计，充填区域采高 2.5m，根据公式计算等价采高为 460mm，同时，参考《建筑物、水体、铁路及主要井巷煤柱留设与压煤开采规程》中的经验数据，综合分析确定山西新元煤炭有限责任公司井田综合机械化固体充填的概率积分法参数见表 10-43。

表 10-43　试验区域固体充填采煤开采沉陷预计的概率积分参数

参数	下沉系数	水平移动系数	主要影响角正切	开采影响传播角	拐点偏移距
数值	$q=0.80$	$b=0.22$	2.0	$\theta=90°-0.6\alpha$	$S=20$m

2. 高速公路变形预计

根据本试采区高速公路下充填采煤工作面设计情况，计算了首采面 CT101 工作面和全部固体充填工作面开采完成后的地表移动变形最大值情况，分别见表 10-44、表 10-45。CT101 工作面充填采煤后地表下沉、水平移动、倾斜变形、水平变形等值线分布见图10-86 至图 10-92 充填区域全部工作面充填后地表下沉、水平移动、倾斜变形、水平变形等值线分布见图 10-93 至图 10-99。

表 10-44　CT101 工作面充填采煤后地表移动变形极值

参数	最大下沉/mm	最大倾斜值/(mm/m)	最大曲率变形/(mm/m²)	最大水平移动/mm	最大水平变形/(mm/m)
数值	118	0.9	0.02	41	−0.8，0.4

表 10-45　全部工作面充填采煤后地表移动变形极值

参数	最大下沉/mm	最大倾斜值/(mm/m)	最大曲率变形/(mm/m²)	最大水平移动/mm	最大水平变形/(mm/m)
数值	294	1.7	0.02	73	−0.6，0.6

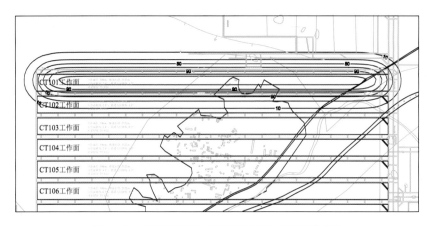

图 10-86　首采面固体充填采煤后地表下沉等值线

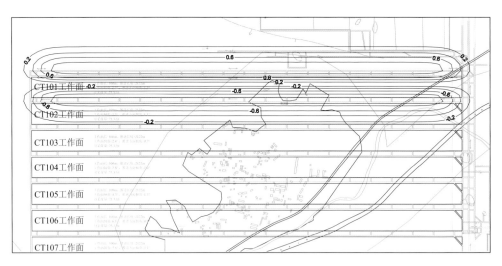

图 10-87　首采面固体充填采煤后南北方向地表倾斜等值线

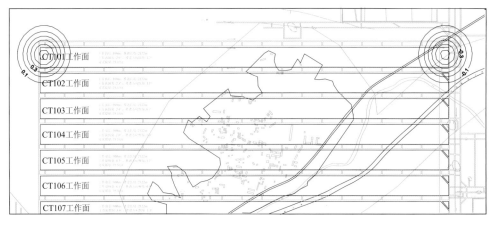

图 10-88　首采面固体充填采煤后东西方向地表倾斜等值线

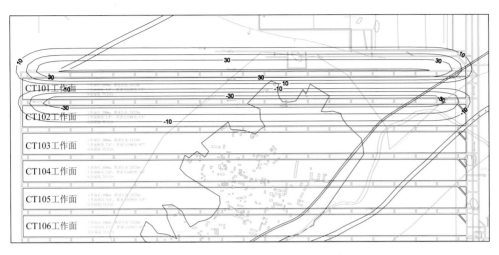

图 10-89　首采面固体充填采煤后南北方向地表水平移动等值线

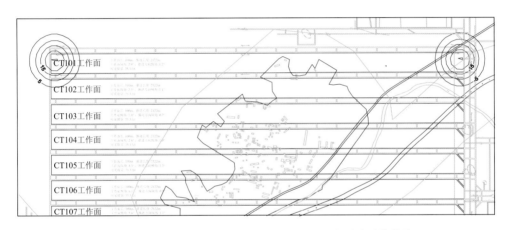

图 10-90　采面固体充填采煤后东西方向地表水平移动等值线

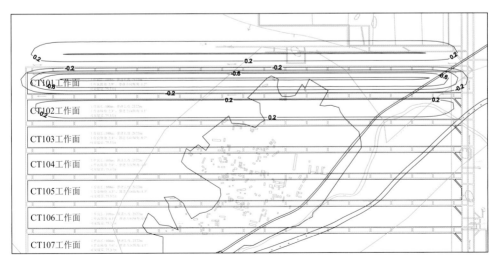

图 10-91　首采面固体充填采煤后南北方向地表水平变形等值线

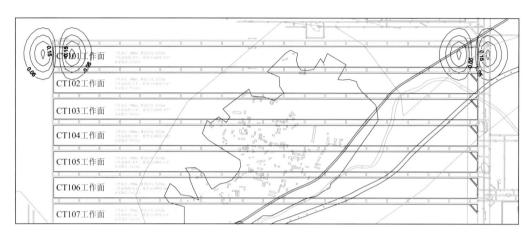

图 10-92　首采面固体充填采煤后东西方向地表水平变形等值线

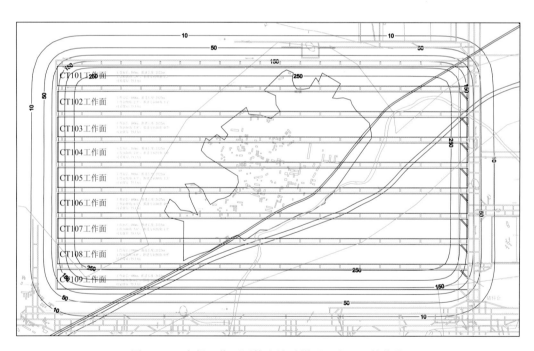

图 10-93　全部工作面固体充填采煤后地表下沉等值线

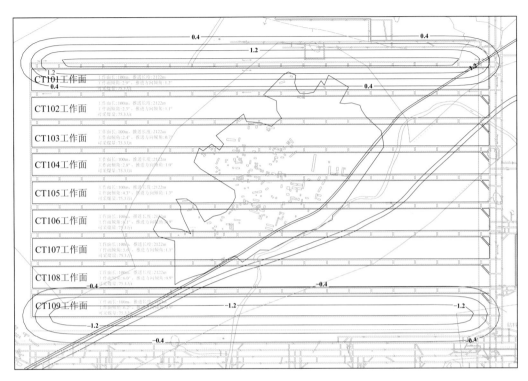

图 10-94　全部工作面固体充填采煤后南北方向地表倾斜等值线

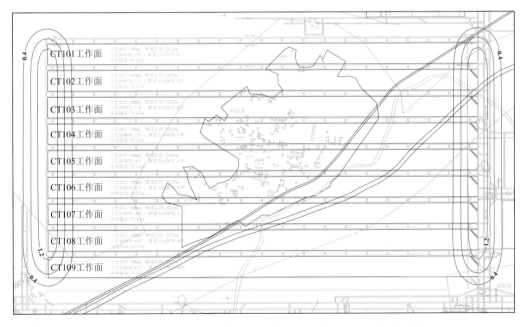

图 10-95　全部工作面固体充填采煤后东西方向地表倾斜等值线

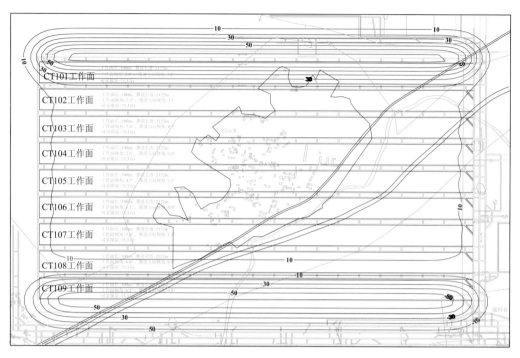

图 10-96 全部工作面固体充填采煤后南北方向地表水平移动等值线

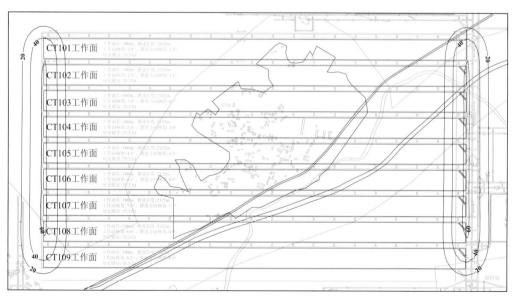

图 10-97 全部工作面固体充填采煤后东西方向地表水平移动等值线

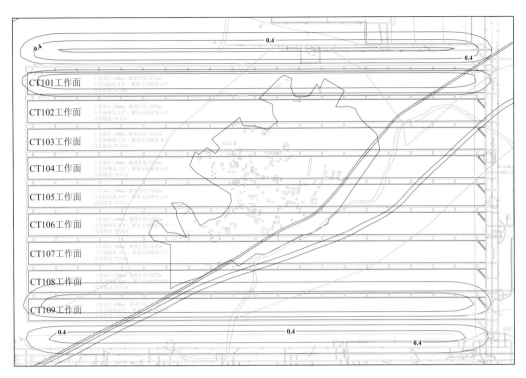

图 10-98　全部工作面固体充填采煤后南北方向地表水平变形等值线

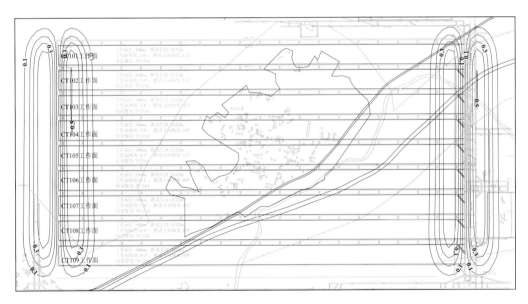

图 10-99　全部工作面固体充填采煤后东西方向地表水平变形等值线

　　该矿仅完成设计,尚未开展工业性试验,因新元公司为高速路下采煤,虽未实践,本书考虑,不同类型地表情况内容完整性,特编写本节。

参 考 文 献

[1] 钱鸣高,缪协兴,许家林,等.岩层控制的关键层理论[M].徐州:中国矿业大学出版社,2003.

[2] 钱鸣高,缪协兴.岩层控制中的关键层理论研究[J].煤炭学报,1996,21(3):225-230.

[3] 钱鸣高,茅献彪,缪协兴.采场覆岩中关键层上载荷的变化规律[J].煤炭学报,1998,23(2):135-139.

[4] 茅献彪,缪协兴,钱鸣高.采动覆岩中关键层的破断规律研究[J].中国矿业大学学报,1998,27(1):39-42.

[5] 茅献彪,缪协兴,钱鸣高.采动覆岩中复合关键层的断裂跨距计算[J].岩土力学,1999,20(2):1-4.

[6] 茅献彪,缪协兴,钱鸣高.采高及复合关键层效应对采场来压步距的影响[J].湘潭矿业学院学报,1999,14(1):1-5.

[7] 缪协兴,茅献彪,钱鸣高.采动覆岩中关键层的复合效应分析[J].矿山压力与顶板管理,1999,(Z1):5-9.

[8] 许家林.岩层移动与控制的关键层理论及其应用[D].徐州:中国矿业大学采矿系,1999.

[9] 周国铨,崔继宪,刘广容,等.建筑物下采煤[M].北京:煤炭工业出版社,1983.

[10] 郭文兵,邓喀中,邹友峰.岩层与地表移动控制技术的研究现状及展望[J].中国安全学报,2005,15(1):6-10.

[11] Cowling R. Twenty-five Years of Mine Filling-Developments and Directions. Sixth International Symposium on Mining with Backfill[C]. Brislane:1998:3-10.

[12] Nantel J. Recent Developments and Trends in Backfill Practices in Canada. Sixth International Symposium on mining with Backfill[C]. Brislane:1998:11-14.

[13] 缪协兴,钱鸣高.中国煤炭资源绿色开采研究现状与展望[J].采矿与安全工程学报,2009,26(1):1-14.

[14] 缪协兴.采动岩体的力学行为研究与相关工程技术创新进展综述[J].岩石力学与工程学报,2010,29(10):1897-1998.

[15] Moss B A,Paste A. The Fill of the Future. Canadian Mining Journal[J]. 1992,(113):39-43.

[16] Pokharel M,Fall M. Combined influence of sulphate and temperature on the saturated hydraulic conductivity of hardened cemented paste backfill[J]. Cement and Concrete Composites,2013,38(4):21-28.

[17] Ahn Il-Sang,Cheng L J. Tire derived aggregate for retaining wall backfill under earthquake loading[J]. Construction and Building Materials,30 April 2014,57(4):105-116.

[18] 刘同有.中国有色矿山充填技术的现状及发展[J]中国矿业,2002,(01):28-34.

[19] Donovan J. Design of backfilled thin-seam coal pillars using earth pressure theory[J]. Geotechnical and Geological Engineering,2004,22(4):627-642.

[20] 胡华,孙恒虎.矿山充填工艺技术的发展及似膏体充填新技术[J].中国矿业.2001,(6):47-49.

[21] 黄玉诚,孙恒虎.尾砂作骨料的似膏体料浆流变特性实验研究[J].金属矿山.2003,(6):8-10.

[22] 梁凯.矿山固体废物的环境影响与综合利用[J].能源环境保护,2011,(1):1-3.

[23] 刘新宇.中国城市固体废弃物收运处置调查与思考[J].环境经济,2010,(10):16-24.

[24] 韩宝平.固体废物处理与利用[M].武汉:华中科技大学出版社,2010.

[25] 柴晓利,楼紫阳.固体废物处理处置工程技术与实践[M].北京:化学工业出版社,2009.

[26] 黄乐亭.我国村庄采煤的现状与发展重点[J].矿山测量,1999,(4):3-5.

[27] 杨海新.建筑物下条带开采技术与应用研究[J].矿山测量,2003,(4):52-55.

[28] 潘健.八十年代国外胶结充填采矿法的发展[J].有色金属采矿,1991,(4):1-6.

[29] 孙凯年.我国充填采矿法综述[C].第2届矿山采矿技术进展报告会论文集,1991.

[30] 孙凯年.充填采矿法在黄金矿山的应用[C].中国黄金学会首届学术年会论文集,1990:6-11.

[31] 程金桥.90年代末我国胶结充填技术展望[J].新疆有色金属,1996,(2):11-13.

[32] 王爵鹤,佘固吾.充填采矿技术飞速发展的十年[J].长沙矿山研究院,1991,(4):8-14.

[33] 高士田.我国矿山胶结充填技术现状及改进方向[J].有色矿山,1996,(4):1-4.

[34] 杨建永,黄文细.胶结充填电渗脱水试验研究[J].黄金,1996,(3):24-26.

[35] 王祯全.铜绿山矿胶结充填工艺的研究与探讨[J].有色矿山,1997,(2):8-10.

[36] 阮琼平.铜绿山矿井下充填物料选择的探讨[J].矿业研究与开发,1998,(1):13-15.

[37] 耿茂兴.尾砂水力充填和尾砂胶结充填系统的应用[J].黄金,2000,(2):25-29.

[38] 杨秀瑛.岩金矿山尾矿应用技术初探[J].黄金,2000,(6):12-13.

[39] Skeeles B E J. Design of Paste Backfill Plant and Distributtion for the Cannington Project. Sixth Interational Symposium on mining with Backfill[C]. Brislane:1998:59-64.

[40] 潘文元.胶结充填技术在澳大利亚的应用[J].山东冶金,1991,(2):17-21.

[41] 周爱民,刘德茂,芮钟英,等.德国铅锌矿山充填采矿技术考察[J].长沙矿山研究院,1991,(2):56-63.

[42] 周爱民,刘德茂,芮钟英,等.布莱贝格克诺依特铅锌矿采矿技术考察[J].长沙矿山研究院,1991,(3):73-84.

[43] 谭志祥,邓喀中.建筑下采煤研究进展[J].辽宁工程技术大学学报.2006,(4):485~488.

[44] 杨伦.对采动覆岩离层注浆减沉技术的再认识[J].煤炭学报.2002,(4):94-98.

[45] 钱鸣高,刘听成.矿山压力及其控制[M].北京:煤炭工业出版社,1990.

[46] 王悦汉,邓喀中,吴侃等.采动岩体动态力学模型[J].岩石力学与工程学报,2003,22(3):352-357.

[47] 刘波,韩彦斌.FLAC原理、实例与应用指南[M].北京:人民交通出版社,2005.

[48] 唐启义,冯明光.DPS数据处理系统[M].科学出版社,北京,2007.

[49] 葛中华,沈文.水下开采中确定保护层厚度的水文地质模型[J].煤炭学报,1989,6:13-17.

[50] 付毅,谢源,刘道昆,等.膏体浆料管道自流充填新技术试验[J].有色金属(矿山部分),2003,(5):8-11.

[51] 吕辉,陈广平.矿山胶结充填技术述评与展望[J].矿业快报,2004,(10):1-2,6.

[52] 于润沧.我国胶结充填工艺发展的技术创新[J].中国矿山工程,2010,(5):1-3,9.

[53] 张洪军.建筑物下开采采空区膏体充填技术及应用[J].煤炭技术,2010,(6):90-91.

[54] 崔增娣,孙恒虎.煤矸石凝石似膏体充填材料的制备及其性能[J].煤炭学报,2010,(6):896-899.

[55] 李宏泉.空区膏体充填泵送特性及减阻试验研究[J].湘潭矿业学院学报,2004,(1):31-34.

[56] 李亮,周华强.煤矿膏体充填料浆的工程检测及鉴别[J].能源技术与管理,2009,(3):67-69.

[57] 崔建强,孙恒虎,黄玉诚.建下似膏体充填开采新工艺的探讨[J].中国矿业.2002,(5):34-37,53.

[58] 李兴尚,许家林,黄伟强,等.江砂胶结充填体抗压强度的多元回归研究[J].矿业研究与开发.2008,(1):10-12.

[59] 李兴尚,田明华,许家林.新桥矿业公司充填技术的演变与应用[J].中国矿业.2006,(7):53-56.

[60] Alireza Ghirian, Mamadou Fall. Coupled thermo-hydro-mechanical-chemical behaviour of cemented paste backfill in column experiments. Part I: Physical, hydraulic and thermal processes and characteristics[J]. Engineering Geology,2013,164:195-207.

[61] Nicieza C G. The new three-dimensional subsidence influence function denoted by n-k-g[J]. Int J Rock Mech and Min Sci,2005,42(3):372-387.

[62] Philip A. Engineering design of paste backfill systems[D]. Ontario,Canada:Queen's University Kingston,2003.

[63] 陈杰,张卫松,闫斌,等.井下矸石充填工艺及普采工作面充填装备[J].煤炭科学技术,2010,38(4):32-34.

[64] 牛瑞芳.神东矿区井下无岩巷布置与矸石处理技术[J].陕西煤炭,2008,(5):83-84.

[65] 温庆华.哈拉沟煤矿井下矸石与煤置换开采探索与实践[J].煤炭工程,2009,(11):13-15.

[66] 李兴尚,许家林,朱卫兵,等.从采充均衡论煤矿部分充填开采模式的选择[J].辽宁工程技术大学学报(自然科学版),2008,(02):168-171.

[67] 缪协兴,张吉雄,郭广礼.综合机械化固体废弃物充填采煤方法与技术[M].徐州:中国矿业大学出版社,2010.

[68] 黄艳利.固体密实充填采煤的矿压控制理论与应用研究[D].徐州:中国矿业大学矿业工程学院,2012.

[69] 张吉雄.矸石直接充填综采岩层移动控制及其应用研究[D].徐州:中国矿业大学矿业工程学院,2008.

[70] 巨峰.固体充填采煤物料垂直输送技术开发与工程应用[D].徐州:中国矿业大学矿业工程学院,2012.

[71] Zhang J X,Huang Y L,Zhang Q,et al. The test on the mechanical properties of solid backfill materials [J]. Strength of Materials,2014,18(s2):s2-961.

[72] Zhang J X,Zhou N,Huang Y L,et al. Impact law of the bulk ratio of backfilling body to overlying strata movement in fully mechanized backfilling mining [J]. Journal of Mining Science,2011,47(1):73-84.

[73] Huang Y L,Zhang J X,Zhang Q,et al. Backfilling technology of substituting waste and fly ash for coal underground in China coal mining area [J]. Environmental Engineering and Management Journal,2011,10(6):769-755.

[74] Huang Y L,Zhang J X,An B F,et al. Overlying strata movement law in fully mechanized coal mining and backfilling longwall face by similar physical simulation [J]. Journal of Mining Science,2011,47(5):618-627.

[75] 张吉雄,安百富,巨峰,等.充填采煤固体物料垂直投放颗粒运动规律影响因素研究[J].采矿与安全工程学报,2012,29(3):312-316.

[76] 张吉雄,缪协兴,茅献彪,等.建筑物下条带开采煤柱矸石置换开采的研究[J].岩石力学与工程学报,2007,26(S1):2687-2693.

[77] 张吉雄,缪协兴,郭广礼.矸石(固体废物)直接充填采煤技术发展现状[J].采矿与安全工程学报,2009,26(4):395-401.

[78] 张吉雄,李剑,安泰龙,等.矸石充填综采覆岩关键层变形特征研究[J].煤炭学报,2010,35(3):357-362.

[79] 张吉雄,吴强,黄艳利,等.矸石充填综采工作面矿压显现规律[J].煤炭学报,2010,35(SUP):1-4.

[80] Zhang J X,Zhang Q,Huang Y L,et al. Strata movement controlling effect of waste and fly ash backfillings in fully mechanized coal mining with backfilling face [J]. Mining Science and Technology,2011,21(5):721-726.

[81] 张吉雄,缪协兴.煤矿矸石井下处理的研究[J].中国矿业大学学报,2006,35(2):197-200.

[82] Li J,Zhang J X,Huang Y L,et al. An investigation of surface deformation after fully mechanized solid back fill mining [J]. International Journal of Mining Science and Technology,2012,22(4):453-457.

[83] 黄艳利,张吉雄,杜杰.综合机械化固体充填采煤的充填体时间相关特性研究 [J].中国矿业大学学报,2012,41(5):697-701.

[84] 周跃进,陈勇,张吉雄,等.充填开采充实率控制原理及技术研究[J].采矿与安全工程学报,2012,29(03):351-356.

[85] 周跃进,汪云甲,张吉雄,等.综采充填黄土侧限压缩特性试验[J].辽宁工程技术大学学报(自然科学版),2012,31(3):315-318.

[86] 张吉雄,姜海强,缪协兴,等.密实充填采煤沿空留巷巷旁支护体合理宽度研究[J].采矿与安全工程学报,2013,30(2):159-164.

[87] Zhang J X,Li M,Huang Y L,et al. Interaction between backfilling body and overburden strata in fully mechanized backfilling mining face [J]. Disaster Advances,2013,6 (S5):1-7.

[88] Hui Y C,Chen Z W,Zhang J X,et al. Coal mine workface geological hazard mapping and its optimum support design:A Case Study [J]. Disaster Advances,2013,6 (S5):66-84.

[89] Ju F,Zhang J X,Wu Q,et al. Vertical feeding & transportation safety control technology for solid backfill materials in coal mine [J]. Disaster Advances,2013,6 (S5):154-162.

[90] Zhang J X,Zhou N,Liu Z,et al. Pre-dig pressure relief chamber technology for roadway rock burst prevention and its application [J]. Disaster Advances,2013,6 (S4):337-347.

[91] Zhang J X,Huang Y L,Zhou N,et al. Solid backfill mining technology for roof water inrush prevention and its application [J]. Disaster Advances,2013,6 (S13):364-373.

[92] Huang Y L,Zhang J X,Li M,et al. Waste substitution extration of coal strip mining pillars [J]. Res. J. Chem&Environ,2013,17 (S1):96-103.

[93] 周楠,张吉雄,缪协兴,等.预掘两巷前进式固体充填采煤技术研究[J].采矿与安全工程学报,2013,(5):642-647.

[94] 张强,张吉雄,吴晓刚,等.固体充填采煤液压支架合理夯实离顶距研究[J].煤炭学报,2013,38(8):1325-1330.

[95] Zhang Q,Li M,Chao Y W,et al. Study of roadway surrounding rock composite structure burst prevention mechanism and its application.[J]. Disaster Advances,2013,6 (S5):94-101.

[96] Zhou N,Zhang Q,Ju F,et al. Pre-Treatment research in solid backfill material in fully mechanized backfilling coal mining technology[J]. Disaster Advances,2013,6 (S5):118-125.

[97] Chen Y,Jiang H Q,Peng H,et al. Engineering design and application of solid backfill mining method in mines under embankment[J]. Disaster Advances,2013,6 (S5):136-143.

[98] Guo H Z,Li J,Wu X G,et al. Research on the stratum control technology for changing strip mining under buildings to longwall backfilling mining[J]. Disaster Advances,2013,6 (S5):182-188.

[99] Yan H,Deng X J,Fang K,et al. Roof catastrophe mechanism of roadways with extra-thick coal seam and its controlling countermeasures[J]. Disaster Advances,2013,6 (S5):236-243.

[100] Zhou Y J,An B F,Zhang Z J,et al. Study on developmental rule of earth's surface fissures under thick unconsolidated layer's condition of thin bedrock in coal mining. [J]. Disaster Advances,2013,6 (S5):279-288.

[101] 徐永福,田美存,张耀华,等.围岩对砂岩破碎的分形特征的影响[J].河海大学学报,1995,23(4):24-28.

[102] Murph D J. Stress,degradation,and shear strength of granular material[C]//Sayed S M. Geotechnical Modeling and Applications,Gulf,Houston,1987:181-211.

[103] Murat Dicleli,Suhail M,Albhaisi. Performance of abutment-backfill system under thermal variations in integral bridges built on clay[J]. Engineering Structures,2004,26(7):949-962.

[104] Jan-Erik Rosberg,Oskar Aurell. Re-injection of groundwater by pressurizing a segmental tunnel lining with permeable backfill[J]. Tunnelling and Underground Space Technology,2010,25(2): 129-138.

[105] 张振南,缪协兴,葛修润. 松散岩块压实破碎规律的试验研究[J]. 岩石力学与工程学报,2005, 24(3):451-455.

[106] 苗克芳. 煤矸石地基工程特性的试验研究[J]. 黑龙江科技学院学报,2003,13(2):28-30.

[107] 缪协兴,茅献彪,胡光伟,等. 岩石(煤)的碎胀与压实特性研究[J]. 实验力学,1997,12(3): 394-400.

[108] 马占国,浦海 张帆,等. 煤矸石压实特性研究[J]. 矿山压力与顶板管理,2003,(1):95-96.

[109] 缪协兴,张振南. 松散岩块侧压系数的试验研究[J]. 徐州建筑职业技术学院学报,2001,1(4): 15-17.

[110] 马占国,肖俊华,武颖利,等. 饱和煤矸石的压实特性研究[J]. 矿山压力与顶板管理,2004,(1): 106-108.

[111] 唐志新,黄乐亭,滕永海. 煤矸石做为建筑地基的特性分析及实践[J]. 矿山测量,2006,(4):76-77.

[112] 尤明庆,周少统,苏承东. 岩石试样围压下直接拉伸试验[J]. 河南理工大学学报,2006,25(4): 255-261.

[113] 苏承东,杨圣奇. 循环加卸载下岩样变形与强度特征试验[J]. 河海大学学报,2006,(6):667-671.

[114] 尤明庆,华安增. 岩石三轴压缩过程中的环向应变形[J]. 中国矿业大学学报,1997,26(1):1-4.

[115] 沈军辉,王兰生,王青海等. 卸荷岩体的变形破裂特征[J]. 岩石力学与工程学报,2003,22(12): 2028-2031.

[116] 陈旦熹,戴冠一. 三向应力状态下大理岩压缩变形试验研究[J]. 岩土力学,1982,3(1):76-80.

[117] 尤明庆,华安增. 岩石试样的三轴卸围压试验[J]. 岩石力学与工程学报,1998,179(1):24-29.

[118] 尤明庆,华安增. 岩石试样的强度准则及内摩擦系数[J]. 地质力学学报,2001,7(1):53-60.

[119] 周国林,谭国焕,李启光,等. 剪切破坏模式下岩石的强度准则[J]. 岩石力学与工程学报,2001, 20(6):753-761.

[120] 肖仁成,俞晓,祝方才,等. 土力学[M]. 北京:北京大学出版社,2006.

[121] 陈希哲. 土力学地基基础[M]. 北京:清华大学出版社,2004.

[122] 周锦华,胡振琪. 固体废弃物煤矸石室内击实试验研究[J]. 金属矿山,2003,12(2):53-55.

[123] 姜升. 矸石分层振动碾压特性研究[J]. 矿山测量,2000,(3):58-61.

[124] 刘松玉,童立元,丘珏. 矸石颗粒破碎及其对工程力学特性影响研究[J]. 岩土工程学报,2005, 27(5):505-510.

[125] 苏永华,刘晓明,赵明华. 软岩崩解物颗粒分布特性研究[J]. 土木工程学,2006,39(5):102-106.

[126] 梁清阳. 煤炭筛分试验中应注意的几个问题[J]. 山西焦煤科技,2004,(4):41-42.

[127] 张振南. 松散岩块压实特性的试验研究[M]. 徐州:中国矿业大学出版社,2002.

[128] 时卫民,郑颖人. 碎石土压实性能试验研究[J]. 岩土工程技术,2005,19(6):299-302.

[129] 刘丽萍,折学森. 土石混合料压实特性试验研究[J]. 岩石力学与工程学报,2006,25(1):206-210.

[130] 日本土质工学会. 粗粒料的现场压实[M]. 中国水利水电出版社,1999.

[131] 元爱国,胡纬,陶永宏. 煤矸石压实特性的试验研究[J]. 采矿技术,2004,4(4):14-16.

[132] 缪协兴,张吉雄,郭广礼.综合机械化固体充填采煤方法与技术研究 [J].煤炭学报,2010,35(01):1-6.

[133] Miao X X,Zhang J X,Feng M M. Waste-filling in fully-mechanized coal mining and its application [J]. Journal of China University of Mining and Technology,2008,18(4):479-482.

[134] 魏树群,张吉雄,张文海,等.高应力硐室群锚注联合支护技术[J].采矿与安全工程学报,2008,25(03):281-285.

[135] Zhou N,Zhang J X,Ju F,et al. Genetic Algorithm Coupled with the Neural Network for Fatigue Properties of Welding Joints Predicting [J]. Journal of Computers,2012,7(8):1887-1894.

[136] Ju F,Zhang J X,Zhang Q. Vertical transportation system of solid material for backfilling coal mining technology [J]. International Journal of Mining Science and Technology,2012,22(1):41-45.

[137] 徐俊明,张吉雄,黄艳利,等.充填综采矸石——粉煤灰压实变形特性试验研究及应用[J].采矿与安全工程学报,2011,28(1):158-162.

[138] Huang Y L,Zhang J X,Zhan L,et al. Underground Backfilling Technology for Waste Dump Disposal in Coal Mining District//Proceedings 2010 International Conference on Digital Manufacturing and Automation(ICDMA 2010)[C]. Xuzhou,2010.

[139] 黄艳利,张吉雄,张强,等.综合机械化固体充填采煤原位沿空留巷技术 [J].煤炭学报,2011,36(10):1624-1628.

[140] Ju F,Zhang J X,Huang Y L,et al. Waste Filling Technology under Condition of Complicated Geological Condition Working Face//The 6th International Conference on Mining Science & Technology[C]. Xuzhou,2009.

[141] 黄艳利,张吉雄,张强,等.充填体压实率对综合机械化固体充填采煤岩层移动控制作用分析[J].采矿与安全工程学报,2012,29 (2),162-167.

[142] Zhang Q,Zhang J X,Huang Y L,et al. Backfilling technology and strata behaviors in fully mechanized coal mining working face [J]. International Journal of Mining Science and Technology,2012,22(2):151-157.

[143] 巨峰,张吉雄,安百富.充填采煤固体物料垂直投料井施工工艺研究 [J].采矿与安全工程学报,2012,29(1):38-43.

[144] 周跃进,张吉雄,聂守江,等.充填采煤液压支架受力分析与运动学仿真研究[J].中国矿业大学学报,2012,41(3):366-370.

[145] 缪协兴,张吉雄.矸石充填采煤中的矿压显现规律[J].采矿与安全工程学报,2007,24(3):1-3.

[146] 孙训方,方孝淑,陆耀洪.材料力学[M].北京:高等教育出版社,1991.

[147] 徐芝纶.弹性力学[M].北京:高等教育出版社,1990.

[148] 孔宪京.微小应变下堆石料的变形特性[J].岩土工程学报,2001,23 (1):32-37.

[149] 姜振泉,赵道辉,隋旺华,等.煤矸石固结压密性与颗粒级配缺陷关系研究[J].中国矿业大学学报,1999,(3):212- 216.

[150] 杨学祥.均步载荷下一端固定的文克尔地基梁的基底压力特性及其工程意义[J].工程力学,2006(11):76-79.

[151] 崔弈,姜忻良,鲍鹏.变基床系数弹性地基梁解法及其应用[J].岩土力学,2003,(4):565-578.

[152] 阎盛海.地下建筑结构中弹性地基直梁的初参数法[J].大连大学学报,2001,(2):9-18

[153] 塞尔瓦杜雷 A P S.土与基础相互作用的弹性分析[M].北京:中国铁道出版社,1984.

[154] 龙驭球.弹性地基梁的计算[M].北京:人民教育出版社,1983.

[155] 李世平.岩石力学简明教程[M].徐州:中国矿业学院出版社,1986.

[156] 沈明荣. 岩体力学[M]. 上海:同济大学出版社,1999.

[157] 李树志,刘金辉,王华国. 矸石地基承载力及其确定[J]. 煤炭科学技术,2000,28(3):13-14.

[158] 唐志新,黄乐亭,戴华阳. 采动区煤矸石地基理论研究及实践[J]. 煤炭学报,1999,24(1):43-47.

[159] 陈炎光,钱鸣高. 中国煤矿采场围岩控制[M]. 徐州:中国矿业大学出版社,1994.5.

[160] 杜计平,汪理全. 煤矿特殊开采方法[M]. 徐州:中国矿业大学出版社,2005.

[161] 徐永圻. 采矿学[M]. 徐州:中国矿业大学出版社,2006.

[162] 何国清,杨伦,凌赓娣,等. 矿山开采沉陷学[M]. 徐州:中国矿业大学出版社,1994.

[163] 岑传鸿,窦林名. 采场顶板控制及监测技术[M]. 徐州:中国矿业大学出版社,2005.

[164] 钱鸣高,石平五. 矿山压力与岩层控制[M]. 徐州:中国矿业大学出版社,2003.

[165] 邹友峰,邓喀中,马伟民. 矿山开采沉陷工程[M]. 徐州:中国矿业大学出版社,2003.

[166] 王泳嘉,邢纪波. 离散单元法及其在岩土力学中的应用[M]. 沈阳:东北工学院出版社,1991.

[167] 陈晓祥. 采矿过程中围岩力学数值模拟关键问题的研究[D]. 徐州:中国矿业大学能源与安全工程学院,2004.

[168] Desai C S,Christian J T. 岩土工程数值方法[M]. 卢世深等译. 北京:中国建筑工业出版社,1997.

[169] Goodman R E. Methods of geological engineering in discontinuous rocks[M]. St Paul:West Publishing,1976.

[170] 朱焕春,Richard Brummer,Patrick Andrieux. 节理岩体数值计算方法及其应用(一):方法与讨论[J]. 岩石力学与工程学报,2004,22(1):117-122.

[171] 陈晓祥,谢文兵,荆升国,等. 数值模拟研究中采动岩体力学参数的确定[J]. 采矿与安全工程学报,2006,23(3):341-345.

[172] 何哲祥,王宁,谢长江. 部分充填开采围岩活动规律分析[J]. 中国矿业大学学报,2004,33(2):162-165.

[173] 许家林,钱鸣高,马文顶,等. 岩层移动模拟研究中加载问题的探讨[J]. 中国矿业大学学报,2001,30(3):252-255.

[174] 孙振武. 岩层控制的复合关键层理论及数值分析[D]. 徐州:中国矿业大学,2004.

[175] Cundall P A. A computer model for simulating progressive large scale movements in blocky rock systems//Proceedings of the Symposium of the International Society of Rock Mechanics[C]. Nancy:France,1971,1(18).

[176] Kaiser P K,Martin C D,Sharp J,et al. Underground works in hard rock tunneling and mining[R]. Melbourne,Australia:Technomic Publishing Co,2000(1):841-926.

[177] Bieniawski Z T. Engineering rock mass classifications[M]. New York:Wiley,1989,251-254.

[178] 王永秀,毛德兵,齐庆新. 数值模拟中煤岩层物理力学参数确定的研究[J]. 煤炭学报,2003,28(6):593-597.

[179] 伍佑伦,许梦国. 根据工程岩体分级选择力学参数的讨论[J]. 武汉科技大学学报:自然科学版,2002,25(1):22-23.

[180] 李洪涛. 受压下岩石强度理论的断裂力学新探[D]. 北京:中国矿业大学力学与建筑工程学院,1986.

[181] 李建林. 岩体三轴强度破坏准则及参数研究[J]. 武汉水利电力大学学报,1998,(20)2:125.

[182] 王彦武,郭金峰,张利平等. 煤矿充填采矿过程数值模拟分析[J]. 金属矿山,2000,(1):18-20.

[183] 何哲祥,王宁,谢长江. 充填采矿法开采对地表河床影响的数值分析[J]. 金属矿山,2000,(3):45-48.

[184] Rose J G,Bland A E,Robl T L. Utilization Potential of Kentucky Coal Refuse. University of Ken-

tucky Institute for Mining and Minerals Research Publications Group, Lexington, Kentucky, 1989:49.

[185] Karfakis M G,Bowman C H,Topuz E. Characterization of coal-mine refuse as backfilling material [J]. Geotechnical and Geological Engineering,1996,(14):129-150.

[186] Felipe-Sotelo M, Hinchliff J, Drury D, et al. Radial diffusion of radiocaesium and radioiodide through cementitious backfill[J]. Physics and Chemistry of the Earth,Parts A/B/C,2014,70-71: 60-70.

[187] Li L,Michel Aubertin. An improved method to assess the required strength of cemented backfill in underground stopes with an open face[J]. International Journal of Mining Science and Technology, 2014,24(4):549-558.

[188] Bai Y R,John M,Niedzwecki. Modeling deepwater seabed steady-state thermal fields around buried pipeline including trenching and backfill effects[J]. Computers and Geotechnics, 2014, 61 (9): 221-229.

[189] Skarzynska K M. Reuse of coal mining waste in civil engineering-part1. Properties of mine stone [J]. Waste Management,1995,15(1):3-42.

[190] Skarzynska K M,Zawisza E. The study of saturated coal mining wastes under the influence of long-term loading//Rainbow A K M. 2nd International Symposium on the Reclamation,Treatment and Utilization of Coal Mining Waste[C]. London:British Coal Corporation,1987:295-302.

[191] Nandy S K,Szwilski A B. Disposal and utilization of mineral wastes as a mine backfill. Underground Mining Methods and Technology[J],1987. 241-252.

[192] Silvio Lottanti, Tobias T Tauböck, Matthias Zehnder. Shrinkage of Backfill Gutta-percha upon Cooling[J]. Journal of Endodontics,2014,40(5):721-724.

[193] Franklin J A,Dusseault M B. Rock Engineering[M]. New York:Mcgrw-Hill,1989.

[194] Bishop C S,Simon N R. Selected soil mechanics properties of Kentucky coal preparation plant refuse. //Proceedings of the Second Kentucky Coal Refuse Disposal and Utilization Seminar[C]. Pineville,Kentucky,1976:61-67.

[195] 姜振泉,秀梁军,左如松. 煤矸石的破碎压密作用机制研究[J]. 中国矿业大学学报,2001,30(2): 139-142.

[196] Michalski P,Skarzynska K M. Compactability of coalmining wastes as a fill material. //Treatment and Utilization of Coal Mining Wastes,Symposium on the Reclamation[C]. Durham:British Coal Corporation. 1984. 283-288.

[197] Solesbury F W. Coal waste in civil engineering works:two case histories from South Africa. // Rainbow A K M. 2nd International Symposium on the Reclamation,Treatment and Utilization of Coal Mining Waste[C]. London:British Coal Corporation,1987:207-218.

[198] Wu D,Fall M,Cai S J. Coupling temperature,cement hydration and rheological behaviour of fresh cemented paste backfill[J]. Minerals Engineering,2013,42(3):76-87.

[199] Hardin B O. Crushing of soil particles[J]. Journal of Geotechnical Engineering, 1985, 111(10): 1177-1192.

[200] Evertsson C M,Bearman R A. Investigation of interparticle breakage as applied to cone crushing [J]. Minerals Engineering,1977,10(2):199-214.